Thalacker

Kreuzers Gartenpflanzen Lexikon

»kurz & bündig«

Band 4

Sommerblumen

•

Blumenzwiebeln und -knollen

•

Beet- und Balkonpflanzen

Bernhard Thalacker Verlag Braunschweig

Die Deutsche Bibliothek - CIP-Einheitsaufnahme

Kreuzer, Johannes:
[Gartenpflanzen-Lexikon] Kreuzers Gartenpflanzen-Lexikon : kurz und bündig. -
Braunschweig : Thalacker. (TASPO-Wissen)
Früher im Gartenbuchverl. Kreuzer, Tittmoning/Obb.
NE: Stein, Siegfried [Bearb.]; HST
Bd. 4. Sommerblumen, Blumenzwiebeln und -knollen, Beet- und Balkonpflanzen. - 3., verb. Aufl. - 1993
ISBN 3-87815-046-6

Bearbeitung und Ergänzungen: Siegfried Stein, D-21397 Vastorf
Gestaltung: Hansgeorg Barkowsky, D-38100 Braunschweig
Satz: Fotosatz Goebecke, D-38171 Sickte
Druck: Flora-Print Gesellschaft m. b. H., Missindorfstraße 21, A-1140 Wien.
Farbbilder: Flora-Print International, Bendern, Liechtenstein (532); Siegfried Stein, Vastorf (20); Fleuroselect, Noordwijk (15); Jaap Kooiman, Enkhuizen (5); Fa. Benary, Hann.-Münden (3); Juliwa Markensaat, Heidelberg (1); Fa. Kientzler, Gensingen (1).
3. verbesserte und neu zusammengestellte Auflage, Oktober 1993.

Bezugsquelle für Österreich: Österreichischer Agrarverlag, Linzer Straße 32, A-1140 Wien

Vorwort

Innerhalb von 15 Jahren hat sich das fünfbändige Gartenpflanzen-Lexikon von Johannes Kreuzer zu einem Standardwerk für den Gartenbau entwickelt. Über 150.000 Bände wurden bisher von Fachleuten und Gärtnern nachgefragt. Der vorliegende Band 4 'Sommerblumen, Blumenzwiebeln und -knollen, Beet- und Balkonpflanzen' erscheint nun bereits in der 3. Auflage und wurde wesentlich verbessert, erweitert und neu strukturiert.

Das Gesamtwerk, in dem nahezu alle von Gärtnereien angebotenen Zier- und Nutzpflanzen enthalten sind, gliedert sich in fünf Teilbereiche, die jeweils bestimmte Pflanzengruppen zusammenfassen. Durch die neue Konzeption ergibt sich folgende Bandeinteilung:

Band 1:
Laubgehölze, Kletterpflanzen, Koniferen

Band 2:
Stauden, Gräser, Sumpf- und Wasserpflanzen
Die Neuauflage 1994 wird zusätzlich Rosen enthalten.

Band 3:
Obst, Gemüse, Kräuter

Band 4:
Sommerblumen, Blumenzwiebeln und -knollen, Beet- und Balkonpflanzen

Band 5:
Zimmerpflanzen, Sukkulenten und Kübelpflanzen
Die Neuauflage erscheint im Frühjahr 1994.

Alle Bände des Gartenpflanzen-Lexikons bieten durch den einheitlichen und stichwortartigen Aufbau besonders viele Informationen auf wenig Raum. Der Beschreibung der einzelnen Pflanzen liegt das selbe Schema und die gleiche Reihenfolge der Stichwörter zugrunde. Durch die alphabetische Anordnung und die Übersichtlichkeit der Einträge wird sich der Benutzer in kürzester Zeit im Lexikon zurechtfinden.

Ergänzt wird der Hauptteil der einzelnen Bände durch viele anschauliche Tabellen sowie komprimierte Hinweise zu Standortwahl, Kulturansprüchen und Schädlingsbekämpfung. Somit werden alle wesentlichen Aspekte des Einsatzes der im Lexikon vorgestellten Pflanzen kurz und bündig behandelt.

Die Attraktion und Einmaligkeit der Lexikonreihe besteht einmal in der riesigen Anzahl der vorgestellten Sorten und den vielen naturgetreuen, farbigen Pflanzenabbildungen, wobei besonders darauf geachtet wird, daß nur Pflanzen aufgenommen werden, die sich in den letzten 50 Jahren in den Gärten Mitteleuropas durchgesetzt haben und deshalb auch in Gärtnereien und Baumschulen angeboten werden.

Bei der Zusammenstellung der Lexikonbände schöpfte Johannes Kreuzer aus jahrzehntelanger Erfahrung in Pflanzenvermehrung, Pflanzenanzucht, Anlage von Gärten und Parks sowie der Beratung von Kunden in der bekannten Baumschule Kreuzer in Tittmoning. Mit viel Liebe und Ausdauer hat er sein Fachwissen zusammengetragen und einer breiten Leserschaft zugänglich gemacht. Bis zu seinem Tode im Januar 1991 hat der Gründer dieser Lexikonreihe aktiv an der Weiterentwicklung des Gartenpflanzen-Lexikons mitgewirkt.

Bereits im Jahre 1989 übertrug Johannes Kreuzer dem Bernhard Thalacker Verlag die verlegerische Betreuung seines Werkes. Hier erscheinen neben mehreren bedeutenden deutschen Gartenbau-Fachzeitschriften zunehmend auch eine beachtliche Anzahl von Fachbüchern zu Themen rund um den Gartenbau.

Der Verlag und das Lexikon-Team werden die Arbeit von Johannes Kreuzer in seinem Geist fortsetzen.

Dem Lexikon-Team gehören besonders qualifizierte Autoren an, die sich jeweils durch spezielle Fachkenntnisse auszeichnen. Band 4 „Sommerblumen, Blumenzwiebeln und -knollen, Beet- und Balkonpflanzen“ hat Siegfried Stein bearbeitet. Sein detailliertes Fachwissen stammt aus langjähriger Erfahrung als Diplom-Ingenieur für Gartenbau und Agrar-Journalist.

Siegfried Stein ist einer breiten Leserschaft als Autor von zahlreichen fachkundigen Blumen- und Pflanzenbüchern bekannt. Darüber hinaus war er über viele Jahre verantwortlich für das Produktmanagement und die Öffentlichkeitsarbeit eines bekannten deutschen Samenzuchtunternehmens.

Für den Teil Pflanzenschutz und Schädlingsbekämpfung konnte Kurt Henseler vom Pflanzenschutzamt Bonn gewonnen werden.

Braunschweig, im Oktober 1993

Botanische Erläuterungen

Blütenformen

Einzelne Blüten

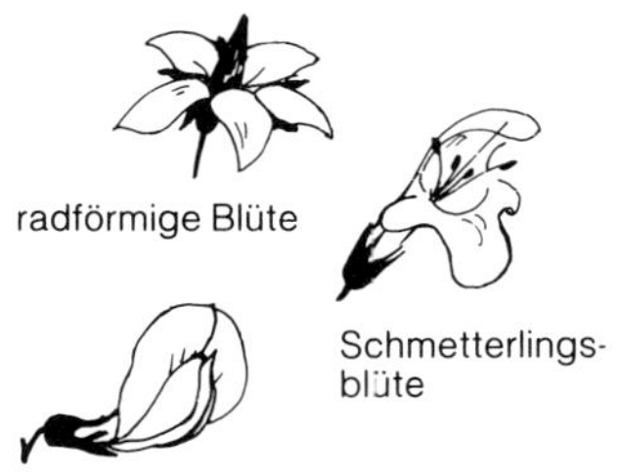

radförmige Blüte
Schmetterlingsblüte
Lippenblüte

Zusammengesetzte Blüten

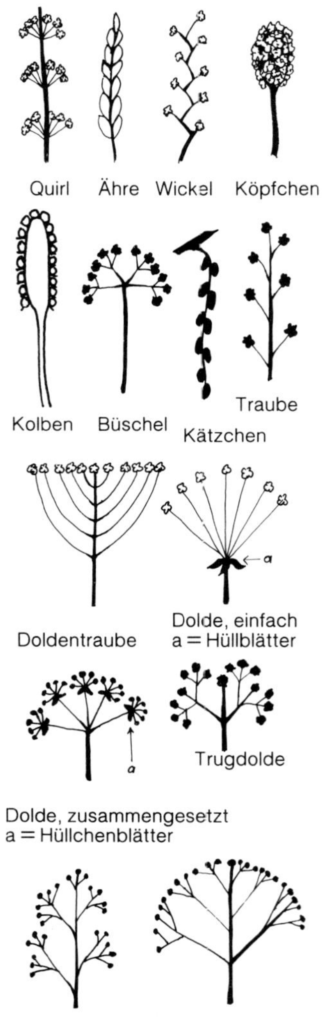

Quirl, Ähre, Wickel, Köpfchen
Kolben, Büschel, Kätzchen, Traube
Doldentraube
Dolde, einfach
a = Hüllblätter
Trugdolde
Dolde, zusammengesetzt
a = Hüllchenblätter
Rispe, Schirmrispe

Blütenaufbau

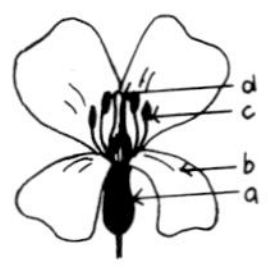

Kreuzblüte
a = Kelchblätter
b = Blumenkronblätter
c = Staubblätter
d = Fruchtblätter (Stempel)

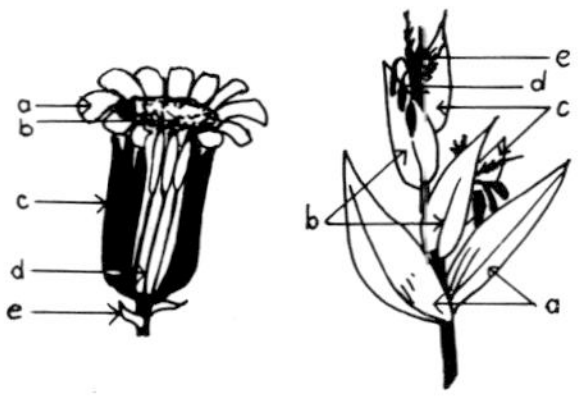

Korbblüte
a = Zungenblüte
b = Röhrenblüte
c = Hüllkelch
d = Spreublätter
e = Außenhüllkelchblätter

Grasblüte
a = Hüllspelzen
b = Deckspelzen
c = Vorspelzen
d = Staubblätter
e = Narben

Fruchtformen

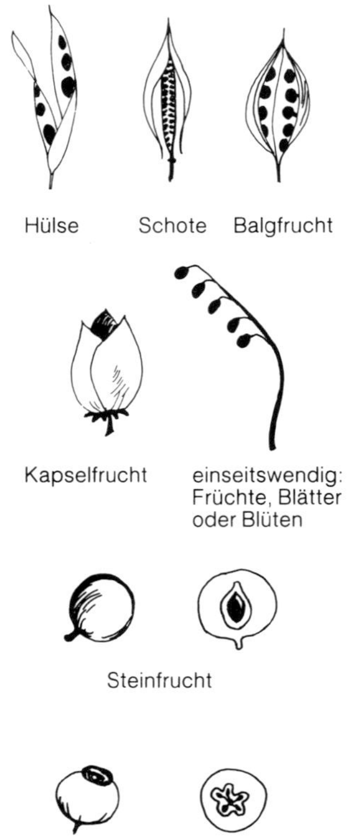

Hülse, Schote, Balgfrucht
Kapselfrucht
einseitswendig: Früchte, Blätter oder Blüten
Steinfrucht
Beere

Blätter

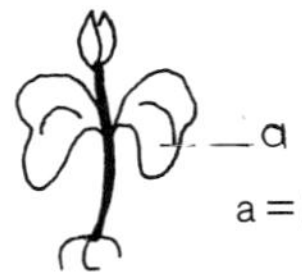

a = Keimblätter

Blattränder

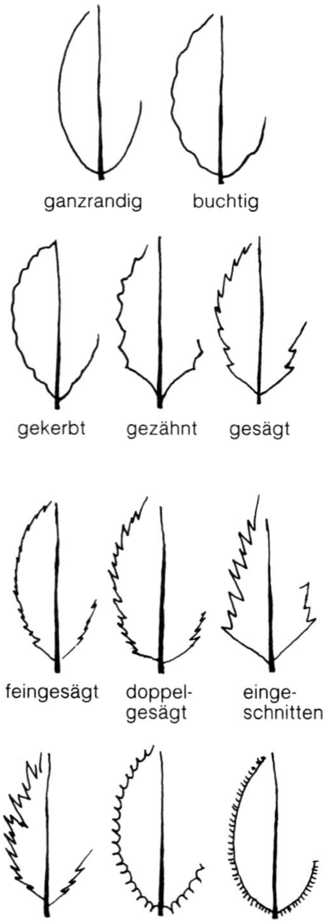

ganzrandig, buchtig
gekerbt, gezähnt, gesägt
feingesägt, doppelgesägt, eingeschnitten
zerschließt, kammartig, bewimpert

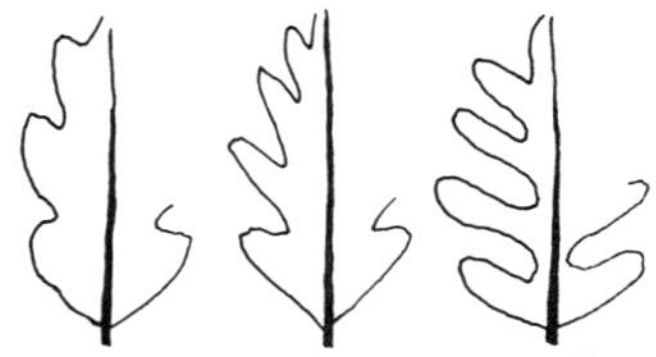

gebuchtet, gelappt, geteilt

Blattanhaftung

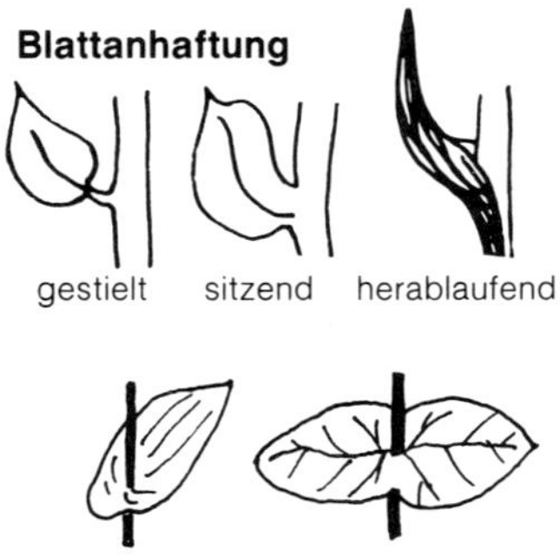

gestielt, sitzend, herablaufend
mit durchwachsenen Blättern, verwachsen

Blattstellung

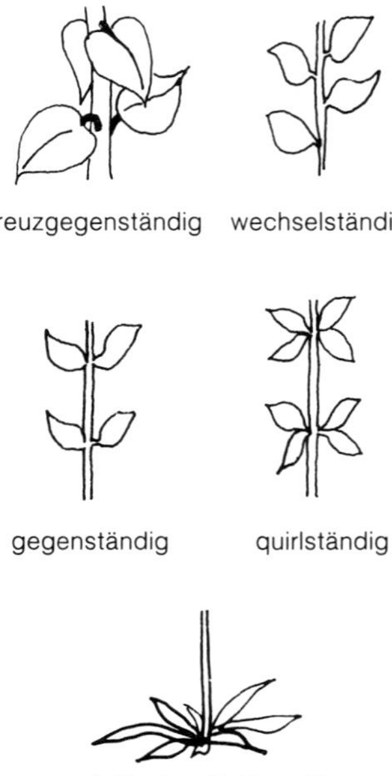

kreuzgegenständig, wechselständig
gegenständig, quirlständig
grundständige Blattrosette

Blattformen

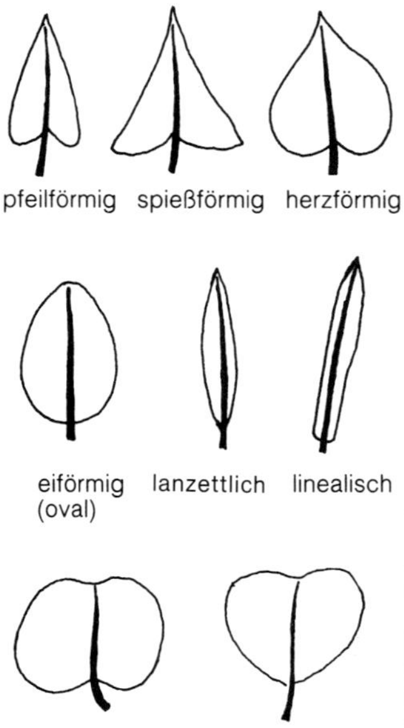

pfeilförmig, spießförmig, herzförmig
eiförmig (oval), lanzettlich, linealisch
nierenförmig, verkehrt herzförmig

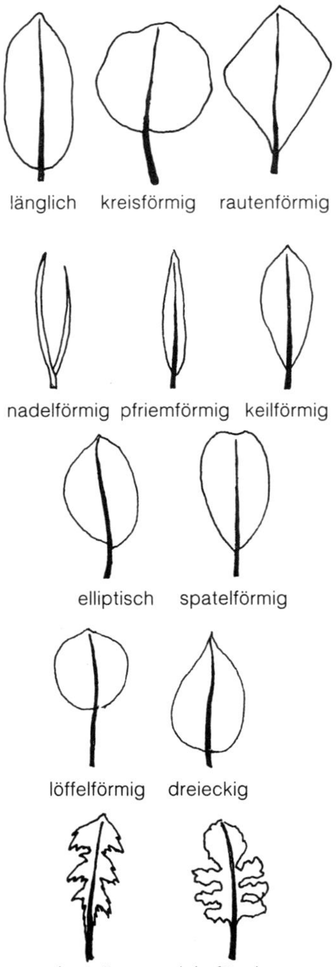

länglich, kreisförmig, rautenförmig
nadelförmig, pfriemförmig, keilförmig
elliptisch, spatelförmig
löffelförmig, dreieckig
schrotsägeförmig, leierförmig

Geteilte Blätter, zusammengesetzte Blätter

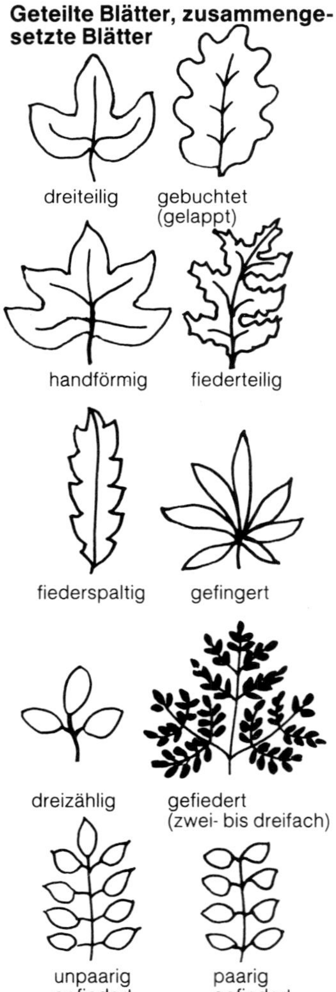

dreiteilig, gebuchtet (gelappt)
handförmig, fiederteilig
fiederspaltig, gefingert
dreizählig, gefiedert (zwei- bis dreifach)
unpaarig gefiedert, paarig gefiedert

Inhalt

Einleitung

Lieber Pflanzen- und Gartenfreund!

Vollständig überarbeitet und in neuer Aufmachung wendet sich das Kreuzer-Lexikon an Fachleute im Gartenbau und an interessierte Gartenbesitzer gleichermaßen.
Das Verkaufspersonal in Gartencentern, Gärtnereien und im Floristenbereich findet hier eine in die Tiefe gehende Informationsquelle für das aktuelle Verkaufssortiment. Für Gartengestalter, Auszubildende, Studenten, Beratungskräfte und Planer bietet es Informationen aus erster Hand über alles, was im Laufe des Gartenjahres im Freien blüht.

Der Schwerpunkt liegt bei den ein- und zweijährigen Sommerblumen, bei Blumenzwiebeln und -knollen, einjährig zu ziehenden Stauden und bei Kübelpflanzen, die man wie Beetpflanzen verwenden kann. Neue, erfolgreiche Pflanzen aus allen Erdteilen bereichern zunehmend das Angebot, finden immer schneller Eingang in Gärten und auf Balkonen, verändern unseren Stil der Gartengestaltung. Soweit es bis zum Redaktionsschluß möglich war, finden auch die neuesten Sorten Erwähnung. Fleuroselect-Medaillengewinner sind als herausragende Qualitätszüchtungen mit hohem Garten- und Nutzwert gekennzeichnet.

In der international gültigen Nomenklatur gab es in der letzten Zeit teilweise erhebliche Veränderungen. Einige Gattungen, wie z. B. *Chrysanthemum*, wurden nach letzten Erkenntnissen in großen Teilen neu zugeordnet. Teilweise erreichten uns diese Informationen erst nach Redaktionsschluß, so daß die neuen Bezeichnungen nur noch nachfolgend unter dem bisherigen Begriff aufgelistet werden konten. Hierfür bitten wir um Verständnis. Entsprechende Hinweise finden sich auch im Index der botanischen Namen.

Einen bedeutenden Stellenwert erhielt auch der Artenschutz zum Erhalt wildlebender Pflanzen gemäß dem nebenstehenden Washingtoner Abkommen. Er bringt teilweise erhebliche Einschränkungen, die den Handel betreffen. Bitte beachten Sie genau die jeweils aktuellen Vorschriften und Regelungen, um Schäden zu vermeiden.

Für den Verlag und die Redaktion ist es selbstverständlich, daß das Kreuzer-Lexikon als Standardwerk für Praktiker und Liebhaber des Gartenbaus auch künftig stets den neuesten Sortiments- und Wissenstand vermittelt. Entsprechend wurden auch die Beschreibungen nach gängigen Gesichtspunkten gestrafft und gegliedert, so daß die Informationen klarer und schneller erfaßt werden können. Bewährtes wurde beibehalten, Unnötiges entfernt, neue Informationen hinzugefügt.

Regelung zum Washingtoner Artenschutzabkommen

Pflanzen geschützter Arten (laut gültigen Listen) aus Wildbeständen dürfen grundsätzlich nicht der Natur entnommen und nicht gehandelt werden. Geschützte Pflanzen, die aus gärtnerischer Vermehrung entstehen, dürfen gehandelt werden, allerdings muß jederzeit der Nachweis geführt werden können, daß die Pflanzen rechtmäßig in Kultur genommen wurden.

Bei Importen von besonders geschützten Arten aus Nicht-EG-Staaten ist eine CITES-Einfuhrgenehmigung des Bundesamtes für Ernährung und Forstwirtschaft notwendig. Hierfür muß eine Ausfuhrgenehmigung des Ausfuhrlandes vorliegen. Das Vorliegen dieser Bescheinigung wird von den Zollbehörden auf einer CITES-Einfuhr-Bescheinigung an der Grenze bescheinigt. Dieses Dokument muß den Pflanzentransport jederzeit begleiten.

Für Transporte von naturentnommenen Pflanzen innerhalb der EG schreibt die Verordnung vor, daß beim Transport und beim Verkauf usw. CITES-Dokumente als Begleitpapiere und Legalitätsnachweis vorzuweisen sind. Diese Dokumente sind je nach Fall CITES-Einfuhrgenehmigung, CITES-Einfuhr-Bescheinigung und CITES-Bescheinigung.

Für künstlich vermehrte, geschützte Pflanzen gemäß dem Washingtoner Artenschutzabkommen kann für Transporte innerhalb der EG auch ein Pflanzenschutzzeugnis Verwendung finden.

Besonders geschützte Wildblumenzwiebel-Arten sind:

- alle ***Galanthus*-Arten** (Schneeglöckchen) mit Ausnahme von *Galanthus flore plena* (Gefülltes Schneeglöckchen),
- alle ***Cyclamen*-Arten** (Alpenveilchen) mit Ausnahme von *Cyclamen persicum* (Zimmeralpenveilchen),
- alle ***Bellevalia*-Arten,**
- alle ***Crocus*-Arten,**
- alle ***Fritillaria*-Arten,** insbesondere *Fritillaria meleagris* (Schachbrettblume),
- alle ***Gladiolus*-Arten** (Siegwurz),
- alle ***Hyacinthella*-Arten** (Zwerghyazinthen),
- alle ***Iris*-Arten** (Schwertlilien),
- ***Leucojum aestivum*** (Sommerknotenblume) und ***Leucojum vernum*** (Frühlingsknotenblume, Märzenbecher),
- alle ***Lilium*-Arten,**
- alle ***Muscari*-Arten** (Traubenhyazinthen),
- alle ***Narcissus*-Arten** (Narzissen),
- alle ***Scilla*-Arten** (Blaustern), einschließlich ***Endymion*** (Hasenglöckchen) und ***Sternbergia lutea*** (Sternbergia),
- alle ***Tulipa*-Arten** (Tulpen).

Ausnahmen sind jeweils in Listen aufgeführt, die sich ändern können. Daher bitte den jeweils aktuellen Stand bei der zuständigen Fachbehörde für Naturschutz abfragen.

Sommerblumen - Allgemeines

Unter Sommerblumen faßt man ein- und zweijährige Blumen zusammen, die während der Vegetationsperiode zum Blühen kommen und anschließend vergehen. Immer mehr zählen dazu, jedoch auch im allgemeinen Verständnis mehrjährig wachsende Balkon- und Kübelpflanzen, die auf Beeten und in Gefäßen zusammen mit Sommerblumen gepflanzt zur Blüte kommen und die Vielfalt bereichern.

Immer größer wird auch die Gruppe der attraktiven, schnell wachsenden Stauden, die innerhalb von wenigen Monaten, also schon im ersten Jahr, zur Blüte gelangen. Dadurch unterscheiden sie sich kaum noch von den echten einjährigen Sommerblumen. Die Zahl der Staudenzüchtungen mit solchen Eigenschaften nimmt stark zu, entsprechend den Anforderungen des Marktes nach schönen, blühenden und lange haltbaren Pflanzen, die in Töpfen oder als Schnittblumen Verwendung finden und dabei noch wenig Energie zur Anzucht benötigen.

Der Handel mit Samen und Pflanzen war schon immer international, die Tendenz verstärkt sich noch. Dabei gewinnt die Namensgebung nach international anerkannten Regeln an Bedeutung. Der schwedische Botaniker Carl von Linné (1707-1778) entwickelte erstmals 1735 ein schlüssiges System zur Einteilung der Pflanzen nach international anerkannten Richtlinien, die noch heute Gültigkeit besitzen. Danach hat jeweils der Erstbeschreiber einer neu entdeckten Pflanze das Recht, sie mit einem auf der ganzen Welt gültigen Gattungs- und Artnamen zu benennen. Intensive historische Arbeiten lassen nach diesem Prinzip immer wieder Änderungen bewährter und eingebürgerter Bezeichnungen erforderlich werden.

Zusätzliche Bezeichnungen wie Naturformen, durch Züchtung entstandene Hybriden und Sortennamen nehmen an Bedeutung zu. Die Ergebnisse einer regen Züchtungsarbeit werden durch den Schutz der Namensgebung, durch Kontrakte und Etiketten, die die Herkunft der Ware bis zum Endverbraucher deutlich machen, immer stärker abgesichert. Weitervermehrungen wurden lizenzpflichtig gemacht.

Vermehrung:

a) Generative Vermehrung durch Aussaat:
Bei den meisten Sommerblumen ist die Aussaat immer noch die günstigste Vermehrungsmethode. Einheitliche Sorten entstehen durch langjährige Züchtungsarbeit oder, durch die verschiedenen Verfahren der Hybridisierung. Unter dem Namen „Heterosis" entstanden die ersten F1-Hybriden bei der Züchtungsfirma Benary. Inzwischen hat sich dieses Verfahren stark durchgesetzt.

F1-Hybriden entstehen aus Saatgut der 1. Generation nach der Kreuzung erbreiner Vater- und Mutterlinien. Nach den Mendelschen Vererbungsgesetzen sind sie besonders einheitlich in entscheidenden Eigenschaften wie Wuchs, Farbe, Blühwilligkeit, Krankheitsresistenz, Regenfestigkeit, Zahl und Haltbarkeit der Blüten.

F2-Hybriden entstehen durch Kreuzung zweier vorher erzeugter Hybriden. Sie sind preisgünstiger zu erzeugen als F1-Hybriden, dafür jedoch nicht ganz so einheitlich.

Synthetische Hybriden entstehen aus einem Pool ingezüchteter, möglichst einheitlicher Pflanzen, die zusammen abblühen und dabei eine ziemlich einheitliche Nachkommenschaft ergeben, wobei die Samenerzeugung preisgünstig ausfällt. Die nachfolgenden Generationen spalten sich stärker auf, so daß es sich nicht lohnt, von Hybriden Samen zu nehmen.

Man unterscheidet die Aussaat im Haus (Kalt- oder Warmhaus) und Freilandaussaaten (Aussaaten im kalten und im warmen Kasten und auf Beeten). Aber auch in Töpfen oder Schalen wird ausgesät mit anschließendem Pikieren. Entsprechende Kulturhinweise findet man bei den Sortenbezeichnungen.

Einjährige Sommerblumen keimen, wachsen, blühen im ersten Jahr und sterben am Ende der Vegetationsperiode ab.

Zweijährige Sommerblumen werden im ersten Jahr gesät, wachsen zu einer halbausgewachsenen Pflanze heran und überdauern so den Winter. Im zweiten Jahr blühen sie, bilden Samen und erschöpfen sich. Manchmal bringen sie auch noch im dritten und vierten Jahr neue Blüten und verwischen damit den Unterschied zu den Stauden.
Manche Sommerblumen säen sich immer wieder selbst aus. Die meisten jedoch, vor allem wertvolle und qualitativ hochwertige Sorten, werden stets neu vom Züchter zugekauft.

b) Vegetative Vermehrung:
Bei immer mehr Sorten ist die Vermehrung durch Grünstecklinge angebracht. Sie erfolgt im Haus oder Kasten bei hoher Luftfeuchte und unter günstigen Verhältnissen. Dabei werden die 5-15 cm langen Triebspitzen in ein Bewurzelungssubstrat gesteckt. Bei fachgerechter Behandlung bilden sich bald neue Wurzeln.

Meristemvermehrung, In-Vitro-Kultur oder Gewebekultur sind verschiedene Bezeichnungen für dasselbe Verfahren.

Das Meristem (ein stark teilungsfähiges Zellgewebe) befindet sich an der Sproßspitze. Hier befinden sich die gesündesten Zellen, weil die Leitungsbahnen der Pflanzen nicht bis hierhin reichen und die Zellen deshalb relativ sicher sind vor Krankheiten und Viren. Vor allem bei Pelargonien und Nelken ist dies wichtig.

In einer Nährlösung (Agar-Agar) entwickelt sich das entnommene Häufchen von Meristemzellen zur Pflanze. Hat diese die Größe von 3-4 cm erreicht, wird sie herausgenommen und in speziell keimfrei gehaltenen Gewächshäusern pikiert.

Hohe Luftfeuchtigkeit, Belüftung mit gefilterter Luft und Bestrahlung mit UV-Licht sind eine Grundvoraussetzung für die Vermehrung genetisch gleicher Klone, die es ermöglichen, einzelne gelungene Pflanzen und Sorten sehr schnell und in guter Qualität weiterzuvermehren.

Boden, Standort und Klima:

In der Regel gedeihen Sommerblumen in verschiedensten Gartenerden, also in Humusböden, die sandig-durchlässig, lehmigschwer oder anmoorig sein können. Ungeeignet sind nasse, kalte, verdichtete Böden.
Ob der Standort sonnig, halb- oder ganzschattig sein soll, ist bei der Pflanzenbeschreibung angegeben. Die Sommerblumen sind sehr anpassungsfähig an das Klima, gleich, ob ihre Herkunft aus tropischen Gebieten oder nördlichen Zonen ist.

Düngung und Ernährung:

In Gartenböden befinden sich in der Regel ausreichend Nährstoffe. Bei Mangel kann mit organischem oder mineralischem Handelsdünger nachgeholfen werden. Dafür werden in den Fachbetrieben reichlich Spezialdünger angeboten.

Pflege:

Ist der Gartenboden „samen-, wurzel- und unkrautfrei", so wird die Aussaat oder die Jungpflanze den besten Start für die Zukunft haben. Ob man Sorten stäben (aufbinden) soll, ist bei den einzelnen Sortenbeschreibungen erwähnt.
Bei Trockenperioden ist ein durchdringendes Gießen abends oder morgens (nicht täglich) am besten. Ob die Pflanzen Durst haben, zeigen sie durch das schlappe Herabhängen der Blätter, Stiele und Blüten (Welkeerscheinungen) an.

Krankheiten:
Die Anfälligkeit für Pilzkrankheiten, Bakteriosen, Virosen oder der Befall durch tierische Schädlinge kann von Sorte zu Sorte unterschiedlich sein. Ein wesentliches Kriterium bei der Pflanzenzüchtung ist die Krankheitsresistenz. Vorbeugende Schädlings- und Krankheitsbekämpfungen, auch mit biologischen Methoden, sind in den Tabellen ab Seite 202 zusammengefaßt.

Insektenfutter:
Ein besonderer Hinweis ist bei den einzelnen Pflanzen aufgeführt. Bienen, Schmetterlinge, Hummeln, Schwebfliegen und andere Insekten finden sich auf den so gekennzeichneten Pflanzen besonders häufig ein, um Pollen und Nektar zu tanken.

Giftpflanzen:
Ein besonderer Hinweis ist bei den einzelnen Pflanzen aufgeführt. Eine Übersichtstabelle über die in diesem Band enthaltenen Giftpflanzen, deren Wirkstoffe und Symptome befindet sich auf Seite 201.

Anzucht:
Die durch Aussaat oder vegetative Vermehrung gewonnenen Jungpflanzen (s. Vermehrung), werden in der Regel erst nach den Eisheiligen, also ab Mitte Mai, ohne Frostgefahr ins Freiland ausgepflanzt.

Sommerblumen in Blumenkästen:
Dazu ist zu beachten:

- Material für Blumenkästen: Art und Größe.
- Erde: Spezialerde, die es abgepackt zu kaufen gibt oder Selbstaufbereitung. Dafür folgende Grundsätze beachten: Es müssen die Hauptnährstoffe und wichtige Spurenelemente vorhanden sein. Die Erde muß ausgereift und durchlässig sein; anteilig 1/3 Kompost, 1/3 kalkfreier Sand und 1/3 Torf oder Torfersatzstoffe, dazu Volldünger mit Kalium und Phosphor als Hauptanteil. Jährlich ist diese Erde zu erneuern. Im übrigen ist beim Pflanzenkauf und Samenkauf die ideale Bodenart angegeben.
- Pflanzung mit dem Hydrokulturverfahren.
- Schädlinge und Pilzkrankheiten (vgl. Tabelle auf S. 202).
- Das Gießen mit abgestandenem Wasser (12–15 °C) ist je nach Witterung 1-2mal täglich nötig (früh und abends oder schon am frühen Nachmittag). Das Abbrausen der Pflanzen 1-2mal wöchentlich nicht vergessen.
- Der mit der Erde mitgegebene Dünger reicht als Depotdünger 3–5 Wochen aus. Anschließend deckt man den zusätzlichen Nährstoffbedarf durch einen rasch wirkenden Volldünger.
- Die verwelkten Blüten und Blätter werden laufend durch Putzen und Schneiden entfernt.
- Die Erde wird mit einem Kleingerät gefühlvoll gelüftet.

Mobile Gärten und Dachgärten:
Auf Dachgärten, in Innenhöfen bei Altbauten und Atrium-Motiven können auch Formen der Hydrokultur (z. B. das Plantenerverfahren) angewendet werden.

Blumenzwiebel und Knollengewächse

Es sind heute ca. 3000 Arten von Zwiebelgewächsen bekannt. Durch Neuzüchtungen verändert sich diese Zahl ständig.

In diesem Band 4 finden Sie diejenigen Zwiebel- und Knollengewächse, die im Freien wachsen und genutzt werden können. Empfindlichere Arten, die unter Glas und in Töpfen kultiviert werden müssen, werden im Band 5 „Zimmer- und Kübelpflanzen“ vorgestellt. Soweit üblich wurden große Pflanzenfamilien wie die Tulpen, Narzissen und Dahlien nach den zur Zeit gültigen Richtlinien klassifiziert.
Die notwendigen Nährstoffe für die Blüten werden über die Blätter in der Zwiebel oder Knolle gesammelt. Man unterscheidet:

a) Echte Zwiebel, z. B. Narzissen, Tulpen und Lilien. Sie bestehen aus Schuppen, Hülle, Basalplatte und Wurzel.

b) Rhizomknollen, z. B. bei Freesien, Gladiolen, Krokussen. Es fehlen die fleischigen Schuppen. Die Basalplatte und die Wurzel sind, ähnlich die der echten Zwiebel, mit 2 Blatthüllen vorhanden. Die Nährstoffe in der Rhizomknolle werden im Laufe der Blühzeit verbraucht. Es bilden sich neue, junge Knollen (Brut), die den Fortbestand gewährleisten.
Die Rhizomknollen der Krokusse sind übrigens die Grundlage für die Herstellung von Safranpulver. Safran, ein duftendes und gelb färbendes Gewürz, welches heute noch in der guten Küche verwendet wird, wird nur aus dem Safran-Krokus (*Crocus sativus*) gewonnen. Entdeckt wurde dieser Herbstkrokus auf Kreta. Kulturen von *Crocus sativus* gibt es noch in Kleinasien und in der Schweiz.

c) Hypokotylknollen haben z. B. Begonien, Gloxinien, Anemonen, Kaladien. Sie unterscheiden sich dadurch, daß sie keine trockenen Hüllblätter besitzen, dafür eine zähe Haut, an der sich Wurzeln bilden. Sie erschöpfen sich nicht in einem jährlichen Wachstumszeitraum, sondern können mehrere Jahre leben und blühen. An der Mutterknolle bilden sich neue Knollen.

d) Wurzelknollen haben eine echte Wurzelbildung, z. B. zählen Dahlien, Ranunkeln und die Steppenkerze dazu. Die Nährstoffe werden im Wurzelsystem gespeichert. Die neuen Pflanzen entstehen aus Knospen oberhalb der Knolle, als Krone bezeichnet.

e) Wurzelstöcke (Rhizome) haben z. B. das Blumenrohr, die Iris, die Maiglöckchen und die Zimmerkalla. Diese Rhizomwurzel wächst flach unter der Erde und in Abständen etwas oberirdisch. Es bilden sich Knospen, Keime, Blüten.

Standortansprüche:
Der gewöhnliche Gartenboden genügt in der Regel. Sandiger, durchlässiger, auch magerer Lehmboden ist vorteilhaft. Der pH-Wert ist mit 6,0–6,8 für alle Arten optimal.
Stauende Nässe wird nicht vertragen. Feuchtigkeit verlangt die Pflanze nur während der Wachstumszeit.
Sonnige bis schattige Lagen sind je nach Art und Sorte möglich (vgl. Hinweise bei den Pflanzenbeschreibungen im Hauptteil und in den Tabellen ab S. 208).

Verwendungsmöglichkeiten:
Zwiebel- und Knollengewächse sind vielseitig verwendbar. Bei den einzelnen Sorten ist aufgeführt, wie die Verwendung sein soll. Jeder fertige Garten braucht immer wieder Zwiebel- und Knollengewächse. Motive entstehen im Rosenbeet, im Rasen, in Naturwiesen, unter Gehölzen, in Steingärten, in Trögen, im Blumenfenster, im Zimmer und im Wintergarten.
Die Blumenzwiebel-Treiberei im Gartenbau ist ein wichtiger Bereich.

Pflanzzeit und Methode:
Alle winterharten Zwiebel- und Knollengewächse sollen grundsätzlich im September–Oktober gepflanzt werden. Um Wühlmausfraß zu verhindern, verwendet man Gittertöpfe, Drahtgeflecht, Wühlmausgifte und Geräte, die durch Schallwellen Wühlmäuse vertreiben.
Alle nicht winterharten Blumenzwiebeln und -knollen werden erst nach den Eisheiligen (Mitte Mai) ins Freiland gepflanzt. Die Pflanztiefe ist in der Regel für Zwiebeln 3–4mal tiefer als die Zwiebel oder Knolle groß ist. Die Pflanztiefe für Rhizome und Knollen ist unterschiedlich und jeweils bei der Sorte angegeben.
Zuerst die Zwiebel nach Farbe und Wuchshöhe in Gruppen auslegen, dann mit dem Pflanzeisen oder der Pflanzschaufel setzen oder eindrücken. Oben und unten der Zwiebel nicht verwechseln!
Als Bodenvorbereitung die Erde mindestens 20 cm tief lockern und unkrautfrei halten.

Düngung und Ernährung:
Die Bodenvorbereitung ein Jahr zuvor ist das beste. Frischer Stallmist ist falsch und sogar schädlich. Eine biologische Düngung mit Hornmehl kann auch als Nachdüngung im Juni noch vorgenommen werden. Spezialdünger werden angeboten.
Gießen nur mit chlorfreiem Wasser. Am besten eignet sich abgestandenes Regenwasser, 18–20 °C warm.

Vermehrung:

a) Gewebekultur, In-Vitro-Kultur, Meristemvermehrung
Wissenschaftliche Institute und Hochschulen in aller Welt bemühen sich, die Vermehrung von Pflanzen über Gewebekulturen zu verfeinern und für die Zukunft Erfolgsmethoden anzubieten. Unter dem Begriff „Meristem“ wird eine Vermehrung über das pflanzliche Bildungsgewebe angesteuert, das durch laufende Zweiteilung neue Gewebe liefert.
Auch für Blumenzwiebeln ist die Zeit der Meristem-Kultur angebrochen. „Meristem in vitro“, sagt man für die Pflanzenanzucht im Reagenzglas, die steril und virusfrei erfolgt. Die virusfreie Anzucht mit sterilem Nährboden im Reagenzglas bringt bessere Qualität, die vegetative Vermehrung wird beschleunigt, die Pflanzenanzahl erhöht und zügiges Wachstum erreicht. Kreuzungsmöglichkeiten mit der Embryokultur liegen vor uns.

b) Herkömmliche Vermehrungsmethoden
Alle Zwiebelgewächse vermehren sich durch Samen über die geschlechtliche Methode. Nach der Mendelschen Vererbungslehre sind Aufspaltungen die Regel. Die Nachkommen aus der Samenvermehrung sind sich dadurch nicht ähnlich. Zeitlich dauert es oft 3–4 Jahre, bis das Ergebnis der Samenanzucht erkennbar ist. Aus diesen Gründen hat sich die ungeschlechtliche (vegetative) Vermehrung entwickelt, eine je nach Art schnellere und sicherere Vermehrungsmethode.

Zwiebelgewächse vermehren sich durch Teilung nach der Blüte und dem Verwelken. Tochterzwiebeln werden von der Mutterzwiebel abgetrennt und sofort wieder in ein Anzuchtbeet gepflanzt. In 2–3 Jahren hat sich dann die pflanzbare Zwiebel entwickelt.

Lilien vermehren sich durch Brutzwiebeln aus der Blattachsel oder aus den Schuppen der Zwiebeln. Brutzwiebeln werden nach dem Ausreifen im Frühbeet bei 1/3 Torf, 1/3 Sand und 1/3 Lehmgemisch ca. 2 cm tief gesetzt, dort bewurzelt und als kräftige Jungpflanzen im nächsten Jahr ausgepflanzt.

Die Schuppenvermehrung: Bis zur Hälfte der Schuppen werden von der Mutterpflanze abgelöst und dann im feuchten Sandgemisch bei 20–22 °C abgeschlossen gelagert. Die Schuppen setzen Brutzwiebeln an, die im kalten Kasten bei 2–4 °C überwintern sollen, um dann zu wachsen.

Knollengewächse, z. B. Dahlien und Ranunkeln, vermehren sich durch Teilung (Zerschneiden) im Frühjahr. Wichtig ist, daß dabei auch ein Stengel und mindestens eine Knospe mitgegeben wird. Diese Teilstücke werden im ca. 18 cm tiefen Pflanzloch eingelegt und angehäufelt. Bis zum Herbst entwickelt sich eine neue Knolle.

Rhizomknollen und Hypokotylknollen, z. B. Gladiolen, werden nach dem Abblühen und Verwelken ausgegraben, 2–3 Wochen schattig auf einem Rost gelagert und getrocknet. Die anhaftende Erde kann entfernt und die kleinen Brutknollen können abgelöst werden. Diese Brutknollen, im Frühjahr gepflanzt, im Herbst bei bis 10 °C im Lagerraum frostfrei in einem Netzsack aufgehängt gelagert, ergeben die Nachzucht für den Garten. Rhizome werden durch Teilstücke mit mindestens einem Auge zur Vermehrung verwendet, also Zerschneiden der Knolle mit jeweils einem Auge.
Für Neuzüchtungen bedient man sich sowohl der geschlechtlichen als auch der ungeschlechtlichen Methode. Man sät, kreuzt, sät wieder und bringt viele Eigenschaften, wie Blütenform und -farbe, Wuchshöhe und Gesundheit, mit in die Zuchtarbeit ein. Wird dann aus diesen Kreuzungen eine „neue Sorte“ nach langer Prüfung ermittelt, so erfolgt die vegetative Vermehrung für den Markt. Eine langwierige Züchterarbeit, die oft erst nach 10–20 Jahren zum Erfolg führt.

Blumenzwiebel-Treiberei:
Die Zwiebel- und Knollengewächse werden im Zimmer, Gewächshaus, Wintergarten oder am Blumenfenster zum Blühen gebracht. Dazu kann man im September–Oktober präparierte Blumenzwiebeln kaufen. Hyazinthen, Tulpen und Krokusse werden in alte, gereinigte Schalen und Töpfe gepflanzt. Die Erde, 1/3 Sand, 1/3 Torf und 1/3 Lehm, kann nährstoffarm sein. Die Zwiebel so tief eindrücken, daß die Spitze noch sichtbar ist, und angießen. Dann frostfreier Einschlag im Garten, überdeckt mit Laub und Torf, oder Versorgung im kühlen Keller.
Nach 13 Wochen, wenn die Wurzelbildung erfolgt ist, kommen die Töpfe, dunkel gestellt, in das temperierte Haus oder Zimmer. Sind die Triebe 5–8 cm hoch, kann oder soll die Verdunkelung aufhören, das heißt, wenn sich die Blütenknospen zeigen, wird der Verdunkelungshut entfernt. Die blühende Pflanze nicht der direkten Sonne aussetzen, sondern kühl stellen. Abgeblühte Pflanzen sollte man wegwerfen, man kann diese aber auch als schwaches Pflanzgut in den Garten pflanzen. Auf die für die Treiberei am besten geeigneten Sorten und Arten ist hingewiesen. Präparierte (durch frühe Ernte und Wärme vorbehandelte) Hyazinthen treibt man wie Tulpen oder auch in Hyazinthengläsern.

Pflege der Zwiebelgewächse – Winterlagerung:
Nicht winterharte Zwiebelgewächse müssen nach dem Verblühen oder erst wenn die Blätter vergilbt sind, ausgegraben werden. Dann ist auch über die Blätter die Nährstoffspeicherung für das nächste Kulturjahr abgeschlossen. Geschieht dies nicht, so werden die Zwiebeln durch Bodenfrost und Kälte verlorengehen.

Nach dem Ausgraben die Zwiebeln trocken, luftig und schattig 2–3 Wochen lagern, anschließend putzen, das heißt, die trockene Erde entfernen. Dann die Zwiebeln in Obstkisten mit Torf frostfrei im Keller mit 7–17 °C oder in ähnlichen Räumen lagern. Dahlien dürfen nur eine Lagertemperatur von 4–7 °C haben, sonst treiben sie an. Schutz vor Mäusefraß nicht vergessen.
Winterharte Blumenzwiebeln und -knollen kann man nach der Blüte ausgraben und an einem schattigen Platz ausreifen lassen. Im September–Oktober werden sie wieder ins Freiland gepflanzt.

Krankheiten – Pflanzenschutz:
Tierische Schädlinge, Pilz- und Bakterienkrankheiten sind in den Pflanzenschutz-Tabellen ab Seite 202 beschrieben.

Giftige Zwiebel- und Knollengewächse:
Siehe Tabelle Giftpflanzen auf Seite 201.

Abelmoschus manihot (Hibiscus m.)
Maniok-Eibisch.

Familie: Malvaceae - Malvengewächse.
Herkunft: tropisches Asien.
Wuchs: 100–200 cm hoch, schnellwüchsig.
Blatt: handförmig.
Blüte: bis 20 cm ∅, trichterförmig, groß; schwefelgelb oder weiß, in der Mitte rotbraun.
Blütezeit: VII–IX.
Standort: volle Sonne, warme Lage.
Erde: nährstoffreiche, ausreichend feuchte Böden.
Kultur: Aussaat Dezember-März im Haus; auspflanzen nach dem 20. Mai mit Topfballen, Abstand 40–60 cm.
Verwendung: einjährige, interessante Rabatten- und Kübelpflanze, dabei Wuchshöhe für richtige Standortwahl berücksichtigen.
Sorten: 'Cream-Cup', cremegelb, Mitte weinrot, Blütendurchmesser bis 15 cm; 120–180 cm hoch.

Abutilon-Hybriden
Abb. 1

Gartenschönmalve, Samtpappel.

Familie: Malvaceae - Malvengewächse.
Herkunft: Südamerika. Durch Kreuzung von *A. darvinii* × *A. pictum* entstanden. Etwa 150 Arten.
Wuchs: 100–120 cm hoch, strauchartiger Wuchs, ausdauernde Kübelpflanze, als Sommerblume 1jährig kultiviert.
Blatt: ahornblättrig, dekorativ gezeichnet.
Blüte: weit offene Blütenschalen, glockenförmig, vielfarbig.
Blütezeit: VII–X.
Standort: sonnige, geschützte Lagen, nicht winterhart.
Erde: feuchte, nährstoffreiche Gartenböden bevorzugt, pH-Wert 5,5–6.
Kultur: Aussaat Februar-März im Warmhaus, anschließend Weiterkultur im temperierten Haus, Keimzeit 2–3 Wochen bei 21 °C. Ins Freiland erst bei Nachttemperaturen von über 10 °C pflanzen, Abstand etwa 30 cm.
Verwendung: Rabatten, Blumenkästen, Ampeln, Topfpflanze.
Sorten: 'Hybridus maximum', Blätter dekorativ gezeichnet, Blütenschalen weit geöffnet. Höhe 120 cm.
Weitere Arten: *Abutilon*

Abbildung 1: Abutilon-Hybride 'Gelb'

Achillea millefolium
Abb. 2

Schafgarbe.

Familie: Compositae - Korbblütengewächse.
Herkunft: Mitteleuropa.
Nutzung: als Sommerblume und als Staude.
Wuchs: strauchartig bis 1 m.
Blatt: fiederteilig, fein.
Blüte: verschiedene Farben von Gelb, Weiß, Rosa bis Kirschrot.
Blütezeit: VI–IX.
Standort: sonnig–halbschattig.
Erde: sandig bis leicht lehmig.
Vermehrung: durch Aussaat und Teilung.
Kultur: Aussaat Januar–März im Gewächshaus, Keimzeit 10–20 Tage bei ca. 18 °C; nach 4 Wochen in Töpfe von 8–9 cm ∅ pikieren. Auch Direktsaat in Töpfe mit 3–4 Korn möglich, Samen nicht abdecken.
Pflanzung: ab Mai im Abstand von 30–40 cm.
Verwendung: Langblühende Beet- und Rabattenstaude, die bereits im 1. Jahr blüht. Gute Schnittblume, zur Trocknung, auch für Container, in Naturgärten und Innenhöfen.
Sorten: 'Kirschkönigin', purpurrot, 'Summer Pastells' F2-Hybride, Mischung interessanter Farben von Schwefelgelb über Weiß, Rosa bis hin zum tiefen Purpurrot.

Abbildung 2: *Achillea millefolium* 'Summer Pastels'

Acidanthera bicolor var. *murielae*
Abb. 3

Acidanthera, Abessinische Gladiole, Sterngladiole.

Familie: Iridaceae - Schwertliliengewächse.
Herkunft: Äthiopien, etwa 20 Arten in Afrika.
Wuchs: 45–60 cm, Stengel bis 1 m; Rhizomknolle. Ähnlich der Gartengladiole.
Blatt: frischgrün, schwertförmig.
Blüte: cremeweiß, Schlund violettbraun; ∅ 5 cm, 5–6 Blüten je Stiel in lockerem Blütenstand, blühen nacheinander auf; duftend.
Blütezeit: VII–VIII.
Standort: windgeschützt, sonnig, warm. Muß bei unserem Klima zur Überwinterung aus dem Boden genommen werden.
Erde: durchlässige, lockere Humusböden.
Vermehrung: erfolgt durch junge Brutknöllchen.
Pflanzung: im Frühjahr ohne Frostgefahr ab Anfang Mai, 6–8 cm tief.
Pflege: im Herbst ausgraben und in Sand-Torf-Gemisch trocken bei etwa 15 °C. lagern.
Verwendung: ausgezeichnete Schnittblume, Beetpflanze zwischen Sommerblumen und Stauden, Trogbepflanzung.
Weitere Arten: *Acidanthera tubergenii* 'Zwanenburg': blüht etwa 20 Tage früher als *Acidanthera bicolor*, die weiße Blüte hat einen roten Schlund.

Abbildung 3: ***Acidanthera bicolor***

Abb. 4

Adonis aestivalis

Adonisröschen, Sommerblutströpfchen.

Familie: Ranunculaceae – Hahnenfußgewächse.
Herkunft: Europa, Klein- bis Mittelasien, Nordafrika. Etwa 20 Arten, Europa bis Japan.
Wuchs: 30–50 cm hoch.
Blatt: fein gefiedert, zierend.
Blüte: leuchtend blutrot oder gelb, hahnenfußähnlich, ⌀ 20 cm.
Blütezeit: VI–VIII.
Standort: sonnige bis leicht halbschattige Lage.
Erde: gut trockene, leichte, etwas kalkhaltige Böden.
Vermehrung: durch Aussaat.
Kultur: bevorzugt Herbstaussaat an Ort und Stelle, März-Mai-Aussaat ist jedoch die Regel; 2–3 Wochen Keimzeit bei 15 °C. Reihenabstand 15–20 cm, gewöhnlich wird dünn in die Rille gesät, aber auch Pflanzung ist möglich im Abstand 30 cm.
Verwendung: einjährige Beet-, Polster-, Rabatten-, Steingarten- und Schalenpflanze. Paßt gut in Wildgärten und wiesenartige Sommerblumenbeete.
Besonderheiten: Ist in der freien Natur bedroht, steht auf der Roten Liste. Samen darf nur aus nachweislich kultivierten Beständen genommen werden.
Weitere Arten: *Adonis aleppica*: Wuchs niedriger als *Adonis aestivalis*, Blüten tiefdunkelrot und größer.
Adonis annua (*A. autumnalis*): 25–30 cm hoch, Blüten blutrot mit dunkler Mitte.

Abbildung 4: ***Adonis aestivalis***

Abb. 5

Agapanthus africanus (Agapanthus umbellatus)

Schmucklilie, Doldenlilie.

Familie: Liliaceae – Liliengewächse.
Herkunft: Südafrika. Etwa 10 Arten.
Wuchs: 60–120 cm hoch; fleischige, dicke Rhizomwurzel.
Blatt: lang, riemenförmig.
Blüte: blau oder weiß; 10–30 Blüten in doldenartigen Rosetten auf blattlosem Stengel.
Blütezeit: VII–VIII.
Standort: warme, geschützte, sonnige bis höchstens halbschattige Plätze, nicht winterhart, verträgt höchstens −4 °C. Winterschutz nötig.
Erde: 1/3 Blumenerde, 1/3 Torf, 1/3 groben Sand, etwas gemahlenen Kalk beigeben. Braucht Bodenfeuchtigkeit.
Vermehrung: Rhizomteilung im Frühjahr.
Pflanzung: Frühjahr, ab Mitte April, nach der Frostgefahr. Rhizome flach einlegen, leicht bedecken; 9 Pflanzen pro qm.
Pflege: alle 4 Wochen Blumendüngergaben. Während der Wachstumszeit feucht halten, Standortwechsel nach 3 Jahren. Vor dem ersten Frost im Herbst ausgraben; trocken, kühl und frostfrei lagern. Sollte selten verpflanzt werden, daher mit Topf pflanzen.
Verwendung: Terrassen, Dachgärten, Rabatten-, Dekorations- und Kübelpflanze, für Freilandpflanzung am besten mit Pflanzgefäß im Boden einsenken. Lange haltende Schnittblume.
Sorten: 'Albus', weiß. 'Blue Giant', dunkelblau, großblumig. 'Blue Triumphator', hellblau. 'Headbourne Hybrids', blaue Farbtöne, Blätter dunkelgrün glänzend. 'Blue Star', blaue Blüten, gute Winterhärte, wenn die Pflanzstelle mit ca. 30 cm hohem Laub-Torfgemisch abgedeckt wird.

Abbildung 5: ***Agapanthus africanus***

Abb. 6

Agastache mexicana (Agastache scrophulariifolia, Cedronella mexicana)

Mexikanische Minze.

Familie: Labiatae – Lippenblütler.
Herkunft: Mexiko.
Nutzung: Bei uns nicht ganz winterharte Schnittstaude.
Wuchs: 70–90 cm hoch, strauchartig, mit nach Minze duftenden Blättern.
Blatt: kreuzgegenständig, gezähnt.

Blüte: ährenförmig, in Quirlen zusammenstehend, grünweiß oder blau, rosa.
Blütezeit: Juli–Oktober.
Standort: sonnig-halbschattig.
Erde: sandig-humos, auch feucht.
Vermehrung: Aussaat, Teilung.
Kultur: Aussaat im Zimmer oder unter Glas, auch ins Frühbeet, im März–Anfang Mai bei 14–18 °C, Keimdauer 10–14 Tage. Nach ca. 4 Wochen pikieren und hell weiterkultivieren bis Mai. 2–3 g ergeben ca. 1000 Pflanzen.
Pflanzung: ab Mitte Mai ins Freie im Abstand von 20–40 cm auf Rabatten, in Naturgärten, auf sonnigen oder halbschattigen Beeten.
Pflege: Nach dem Auspflanzen immer gut feucht halten, wenig oder gar nicht düngen, Kompost genügt.
Verwendung: Ausdrucksvolle und ungewöhnliche Schnittblume, als floristisches Beiwerk. Duftpflanze, einjährig kultiviert. Gutes Bienenfutter. Für Naturgärten.
Sorten: 'Weiß', 'Blau'.

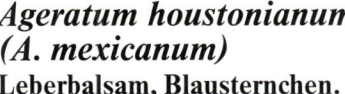

Abbildung 6: ***Agastache mexicana***

Ageratum houstonianum (A. mexicanum)

Abb. 7/8

Leberbalsam, Blausternchen.

Familie: Compositae – Korbblütengewächse.
Herkunft: Mexiko; Mittel-, Südamerika, als Wildpflanze. Ca. 30 Arten.
Wuchs: 8–60 cm hoch je nach Sorte (polsterartige oder Schnittsorten), krautartig, reichverzweigter Stengel.
Blatt: gesägter Rand, Blattoberfläche flaumhaarig; herz- bis kreisförmig, 2,5 cm lang auf kurzem Stiel; blau-bis graugrün.
Blüte: flockige Blütenköpfe, 0,5–1 cm ∅, auf dicht gedrängten Dolden, blauviolett, weiß oder rosa.
Blütezeit: lange blühend, V–X.
Standort: wärmebedürftig, sonnige Lage; Freilandpflanzung in der zweiten Maihälfte, sobald keine Frostgefahr mehr besteht. Bei trockener Witterung reichlich gießen.
Erde: lehmigen, schweren, nahrhaften Gartenboden oder humose Blumenkastenerde, nicht zu trocken.
Kultur: Aussaat im Zimmer oder unter Glas von Januar–März. Keimzeit 1 Woche bei 20 °C. an hellem Platz. Es ist auch Stecklingsvermehrung möglich. Pikieren mit 3–5 cm Abstand. Auspflanzen ab Mitte Mai, Abstand 15–20 cm.
Verwendung: einjährige Sommerblume, für Gruppenpflanzungen, Rabatten, Einfassungen, Kübel und Balkonkästen; höher wachsende Sorten werden auch zum Schnitt verwendet.
Sorten: Fl-Hybriden: 'Atlantic', mittelblau, gleichmäßig und ausgeglichen, selbstreinigend, 20 cm hoch. 'Blaue Donau' ('Blue Danube'), mittelblau, mittelgroße Blumen, frühblühend, hervorragende Sorte, kompakter Wuchs, 15–20 cm hoch. 'Blue Blazer', hellblau, frühblühend, einheitlich, 15 cm hoch. 'Blue Blanket', mittelblau, besonders reichblühend. 'Champion Hellblau', früh und reichblühend, 15–20 cm. 'Capri', mittelblau, frühblühend, robust,-widerstandsfähig, auch gegen starke Sonneneinstrahlung, großblumig, 20–25 cm hoch. 'Hawaii Weiß', reinweiß, frühblühend mit kompaktem Wuchs, 15–20 cm hoch. 'Summer Snow', weiß, schöne kompakte Sorte, 15 cm hoch. 'Blaue Donau', tiefblau, violett, mittelgroße Blumen, frühblühend, kompakter Wuchs, 15 cm. 'Schnittstar' Fl-Hybriden, dunkelblau oder weiß, großblumige Schnittsorte, mittelfrühblühend, 50–75 cm hoch. 'Blauer Horizont', mittelfrüh, großblumig, 60 cm, 'Schnittwunder', mittelblau, hochwachsende Sorte für den Schnitt und für Staudenpflanzungen, 50–60 cm hoch.

Abbildung 7: ***Ageratum houstonianum* 'Capri'**

Abbildung 8: ***Ageratum houstonianum* 'Blaue Donau'**

Agrostemma githago 'Milas'

Abb. 9

Kornrade.

Familie: Caryophyllaceae – Nelkengewächse.
Herkunft: Europa, Asien, Nordafrika, *Agrostemma githago* trat früher als Ackerunkraut in Getreidefeldern

Abbildung 9: ***Agrostemma githago* 'Milas'**

auf. Aus der Art ist die großblumige Selektion 'Milas' entstanden.
Wuchs: 60–90 cm hoch, Stengel astig-gabelspaltig.
Blatt: graufilzig, eng anliegend.
Blüte: lilarosa bis rotviolett, nelkenartig, 5–8 cm ∅, reichblühend.
Blütezeit: VI–VIII.
Standort: sonniger Standort bevorzugt, verträgt Wind und Feuchtigkeit.
Erde: anspruchslos, gedeiht auch noch auf trockenen Sandböden.
Kultur: Freilandaussaat an Ort und Stelle im Herbst oder März–April.
Verwendung: einjährig, als Schnittblume, in Naturgärten, zur Ackerrandbegrünung, aber auch zum Abpflanzen von Böschungen, Halden und Kiesgruben. Der Samen ist giftig!

Abbildung 10: ***Alcea rosea***

Agrostis nebulosa
Nebelgras, Straußgras.

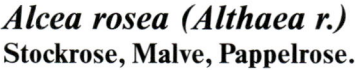

Familie: Gramineae – Süßgräser.
Herkunft: Marokko, Spanien.
Wuchs: ca. 30 cm hoch; lange kahle Stengel, auf denen die Ähren sitzen.
Blatt: grüngelb, schmal, büschelig zusammenstehend.
Blüte: lange Rispen mit weißen Blütenähren.
Blütezeit: VII–IX.
Standort: sonnig, warm.
Erde: anspruchslos, sandiglehmig, keine stauende Nässe.
Kultur: Aussaat an Ort und Stelle im Herbst oder Frühjahr, sobald der Boden frostfrei und abgetrocknet ist. Abstand etwa 15 cm.
Verwendung: einjährig, Beipflanzung in Sommerblumenbeeten, um eine Beruhigung in die Farbvielfalt zu bringen. Auch geeignet für Trockensträuße, hierzu kurz vor dem Aufblühen schneiden, schattig und trocken, kopfunter aufhängen.

Abb. 11

Allium aflatunense
Zierlauch, Iranlauch.

Familie: Liliaceae – Liliengewächse.
Herkunft: Mittelasien, Persien. Nördliche Halbkugel etwa 300 Arten.
Wuchs: 70–80 cm hoch; Zwiebelgewächs; Zwiebelgeruch.
Blatt: breit, lanzettlich, groß.
Blüte: purpurlila; dichte, runde Dolden.

Abbildung 11: ***Allium aflatunense***

Abb. 10

Alcea rosea (Althaea r.)
Stockrose, Malve, Pappelrose.

Familie: Malvaceae – Malvengewächse.
Herkunft: vermutlich aus 2–3 Kreuzungen anderer Arten entstanden, die in Südosteuropa und Südwestasien beheimatet sind.
Wuchs: 120–200 cm hoch, Stengel wächst aus der bodennahen Blattrosette heraus.
Blatt: herzförmig, filzig.
Blüte: einfach, halbgefüllt oder gefüllt; Farbsortiment reicht von weiß, gelb, rosa bis rot; bis 10 cm Blütendurchmesser.
Blütezeit: VII–IX.
Standort: braucht sonnige, geschützte Lage. Bei Herbstpflanzung etwas Winterschutz mit Fichtenreisig.
Erde: tiefgründigen, nahrhaften Gartenboden.
Kultur: Aussaat im Haus oder Frühbeet Februar–April. Keimzeit 3–4 Wochen bei 18 °C. Dunkelkeimer. Ab Mai–Juni Freilandaussaat. Auspflanzen im Frühjahr oder August im Abstand von 30–40 cm.
Pflege: Die Blätter werden oft schon zeitig im Frühjahr von Rost befallen. Zurückschneiden, danach treiben bald neue Blätter aus, bei denen die Befallsgefahr geringer ist.
Verwendung: Solitär- und Schnittstaude, paßt in Bauerngärten, besonders an Mauern, Wänden, Zäunen oder vor hohen Ziersträuchern, meist 2jährig kultiviert.
Sorten: 'Charters', Preismalve, dichtgefüllte Einzelblüten an großen Rispen. In den Farbsorten 'Gelb', 'Karmin', 'Kirschrot', 'Rosa', 'Scharlachrot', 'Weiß'. 'Simplex', einfachblühend gemischt.

Blütezeit: V–VI.
Standort: volle Sonne bevorzugt.
Erde: durchlässige, auch nährstoffarme Gartenböden.
Vermehrung: durch Bildung kleiner Brutzwiebeln oder durch Samen. Ab der Aussaat dauert es 2–3 Jahre, bis die Pflanze zum Blühen kommt.
Pflanzung: im Herbst, Oktober–November, 20 cm tief, im Abstand von 30 cm.
Pflege: Zwiebeln können im Winter im Boden verbleiben, benötigen in sehr strengen Wintern zusätzliche Laubabdeckung.
Verwendung: als Schnittblume lange haltbar, Zwiebelgeruch verschwindet, wenn die Stengel im Wasser stehen; als Trokkenblume; schöne Beetpflanze, z. B. im Naturgräsergarten, als Wildnispflanze mit Lein, Lavendel oder Wolfsmilch. Für den Anbau im Freien als Schnittblume und für die Treiberei unter Glas geeignet.
Sorten: 'Purple Sensation', besonders großblumig, Blüte tief-violett.
Weitere Arten: *Allium atropurpureum*, Rotkugellauch: stammt aus Südosteuropa; 70 cm hoch, weinrote Blütenbälle von Juni–Juli.

Allium caeruleum (A. azureum)
Enzianlauch.

Familie: Liliaceae – Liliengewächse.
Herkunft: Südost-Rußland, Nord- und Mittelasien.
Wuchs: bis 60 cm hoch, zierlich.
Blatt: linealisch.
Blüte: himmelblau, kompakte, kleine, runde Blütendolde.
Blütezeit: VI–VIII.
Standort: sonnig, geschützt.
Erde: sandiger, durchlässiger Lehmboden.
Vermehrung: durch Nebenzwiebeln oder Aussaat der Samen.
Pflanzung: im Herbst oder im zeitigen Frühjahr.
Verwendung: mehrjährige Zwiebelblume, wertvolle Schnittblume, die im Gewächshaus angebaut werden kann, für Steingärten.

Allium christophii (A. albopilosum)
Abb. 12
Sternkugellauch.

Abbildung 12: ***Allium christophii***

Herkunft: Nordiran, Turkestan.
Wuchs: hoch, 60–75 cm, kräftig.
Blatt: breitlanzettlich.
Blüte: in Kugelform angeordnet, sehr repräsentativ, lila, glänzend, 20–30 cm ⌀, Einzelblüte sternförmig.
Blütezeit: VI–VII.
Standort: vollsonnig.
Erde: lehmig, auch sandig.
Vermehrung: durch Bildung kleiner Brutzwiebeln oder durch Samen.
Kultur: Anzucht aus Samen dauert 2–3 Jahre, bis die Pflanze zum Blühen kommt. Brutzwiebeln im Herbst abnehmen, zeitig im Frühjahr auspflanzen, Blüte im 2. Jahr.
Pflanzung: im Frühjahr, März–Mai im Abstand von 20–30 cm.
Verwendung: mehrjährige Zwiebelblume, lange haltbare Schnittblume, als Trockenblume sehr beliebt, für Staudenbeete, Steingärten, Steppengärten, Naturgärten.

Allium giganteum
Abb. 13
Riesenlauch, Himalaya-Riesenlauch.

Abbildung 13: ***Allium giganteum***

Familie: Liliaceae – Liliengewächse.
Herkunft: Himalaja, Mittelasien. Etwa 300 Arten.
Wuchs: 90–150 cm hohe Stengel, Knollendurchmesser etwa 18 cm.
Blatt: breit-lanzettlich, groß.
Blüte: violett, rosa bis violettrosa; kugelrunde Blütendolden; ⌀ 10–20 cm.
Blütezeit: VII–VIII.
Standort: sonnig bis halbschattig, warm; braucht in rauhen Lagen guten Winterschutz.
Erde: durchlässige, kalkhaltige, leichte Böden.
Vermehrung: durch Nebenzwiebeln oder Aussaat der Samen.
Pflanzung: September–Oktober, 10–15 cm tief.
Pflege: in strengen Wintern, vor allem bei Kahlfrösten, Boden mit Laub oder Fichtenreisig abdecken.
Verwendung: mehrjährige Zierpflanze für Staudenbeete, in Einzelstellung oder als Gruppenpflanzung, Vasenschmuck.
Sorten: 'Lucy Ball', violettblau, dunkler als die Art.
Weitere Arten: *Allium rosenbachianum* (*A. jesdianum*): Turkestan, 100–120 cm hoch; sehr große, lilapurpurne, kugelige Blütenstände; Blütezeit Mai–Juni; gute Schnitt- und Trokkenblume.
Allium schubertii, Igelkolbenlauch: Palästina, Mittelasien; 60 cm hoch; Blütendolden purpurrosa, duftend; Blütezeit Juni–Juli, nicht ganz winterhart; sehr gute Schnittblume.
Allium sphaerocephalon: Mittelmeergebiet, Süd-, Mitteleuropa, Vorderasien; 3–5 cm

breite, purpurfarbene, volle Blütendolden; Blütezeit Juni–Juli; winterhart; 7–10 cm tief im Herbst pflanzen; als Trokkenblume und zum Schnitt geeignet.

Allium stipitatum: Paukenschlägerlauch, Turkestan; etwa 100 cm hoch; lilapurpurne oder weiße große Blütendolden, angenehm duftend; Blütezeit Juli; winterhart; gute Schnittblume, Blüte Juni.

Pflege: bei geringer Bodenfeuchte im Frühjahr ausreichend wässern.
Verwendung: mehrjährige Zwiebelblume, für Steingärten besonders geeignet, neigt zum Verwildern; auch als Schnittblume verwendbar.
Weitere Arten: *Allium unifolium*: stammt aus Kalifornien, Oregon, ähnlich *A. moly*, aber hellrosa mit graugrünen Blättern, Höhe 20–30 cm, Blüte V–VI.

Allium karataviense

Abb. 14

Blauzungen-Lauch, Karataulauch.

Familie: Liliaceae – Liliengewächse.
Herkunft: Turkestan.
Wuchs: etwa 20 cm hoch.
Blatt: breit, schieferartig, graugrün mit rötlichem Saum.
Blüte: silbrigrosa; Blütendolden bis 10 cm ⌀.
Blütezeit: IV–V.
Standort: sonnige bis halbschattige, warme Lage. In rauhen Lagen Winterschutz.
Erde: durchlässige, kalkhaltige, leichte Böden.
Vermehrung: durch Nebenzwiebeln oder Aussaat der Samen.
Pflanzung: September–November, 10 cm tief.
Pflege: Boden im Winter mit Fichtenreisig oder Laub abdecken.
Verwendung: mehrjährige Zwiebelblume, für Steingärten, in niedrigen Staudenpflanzungen, sehr hübsch als Beeteinfassung, besonders winterhart, auch für Topfkultur.

Abbildung 14: ***Allium karataviense***

Abbildung 15: ***Allium moly***

Allium moly (A. luteum)

Abb. 15

Zierlauch, Goldlauch.

Familie: Liliaceae – Liliengewächse.
Herkunft: Pyrenäen, Spanien, Mittelmeergebiet.
Wuchs: 20–45 cm hoch, verwildert rasenartig.
Blatt: breitlanzettlich, blaugrün.
Blüte: leuchtende, goldgelbe Blütendolden, 5–7 cm ⌀, schirmförmig.
Blütezeit: V–VI.
Standort: ziemlich winterhart, etwas Schutz geben, sonnig.
Erde: gute Gartenböden, die im Frühjahr feucht und im Sommer trocken sind.
Vermehrung: durch Nebenzwiebeln oder Aussaat der Samen.
Pflanzung: 6–8 cm tief, im Herbst oder Frühjahr.

Allium neapolitanum (A. cowanii)

Abb. 16

Zierlauch, Neapellauch.

Familie: Liliaceae – Liliengewächse.
Herkunft: Südeuropa, östliches Mittelmeergebiet.
Wuchs: 35–40 cm hoch, Stengel dreikantig.
Blatt: länglich, blaugrün.
Blüte: weiße kugelförmige Blütendolden, 7 cm ⌀, mit schwachem, angenehmem Duft.
Blütezeit: V–VI.
Standort: meist nicht winterhart; braucht Schutz vor Frost, z. B. Laub und Fichtenreisig. Verlangt geschützten, warmen Standort.
Erde: sandiger, leichter Tonboden oder Sandboden.
Vermehrung: durch Nebenzwiebeln oder durch Aussaat der Samen.
Pflanzung: im Herbst, 5 cm tief. Für den Schnittblumenanbau bis zu 200 Zwiebeln pro qm möglich.
Pflege: im Frühjahr Mischdüngergabe.
Verwendung: mehrjährige Zwiebelblume, sehr lange in der Vase haltende Schnittblume. Als Topf- und Kübelpflanze im kühlen Raum, zur Freiland- und Unterglaskultur, sehr frühe Blüte.
Weitere Arten:
Allium oreophilum (*A. ostrowskianum*) Rosenlauch: Kaukasus, Ost-Turkestan; 10–25 cm hoch; Blüte karminrosa, kleine, vielblumige Dolden; Blütezeit Mai–Juni; besonders für Steingärten geeignet; Frühjahrs- oder Herbstpflanzung.
Allium triquetrum: stammt aus dem Mittelmeerraum; 40 cm hoch, Stengel dreikantig; duftende, weiße, hängende Glokkenblüten, die Petalen haben einen grünen Mittelstrich, nicht sehr winterhart, für halbschattige Lagen, mit nährstoffreichem Boden; an Gehölzrändern oder Steingärten, neigt zum Verwildern.

Abbildung 16: ***Allium neapolitanum***

Abbildung 17: ***Allium siculum***

Allium siculum (Nectaroscordum siculum)

Abb. 17

Bulgarenlauch.

Familie: Liliaceae – Liliengewächse.
Herkunft: Bulgarien, Kleinasien.
Wuchs: 60–120 cm hoch, kräftig.
Blatt: breitlanzettlich.
Blüte: in lockeren Dolden mit 10–20 hängenden, breitglockigen und zierlichen Blütchen, die außen mattgrün, innen braunrot, purpurrot oder rosa schattiert oder gestreift sind.
Blütezeit: V.
Standort: sonnig bis halbschattig.
Erde: möglichst kalkhaltig, leicht, sandig.
Vermehrung: durch Samen und Brutzwiebeln.
Pflanzung: im Herbst oder im zeitigen Frühjahr, Abstand 10–15 cm.
Verwendung: als seltene Liebhaberpflanze für den Steingarten, für Tröge und zum Schnitt. Mehrjährige Zwiebelblume.
Weitere Arten: *Allium cernuum*, Heimat Nordamerika von Quebec bis Arizona, Höhe 40 cm, Blätter wintergrün, nickende, rosa Blütendolden, die VI–VII blühen.

Allium ursinum

Abb. 18

Bärenlauch, Bärlauch.

Familie: Liliaceae – Liliengewächse.
Herkunft: Europa, Kleinasien, Kaukasus.
Wuchs: etwa 30–40 cm hoch.
Blatt: frisch grün, breitlanzettlich, nach Knoblauch schmeckend, nur im April–Mai erntbar, Pflanze zieht danach ein.
Blüte: reinweiße, sternförmige Blüten in schirmförmigen Blütendolden, starker Knoblauchgeruch.
Blütezeit: V.
Standort: halbschattige Lage.

Abbildung 18: ***Allium ursinum***

Erde: humose, feuchte Böden, Waldböden.
Vermehrung: vor allem durch Brutzwiebeln, auch durch Saat in den Wintermonaten (Kaltkeimer)
Kultur: Aussaat zwischen September und Februar im Freien, benötigt kühle Temperaturen, um zu keimen, breitwürfig säen und den Samen 2 cm hoch mit lockerer, feuchter Erde bedecken. Im Mai-Juni zu dicht stehende Pflanzen aufnehmen und im Abstand von 5-10 cm pflanzen. Sät sich leicht selbst aus.
Pflanzung: im Herbst, 5-7 cm tief.
Pflege: sollte alle 2-3 Jahre umgepflanzt werden.
Verwendung: mehrjährige Zwiebelblume, zum Verwildern bei Gehölzflächen, sonst wegen des starken Knoblauchgeruchs wenig als Zierpflanze gebraucht. Als Würze zu Salat und als Alternative zum Knoblauch in der Frühlingsküche sehr geschätzt.

Abb. 19

Alstroemeria aurea (A. aurantiaca)
Inkalilie.

Familie: Amaryllidaceae - Amaryllisgewächse.
Herkunft: Chile, Brasilien. Etwa 60 Arten.
Wuchs: bis 1 m hohe Stiele, mit Blättern besetzt; dünne, weiße, spröde, fleischige Rhizome.
Blatt: 7-10 cm lang, schmal.
Blüte: orangegelb, im Inneren purpurn gestreift; lilienartige Blüten in dichten Dolden mit bis zu 30 Einzelblüten.
Blütezeit: VI-VIII.
Standort: sonnige, warme Lage, Winterschutz unbedingt nötig, 20 cm dicke Laub- oder Torfdecke darüber geben.
Erde: mit verrottetem Stallmist oder Kompost angereicherte Böden; wichtig: Drainage! Keine stauende Nässe und keine Winternässe.
Vermehrung: Teilung der leicht brüchigen Rhizomwurzel in 1-2 cm lange Stücke im zeitigen Frühjahr.
Pflanzung: im Frühjahr, 10-30 cm tief. Als Topfpflanze auch im Herbst mit 1/3 Torf, 1/3 Sand und 1/3 Blumenerde.
Pflege: Rhizomteilung alle 2-3 Jahre empfehlenswert, um Blühkraft zu erhalten.
Verwendung: mehrjährig, in Rabatten und mit Strauchgruppen, als Schnittblume sehr lange haltbar. Topf- und Kübelpflanze. Sehr schöne Hybridsorten für die Schnittblumen-Kultur unter Glas, die jedoch für die Kultur im Freien nicht geeignet sind.
Sorten: 'Lutea', leuchtend gelb. 'Orange King', rein orange, blühen von Juli-August.
Weitere Arten: Alstroemeria-Ligtu-Hybriden: bis 150 cm hoch; Blüte weiß, cremefarben, gelb, rosa; ausgezeichnete Schnittblume.
Alstroemeria haemantha (*A. pulchella*): stammt aus Chile; 60-90 cm hoch; dünne, schmale Blätter; Blüte rosa bis rot mit grünen Zipfeln; Blütezeit Juni-Juli.
Alstroemeria pelegrina (*A. peregrina*): Nordchile, Peru; 50 cm hoch, straff aufrecht wachsend; Blüte lila, purpur gefleckt; Blütezeit Juni-Juli.

Abbildung 19: Alstroemeria-Ligtu-Hybriden

Abb. 20

Alternanthera ficoidea
Papageienblatt.

Familie: Amaranthaceae - Fuchsschwanzgewächse.
Herkunft: Brasilien.
Wuchs: niedrig, flach sich ausbreitend, Höhe 20-25 cm, durch Schnitt meist noch niedriger, reiche Verzweigung.
Blatt: lanzettlich, grün mit feurigroten oder braunvioletten Flecken.
Blüte: unscheinbar, die Wirkung wird über die dekorativen Blätter erzielt.
Standort: sonnig bis halbschattig.
Erde: humos, feucht, sandig.
Vermehrung: durch Stecklinge unter Glas, die leicht gelingt.
Kultur: durch Stecklinge überwintern und im Februar-März zum Bewurzeln bringen, durch regelmäßiges Stutzen zum Verzweigen anregen. Nach den letzten Frösten auspflanzen im Abstand von 10 x 10 cm.
Pflege: regelmäßiger Schnitt hält die Pflanzen in Form.
Verwendung: mehrjährig, als Sommerblume einjährig kultivierte Teppichbeetpflanze, die zur Zeit des Kaiserreiches und in England zu Zeiten von Queen Victoria sehr beliebt war und erst nach dem Krieg in Vergessenheit geriet. Sehr viele interessant gefärbte Formen, die heute nur noch teilweise erhalten sind. Läßt sich durch Schnitt gut jeder Form anpassen, nicht winterhart.
Weitere Arten: *Alternanthera ficoidea* 'Bettzickiana': grünrot. *A. ficoidea* 'Bettzickiana Aurea': grüngelb.

Abbildung 20: ***Alternanthera ficoidea*** (Foto Stein)

Abb. 21

Amaranthus caudatus
Gartenfuchsschwanz.

Familie: Amaranthaceae - Amarantgewächse.
Herkunft: tropisches und subtropisches Südamerika. Weltweit etwa 50 Arten, die auch in tropischen Ländern Afrikas und Asiens verbreitet sind.
Wuchs: bis 75 cm hoch, rötliche Stengel; kräftiger, krautartiger Wuchs.
Blatt: langgestielt, groß, länglich-oval, wechselständig.
Blüte: prächtige amarantrote, kaskadenartige Quasten, die vom oberen Stengelende als Blütenähren herabhängen.
Blütezeit: VII-IX.
Standort: volle Sonne und warme Lage.
Erde: leichte, nährstoffreiche

Böden fördern Wuchshöhe und Farbenpracht.
Kultur: Aussaat Februar–März im Haus oder ab Ende April im Freiland an Ort und Stelle. Keimzeit 2-3 Wochen bei 15-18 °C. Unterglas-Aussaat Ende Mai auspflanzen. Abstand 40-90 cm.
Verwendung: einjährig, als Gruppenpflanze für Sommerblumenbeete, auch für Schnitt geeignet. Anziehungspunkt für Schmetterlinge.
Sorten: 'Feuer', dunkelbronzefarbene, mittelgroße Blätter, am Blattgrund rot gezeichnet, 70 cm hoch. *A. caudatus* 'Viridis', gelbgrüne, herunterhängende Blütenzöpfe, 75 cm hoch.
Weitere Arten: *Amaranthus hypochondriacus* (*A. chlorostachys*): 'Grüner Pinsel', starkwüchsig und standfest, 120 cm hoch, zum Schnitt und für die Trockenbinderei geeignet, mit aufrechten Blütenständen. *Amaranthus cruentus* (*A. paniculatus*): 'Green Thumb', hellgrüne, aufrechtstehende, konische, 20-30 cm lange Blütenstände, auch für Schnitt geeignet, 35-50 cm hoch. 'Oeschberg', dunkelrote, 30-50 cm lange, aufrechtstehende Blütenstände, Belaubung rotbraun, 50-70 cm hoch. 'Pygmy Torch', leuchtendrote, aufrechtstehende, konische Blütenstände, auch für Schnitt geeignet, 40-50 cm hoch. 'Red Fox', dunkelrot, 70 cm hoch. 'Vertus', grün.
Amaranthus salicifolius: 'Flaming Fountain', 'Flammenfontäne', schmale, lange, leicht herunterhängende, feuerrote Blätter, Blattschmuckpflanze! 50 cm hoch. Nicht vor dem 20. Mai auspflanzen.
Amaranthus tricolor: 'Splendens Perfecta', mittelbreites, feurig scharlachrotes, goldgelb und grün abgesetztes Laub, dekorative Blattschmuckpflanze, 100 cm hoch.

Abbildung 21: ***Amaranthus caudatus***

Amaryllis bella-donna
Belladonna-Lilie.

Abb. 22

Familie: Amaryllidaceae - Amaryllisgewächse.
Herkunft: Südafrika.
Wuchs: 70 cm hoch; birnenförmige, faustgroße Zwiebel mit brauner Schale.
Blatt: riemenartig, lang, glatt; Blätter erscheinen nach der Blüte.
Blüte: rosarot; trichterförmige, glockige Blüten sitzen zu 6-12 in Blütendolden zusammen, süßduftend.
Blütezeit: VIII-IX, 6-8 Wochen lang.
Standort: sonnige, warme Kleinklimalage, braucht zur Überwinterung sehr geschützten Standort, eventuell Südwand mit ausreichendem Winterschutz, am besten im warmen Kasten überwintern.
Erde: etwas kalkhaltige, gut durchlässige, mit Kompost verbesserte, nährstoffreiche Böden.
Vermehrung: durch Brutzwiebeln von alten Pflanzen. Diese erst nach dem 2.-3. Standjahr abnehmen.
Pflanzung: im Frühjahr 25 cm tief; in milden Klimagebieten auch im Spätsommer möglich.
Pflege: lange ungestört am Standort stehen lassen; während der Wachstumszeit monatlich mit Blumendünger düngen; während der Ruhezeit trocken halten.
Verwendung: mehrjährige Zwiebelblume, begrenzt als Freilandpflanze in Steingärten und Blumenzwiebelbeeten verwendbar; als Kübel- und Topfpflanze für Terrassen. Wertvolle Schnittblume.
Sorten: 'Purpurea Major', purpur mit gelblicher Röhre.

Abbildung 22: ***Amaryllis bella-donna***

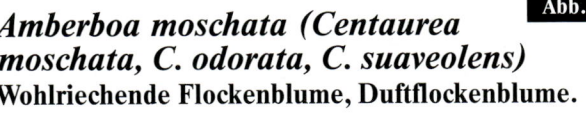

Amberboa moschata (Centaurea moschata, C. odorata, C. suaveolens)
Wohlriechende Flockenblume, Duftflockenblume.

Abb. 23

Abbildung 23: ***Amberboa moschata***

Familie: Compositae - Korbblütengewächse.
Herkunft: Südwestasien.
Wuchs: 40–120 cm, es gibt verschiedene Kultursorten mit unterschiedlicher Wuchshöhe.
Blatt: grüngelb, fiederschnittig.
Blüte: gelb, rosa, lavendelfarbig oder weiß, ⌀ 7–10 cm, süßlich duftend, Bienenfutter.
Blütezeit: VII–IX.
Standort: liebt warmen, sonnigen Standort.
Erde: durchlässige, gute Gartenböden, nicht zu naß, keine hohen Bodenansprüche.
Kultur: Aussaat März–April im Haus oder Kasten, Keimzeit 2–3 Wochen bei 15–18 °C. Freilandaussaaten im Herbst, Abstand 35 cm.
Verwendung: einjährig, beliebte Schnittblume, auch für Rabatten und Beete geeignet. Duftblume.
Sorten: verschiedene großblumige Sorten, meist als Prachtmischungen angeboten. Reine Sorten: 'Imperialis Alba', weiß, 80 cm hoch. 'Imperialis Graciosa', 80 cm hoch, rosa. 'Purpurea', purpur. 'Suaveolens', kanariengelb, 65 cm hoch.

Ambrosia artemisiifolia (A. mexicana)

Abb. 24

Familie: Compositae - Korbblütengewächse.
Herkunft: Mexiko.
Wuchs: 90–120 cm hoch, Blütenrispen unscheinbar grün, mit den feinen Blättern sehr dekorativ.
Blütezeit: Juli–September.
Standort: sonnig.
Erde: leichte, sandige-humose Böden.
Kultur: Aussaat ab April bis Juni direkt ins Freiland in Reihen von ca. 30 cm Abstand, Keimdauer 10–14 Tage bei 16–18 °C, Kulturdauer ca. 3 Monate.
Verwendung: Schnittblume, hauptsächlich als Beiwerk zu Sträußen, zum Trocknen.
Sorten: 'Green Magic', ca. 1 Meter hoch.

Abbildung 24: ***Ambrosia artemisiifolia*** **'Jeruzalem Oak'**

Ammobium alatum

Abb. 25

Papierknöpfchen, Sandimmortelle, Strohblume.

Familie: Compositae - Korbblütengewächse.
Herkunft: Australien, dort 2 Arten.
Wuchs: 40–100 cm, strauchartig, etwas kahl, Stengel sind geflügelt.
Blatt: silbrig, leicht filzig.
Blüte: weiße Hüllblätter und gelbe Blütenblätter, papierähnlich, Blütenblättchen sind 2–5 cm groß, mit gelber Mitte.
Blütezeit: VII–IX.
Standort: sonniger Standort.
Erde: durchlässiger, sandiger, nahrhafter Boden.
Kultur: Aussaat März–April im Frühbeet, Keimzeit 1–2 Wochen bei 18 °C. Nach den Spätfrösten, etwa Ende Mai, auspflanzen, Abstand 20–25 cm.
Verwendung: 1jährig kultivierte Trockenblume für Sträuße. Zum Trocknen vor dem Aufblühen schneiden und Kopf nach unten im Schatten aufhängen.
Sorten: 'Grandiflorum', größere Blütenköpfchen als die Art, etwa 50 cm hoch.

Abbildung 25: ***Ammobium alatum***

Anagallis monelli (A. linifolia, A. grandiflora)

Abb. 26

Gauchheil, engl.: 'Poor Men's Weatherglass'.

Familie: Primulaceae - Primelgewächse.
Herkunft: westliches Mittelmeergebiet, es gibt ca. 40 Arten in allen gemäßigten Gebieten der Erde. Darunter auch *Anagallis arvensis*, eine zierende Sommerblume, die bei uns häufig als Gartenunkraut vorkommt.
Wuchs: 10–15 cm hoch, buschiger Wuchs, flachliegende Triebe.
Blatt: klein, schmal, gegen- oder wechselständig.
Blüte: von scharlachrot bis blau, wobei die dunkelblauen Sorten bevorzugt werden, bis 2 cm ⌀, Blüten sitzen dicht zusammen an dünnen Stengeln, die fast flach am Boden liegen, Blüten öffnen sich nur bei Sonnenschein.
Blütezeit: VI–IX.
Standort: vollsonnige, warme Lage.

Erde: nahrhafter, guter Gartenboden bevorzugt.
Kultur: Freilandaussaaten im April an Ort und Stelle, sobald keine Frostgefahr mehr besteht. Kulturverfrühung durch Aussaaten unter Glas im Februar–März. Pflanzabstand 15 cm.
Verwendung: einjährig verwendete Sommerblume für Steingarten, Sommerblumenpflanzungen, Einfassungen, Blumenkästen, Ampeln, wirkungsvoller Bodendecker.
Sorten: 'Phillipsii', tief enzianblau, sehr kompakter Wuchs, 'Blaulicht', enzianblau, 20 cm.

Abbildung 26: ***Anagallis monelli***

Abb. 27

Anchusa capensis

Ochsenzunge, Sommervergißmeinnicht.

Familie: Boraginaceae – Borretschgewächse.
Herkunft: Südafrika, ca. 30 Arten, die meisten sind mehrjährige Stauden.
Wuchs: 40 cm hoch, gleichmäßige Büsche, Stengel behaart; 2jährige Pflanze, wird bei uns nur 1jährig gezogen.
Blatt: rauhaarig, wechselständig.
Blüte: herrlich indigoblau bis himmelblau und weiß mit weißem Zentrum. Blüte fünfzipfelig, 0,5–1 cm ∅. Durch Rückschnitt auf 15–20 cm nach der 1. Blüte ergibt sich ein schöner 2. Flor.
Blütezeit: VII–IX.
Standort: sonnig bis halbschattig.
Erde: leichte durchlässige, nährstoffreiche Böden, bei längerer Trockenheit ausreichend gießen.
Kultur: Aussaatzeit Februar–März, Keimzeit 2–3 Wochen bei 18 °C. Im April–Mai nach den Frösten auspflanzen. Abstand 25–30 cm. Direktsaat ist möglich ab Ende April bis Juni, Reihenabstand 25–30 cm.
Verwendung: einjährige, aparte Gruppen- und Rabattenpflanze, auch für Rückschnitt geeignet, ideal zum Schneiden von kleinen Sträußen. Bienenfutterpflanze.
Sorten: 'Alba', weiß, 30–60 cm hoch. 'Blauer Vogel', Blüte in Form und Farbe ähnlich Vergißmeinnicht, etwa 30 cm hoch.

Abbildung 27: ***Anchusa capensis* 'Blauer Vogel'**

Abb. 28

Anemone blanda

Vorfrühlingsanemone, Balkan-Anemone.

Familie: Ranunculaceae – Hahnenfußgewächse.
Herkunft: Südosteuropa, Kleinasien, südlicher Balkan, Taurusgebirge, im schütteren Trockenwald der Libanonzedern.
Wuchs: 10–15 cm hoch; kleine, astartige, schwarze Rhizomwurzel.
Blatt: dreiteilige Blattquirle, gestielt, eingeschnitten, gezähnt.
Blüte: dunkelblau bis rosa, weiß; vielstrahlige, 4 cm breite Blütensterne. Bildet teppichartige Blütenpolster.
Blütezeit: III–IV.
Standort: sonnig bis leicht halbschattig.
Erde: trockene, humose, durchlässige Waldböden.
Vermehrung: im Spätsommer nach dem Einziehen des Laubes durch Rhizomteilung. Auch Samenvermehrung.
Pflanzung: vor allem im Herbst, 5 cm tief, im Abstand von 10–15 cm.
Pflege: Volldüngergabe im Sommer.
Verwendung: mehrjährig, Steingärten, unter Ziersträuchern und Bäumen, verwildert dort leicht. Niedrige Schnittblume.
Sorten: 'Atrocoerulea', dunkelblau. 'Blue Star', hyazinthenblau. 'Charmer', rosa bis dunkelrosa. 'Pink Star' rosa, 'Violet Star', hellviolett mit weißer Mitte, 'Radar', kardinalpurpur mit weißer Mitte. 'White Splendour', großblumig, reinweiß. Auch häufig als Prachtmischung angeboten.

Abbildung 28: ***Anemone blanda* Mischung**

Anemone coronaria [Knollen]

Abb. 29

Kronenanemone, Gartenanemone.

Familie: Ranunculaceae-Hahnenfußgewächse.
Herkunft: Mittelmeergebiet bis Vorderasien.
Wuchsform: 15–40 cm hoch; flache Knolle
Blatt: gestielt, handförmig, petersilienartig.
Blüte: weiß, rosa, rot, lila bis violettblau; an der Basis häufig gelb. Staubfäden und Stempel dunkel. 7 cm Ø, einzeln gestielt, einfach oder gefülltblühend.
Blütezeit: Mai–Juli; durch Sortenzüchtungen und Anbaumethode Februar–November.
Bodenansprüche: gleichmäßig feucht, humos, durchlässig, sandig, leichter Tonboden.
Klimaansprüche: geschützter, halbschattiger Standort; Winterschutz nötig!
Kultur: September–November oder gleich nach dem Winter in den frostfreien Boden, 5 cm tief. Vor der Pflanzung 24 Stunden im Wasser aufquellen lassen.
Pflege: bei Herbstpflanzung Winterschutz mit Reisig und Laub. Nach dem Verblühen und Einziehen ausgraben und frostfrei, trocken aufbewahren, Lagerfähigkeit mehrere Jahre.
Vermehrung: durch Aussaat; auch Rhizomteilung im Herbst möglich.
Verwendung: vor allem Schnittblume, dafür nur mit Messer oder Schere dicht über dem Boden abschneiden. Als Unterpflanzung mit lichten Baum- und Strauchgruppen in Staudenrabatten.
Sorten: 'De Caen', einfachblühende Prachtmischung. 'St. Brigid', gefülltblühende Prachtmischung. 'Bride', reinweiß. 'Hollandia', rot mit weißer Basis. 'Mr. Fokker', blau. 'Sylphide', violettrosa.

Abbildung 29: ***Anemone coronaria* 'De Caen'**

Anemone coronaria [Samen]

Kronenanemone, Gartenanemone.

Familie: Ranunculaceae – Hahnenfußgewächse.
Herkunft: Mittelmeerraum, West-Asien.
Blatt: fiederteilig.
Blütezeit: im Freiland Juli–September, unter Glas Oktober–Mai.
Kultur: aus Samen. Aussaat Februar–März unter Glas bei kühlen Temperaturen von 4 °C, später bei 15 °C Keimung innerhalb von ca. 4 Wochen. 8–10 Wochen nach der Aussaat pikieren und später auspflanzen an einen halbschattigen Standort im Freien oder im Gewächshaus im Abstand von 15 x 25 cm. Möglichst kühl kultivieren. Schnittblumengewinnung unter Glas mit Blüte von Oktober bis März.
Pflanzung: auf 15–25 cm Abstand.
Verwendung: mehrjährig, schöne langstielige Schnittblumen, Kultur hauptsächlich für die Ernte im Winterhalbjahr und im Spätwinter.
Sorten: 'Mona Lisa' F1-Hybriden, Riesenanemone, die Knollen-Sorten an Qualität bei weitem übertrifft. Stiellänge 30 cm, große Blüten in vielen klaren Farben und Formelmischung.

Anemone nemorosa

Abb. 30

Buschwindröschen.

Familie: Ranunculaceae – Hahnenfußgewächse.
Herkunft: Europa, Ost- bis Nordostasien.
Wuchs: 10–15 cm hoch, kriechende, stäbchenartige Rhizomwurzel.
Blatt: tief geteilt, langgestielt.
Blüte: Blütensterne zart-weiß, auf der Rückseite rosa getönt, auch reinweiße oder blaue Sorten. Abends und bei trokkenem Wetter schließen sich die Blüten.
Blütezeit: III–V.
Standort: liebt schattige Lagen, sonst anspruchslos.
Erde: feuchte Waldböden.
Vermehrung: durch Teilung im Spätsommer oder Aussaat.
Pflanzung: im Herbst, 5 cm tief, Abstand etwa 10 cm.
Pflege: Düngergaben im Sommer fördern die Blüte im Folgejahr.
Verwendung: mehrjährig, als Unterpflanzung von Baum- und Gehölzgruppen.
Sorten: 'Alba plena', weiß, gefüllt blühend, verwildert leicht. 'Alleni', weißblau. 'Blue Bonnet', hellblau, spät blühend. 'Robinsoniana', großblumig, lilablau; dunkelgrüne, purpur gefleckte Blätter, 10 cm hoch, lange blühend. 'Royal Blue', blauviolett, mit rosapurpur Tönung auf der Rückseite, dunkelgrüne, purpurn getönte Blätter.
Weitere Arten: *Anemone palmata* stammt aus dem westlichen Mittelmeergebiet, Algerien, Südeuropa. Blätter ledrig, rundlich, dunkelgrün. Blüte margeritenartig, weißgelb, im Mai–Juni. Verwendung vor allem im Natursteingarten.

Abb. 30: ***Anemone nemorosa***

Anemone pavonina (A. × fulgens* var. *annulata-grandiflora)

Feuer-Anemone.

Familie: Ranunculaceae – Hahnenfußgewächse.
Herkunft: Mittelmeergebiet.
Wuchs: 20–30 cm hoch, Knollengewächs (Klaue)
Blatt: tief geteilt, kurzgestielt, petersilienartig.
Blüte: leuchtend scharlachrot, mit weißem Ring um die schwarze Mitte, großblumig.
Blütezeit: V–VI.
Standort: nicht völlig winterhart, deshalb mit Fichtenreisig und Laub gut abdecken; sonnige Lage.
Erde: nicht zu feuchte, normale Gartenböden.
Vermehrung: durch Teilung beim Ausgraben.
Pflanzung: im Herbst, etwa 5–10 cm tief.
Pflege: nach dem Verblühen ausgraben, in der Sonne trocknen, bis zum Herbst lagern.
Verwendung: mehrjährig aus Rhizomknollen, für sonnige Freiflächen sehr reizend, auch als Schnittblume geeignet.
Sorten: 'St. Bavo', frühblühende Farbmischung (März–Mai), in den Farben weiß, rosa, rot bis violettblau.

Abb. 31

Anemone ranunculoides
Goldwindröschen, Butterblumen-Anemone.

Familie: Ranunculaceae – Hahnenfußgewächse.
Herkunft: Mittelmeergebiet.
Wuchs: 15 cm hoch.
Blatt: bronzefarben.
Blüte: sattgelb, Blütenform ähnlich *A. nemorosa.*
Blütezeit: IV–V.
Standort: robust und anspruchslos, heimische Pflanze; verlangt halbschattige bis schattige Lage.
Erde: liebt kalk- und nährstoffreiche Böden.
Vermehrung: durch Teilung nach dem Einziehen des Laubes oder Aussaat.
Pflanzung: im Herbst, 5 cm tief, Abstand 10–15 cm.
Pflege: Düngergaben im Sommer fördern die Blüte im Folgejahr.
Verwendung: mehrjährig, als Unterpflanzung bei Gehölzpartien, vor allem in Naturgärten.

Abbildung 31: ***Anemone ranuncoloides***

Abbildung 32: ***Anethum graveolens***

Abb. 32

Anethum graveolens var. *hortorum*
Dill, Kronendill.

Familie: Umbelliferae – Doldengewächse.
Herkunft: Vorderasien, Mittelmeergebiet.
Wuchs: 60–80 cm hoch, filigrane Erscheinung, wenig verzweigt.
Blatt: fein gefiedert, je nach Sorte blaugrün bereift oder hellgrün, aromatisch duftend.
Blüte: unscheinbar grünlichgelb.
Blütezeit: Juni–August.
Erde: Humose Gartenböden, verträgt keine stauende Nässe.
Kultur: Aussaat im Freien von April bis Juli, dünn verteilt in Reihen von 25–35 cm Abstand. Satzweise Aussaaten gestatten eine Ernte den ganzen Sommer über.
Verwendung: einjährig, als Kronendill in blühendem Zustand als Beiwerk zu Sträußen. Sehr geschätzt in der modernen Blumenbinderei.
Sorten: 'Vierling', besonders dunkles Blatt, schnellwüchsig. 'Mammut', langsamwachsend, große Dolden.

Abb. 33

Anisodontea capensis (Malva capensis, Malvastrum capense)
Fleißiges Lieschen.

Familie: Malvaceae – Malvengewächse.
Herkunft: Süd-Afrika.
Wuchs: strauchig, bis 150 cm hoch, etwas sparrig. Kübelpflanze, nicht winterhart.
Blatt: tief gebuchtet, fiederspaltig, klein.
Blüte: ca. 3 cm ∅, sehr zahlreich über den ganzen Sommer verteilt erscheinend. Rosa mit dunkelrosa Aderung im Zentrum.
Blütezeit: III–X.
Standort: sonnig bis halbschattig, geschützt.
Erde: nährstoffreich, locker, sandig-humos, mit Tonanteilen. Darf nicht austrocknen.
Vermehrung: durch Kopf- und Teilstecklinge, die im Januar–April beim Stutzen älterer Pflanzen anfallen. Bewurzelung bei 18–20 °C.
Kultur: als Busch oder Stämmchen. Topfen 4–5 Wochen nach Bewurzelung in 10–14 cm Töpfe. 1-2mal stutzen. Weiterkultur sehr hell bei 10–14 °C. Verkauf ab April–Mai.
Pflanzung: ab Mitte Mai in Sommerblumenbeeten und auf Rabatten. Abstand 80–100 cm.
Pflege: immer reichlich gießen und kontinuierlich düngen. Pflegefehler werden übel genommen, insbesondere dürfen die Töpfe nicht austrocknen. Sonst leicht Gefahr des Überhandnehmens der Weißen Fliege. Überwinterung bei 5–10 °C.
Verwendung: mehrjährige, sehr üppig und lange anhaltend blühende Topf- und Kübelpflanze, die sich gut in Form schneiden läßt und vorwiegend als Stämmchen Verwendung findet. Auch für Rabatten geeignet. War zur Jahrhundertwende sehr beliebt und erhielt wegen des großen Blütenreichtums den Namen „Fleißiges Lieschen", der heute vor allem für Impatiens verwendet wird. Nicht winterhart.

Abbildung 33: ***Anisodontea capensis***

Anredera cordifolia (Boussingaultia cordifolia, B. gracilis, B. baselloides)
Basellkartoffel.

Familie: Basellaceae - Basellagewächse.
Herkunft: subtropisches Südamerika, Uruguay, in Süd- und Südosteuropa eingebürgert. Etwa 15 Arten.
Wuchs: Schlinger bis 5 m hoch windend, schnell wachsend; kartoffelartige Rhizomknollen.
Blatt: glänzend, breit eiförmig bis herzförmig, bis 10 cm lang und 2-4 cm breit.
Blüte: weiß, duftend, klein, in Trauben, unscheinbar.
Blütezeit: VII-IX.
Standort: sonnig, luftig. Nur sehr bedingt winterhart.
Erde: durchlässige Gartenböden.
Vermehrung: durch vorsichtiges Abbrechen der Nebenknollen im Herbst oder Aussaat gleich nach der Samenreife.
Pflanzung: im April in Töpfe, ab der 2. Maihälfte ins Freiland mit 8-10 cm Erdüberdekkung.
Pflege: mehrjährig aus Knollen, frostfreie Überwinterung am besten im trockenen Torf im Keller, im Freiland ausreichend Winterschutz notwendig. Benötigt zum Ranken Stützgerüst.
Verwendung: für schnelle Bedeckung von Zäunen, Mauern oder Pergolen.

Anthericum liliago
Abb. 34

Trauben-Graslilie

Familie: Liliaceae - Liliengewächse.
Herkunft: Europa, Kleinasien, Nordafrika. Etwa 50 Arten in Europa, Amerika, Afrika.
Wuchs: 40-60 cm hoch, fleischige, knollig verdickte Rhizome.
Blatt: schmal, grasähnlich, 30 cm lang.
Blüte: schneeweiß, sternförmig, ∅ 2,5-4 cm, in lockeren Trauben. Blüte erst ab dem 2./3. Standjahr.
Blütezeit: Mai-Juni, etwa 8 Wochen lang.
Standort: sonnig bis leicht schattig, ausreichend feucht. Bei extremer Kälte nicht winterhart, benötigt leichten Schutz.
Erde: sandig, leicht kalkhaltig, durchlässig.
Vermehrung: Rhizomteilung im zeitigen Frühjahr. Aussaat unmittelbar nach der Samenreife im Herbst im kalten Frühbeet.
Pflanzung: im Frühjahr, 7-15 cm tief.
Pflege: schwache Düngergaben, sobald der Austrieb erscheint. Bei extremer Kälte Laubdecke empfehlenswert.
Verwendung: mehrjährig, in Staudenbeeten, Steingärten, nicht gemähten Blumenwiesen. Sehr attraktiv auch unter lichten Baumgruppen.

Abbildung 34: ***Antherium liliago***

Anthriscus sylvestris (Ammi majus)
Abb. 35

Knorpelmöhre, Flötenkraut, Weißer Dill, Wiesenkerbel.

Familie: Umbelliferae - Doldengewächse.
Herkunft: Kaukasus, Nordafrika.
Wuchs: ähnlich Dill mit 50-70 cm hohen Stielen, wenig verzweigt.
Blatt: stark gefiedert.
Blüte: weiß, unscheinbar.
Blütezeit: Juni-August.
Standort: sonnig-halbschattig, auf nährstoffreichen, durchlässigen, lehmig-humosen Böden.
Kultur: Aussaat März-Mai im Freiland, direkt dünn verteilt in Reihen von ca. 20-30 cm Abstand, Saattiefe 2-3 cm. Ernte erst in aufgeblühtem Zustand.
Verwendung: einjährig, als floristisches Beiwerk für Sträuße, Nützlingspflanze in Naturgärten. Bietet Pollen und Nektar für zahlreiche Insekten, vor allem für Schwebfliegen, Weichkäfer und Florfliegen.

Abbildung 35: ***Anthriscus sylvestris***

Antirrhinum majus
Abb. 36-38

Gartenlöwenmaul.

Familie: Scrophulariaceae - Braunwurzgewächse.
Herkunft: westlicher Mittelmeerraum, seit dem 17. Jahrhundert in Kultur. Sehr viele Zuchtformen, auch Treibrassen für Unterglasanbau; hohe Sorten, Zwergformen und gefüllte Sorten.
Wuchs: je nach Sortengruppe 15-25 cm, 40-60 cm, 100-120 cm. Reichverzweigte Pflanze.
Blatt: länglich-spitz, ganzrandig, wechselständig.
Blüte: aufrechtstehende Blütenähren, die sich von unten nach oben öffnen. Eine Pflanze kann 7-8 Blütenähren während des Sommers hervorbringen. Einzelblüten sind schnauzenförmig; weiß, gelb, rot bis lilarosa.
Blütezeit: VI-X.
Standort: sonnig bis halbschattig, bei warmer, geschützter Lage ist Überwinterung möglich.
Erde: durchlässige, nährstoffreiche, kalkhaltige Gartenböden.
Kultur: Aussaatzeit für Freilandkultur erfolgt von Januar-März im Gewächshaus oder Kasten. Ab April Freilandaussaat. Keimzeit 3 Wochen bei 15-20 °C. Auspflanzen ab Mitte April, leichte Nachtfröste schaden nicht. Durch Einkürzen des Mitteltriebes um die

Abbildung 36: ***Antirrhinum*** **'Madame Butterfly'**

Hälfte ergeben sich buschigere Pflanzen.
Verwendung: bei uns einjährig, für Rabatten, Einfassungen, Beete, niedrige Sorten auch für Friedhof, Blumenkästen, Tröge oder ähnliches. Gut geeignet für Gruppenpflanzungen mit Stauden. Schnittblume (Freiland und Unterglas) zeichnet sich durch gute Haltbarkeit in der Vase aus. Eine der beliebtesten Sommerblumen.

Sorten:
Hohe Schnittsorten für Treiberei und Freiland: 'Amerikanische Riesen-Treib' F1-Hybriden Original Ball: Feste Stiele mit riesigen, geschlossenen Blütenständen, für frühe Treiberei; 80–100 cm hoch. 'Cherokee', dunkelscharlachrot. 'Doubloon', leuchtend goldgelb. 'Esquire', leuchtend tiefkirschrot. 'Golden Spike', goldgelb. 'Herkules', leuchtend hellrosa. 'Indian Chief', leuchtend kupferorange. 'Jackpot', tiefrosa. 'Lavender Lady', zart fliederfarbig. 'Navajo', glühend rot. 'New Times', kirschrosa. 'Pink Ice', hellrosa. 'Rosanna', tiefrosa. 'Rosita', rosa. 'Schneemann', reinweiß. 'Zitronenfalter', leuchtend zitronengelb. Frühblühende Freiland-Riesen 'Rocket' F1-Hybriden: Verzweigen sich direkt an der Basis mit langen, kräftigen Stielen und großen Blütenähren. Ergiebige Rasse für ersten Freilandschnitt und Treiberei; ca. 80–100 cm hoch. Verschiedene Farbsorten. Riesen-Vorbote: 'Heterosis', 100 cm hoch. Bringen im Freilandanbau hochwertige Qualität. Können ein- und mehrtriebig gezogen werden. Es gibt verschiedene Farbsorten. Hohe, riesenblumige 'Sonnet' F1-Hybriden: Vor allem als Schnittblumen, halbhoch, 40–60 cm, besonders frühe, hyazinthenblütiges, langblühendes Gartenlöwenmaul. Es gibt Farbsorten von dieser Rasse. 'Coronette' F1-Hybriden: Höhe 50 cm, sehr reich verzweigt, stabiler Wuchs, lange Blütezeit. Sowohl für Beete als auch für den Schnitt geeignet. In Farben.
Radiärblütige F1-Hybriden: 'Bright Butterflies', die Blüten sind nicht wie üblich geschlossen, sondern offen. 60–70 cm hoch, sehr gut zum Schnitt. Eine Besonderheit. 'Madame Butterfly', Prachtmischung, gefüllt, azaleenblütig, Blütendurchmesser 5–6 cm, 60–70 cm hoch. 'Little Darling', gefüllt, halbhohe Prachtmischung, 35 cm hoch.
Halbhohe, hyazinthenblütige Sorten: 'Hohes Lied': Blüten hyazinthenähnlich, Blütendolden abgestumpft, 20–25 cm lang, 12 cm ⌀, 50–60 cm hoch. Sorten der gesamten Farbskala. 'Birgit', lachsrot. 'Heideblüte', dunkelrosa. 'Modekind', zitronengelb. 'Schwester Maria', reinweiß.
Zwergsorten F1-Hybriden: Besonders für Gruppen, Einfassungen, Friedhof, Steingärten und Pflanzgefäße, dichte Blütenteppiche, 15–20 cm hoch, 40 cm breit. 'Floral Carpet', gleichmäßiger Wuchs, hervorragende Teppichsorte. Verschiedene Farbsorten. Weitere, sehr gute Zwergsorten: 'Sweetheart', 'Wunderteppich'. 'Tahiti' F1-Hybriden: Eine wirklich gute neue Rasse, die mit kissenförmigem Wuchs in Freilandbeeten aufwartet. Auch für Töpfe geeignet. Blüht sehr reichlich, wächst kompakt, wird nur 20 cm hoch. In vielen Einzelfarben erhältlich.

Abbildung 37: ***Antirrhinum majus*** **'Sonnet' F1-Hybriden**

Abbildung 38: ***Antirrhinum majus*** **'Floral Carpet'**

Apios americana (A. tuberosa, Glycine apios)
Erdbirne.

Familie: Leguminosae – Hülsenfruchtgewächse.
Herkunft: Nordamerika, im Mittelmeergebiet teilweise eingebürgert. Etwa 10 Arten.
Wuchs: 2–4 m schlingend, raschwüchsig; Knollenrhizome birnenförmig, eßbar.
Blatt: fiederartig, dichtblättrig, sommergrün.
Blüte: bräunlich bis purpur, duftend; meist unter den Blättern verborgene, büschelartige Blüten.
Blütezeit: VII–IX.
Standort: winterhart, sonnige bis halbschattige Lage.
Erde: normaler, durchlässiger Gartenboden.
Vermehrung: Rhizomteilung.
Pflanzung: Frühjahr/Herbst, 5–10 cm tief, schattig pflanzen.
Pflege: Schlinggerüst ist nötig.
Verwendung: mehrjährig, als Zaunabpflanzung, besonders für Drahtzäune geeignet.

Arctotis-Hybriden

Abb. 39

Bärenohr.

Familie: Compositae – Korbblütengewächse.
Herkunft: Südafrika, etwa 30 Arten. Die meisten Züchtungen stammen aus England.
Wuchs: meist 30 cm hoch, Hybridsorten sind niedriger und kompakter als Wildformen. Pfahlwurzel.
Blatt: attraktiv, wollig, graugrün, fiedrig.
Blüte: vielfarbig, schöne Pastelltöne, ⌀ 7 cm.
Blütezeit: VII–IX.
Standort: sonnige Lage, gedeiht am besten bei relativ niedrigen Nachttemperaturen während des Sommers.
Erde: liebt leichte, sandhaltige Lehmböden. Verträgt Trockenheit.
Kultur: Aussaatzeit im Kasten oder Haus Februar–März. Keimzeit 14–20 Tage bei 20 °C. Anschließend topfen. Auspflanzen im April–Mai nach Frostgefahr. Pflanzabstand 30 cm.
Verwendung: einjährige Beet-, Gruppen- und Rabattenpflanze, Schnittblume. Für Steingärten besonders geeignet.
Sorten: großblumig, Hybridsorten in den Farbtönen gelb, braun, terrakotta, rot, weiß.
Weitere Arten: *Arctotis breviscape*: 'Harlekin', prächtiges Farbenspiel in rot, orange, creme und weiß.
Arctotis venusta: Blüte perlweiß, goldgerandete, stahlblaue Mitte. Randblüten unterseits lavendelblau, bis 60 cm hoch.

Abbildung 39: Arctotis-Hybriden

Argemone polyanthemos (A. albiflora, A. alba)

Abb. 40

Stachelmohn, Distelmohn.

Familie: Papaveraceae – Mohngewächse.
Herkunft: südöstlichste USA, Texas, Wyoming, New Mexico.
Wuchs: 60–100 cm hoch, buschig.
Blatt: besetzt mit Stacheln und steifen Haaren, Blattrand gezackt, distelähnlich.
Blüte: weiß, groß, 10 cm ⌀, flach, mohnähnlich, endständig.
Blütezeit: VII–VIII.
Standort: warme, sonnige Lage.
Erde: sandhaltige, nährstoffreiche Lehmböden.
Kultur: Aussaatzeit April im Haus, gleich in 8er-Töpfe. Auspflanzen mit Topfballen nach Frostgefahr (Mitte Mai), Abstand 25 cm.
Verwendung: einjährige, dekorative Rabattenpflanze, leider selten angeboten, Samen z. Zt. nur aus den USA und in botanischen Gärten erhältlich.
Weitere Arten: *Argemone mexicana*: stammt aus Westindien, bzw. Mittelamerika. Ist seit dem 16. Jahrhundert in Europa eingeführt. Gilt an den Küsten wärmerer Länder als Unkraut. Blüte gelb bis orange, ⌀ 5–8 cm, Juli–September. *Argemone platyceras*: stammt aus Mexiko. Blüte weiß bis purpurrosa, August–September.

Abbildung 40: *Argemone polyanthemos*

Argyranthemum frutescens (Chrysanthemum frutescens)

Abb. 41

Strauchmargerite.

Familie: Compositae – Korbblütengewächse.
Herkunft: Kanarische Inseln.
Wuchs: 40–80 cm, strauchartig, auch als Stämmchen gezogen; bei uns 1jährig.

Abbildung 41: *Argyranthemum frutescens* 'Vancouver'

Blatt: sehr dekorativ, gefiedert.
Blüte: einfach oder gefüllt, weiß, rosa, gelb oder rot; typische Margeritenform.
Blütezeit: bei uns VI–IX, Dauerblüher.
Standort: sonnige Lage.
Erde: jeder normale Gartenboden.
Kultur: Vermehrung meist durch Stecklinge, die im Herbst geschnitten werden

und im Kasten bewurzeln. Oder Aussaat Januar–März. Auspflanzen Mitte Mai, Abstand 30–40 cm.
Verwendung: mehrjährig, aber nicht frostbeständig, für Rabatten, Blumenkästen, zusammen mit anderen Balkonblumen.
Sorten: 'Edelweiß', gefüllt, weiß, 60 cm. 'Maja Bofinger', einfach, weiß, 80 cm. 'Rosa Riviera', einfach, rosa, 60 cm. 'Schöne von Nizza', einfach, gelb, 80 cm. 'Whity', weiß, 50 cm. 'Vera', buschiger Wuchs, silbergraues Laub, sehr reichblütig, kleine einfach weiße Blüten, auch für Töpfe. 'Liliput', sehr kompakter Wuchs, auch ohne Einsatz von Hemmstoffen. 'Butterfly', große, rahmgelbe Blüten, besonders reichblühend, 'Yellow Star', kompakt und buschig wachsend, relativ spät. 'Dronning Ingrid' rosa mit gespitzten Petalen, 'Vancouver', rosa.

Arisaema consanguineum
Chinesischer Schirm-Feuerkolben.

Familie: Araceae – Aronstabgewächse.
Herkunft: Ostasien, China. Etwa 130 Arten in den Tropen und Subtropen.
Wuchs: 50–80 cm langer, stockartiger Trieb, Knollengewächs.
Blatt: sitzt an der Triebspitze, vielteiliger Blattschirm mit fadenförmigen, ausgezogenen Träufelspitzen.
Blüte: grüner Blütenstand als hängender Zipfel, Blüten sitzen unter den Blättern. Im Herbst erscheinen die zierenden, leuchtenden roten, glänzenden Fruchtkolben.
Blütezeit: Ende V.
Standort: benötigt Winterschutz mit Laub und Reisig; bevorzugt Halbschatten.
Erde: humose Erden, ausreichende Bodenfeuchte.
Vermehrung: durch Seitensprosse.
Pflanzung: im Herbst, 10–15 cm tief.
Pflege: der schwere Fruchtkolben muß rechtzeitig mit einem Stab gestützt werden.
Verwendung: mehrjährige Knollenpflanze, im Naturgarten, besonders durch die ausgefallene Pflanzenform für Liebhaber interessant.
Weitere Arten: *Arisaema amurense*: seltene Art; Blütenscheiden grün und purpur gestreift; Früchte hellorange; Blätter dunkelgrün, dreiteilig und 20–30 cm hoch; liebt Schatten und humosen Waldboden.

Arisaema triphyllum (A. atrorubens)
Zebra-Feuerkolben.

Familie: Araceae – Aronstabgewächse.
Herkunft: Nordamerika.
Wuchs: etwa 30 cm hoch; Knollengewächs.
Blatt: breitlappig, dreiteilig, Blattpaar 20 cm hoch.
Blüte: weiß-braun gestreifte Blütenkapuze.
Blütezeit: III–IV.
Standort: ist winterhart, verlangt Halbschatten.
Erde: ausreichend feuchte, humose Walderde.
Vermehrung: Rhizomteilung im Herbst.
Pflanzung: im Herbst, 10–15 cm tief.
Pflege: geringe Pflegeansprüche, am besten nicht verpflanzen.
Verwendung: mehrjährige Knollenpflanze, im Naturgarten, unter Laubgehölzen zusammen mit Farnen und Waldpflanzen.

Arum italicum
Abb. 42

Italienischer Aronstab.

Familie: Araceae – Aronstabgewächse.
Herkunft: Westeuropa, Südeuropa, Südengland und Kanarische Inseln. 12 Arten.
Wuchs: etwa 40 cm hoch, etwa 5 cm große, längliche Knolle.
Blatt: breit-pfeilförmige, gefleckte, glänzende Blätter, sie erscheinen schon im Herbst.
Blüte: Blütenscheide (Hochblatt) etwa 10 cm lang, innen gelblichweiß, Kolben gelblich. Im Sommer erscheint der orangerote Fruchtkolben, die Beeren sind giftig.
Blütezeit: IV–V.
Standort: Winterschutz nur bei extremer Kälte nötig, verlangt halbschattige Lage.
Erde: feuchte, nahrhafte, durchlässige Humusböden.
Vermehrung: durch Nebenknollen oder auch durch Selbstaussaat.
Pflanzung: Spätsommer–Herbst, 10–15 cm tief.
Pflege: bei längerer Trockenheit gießen.
Verwendung: mehrjährig, in Naturgärten oder Parks zum Verwildern.

Abbildung 42: ***Arum italicum***

Arum maculatum
Gefleckter Aronstab.

Familie: Araceae – Aronstabgewächse.
Herkunft: West-, Mittel-, Südeuropa bis Persien. In Auenwäldern heimisch.
Wuchs: bis 40 cm hoch; Knollengewächs.
Blatt: spießförmig, dunkelbraun gefleckt, erscheint im zeitigen Frühjahr.
Blüte: Blütenscheide (Hochblatt) bleichgrün, teils bräunlich oder gefleckt. Blütenkolben gelblich, zur Spitze hin violett. Im Juli erscheint der Fruchtkolben mit rötlichen, giftigen Beeren.
Blütezeit: IV–V.
Standort: winterhart, bevorzugt Halbschatten.
Erde: verträgt auch trockene Böden; tiefgründige Böden sind bevorzugt.
Vermehrung: durch Nebenknollen oder durch Selbstaussaat.
Pflanzung: im Herbst, 10–15 cm tief.
Pflege: sehr robuste Pflanze, benötigt keine besondere Pflege.
Verwendung: mehrjährig, im Naturgarten für Wildpflanzenmotive, zum Verwildern.
Weitere Arten: *Arum orientale*: Südosteuropa, östliches Mitteleuropa bis Kleinasien. 30 cm hoch, Blätter pfeil- oder lanzenförmig; Hochblatt weiß/dunkelpurpur, 10–15 cm lang. Blütezeit im April. Teilweise Winterschutz nötig.

Asarina barclaiana (Maurandya b.)

Abb. 43

Maurandie.

Familie: Scrophulariaceae – Braunwurzgewächse.
Herkunft: Mexiko, Texas, Kalifornien.
Wuchs: 1,80–3 m, mehrjährige Kletterpflanze, bei uns nur einjährig, Triebe drüsig behaart.
Blatt: langgestielt, herzförmig, Blattstiele dienen zum Klimmen.
Blüte: in vielen Farben, von Weiß, Rosa, Lavendel, Blau bis Tiefpurpur, trompetenförmig, 6–8 cm lange Röhrenblüten, außen seidig behaart.
Blütezeit: VII–IX.
Standort: viel Sonne, geschützt.
Erde: nährstoffreiche Gartenböden bevorzugt.
Kultur: März – Aussaat unter Glas bei 18–20 °C. Rechtzeitig pikieren, 3 Pflanzen in 8er-Topf. Bei 10 cm Länge, Spitzen kürzen. Rechtzeitig stäben. Auspflanzen gegen Ende Mai ohne Frostgefahr, Abstand 30–50 cm.
Verwendung: bei uns einjährig kultivierte Spalier- und Kletterpflanze für Mauern, Zäune, Balkonwände an Drähten.
Weitere Arten: *Asarina scandens*: Heimat Mexiko. Wächst und blüht üppig an 2–3 Meter langen Trieben von Juli bis zum Frost, Blüten lila, Blätter sind nicht behaart.

Abbildung 43: *Asarina barclaiana* (Foto Stein)

Asclepias curassavica

Abb. 44

Seidenpflanze.

Familie: Asclepiadaceae – Seidenpflanzengewächse.
Herkunft: Südamerika; etwa 80 Arten.
Wuchs: 60–120 cm hoch, halbstrauchartig, mit Winterschutz mehrjährig.
Blatt: lanzettlich.
Blüte: doldenartige Blütenstände, tief purpurrot, ⌀ 2 cm.
Blütezeit: VII–X.
Standort: sonnig, warm und geschützt.
Erde: eher trockene, nährstoffreiche Böden.
Kultur: Aussaat März–April im Haus bei 12–15 °C. Nach Frostgefahr auspflanzen, Abstand 25 cm. Pinzieren (entspitzen) der Stengel bei 10–15 cm Höhe fördert die Verzweigung.
Verwendung: mehrjährig, für Rabatten, als Hintergrundpflanze, als Kübelpflanze. Frucht für Trockensträuße. Schmetterlingsfutterpflanze. Haltbare Schnittblume, wenn die Stiele zum Ausbluten ca. 1 Minute in heißes Wasser getaucht werden.
Sorten: 'Indianerin', scharlachrot mit gelber Mitte.
Weitere Arten: *Asclepias incarnata*: im östlichen und südlichen Nordamerika zuhause, Höhe 100 cm, rosa blühend im Herbst, Sorte: 'Soulmate'. Ergibt ausgezeichnete Schnittblumen. Blüht im ersten Jahr nur zu 60 %, benötigt Winterschutz.
Asclepias tuberosa: im östlichen Nordamerika bis Florida zu Hause. Höhe 60 cm, blüht mit orangen Dolden von VII–X.

Abbildung 44: Asclepias-Hybride 'Orange Pot'

Asperula orientalis (A. azurea, A. setosa)

Abb. 45

Blauer Waldmeister, Orient-Meister.

Familie: Rubiaceae – Rötegewächse.
Herkunft: Südwestasien, in Ungarn eingebürgert.
Wuchs: 20–30 cm hoch, zart, kriechend, polsterbildend.
Blatt: lanzettlich, rauh bewimpert, in Quirlen.
Blüte: winzige, himmelblaue Röhrenblüten in köpfchenartigen, endständigen Trauben,-stark duftend.
Blütezeit: VI–VII.
Standort: verträgt leichten Schatten noch sehr gut.
Erde: durchlässiger, feuchter Boden; ideal sind feuchte Gewässerufer.
Kultur: Aussaat an Ort und Stelle, je nach Witterung

Abbildung 45: ***Asperula orientalis***

März–Anfang Mai. Breitwürfige Aussaat oder in Reihen von 15–20 cm Abstand, später auf 10–15 cm auslichten. Weitere Vermehrung durch Selbstaussaat möglich. Auch Topfkultur ist möglich mit Aussaat bei 15–20 °C zwischen September-November, kühl und frostfrei überwintern.
Verwendung: einjährige, sehr schöne, niedrige Gruppen- und Flächenpflanze, auch für schattige Beeteinfassungen. Kurzstengelige Schnittblume.

Aster tanacetifolius (Machaeranthera tanacetifolia)
Rainfarn-Aster.

Familie: Compositae – Korbblütengewächse.
Herkunft: westliches Nordamerika, Europa, Asien, Südafrika, ca. 600 Arten.
Wuchs: 30–60 cm hoch.
Blatt: fiederteilig.
Blüte: blaßblaue Blütenköpfchen mit orangegelbem Zentrum, 5 cm ∅, Stengel 30–60 cm.
Blütezeit: VI–Frosteintritt.
Standort: sonnige bis halbschattige Lage, verträgt Hitze.
Erde: anspruchslos, guter Gartenboden.
Kultur: Aussaat März–April im Haus oder Freiland, Pflanzabstand 15 cm.
Verwendung: einjährige, hervorragende, aber seltene Sommerblume für Rabatten.

Abb. 46

Asteriscus maritimus (Odontospermum maritimum, Buphthalmum maritimum)
Goldtaler.

Familie: Compositae – Korbblütengewächse.
Herkunft: Mittelmeergebiet, Portugal.
Wuchs: breitfächerig und flach, sich reich verzweigend, Höhe 25 cm.
Blatt: löffelförmig, glänzend, von fester Struktur.
Blüte: goldgelb, ein Kranz von kurzen Zungenblüten umschließt die gelbe Mitte wie eine Sonne.
Blütezeit: V–X.
Standort: vollsonnig.
Erde: nährstoffreich, kalkhaltig, lehmig, auch sandig.
Vermehrung: durch Stecklinge.
Kultur: Stecklingsvermehrung im Spätsommer und aus überwinterten Pflanzen im Januar-Februar, eintopfen im Januar-Februar oder später, Kultur im kühlen Gewächshaus bei 8–12 °C und möglichst hell.
Pflanzung: ab Mitte Mai im Abstand von 25 x 25 cm.
Pflege: im Sommer verblühte Blüten ausbrechen.
Verwendung: mehrjährig, bei uns einjährig kultivierte, besonders reichblühende, unempfindliche Pflanze für die Sommerblüte in Balkonkästen, Töpfen, Schalen und Ampeln, auch für Beete, insbesondere in Steingärten.
Sorten: 'Gold Coin', blühwillig, Blüten von 3,5–4 cm ∅.

Abbildung 46: ***Asteriscus maritimus***

Abb. 47

Atriplex hortensis 'Rubra'
Rote Melde, Roter Spanischer Spinat, Rote Gartenmelde, Schnittmelde.

Familie: Chenopodiaceae – Gänsefußgewächse.
Herkunft: vermutlich Zentralasien, in Europa eingebürgert. Es gibt ca. 150 Arten.
Wuchs: 80–100 cm, krautartig.
Blatt: dekoratives Laub, dunkelrot, pfeilspitzenähnlich; anfangs sind die Pflanzen mehlig bestäubt.
Blüte: unscheinbar, winzig, purpurrötlich oder je nach Sorte auch grün.
Blütezeit: VII–IX.
Standort: sonnige Lage, windunempfindlich.
Erde: jeder Gartenboden ist geeignet.
Kultur: Aussaat März im Haus mit Vorkultur oder nach den Frösten im April–Mai dünn verteilt in Reihen von 30–40 cm ins Freiland. Pflanzabstand 30 cm.
Verwendung: einjährig, als einjährige Zierhecke, als höherwachsender Farbkontrast in Sommerblumen- oder Staudenbeeten. Rotes Laub ist sehr attraktiv für Blumengebinde und Sträuße. Als Windschutzhecke.
Sorten: 'Red Spire', buchenlaubrot. 'Green Spire', hellgrün.

Abbildung 47: ***Atriplex hortensis*** (Foto Stein)

Babiana-Stricta-Hybriden

Abb. 48

Babiane.

Familie: Iridaceae – Schwertliliengewächse.
Herkunft: durch Kreuzung verschiedener *Babiana*-Arten entstanden. *Babiana stricta* stammt aus Südafrika. Etwa 30 Arten.
Wuchs: 15–30 cm hoch, stark behaart, Knolle.
Blatt: schwertförmig, breitlanzettlich, gefaltet, behaart.
Blüte: blau, rosa, karminrot, gelb, violett, weiß; am Grunde dunkel gefleckt, Blütendurchmesser etwa 2 cm.
Blütezeit: III–IV, 3–5 Wochen.
Standort: liebt wenig Regen und mildes Klima, verträgt keinen Frost, volle Sonne bevorzugt; Tagestemperaturen 18–21 °C, nachts 10–16 °C.
Erde: durchlässige, humose Gartenerde mit viel organischem Dünger oder verrottetem Stallmist.
Vermehrung: Brutknöllchen von alten Knollen, die 3 Jahre im Topf bzw. Boden bleiben sollten oder Aussaat kurz nach der Samenreife.
Pflanzung: im Oktober, 4 Knollen in einen 12er-Topf, 5 cm tief setzen. Freilandpflanzung nur in frostfreien Gebieten, dabei 7–10 cm tief pflanzen.
Pflege: braucht Wärme und nur während der Hauptwachstumsphase mehr Wasser und alle 4 Wochen Blumendüngergaben. Sobald Blätter verwelken in trockenem Topf im warmen Kellerraum lagern.
Verwendung: bei uns vor allem Zimmerpflanze für Liebhaber. Als Kübelpflanze oder für Rabatten und Steingärten nur bei entsprechendem Klima.
Sorten: 'Blue Beauty', 'Blue Gem', 'General Shade', 'Zwanenburg's Glory'.

Abbildung 48: Babiana-Stricta-Hybriden

Bacopa campanulata

Abb. 49

Bacopa.

Familie: Scrophulariaceae-Braunwurzgewächse.
Herkunft: Südamerika, Paraguay, Brasilien.
Wuchs: kriechend oder hängend, sehr üppig wachsend, Höhe 20 cm.
Blatt: rundlich, mit gesägtem Rand, klein.
Blüte: klein, zahlreich, weiß mit gelbem Schlund, radförmig, fünflappig.
Blütezeit: IV–X.
Standort: sonnig – halbschattig.
Erde: locker, humos, nährstoffreich.
Vermehrung: Stecklinge.
Kultur: Stecklingsvermehrung im Spätherbst oder aus überwinterten Pflanzen im zeitigen Frühjahr bis Februar. Weiterkultur bei 18–20 °C. Auspflanzen Mitte–Ende Mai.
Pflanzung: im Abstand von 25 cm.
Verwendung: schöne, üppig blühende Topf- und Ampelpflanze, ausgezeichnet als Bodendecker an sonnigen oder halbschattigen Stellen.
Sorten: 'Snowflake', weißblühend, sehr üppig bis zum Frost.

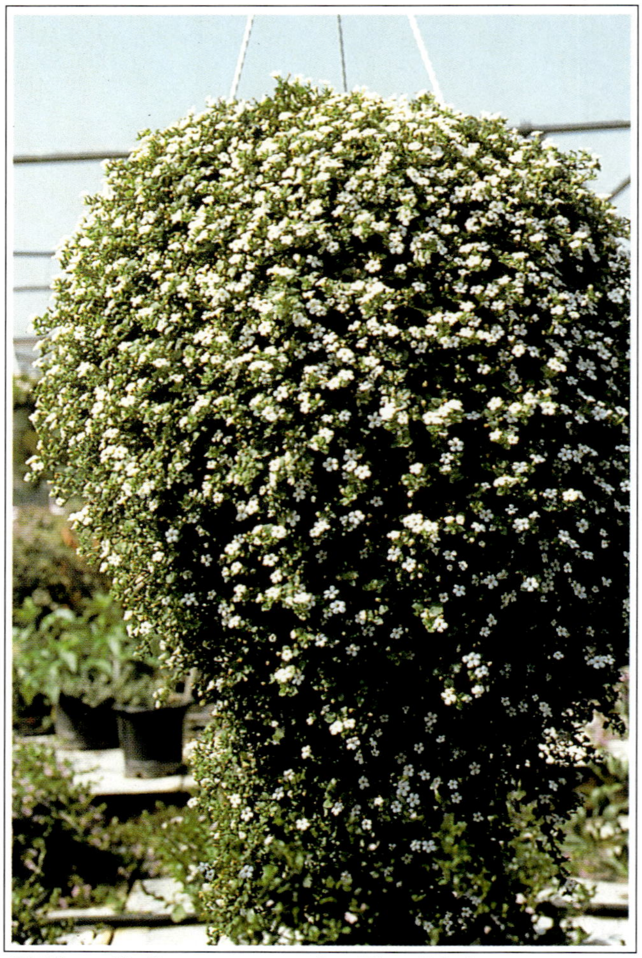

Abbildung 49: *Bacopa campanulata* 'Snowflake'
(Foto Kientzler)

Begonia
Begonien, Schiefblatt.

Die Gattung *Begonia* umfaßt weit über 1.000 Arten, die in den tropischen und subtropischen Gebieten Amerikas, Afrikas und Asiens verbreitet sind. Es handelt sich um krautige Gewächse oder Halbsträucher, die ein und auch mehrjährig sein können. Die Vermehrung geschieht sowohl über die Aussaat des sehr feinen Samens (bis zu 60.000 Korn pro Gramm) als auch über Blatt- und Blatteilsteck-

linge. Einige Arten, wie die in Deutschland besonders beliebten Knollenbegonien, überdauern Ruhezeiten mit Knollen.
Begonien wurden 1690 von dem französischen Botaniker und Franziskaner-Mönch Charles Plumier (1646–1704) in den Antillen entdeckt. Er benannte die bis dahin noch unbekannte Pflanze zu Ehren seines Reisegefährten Michel Begon.
Die meisten der durch ihren hohen Schmuckwert besonders beliebten Begonien sind im tropischen Amerika zu Hause, im Amazonasbecken, in den Anden und in den westlichen Kordilleren. In Afrika findet man Begonien in den feuchten Gebieten Kameruns bis in die weiter südlich liegende Provinz Natal. In Asien sind es die Monsungebiete am Himalaya, Indien, Hinterindien, Ceylon und China, wozahlreiche schöne Begonien vorkommen.
Begonien lieben Feuchtigkeit, humose, lockere Erde. Sie sind empfindlich gegen allzu starke Sonneneinstrahlung. Einige reagieren bei der Blütenanlage und Knollenbildung auf Tageslängen und Temperatur. Bereits in der Natur gibt es viele ohne den Menschen zustande gekommene Hybriden. Durch planmäßige Züchtung sind sehr viele weitere hinzugekommen, was eine Einteilung unübersichtlich macht. Generell unterscheidet man in Blattbegonien (hauptsächlich Zimmerpflanzen wie Rexbegonien, Strauchbegonien wie z. B. 'Corallina'-Hybriden und Ampelbegonien wie z. B. *Begonia limmingheiana*) und in Blütenbegonien. Zu den Blütenbegonien zählen:

1. Lorrainebegonien.

Sie entstanden aus einer Kreuzung von *Begonia socotrana* × *Begonia dregei*. Es sind herbst- oder winterblühende Zimmerpflanzen mit weißen, hell- oder tiefrosa Blüten.

2. Elatior-Begonien.

Sie entstanden durch die Einkreuzungen verschiedener südamerikanischer Arten in *Begonia socotrana*. Es sind ganzjährig oder im Kurztag blühende sehr attraktive Topfpflanzen, die überwiegend vegetativ vermehrt werden. Neu sind F1-Hybriden wie die Sorte 'Charisma Coral' und 'Charisma Orange' des deutschen Züchters Benary, die wie Knollenbegonien aus Samen angezogen werden können und auch im Freien an nicht allzu sonniger Stelle im Garten, auf Balkonen und im Friedhofsbereich gedeihen.

3. Knollenbegonien *(Begonia × tuberhybrida)*

Sie entstanden aus verschiedenen knollenbildenden Arten. Inzwischen gibt es eine Vielzahl von Züchtungen, die überwiegend im Freien, aber auch als reichblühende Topfpflanze für die kühle Veranda Verwendung finden. Alle sind frostempfindlich und dürfen erst nach den Eisheiligen ausgepflanzt werden. Sorten mit ähnlichen Eigenschaften werden in Gruppen zusammengefaßt:

a) Großblumige Knollenbegonien *(Grandiflora)*
Der Blütendurchmesser beträgt 12–16 cm. Sie werden 40 bis 60 cm hoch, sind wegen der enormen Blütengröße regen- und windempfindlich. Als Riesenblumige im Handel. Es gibt auch eine Gruppe von standfesten Züchtungen, die nur 25–40 cm hoch werden. Nach dem Grad der Blütenfüllung wird weiter unterschieden in

Einfache Großblütige. Beispiel dafür ist die Benary-Züchtung 'Pin Up' (weiß mit rosa Saum), die aus Samen vermehrt wird.

Halbgefüllte Großblütige

Gefüllte Großblütige: Die Züchtung hat überall eine Reihe von schönen Sonderformen entstehen lassen, z. B. kamelienblütige Sorten (Cameliaeflora) und rosenblütige Züchtungen (Rosaeflora).

b) Mittelblumige Knollenbegonien
Diese Züchtungen wachsen sehr buschig, der Blütendurchmesser erreicht nur 7–9 cm, dafür werden mehr Blüten gebildet. Sie eignen sich besonders für Rabatten, Balkonkästen und zur Kübelbepflanzung. Züchtungen wie die Rassen 'Nonstop' und 'Clips' sind sehr beliebt.

c) Kleinblütige Knollenbegonien
Buschiger, kompakter Wuchs von 15–25 cm und ein großer Blütenreichtum kennzeichnen diese Gruppe. Die Blütengröße erreicht 2–6 cm Durchmesser. Sie sind besonders für Schalen und Balkonkästen geeignet. In diese Gruppe gehören auch die Züchtungen der 'Bertinii-Compacta' mit dunklem Laub und besonders guter Anpassungsfähigkeit an sonnige Verhältnisse. Mehr und mehr beherrschen allerdings mittelblumige Rassen den Markt.

d) Ampelknollenbegonien
Pendel- oder Hängeknollenbegonien sind andere Bezeichnungen für diese sehr attraktiven und besonders reichblütigen Pflanzen. Sie verzweigen stark und gut. Etwas Windschutz ist angebracht. Sorten: Die Rasse 'Musical' von Benary besitzt buschigen, aber auch überhängenden Wuchs. Längere Triebe weisen 'Illumination' und 'Happy-End' aus.

4. Immerblühende oder Semperflorens-Begonien.

Begonia semperflorens wurde 1828 erstmals aus Brasilien eingeführt. Bei den heutigen Hybriden sind auch Formen von *Begonia gracilis* aus Mexiko eingekreuzt. Sorten für die Topfkultur, die anfang dieses Jahrhunderts beliebt waren (es gab auch gefüllte Sorten, durch Stecklinge vermehrt), sind weitgehend verschwunden. Die aus Schweden stammende 'Gustav Lind' oder 'Molenbeek' in Holland sind zur Zeit weniger beachtete Züchtungen.
Die Vielzahl der heutigen Züchtungen wird im Freiland eingesetzt an halbschattiger, schattiger, aber auch vollsonniger Stelle. Es handelt sich um Dauerblüher, die von Mai bis zum Frost durchblühen. Die Blütenfarben sind weiß, zartrosa, tiefrosa und leuchtendrot. Die Blattfarben können grün oder braunrot sein. Unterschieden wird nach der Blattfarbe und nach der Blütengröße.

a) Braunlaubige F1-Hybriden: Diese Sorten vermitteln durch den Kontrast zwischen Laub und Blütenfarbe ein besonders lebhaftes Bild. Mit niedrigem, kompaktem Wuchs warten die Sorten 'Whisky', 'Brandy', 'Rum' und 'Wodka' in den jeweiligen Begonienfarben auf. 'Rio' ist eine weitere Rasse. Beliebt sind auch Mischungen wie die 'Organdy' von Benary, teils auch mit grünlaubigen Sorten gemischt.
Halbhohe mit 35–40 cm Höhe: 'Danica' in Rosa und Scharlach.

b) Grünlaubige F1-Hybriden: Hier dominiert die Blütenfarbe. Neben reinen Farben vermitteln Blüten mit heller Mitte und dunkler Randzone besonders intensive Kontraste. Die Vielzahl der Rassen unterscheidet sich wenig, was die Blütenfarben anbelangt, sondern eher in der Anpassungsfähigkeit an Boden- und Lichtverhältnisse.
- **Niedrige F1-Hybriden:** Höhe 15–20 cm, sehr kompakter Wuchs und mittelgroße Blüten zeichnen diese Gruppe aus. Die ersten Hybrid-Züchtungen entstanden unter der Bezeichnung 'Heterosis' bei Benary. Später folgten viele Züchterfirmen mit eigenen Entwicklungen nach.
- **Halbhohe F1-Hybriden:** Höhe 30–35 cm, für Parkanlagen, Ampeln und Mischpflanzungen mit anderen Sommerblumen gedacht. Die Pflanzen sind wüchsig, robust, die Blüten groß. Beispiel: 'Party' in den typischen Begonien-Farben, auch in Mischung, mittelgroße Blüten.
- **Riesenblumige F1-Hybriden:** Wuchshöhe 25–35 cm. Die Blüten sind mit 4–5 cm Durchmesser besonders groß. Kompakter Wuchs, gut geeignet für Container und Parkanlagen.

Begonia-Elatior-Hybriden

Abb. 50/51

Freiland-Elatior-Begonie.

Familie: Begoniaceae – Schiefblattgewächse.
Herkunft: Aus vielen Kreuzungen entstanden.
Wuchs: buschig und kompakt mit ca. 5–6 cm großen, locker gefüllten Blüten. Die Pflanzen sind steril, setzen keinen Samen an und blühen daher unentwegt weiter bis zum Herbst.
Blatt: dunkelgrün, glänzend, unsymmetrisch, rundlich, Blattrand leicht gezähnt.
Blütezeit: Mai bis Frostbeginn.
Standort: halbschattig bis schattig, aber auch in der Sonne gedeihen diese Hybriden.
Erde: locker, humos, feucht und leicht sauer.
Kultur: Die Kultur ähnelt der von Knollenbegonien aus Saat. Aussaat unter Glas im Januar–Februar bei 22–28 °C in keimfreie, fein gesiebte Aussaaterde. Keimdauer 10–14 Tage, Samen nicht bedecken, Begonien sind Lichtkeimer, nur andrücken und immer gut feucht halten. Nach 4 Wochen zu ersten Mal, nach weiteren 6 Wochen zum zweiten Mal pikieren. Vor dem Auspflanzen Mitte–Ende Mai an die Außenverhältnisse gewöhnen.
Pflanzung: im Abstand von 20–25 cm.
Verwendung: einjährig kultiviert, im Freiland zur Bepflanzung von Rabatten, Schalen, Balkonkästen, Gräbern und als Topfpflanze.
Sorten: 'Charisma' F1-Hybride, orange oder rote Blüten, locker gefüllt, Höhe 25 cm, andauernd blühend bis zum Frost.

Abbildung 51: Begonia-Elatior-Hybriden 'Charisma Orange' (Foto Benary)

Abbildung 50: Begonia-Elatior-Hybriden 'Charisma Coral' (Foto Benary)

Begonia grandis var. *evansiana* (*B. discolor*, *B. evansiana*)

Bunte Begonie, Wildbegonie.

Familie: Begoniaceae – Schiefblattgewächse.
Herkunft: China, Japan. Etwa 800 Arten in Asien, Afrika und Amerika.
Wuchs: 60 cm hoch; Knollengewächs.
Blatt: 10–20 cm groß, mit rötlicher Unterseite.
Blüte: rosa, 3 cm ∅ überreich blühend.
Blütezeit: VI–X.
Standort: nicht frosthart, verträgt aber einige Minusgrade, am Südrand der Alpen winterhart. Verlangt halbschattige Lage.
Erde: feuchte, durchlässige Böden und normale Blumenerde bei Topfkultur.
Vermehrung: im zeitigen Frühjahr durch Brutzwiebeln, die in den Blattachseln sitzen.
Pflanzung: im Frühjahr, 2–5 cm tief.
Pflege: guter Winterschutz im Freiland nötig, jedoch ist Überwinterung im Keller oder frostfreien Raum sicherer. Alle 3–4 Wochen während der Vegetationszeit Blumendüngergaben.
Verwendung: mehrjährig, im Freiland für Wassermotive zusammen mit Farnen, Iris oder Bambus. Als Topf-, Trog- oder Balkonkastenpflanze.

Begonia-Semperflorens-Hybriden

Abb. 52–55

Eisbegonie.

Familie: Begoniaceae – Schiefblattgewächse.
Herkunft: Südamerika, Brasilien, etwa 400 Arten. Vielseitige Züchtungsergebnisse.
Wuchs: 15–35 cm hoch, kompakt, buschig.
Blatt: ledrig, je nach Sorte hellgrün, dunkelgrün, bronze und schwarzgrün; groß.
Blüte: in vielen Farben und neuartigen Farbwirkungen, weiß, rosa, karmin- oder scharlachrot, einfache und gefüllte Blüten, dicht an dicht, Blütendurchmesser 4–5 cm.
Blütezeit: V–X, unermüdlich blühend.
Standort: halbschattige Lage, verschiedene Neuzüchtungen (F1-Hybriden) sind wetterfester und vertragen starke Sonneneinstrahlung besser.
Erde: leicht saure, humusreiche Gartenböden.
Kultur: Aussaatzeit vorwiegend Dezember–Februar im Warmhaus; Keimzeit 2–3 Wochen bei 22 °C 1. Pikieren auf 2 x 2 cm; 2. Pikieren im April, Auspflanzzeit Mitte Mai, wenn die Temperaturen nicht mehr unter 10 °C sinken. Pflanzabstand 15–20 cm.
Verwendung: einjährige, beliebte Standardpflanze, die massenhaft für Rabatten, Beete, Blumenkästen, Tröge und Schalen sowie häufig zum Bepflanzen von Gräbern verwendet wird.

Abbildung 52: Begonia-Semperflorens-Hybriden 'Weiß'

Abbildung 53: Begonia-Semperflorens-Hybriden 'Olympia'

Sorten:
Niedrige, grünlaubige (alles F1-Hybriden): 'Vitesse', großblumig, sehr widerstandsfähig gegen Witterungseinflüsse, besonders früh. 'Bicola', weiß mit rotem Rand, 15 cm hoch. 'Bellanova', karminrosa, frühblühend, 15 cm hoch. 'Scarlanda', scharlachrot. 'Viva', weiß, 18 cm hoch. 'Rote Vollendung', 'Rosa Vollendung', 'Weiße Vollendung' und die daraus hergestellte 'Blütenteppich'-Mischung sind bewährte Standardsorten, unempfindlich, reichblühend, 15 cm hoch. 'Ascot', großblumig, bis 4 cm im Durchmesser, sehr früh, kompakter Wuchs, 20 cm hoch, in den Farbsorten 'Weiß', 'Rosa', 'Dunkelrosa', 'Hellrosa' und 'Rot'. 'Eureka'-Serie: etwas kleinblumiger, dafür besonders wetter- und hitzefest. 'Juwel', bewährtes Sortiment, früh bis mittelfrüh, sehr reich- und ständig blühend. Ideale Beet- und Gruppenpflanze. In einer kompletten Farbserie erhältlich. 'Olympia'-Serie: früh, 16–18 cm hoch, besonders gut bereits als Jungpflanzen blühend. In einer kompletten Farbserie erhältlich. Niedrige, dunkellaubige F1-Hybriden: 'Espresso'-Serie: große Blüten, kompakter Wuchs, guter Kontrast, scharlachrot, weiß, rosa. 'Bicolor', 'Olympia Starlet', weiß mit rotem Rand, zierlich. 'Gin', rosa. 'Rum', weiß mit rosarotem Saum. 'Whisky', reinweiß. 'Wodka', dunkelscharlachrot. 'Roxi'-Serie: früh und reichblühend. 'Flip'-Serie: 15–20 cm hoch, in rosa Tönen. Großblumige F1-Hybriden: 'Effekt'-Mischung, 15 cm hoch.

Abbildung 54: Begonia-Semperflorens-Hybriden 'Eureka'

Abbildung 55: Begonia-Semperflorens-Hybriden (Organdy-Mischung)

Abb. 56 / 57

Begonia-Knollenbegonien-Hybriden *(B. × tuberhybrida)*

Knollenbegonie.

Familie: Begoniaceae – Schiefblattgewächse.
Herkunft: zahlreiche Kreuzungen, die Ausgangsarten stammen aus Südamerika.
Wuchs: 15–50 cm hoch, Stengel wäßrig, abgeflachte Knollen.
Blatt: schief, asymmetrisch, groß, grün- bis dunkellaubige Sorten.
Blüte: in vielen Farben, außer blau und grün; 5–20 cm ∅.
Blütezeit: VI–X.
Standort: Halbschatten, in warmen Klimagebieten auch schattige Lage. Nachttemperaturen sollten nicht unter 10 °C liegen. Nicht winterhart.
Erde: gute, humose, nährstoffreiche, leicht saure Gartenböden.
Vermehrung: durch Teilung großer Knollen, dabei braucht jede Knolle mindestens ein Auge; durch Aussaat im Gewächshaus; Stecklingsvermehrung im zeitigen Frühjahr.
Kultur: Anzucht aus Samen (ist nur dem Gärtner geläufig): Aussaat Dezember bis Februar unter Glas bei 20–22 °C in keimfreie, fein gesiebte Erde. Nach ca. 4 Wochen pikieren und falls erforderlich, ein zweites Mal pikieren in einen 10-cm-Topf oder in Topfplatten. Anfang Mai abhärten und zum Auspflanzen Mitte–Ende Mai mit einer flüssigen Düngung vorbereiten.
Anzucht aus Knollen: Im Februar–Anfang März in humusreiche Erde legen, die hohle Seite nach oben. Immer gut feucht halten.
Pflanzung: Ende Mai werden die im Februar–März bei 18–20 °C vorkultivierten und anschließend abgehärteten Pflanzen ins Freiland gesetzt.
Pflege: einmal wöchentlich flüssig düngen. Zur Überwinterung nach den ersten leichteren Frösten im Herbst ausgraben und geputzt, trocken bei 8–10 °C im Keller lagern.
Verwendung: einjährig genutzt, für Topf, Kübel, Balkonkästen, auch für Beete und Grabbepflanzungen geeignet.
Sorten: Eine Vielzahl von Sorten, diese sind in die folgenden Gruppen eingeteilt. Innerhalb der Gruppen gibt es zahlreiche Farbsorten auch mit unterschiedlicher Laubfärbung.
'Crispa Marginata' (Einfache, gekrauste Knollenbegonie): gekrauste, rot umrandete, einfache Blüten.
'Gigantea' (Einfache, großblumige Knollenbegonie): 20–50 cm hoch; große einfache Blüten.
'Gigantea Fimbriata' (Gefüllte, gekrauste Knollenbegonie): gefranste Blütenblätter, dicht gefüllte Blüten.
'Gigantea Floreplena' (Gefüllte, großblumige Knollenbegonie): 20–50 cm hoch, große gefüllte Blüten.
'Grandiflora Compacta' (Großblumige, gedrungene Knollenbegonie): gedungener Wuchs, große gefüllte Einzelblüten, besonders für Beetpflanzungen geeignet.
'Multiflora' (Klein- und vielblumige Knollenbegonie): kompakter Wuchs, 15–20 cm; kleinere, einfache oder gefüllte Blüten, sehr bewährt für Freilandpflanzungen.
'Pendula' (Hänge-Knollen-

Abbildung 56: Begonia-Knollenbegonien-Hybriden 'Grandiflora Compacta'

begonie): buschig, 30–45 cm, hängende Stengel. Blütendurchmesser 5 cm.
'Pendula Flora Plena' (Gefüllte Hänge-Knollenbegonie): Triebe reich verzweigt, 40 cm herabhängend, Blüten gefüllt, reichblühend.
Hinzu kommen zahlreiche Sorten, die sich aus Samen anziehen lassen, z. B. 'Pin-Up' F1-Hybride, Fleuroselect-Goldmedaillen-Gewinner, zwei große und zwei kleine Blütenblätter bilden einen Kreis, einfache, offene Schalenblüten von 10–12 cm Durchmesser, sehr ausdrucksvoll, zartrosa mit dunkelrosa Rand. 'Clips'-Serie, breiter, flacher Wuchs, gefüllte Blüten von 6 cm Durchmesser, früh. Farben: Gelb, Goldorange, Orange, Rosa und Mischung. 'Musical'-Serie, kleines Laub, stark verzweigter Wuchs, sehr früh, verschiedene Farben erhältlich. 'Nonstop'-Serie, sehr blühwillig, 20 cm hoch, mit bis zu 9 cm großen gefüllten Blüten, stark verzweigt. Viele Einzelfarben.
Sogenannte Girlandenbegonie 'Illumination' mit vielen biegsamen, hängenden und stark verzweigten Trieben. Pendula F1-Hybriden: 'Happy End' Serie, mittelgroße, gefüllte Blumen, stark hängend. 'Chanson'-Mischung, ideal für Ampeln und Balkonkästen. Viele Farben erhältlich.

Abbildung 57: *Begonia tuberhybrida* 'Pin up' (Foto Fleuroselect)

Abbildung 58: *Bellis perennis* 'Großblumige Mischung'

Bellis perennis

Abb. 58

Gänseblümchen, Tausendschön, Maßliebchen.

Familie: Compositae – Korbblütengewächse.
Herkunft: Europa, Kleinasien. Etwa 10 Arten.
Wuchs: je nach Sorte 10–15 cm hoch. Flache Blattrosette.
Blatt: länglich, eirund.
Blüte: weiß, rot, rosa je nach Sorte. Zentrum goldgelb. Blütenkörbchen 7 cm ∅, einfache und gefüllte Sorten.
Blütezeit: IV–VI.
Standort: sonnige bis halbschattige Lage. Zur Überwinterung vor den ersten Frösten leicht mit Fichtenreisig abdekken.
Erde: jeder ausreichend feuchte Boden, bevorzugt nahrhaften Gartenboden.
Kultur: Aussaat Juni–Juli an schattiger Stelle im Freiland oder in einem Frühbeet. Keimzeit 1–2 Wochen bei 15–18 °C. Samen nur ganz leicht bedecken und gut feucht halten. Auspflanzen im August oder September im Abstand 20 x 20 cm.
Verwendung: zweijährige Beetpflanze für Gräber, Rabatten, Einfassungen, für Blumenkästen und Schalen. Auch Schnittblume mit Wintertreiberei, dafür Aussaat im Mai.
Sorten: Klein- und vielblumige Sorten: 'Pomponette', langgestielt, Röhrenblüten dicht gefüllt, rot, rosa, weiß. 'Teppich'-Serie: sehr gleichmäßig und gut gefüllt, früh, 12 cm hoch, rot, rosa oder weiß. 'Romi' und 'Knöpfchen'. 'Habañera'-Serie: mit kompaktem Wuchs und dichtgefüllten Blüten, feinstrahlig. Auch für die Topfkultur unter Glas geeignet, elegantes Aussehen. 'Planet'-Serie: Pomponblüten mit ca. 3,5 cm ∅, mittelspät, rot, rosa, weiß.
Großblumige Sorten: 'Robella', Fleuroselect-Goldmedaille 1994, salmrosa, dichtgefüllte Blüten von 4–5 cm ∅. 'Aetna', dunkelrot, geröhrte Blüten mit gelber Mitte, 15 cm hoch. 'Bernina', reinweiß, halbgefüllt, 15 cm hoch. 'Monterosa', rosa. 'Rasse Roggli', gut gefüllt, kräftige Stiele, 15 cm hoch, gut geeignet für die Kultur in Töpfen und im Freiland.

Bessera elegans

Korallentröpfchen.

Familie: Liliaceae – Liliengewächse.
Herkunft: Mexiko.
Wuchs: 30–50 cm hoch; 2,5 cm breite Knollen mit brauner Schale.
Blatt: nur 2–3 grundständige, grasähnliche Blätter.
Blüte: nickende Blütenglöckchen, lachsrosa, im Innern weißrot gestreift; etwa 3 cm große Blüten, sie sitzen in Blütendolden zu 6–20 Stück lokker zusammen.
Blütezeit: VII–IX.
Standort: volle Sonne, bei uns nicht ganz winterhart.
Erde: durchlässige, nahrhafte Böden.
Vermehrung: Brutzwiebeln im Herbst abnehmen oder Aussaat der Samen.
Pflanzung: im März–April in 12er-Töpfe, ab der 2. Maihälfte ins Freiland.
Pflege: während der Vegetation reichlich wässern. Im Spätherbst in einen mäßig warmen Raum stellen und trocken überwintern.
Verwendung: mehrjähriges Zwiebelgewächs, im Gräsergarten oder als Gruppen im Blumenbeet. Auch Schnittblume.

Bidens ferulifolia

Abb. 59

Zweizahn, Goldfieber.

Familie: Compositae – Korbblütengewächse.
Herkunft: Mexiko, südliches Nordamerika.
Wuchs: flach ausbreitend, halbhängend, Höhe 25 cm.
Blatt: fiederblättrig, klein.
Blüte: goldgelb, radförmig.
Blütezeit: IV–X.
Standort: vollsonnig.
Erde: nährstoffreiche, humose, lockere Gartenerde.
Vermehrung: Stecklinge, Aussaat.
Kultur: Stecklingsvermehrung im Januar–März, mehrfach stutzen, um buschigen Wuchs zu erreichen, eintopfen in 10-cm-Topf Anfang März–Mitte April. Auspflanzen nach Mitte Mai.
Pflanzung: in Balkonkästen oder Ampeln.
Verwendung: mehrjährige, aber einjährig genutzte Ampelpflanze, für Balkonkästen, Kübel, passend zu Hängepetunien, Hängegeranien usw.

Abbildung 59: ***Bidens ferulifolia***

Abbildung 60: ***Bletilla striata***

Bletilla striata (Bletia hyacinthina, B. hyacinthina)

Abb. 60

Erdorchidee, Bletilla.

Familie: Orchidaceae – Orchideen (Knabenkrautgewächse)
Herkunft: Japan, China, Osttibet, Okinawa. 7 Arten.
Wuchs: bis 50 cm hoch; abgeflachte Knollen.
Blatt: 20–30 cm lang, behaart, lanzettlich, schilfartig, mit Längsstreifen.
Blüte: rosa bis purpurne oder weiße Orchideenblüte; ∅ 2–3,5 cm, 3–10 Blüten sitzen an einem Schaft.
Blütezeit: V–VI, etwa 3 Wochen lang.
Standort: volle Sonne bevorzugt, benötigt warmen Standort, winterhart nur mit entsprechendem Schutz.
Erde: durchlässige, lehmige, kalkschotterige Böden.
Vermehrung: Pseudobulben werden im Frühjahr bei Austrieb vorsichtig in Einzelteile zerlegt und im Topf im Haus kultiviert. Ab Mitte Mai als Freilandkultur oder Zimmertopfpflanze verwendbar.
Pflanzung: im Frühjahr nach der Frostgefahr, 7–10 cm tief.
Pflege: braucht guten Winterschutz mit Laub und Folie, verträgt keinen Bodenfrost.
Verwendung: mehrjährig, dekorative Topf- und Kübelpflanze, auch Freilandpflanze im Alpinum oder mit schwachwüchsigen Wildstauden.
Sorten: 'Alba', weiße Blüten.

Bloomeria crocea var. *aurea (B. aurea)*

Golddolde.

Familie: Liliaceae – Liliengewächse.
Herkunft: Südkalifornien, nahe verwandt mit Brodiaea.
Wuchs: 30 cm hoch; Zwiebelgewächs mit brauner, faseriger Hülle.
Blatt: grundständig, bandförmig, etwa 1 cm breit, bis 30 cm lang.
Blüte: leuchtend gelbe bis orange Blütendolde; etwa 2 cm breit.
Blütezeit: VII.
Standort: sonnige, warme Standorte, nicht winterhart.
Erde: durchlässige, lehmige Sandböden, mit Lauberde verbessert.
Vermehrung: vor allem durch Aussaat kurz nach der Samenreife, es dauert 2–3 Jahre bis zur Blüte.
Pflanzung: im Frühjahr ohne Frostgefahr, 7–10 cm tief. In rauhen Lagen besser als Topfpflanze im Haus vorkultivieren.
Pflege: während der Vegetationszeit reichlich wässern, nach der Blüte trocken halten. Sobald Pflanze verblüht und eingezogen ist, ausgraben und in einem nicht zu kühlen Raum trocken lagern.
Verwendung: mehrjähriges Zwiebelgewächs, schöne Liebhaberpflanze fürs Zimmer, die während der frostfreien Zeit auch im Freiland kultiviert werden kann.

Brachycome iberidifolia

Abb. 61

Kurzschopf, Australisches Gänseblümchen, Blaues Gänseblümchen.

Familie: Compositae – Korbblütengewächse.
Herkunft: westliches bis nördliches Südaustralien, über 50 Arten.
Wuchs: bis 30 cm, krautartig, stark verästelt.
Blatt: wechselständig, schmal, fiedrig.
Blüte: blau, rosa, violett, ähnlich der Margeriten. Duftend, ∅ 4 cm, die Blüten sitzen auf kurzen Stengeln.
Blütezeit: VII–IX.
Standort: warme, sonnige Lage.
Erde: durchlässige, trockene und nährstoffreiche Böden.
Kultur: Aussaat März–April im Haus, anschließend frühzeitig pikieren, ab ca. 20. Mai auspflanzen, Abstand 15–20 cm. Freilandaussaaten ab Ende April–Mai, nur bei entsprechend mildem Klima erfolgversprechend; auf 15 cm Abstand ausdünnen.
Verwendung: einjährige Gruppen- und Rabattenpflanze, für Kübel und Balkonkästen geeignet. Schöne, leicht aus Samen wachsende Sommerblume.
Besonderheiten: Reichblühender ist *Brachycome multifida,* von diesem wird jedoch kein Samen angeboten.
Sorten: 'Blauglanz', 25 cm hoch, blauviolette Töne. 'Blausternchen', 'Rotsternchen', 'Weißsternchen', meist werden jedoch Farbmischungen angeboten.
Weitere Arten: *Brachycome multifida*: Bekannt und beliebt als Blaues Gänseblümchen, sehr reichblühende Balkon- und Ampelpflanze mit hängendem Wuchs und hunderten von zartblauen Blüten, die bis zum Frost aushalten, mehrjährig. Herkunft Australien. Läßt sich bislang nur durch Stecklinge vermehren, die man im Herbst oder Spätwinter im Gewächshaus bewurzelt.
Sorten: 'Ultra', besonders kompakt, buschig und sehr reichblühend, hellblau. 'Amethyst', purpurviolett, üppig wachsend, dunkles Laub.

Abbildung 61: ***Brachycome iberidifolia***

Brassica oleracea

Abb. 62

Zierkohl.

Familie: Cruciferae – Kreuzblütengewächse.
Herkunft: Westeuropa, Mittelmeerraum, durch Züchtung sind die Zierformen entstanden.
Wuchs: ca. 30 cm hoch, unterschiedliche Formen, z. B. ähnlich Grünkohl, Federkohl oder Palmkohl.
Blatt: weißlich, zur Mitte kräftig rosa, rot oder purpur. Verschiedenartige Formen: gekraust oder geschlitztblättrig. Farbwirkung tritt oft erst bei kühler Witterung im Herbst auf.
Standort: sonnige Lage, keine besonderen Ansprüche.
Erde: gute, nährstoffreiche Gartenböden.
Kultur: Aussaat Mai–Juni mit Folgesaaten ins Freiland oder Frühbeet. Keimzeit 1 Woche bei 15–20 °C. Anzucht mit Topfballen, vor dem Auspflanzen gegen Kohlfliege behandeln oder die Pflanzen mit einem Kragen umgeben, der die Kohlfliegen abhält.
Pflanzung: Juni–August im Abstand von 40 x 40 cm.
Pflege: wie alle Kohlpflanzen ist auch der Zierkohl durch Kohlweißlingsraupen gefährdet, rechtzeitig absammeln oder bekämpfen. Jungpflanzen unter Kulturschutznetz anziehen.
Verwendung: einjährig genutzt, für Blumenbeete als Einzelpflanze oder Gruppe. Verträgt bis –8 °C Frost, daher interessant zum Schmücken von Blumenbeeten, Schalen und öffentlichen Anlagen in wintermilden Gebieten. Die Pflanzen bleiben bis Ende März attraktiv. Sie werden auch als Topfpflanzen angeboten und für Pflanzengebinde verwendet.
Sorten: Meist japanische F1-Hybriden in Mischungen oder Einzelsorten: 'Coral Queen', Blätter rot mit grün, stark geschlitzt. 'Coral Prince', Blätter weiß mit grün, stark geschlitzt. 'Primadonna', rot mit grün, gekraust. 'Rose Bouquet', rot mit grün, glattrandig. 'White Christmas', weiß mit grün, glattrandig, Wuchs pyramidal. 'White Lady', weiß mit grün, gekraust.

Abbildung 62: ***Brassica oleracea*** (Foto Stein)

Brevoortia coccinea (Brevoortia ida-maia)

Blumen-Feuerrakete.

Familie: Liliaceae – Liliengewächse.
Herkunft: Kalifornien. 2 Arten.
Wuchs: 30–80 cm hoch, Blütenschaft häufig wellig gekrümmt; 4–5 cm große, graubraune Zwiebeln.
Blatt: schmal, grasähnlich, etwa 40 cm lang.
Blüte: karminrot mit grünlichgelbem Kronensaum; 3–4 cm lange, röhrige, etwas blasige, aufgebauschte, glänzende Blüten, 6–20 Stück pro Dolde. Die Einzelblüte hat 3–4 gelbgrüne Hochblätter.
Blütezeit: V–VI.
Standort: warm, sonnig bis leicht halbschattig. Überwinterung nur bei milden Klimalagen mit entsprechendem Schutz im Freien.
Erde: gut durchlässige, humose Böden.
Vermehrung: im Frühjahr Brutzwiebeln abnehmen oder durch Aussaat.
Pflanzung: im Frühjahr nach der Frostgefahr, 7–10 cm tief.
Pflege: in rauhen Klimalagen im Herbst ausgraben, kühl und luftig in trockenem Torf

im frostfreien Raum überwintern. Während des Wachstums zusätzlich wässern.
Verwendung: mehrjähriges Zwiebelgewächs, zusammen mit niedrigen Stauden oder Gräsern im Freiland, auch als Topfpflanze. Lange haltende, exotisch wirkende Schnittblume.

Abb. 63

Briza maxima
Großes Zittergras, Tränengras.

Familie: Gramineae – Süßgräser.
Herkunft: Mittelmeerraum, ca. 30 Arten.
Wuchs: 30–50 cm hoch.
Blatt: linealisch.
Blüte: kleine, ca. 2–3 cm lange, hängende, zapfenartige Blütenähren. Anfangs grünlich, später gelblich-weiß.
Blütezeit: VI–VII.
Standort: warm, sonnig, vor starkem Regen geschützt.
Erde: tiefgründige, durchlässige, leicht kalkhaltige Böden.
Kultur: Aussaat Mitte März–Anfang April im warmen Frühbeetkasten. Ende April–Mai ins Freie an Ort und Stelle. Pflanzabstand ca. 25 cm.
Verwendung: einjährig, vor allem dekorativ für Trockensträuße, Ähren mit Stengel vor der Reife schneiden, kopfunter an einem schattigen Platz zum Trocknen aufhängen.
Weitere Arten: *Briza minor*: Zittergras, 25 cm hoch, Ähren Juli–August. Neben der Verwendung für Trockensträuße auch für Rabatten geeignet.
Briza media: heimisches Zittergras, ausdauernd, 10–30 cm hoch. Blütenstände fein, ständig leicht in Bewegung.

Abbildung 64: ***Brodiaea elegans***

Abbildung 63: ***Briza maxima***

Abb. 64

Brodiaea elegans (B. coronaria hort., *B. grandiflora* hort., *B. laxa, Triteleia laxa)*
Brodiäa.

Familie: Liliaceae – Liliengewächse.
Herkunft: Nordamerika, von Oregon bis Kalifornien.
Wuchs: 15–50 cm hoch; Knollen krokusähnlich.
Blatt: schmal, grasähnlich, nur wenige Blätter.
Blüte: glänzend violettblau, Schlund etwas heller; sternförmig, mit langer Röhre; Blütenstand ist eine Dolde.
Blütezeit: VI.
Standort: sonnige, warme Lage, nur sehr bedingt winterhart. Benötigt auch im Weinbauklima guten Winterschutz.
Erde: durchlässige, lehmige Sandböden.
Vermehrung: durch Brutknollen oder auch durch Aussaat der Samen.
Pflanzung: im Herbst, 5 cm tief.
Pflege: überwintern am besten im kalten Kasten und in Töpfen kultivieren.
Verwendung: mehrjähriges Zwiebelgewächs, vor allem als lang haltbare Schnittblume.
Weitere Arten: *Brodiaea coronaria* (*B. grandiflora*): 30 cm hoch, Blüte violett bis purpur, 1–4 cm lang.

Abb. 65

Bromus lanceolatus (Bromus macrostachys)
Einjährige Trespe.

Familie: Gramineae – Süßgräser.
Herkunft: Mittelmeerraum; etwa 50 Arten.
Wuchs: 70 cm hoch.
Blatt: flach, linealisch.
Blüte: dichte, dekorative, ährenförmige Rispe.
Blütezeit: VI–VII.
Standort: sonnig, warm.
Erde: gut durchlässige Gartenböden.
Kultur: Aussaat Mitte März – Anfang April ins warme Frühbeet. Keimdauer 1 Woche bei 15 °C. Auspflanzen der einmal pikierten Sämlinge Mitte Mai, Abstand 30 cm. Auch Direktsaat ist möglich in Reihen von 25–30 cm Abstand.
Verwendung: einjährig, zur Auflockerung von bunten Beetpflanzungen. Als Schnittblume für die Trockenbinderei;

Schnittzeitpunkt: wenn Ähren voll entwickelt und noch grün sind, anschließend zum Trocknen kopfunter aufhängen.
Weitere Arten: *Bromus briziformis*: Südwest-, Mittelasien. 1jährig; einseitig nickende Blütenrispen von Juni–August,30–40 cm hoch.
Bromus sterilis (*B. jubatus, Zerna sterilis*): Süd-, Mitteleuropa. 1jährig; einfache Rispen, allseits nickende Ähren, 15–60 cm hoch.

Abbildung 65: *Bromus lanceolatus*

Bromus madritensis (Zerna madritensis)

Mittelmeer-Trespe.

Familie: Gramineae - Süßgräser.
Herkunft: Mittelmeerraum; etwa 50 Arten.
Wuchs: 50 cm hoch.
Blatt: flach, linealisch.
Blüte: dichte, dekorative, ährenförmige Rispe.
Blütezeit: VI–VII.
Erde: gut durchlässige Gartenböden.
Klimaansprüche: sonniger, warmer Standort.
Kulturverfahren: Aussaat Mitte März–Anfang April ins warme Frühbeet. Keimdauer 1 Woche bei 15 °C. Auspflanzen der einmal pikierten Sämlinge Mitte Mai, Abstand 30 cm.
Verwendung: zur Auflockerung von bunten Beetpflanzungen. Als Schnittblume für die Trockenbinderei; Schnittzeitpunkt: wenn Ähren voll entwickelt und noch grün sind, anschließend zum Trocknen kopfunter aufhängen.
Weitere Arten: *Bromus briziformis*: Südwest-, Mittelasien. 1jährig; einseitig nickende Blütenrispen von Juni–August, 30–40 cm hoch.
Bromus lanceolatus (*B. macrostachys*): Europa, Mittelmeer bis Ostasien. 1jährig; sehr dekorative Rispe von Juni–August. 70 cm hoch.
Bromus sterilis (*B. jubatus, Zerna sterilis*): Süd-, Mitteleuropa. 1jährig; einfache Rispen, allseits nickende Ähren, 15–60 cm hoch.

Browallia americana (B. demissa, B. elata)

Browallie, Silberglöckchen.

Familie: Solanaceae - Nachtschattengewächse.
Herkunft: tropisches Amerika.
Wuchs: 30–80 cm hoch, gut verzweigte, lockere Büsche.
Blatt: variabel, meist eirund, spitz, wechselständig.
Blüte: bläulichviolett mit gelbem Schlund, einzeln oder zu mehreren, achselständig.
Blütezeit: Juli–September.
Erde: guten, nährstoffreichen Gartenboden.
Klimaansprüche: sehr geschützte, warme, vollsonnige Lage.
Kulturverfahren: Aussaat Anfang März im Haus. Keimtemperatur 12–15 °C. Anschließend 5 Pflanzen in 9er-Topf pikieren. Auspflanzen Ende Mai, je nach Art 20–40 cm Abstand.
Verwendung: für Rabatten, Beete, Blumenkästen und Ampeln.
Sorten: gibt es in weiß, blau und violett.
Weitere Arten: *Browallia grandiflora*: Herkunft Peru, ca. 40 cm hoch, breitastig. Blüte weiß oder lila, Juni–September.
Browallia viscosa: Herkunft Peru, 20–30 cm hoch. 'Blauglöckchen', leuchtend blau, 20 cm hoch. 'Saphir', violettblau, Schlund weiß, 20 cm hoch. 'Silberglöckchen', reinweiß.

Abb. 66 / 67

Browallia speciosa (Browallia major)

Browallie.

Familie: Solanaceae - Nachtschattengewächse.
Herkunft: Kolumbien. 8 Arten im tropischen Amerika.
Wuchs: als Zimmer-Topfpflanze 30–50 cm, verzweigt, halbstrauchartig, kompakt. In der Heimat 1 m.
Blatt: dunkelgrün, spitz.
Blüte: je nach Sorte violett, blau, mit weißem Schlund, in den Achseln der Blätter, bis 5 cm breit.
Blütezeit: je nach Aussaat I–XII.
Vermehrung: Aussaat ganzjährig im Kalthaus, ab Februar ohne Erdabdeckung; Keimzeit 3–4 Wochen bei 18–20 °C. Stecklinge im Sommer schneiden und nach dem Bewurzeln möglichst pincieren, bei 20 °C Bodentemperatur.
Kultur: Einheitserde, Torfsubstrate, pH-Wert 5,5–6,5. Zimmertemperatur bis 25 °C, im Winter um 17 °C, nachts 15 °C. Eine Überwinterung lohnt sich nicht. Auch für ganz geschützte Standorte von Juni–September als Freiland-Topfpflanze verwendbar. Hellen und luftigen Standort geben, direkte Sonne der Mittagszeit meiden. Kalthausgewächs.
Pflege: Substrat stets mäßig feucht halten; im Winter nur sparsam gießen. Fäulnisgefahr! Von Mai–September alle 1–2 Wochen einmal, mit Blumendünger, am besten Kakteendünger gießen; im Winter nur alle 6–8 Wochen. Umtopfen erübrigt sich. Jährlich neue Pflanzen durch Aussaat.
Verwendung: einjährig, für Rabatten, Beete, Blumenkästen und Ampeln. Schöne Topfpflanze für Wintergärten und Zimmer.
Sorten: gibt es in weiß, blau und violett.

Abbildung 66: *Browallia speciosa* 'Weiß'

Abbildung 67: ***Browallia speciosa*** **'Violett'**

zettlich. Blätter erscheinen bei der Blüte oder kurz vorher.
Blüte: lilarosa, langstrahlige Sternchen, tief gespalten, 2–3 Blüten je Pflanze, 5–6 cm lang, unmittelbar aus der Erde kommend.
Blütezeit: II–III.
Standort: volle Sonne, winterhart.
Erde: tiefgründige, lehmige, durchlässige, aber ausreichend feuchte Böden.
Vermehrung: durch Abtrennen von Brutknollen, diese gewinnt man durch Ausgraben im Juni–Juli, sobald das Laub verwelkt ist.
Pflanzung: Juli–August, 7 cm tief.
Pflege: sollte alle 2–3 Jahre verpflanzt werden.
Verwendung: mehrjähriges Zwiebelgewächs, paßt vor allem im Steingarten oder auch in ungemähten Rasenflächen oder zusammen mit nicht zu stark wuchernden Stauden oder Gräser, z. B. *Aster amellus, Saponaria.*

Abb. 68

Bulbocodium vernum (Colchicum v., C. bulbocodium)
Frühlingslichtblume.

Familie: Liliaceae – Liliengewächse.
Herkunft: Pyrenäen, Alpen, Kaukasus.
Wuchs: 8–12 cm hoch; kleine, runde Knollen mit dunkelbrauner Schale.
Blatt: dunkelgrün, schmal-lanzettlich. (see above)

Abb. 69

Bupleurum griffithii
Hasenohr.

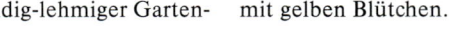

Familie: Umbelliferae – Doldengewächse.
Herkunft: Osteuropa, Kleinasien.
Wuchs: 40–60 cm hoch, verzweigt, Blätter durchwachsen, blaugrün.
Blüte: unscheinbar grünlichgelb, Hochblätter hellgrün.
Blütezeit: VII–VIII.
Standort: vollsonnig bis halbschattig.
Erde: sandig-lehmiger Gartenboden.
Kultur: Aussaat März bis Juli im Freiland direkt in Reihen von 25–30 cm mit anschließendem Vereinzeln auf 25 cm Abstand. Die Keimung erfolgt am besten bei kühlen Bedingungen unter 10 °C.
Verwendung: einjährig, als interessantes Beiwerk zu Sträußen und Gestecken.
Sorten: 'Green Gold', 80–90 cm hoch, drahtige Stiele mit gelben Blütchen.

Abbildung 68: ***Bulbocodium vernum***

Abbildung 69: ***Bupleurum griffithii***

Calandrinia umbellata

Abb. 70

Calandrine.

Familie: Portulacaceae – Portulakgewächse.
Herkunft: Peru, Chile.
Wuchs: 10–15 cm hoch, Stengel rötlich verholzend, wächst häufig niederliegend.
Blatt: schmal, linealisch, behaart, 1–2 cm lang.
Blüte: doldige Trauben aus leuchtend roten Blüten, die nur bei Sonne offen sind.
Blütezeit: VII–IX.
Standort: sonnige Lage, verträgt große Hitze.
Erde: mäßig feuchte, gute Gartenböden.
Verwendung: einjährig, für Blumenkästen, Steingärten.
Weitere Arten:
Calandrinia ciliata var. *menziesii*: stammt aus Nordamerika, Blüte tief purpur- oder karminrot; Stengel kurz, mit Seitenzweigen; 8–30 cm hoch.
Calandrinia grandiflora: stammt aus Chile, wird bei uns meist 1jährig kultiviert; Blüte becherähnlich, rötlich ⌀ 5 cm; Blätter spitz zulaufend, auf roten, langen dünnen Stengeln; 40–60 cm hoch.

Abbildung 70: *Calandrinia ciliata*

Calceolaria integrifolia (C. rugosa)

Abb. 71

Pantoffelblume.

Familie: Scrophulariaceae – Braunwurzgewächse.
Herkunft: Chile, etwa 300 Arten in Süd- u. Zentralamerika.
Wuchs: 30–50 cm, strauchartig, Triebe aufrecht.
Blatt: hellgrün, runzelig, gegenständig.
Blüte: in gelben und rötlichen Farbtönen, beutelförmige Unterlippe, die Einzelblüten stehen in Rispen zusammen.
Blütezeit: V–IX.
Standort: sonnige bis halbschattige Lage, leidet unter starker Hitze.
Erde: durchlässige, nahrhafte Garten- o. Blumenkastenerde.
Kultur: Aussaat November–Februar im Haus. Keimzeit 3 Wochen bei 15 °C. Blühbeginn dann Mitte Mai. Auch durch Grünstecklinge im August zu vermehren. Auspflanzen ins Freiland nur ohne Frostgefahr, Abstand 30–40 cm.
Verwendung: einjährig, für Blumenkästen, Schalen, Tröge, als Beet- und Rabattenpflanze.
Sorten: 'Goldbukett' und 'Sunshine' F1-Hybride, leuchtend goldgelb, buschig, 25 cm hoch. 'Golden Bunch' F1-Hybride, goldgelb, früh und reichblühend, niedriger, kompakter Wuchs, 20 cm hoch.
Weitere Arten: *Calceolaria tripartita*: kommt von Equador bis Chile vor. 1jährig: 40–70 cm hoch; Blätter gefiedert und fiederspaltig. Die gelben Blüten stehen in Sträußen zusammen, die Unterlippe ist sehr groß. Blütezeit Mai–September. Eine interessante, seltene Einjahresblume.

Abbildung 71: *Calceolaria integrifolia* 'Goldbukett'

Calendula officinalis

Abb. 72 / 73

Gartenringelblume.

Familie: Compositae – Korbblütengewächse.
Herkunft: Mittelmeergebiet, westliches Südeuropa; ca. 15 Arten.
Wuchs: 20–60 cm hoch.
Blatt: länglich-eirund, ungestielt.
Blüte: Farben je nach Sorte, gelb, orange bis dunkelbraun, 5–10 cm ⌀, einfach, halbgefüllt oder gefüllt.
Blütezeit: VI–X.
Standort: unempfindlich, sonnige bis halbschattige Lage, nicht zu heiße Witterung bringt den besten Wuchs.
Erde: keine besonderen Ansprüche, normale Gartenerde.
Kultur: Aussaat an Ort und Stelle von März–Juni, breitwürfig oder in Reihen, auf 20 cm Abstand vereinzeln oder umpflanzen. Rückschnitt nach der 1. Blüte bringt später noch einen 2. Flor. In milden Gegenden auch Freilandaussaat im Herbst möglich.
Verwendung: einjährige, sehr unempfindliche Beet- und Rabattenpflanze, wegen der guten Haltbarkeit vorzügliche Schnittblume. Die Stammform ist auch als Arzneipflanze seit dem 11.–12. Jahrhundert bekannt.

Abbildung 72: *Calendula officinalis* 'Fiesta Gitana'

Sorten: 'Fiesta Gitana', leuchtende Farbmischung von creme bis tieforange, kompakter, runder Pflanzenaufbau, 30 cm hoch (Fleuroselect, Bronzemedaille 1977). 'Gitana Gelb', goldgelb mit dunkelbraunem Zentrum, Wuchs wie 'Fiesta Gitana'. 'Gitana Orange', kräftiges orange, Mitte dunkelbraun, Wuchs wie 'Fiesta Gitana'. 'Kablouna'-Serie, gefüllt, doppelter Zungenblütenkranz, daher besonders apartes Aussehen, röhrenblütig, 50 cm hoch. 'Kablouna Orange' gefüllt, röhrenblütig, 50 cm hoch. 'Nova', einfach, orange mit brauner Mitte, 50 cm hoch. 'Orange Kugel', dichtgefüllt, 50 cm hoch. 'Pacific'-Serie, besonders gute Eigenschaften für den Schnitt, 'Pacific Lemon Beauty', rein zitronengelb, 60 cm hoch. 'Pacific Persimmon Beauty', tieforange, 60 cm hoch. 'Pacific Prachtmischung', großblumig, besonders gute Schnittsorte, 50–60 cm hoch. 'Radio', orange mit geröhrten Strahlen, 50 cm hoch. 'Little Ball', orange Topfsorte, kompakt, 15 cm hoch.

Abbildung 73: *Calendula officinalis* 'Pacific Beauty'

Abb. 74 - 87

Callistephus chinensis
Sommeraster, Chinaaster.

In der ersten Hälfte des 18. Jahrhunderts gelangten die in China und Japan beheimateten Sommerastern nach Europa. Es gibt nur eine Art. Aus ihr entstanden jedoch durch Züchtung eine riesige Zahl von Sorten. Gärtner in England, Frankreich, USA, Schweden, Japan und besonders aus Deutschland nahmen sich der Weiterentwicklung an. Neben festen Stielen und regenfesten Blüten, längerer Blütezeit und eleganten Blütenformen ist es besonders die Resistenzzüchtung, die weitere Arbeiten prägt. Die Welkekrankheit, verursacht durch den Bodenpilz *Fusarium callistephi,* ist das Hauptproblem, zu dessen Lösung es Ansätze gibt. Eine völlige Resistenz wurde jedoch noch nicht erreicht. Es bleibt daher nur eine sehr weitgestellte Fruchtfolge (8–10 Jahre), um den Pilz auszuhungern.
Die Vielzahl der Sorten und Zuchtrichtungen ist so umfangreich, daß selbst Fachleute Mühe haben, eine allgemein gültige Klassifizierung vorzunehmen.
Die Praxis orientiert sich daher nach der Wuchshöhe, dem Verwendungszweck, nach der Blütenfüllung und der Blütenform. Diese Einteilung wurde ebenfalls verwendet, wobei zugunsten der im Gartenbau verwendeten neuen Züchtungen einige der alten Klassen nicht mehr erwähnt sind.

Familie: Compositae – Korbblütengewächse.
Herkunft: Mittel- und Nordamerika, China. Große Vielfalt an Züchtungen.
Wuchs: 15–100 cm hoch, aufrecht, Stengel sparrig verzweigt oder unverzweigt und flaumhaarig.
Blatt: eirund-länglich, langgestielt.
Blüte: je nach Sorte einfach oder gefüllt, weiß, rosa, scharlach, blau, rot oder gelb. Blütenköpfe 4–12 cm ∅, auf drahtigem Stengel.
Blütezeit: VII–X.

Abbildung 74: *Callistephus chinensis* 'Krallenaster' (Foto Stein)

Standort: sonnige Lage, bei trockener Witterung ausreichend wässern.
Erde: nährstoffreiche, durchlässige kalkhaltige, sandige Lehmböden.
Kultur: Aussaat ins Frühbeet von März–April. Ab Mai sind Freilandaussaaten möglich. Nur in steriles Substrat säen. Keimzeit 1–2 Wochen bei 15 °C und 1,5–2 cm Saattiefe. 1x pikieren. Auspflanzen mit Ballen, erst nach Frostgefahr im Mai. Pflanzabstand 20–40 cm je nach Sorte. Jedes Jahr neuen Standort wählen, um der Welkekrankheit vorzubeugen.
Verwendung: einjährig, als sehr beliebte Beet- und Schnittblume, je nach Wuchshöhe und Sorte geeignet. Auch für Blumenkästen, Tröge und Kübel verwendbar. Die ungefüllten Sorten sind bei Schmetterlingen und Bienen sehr beliebt.
Besonderheiten: Astern sind durch Welkekrankheiten (Fusarium, Verticillium) sehr gefährdet. Eine vollwertige Resistenz gibt es noch nicht, aber hohe Toleranzen. Daher die Fläche mindetens im 8jährigen Rhythmus ständig wechseln, sterile Anzuchterde verwenden.
Sorten: Niedrige Zwerg-, Beet- und Topfastern: 'Milady'-Astern, reich verzweigt, buschiger Wuchs, Blüten sind kugelrund, ähnlich Topfchrysanthemen, hervorragend für Gruppenpflanzungen geeignet, 25–30 cm hoch, verschiedene Farbsorten. 'Pinocchio'-Astern, kleine, sternförmige, gefüllte Blüten, 4 cm ∅, sind so zahlreich, daß das Laub völlig bedeckt wird, verschiedene Farbsorten, Hauptblüte Anfang September, Höhe 20 cm (Fleuroselect, Bronzemedaille). 'Farbenteppich' und 'Tausendschön'-Astern, besonders niedrige, breitbuschige Beet- und Topfastern, spätblühend, 15–20 cm hoch. 'Troll'-Serie, strahlenförmige Blumen, niedrigste Sortengruppe, verschiedene Farben, reich und spätblühend, ca. 20 cm hoch. 'Zwerg-Chrysanthemum'-Astern, Blütezeit Juli–August, 30 cm hoch. 'Zwergkönigin'-Astern, breit-aufrechtwachsend, stark verzweigt, ca. 25 cm hoch, verschiedene Farbsorten, z. B. 'Blaukönigin', 'Schneekönigin' (scharlachrot), 'Weißkönigin'.
'Starlight'-Astern in rosa, blau, tiefblau und Mischung, besonders schöne, kompakte, sehr reichblütige und wirkungsvolle Strahlenastern, 25 cm hoch. Fleuroselect Goldmedaille.

Abbildung 75: ***Callistephus chinensis*** **'Pinocchio' Zwergaster**

Abbildung 76: ***Callistephus chinensis*** **'Päonienblütige Aster'**

Halbhohe Schnittastern: 'Frühbote'-Astern, frühblühend Juli–September; große paeonienförmige Blüten, lange haltbar und gut transportfähig, kräftige Stiele, 50–60 cm hoch. 'Frühwunder'-Astern, sehr frühblühend, Juni–Juli, schöne Blüten, 10 cm ∅, Prachtmischung, 40 cm hoch. 'Königin-der-Hallen'-Aster etwas später blühende Schnittaster, Juli, Prachtmischung, 50 cm hoch.

Abbildung 77: ***Callistephus chinensis*** **'Pompon-Mischung'**

Abbildung 78: ***Callistephus chinensis*** **'Lilliput'**

'Pompon'-Aster, halbkugelige Blüten, mit kurzen, röhrigen Blütenblättern, Juli–August, gute Schnittsorte, zahlreiche Farbsorten; 50 cm hoch. 'Prinette'-Serie, für Schnitt- und Beetbepflanzung, feinstrahlige Blüten, früh, mittelgroß. 'Serene'-Serie, sehr früh blühend, sehr gesunder Wuchs, fusariumtolerant. Höhe 65 cm.

Abbildung 79: ***Callistephus chinensis*** **'Tausendschön' Zwergaster**

Abbildung 80: ***Callistephus chinensis*** **'Genfer Ruhm', Madeleine Aster**

Hohe Schnittastern: 'Krallenastern'-Serie, sehr elegante, feste Blüten mit einwärts gebogenen Blütenpetalen, regenfest, sehr gut zum Schnitt. 'Pyramidale Harzaster'-Serie, Strahlenaster-Typ, 8–10 Stiele pro Pflanze, daher sehr ergiebig, pyramidale Verzweigung, die dicht über dem Boden einsetzt. 'Rosen'-Astern, blühen im August, 55 cm hoch. 'Pommax'-Serie, 60 cm, Wuchs aufrecht wie bei Pomponastern,

Abbildung 81: ***Callistephus chinensis*** **'Superstrahlen'** (Foto Stein)

aber fast 2mal so große Blüten. Semipompon 'Amadeus'-Serie, halbgefüllte Blüten mit gelber Mitte, ca. 70 cm hoch, Ernte einfach und schnell, weil die ganze Pflanze geschnitten wird, mittelfrüh. 'Amerikanische Busch-Aster', große Blüten mit einwärtsgebogenen, glatten Blütenblättern, langgestielt, 80 cm hoch. 'Ball's Riesen'-Astern, blühen im August, großblumig, langgestielt, 75 cm hoch. 'Bukett'-Astern, straff, aufrechtwachsend, Blüten langgestielt, gleichmäßig aufblühend, lang haltbare Schnittblume, 60 cm hoch. 'Duchesse'-Aster, sehr wertvolle Schnittsorte, aufrechter Wuchs, bringen 6–8 Blütenstiele, Blüten dichtgefüllt, 10–12 cm ∅, regenfest. Ende August - Ende September, 60–80 cm hoch. 'Germania'-Aster, pyramidaler Wuchs, sehr langgestielt, Blüte dichtgefüllt, waagrechtstehend, 100 cm hoch. 'Madeleine'-Astern, einfache Blüten, Wuchs straff aufrecht, Blüte groß, ausdrucksvoll, besitzt meist doppelte Reihe Zungenblüten, 60 cm hoch. 'Prinzeß'-Astern, vorzügliche Schnittsorte, Blüte groß, gefüllt, Zentrum röhrig und heller, umgeben von breiten Zungenblüten, 60 cm hoch. 'Prinova'-Astern, Blüte Juli–Oktober, 80–90 cm hoch, sehr kräftige Stiele. 'Riesen'-Prinzeß-Astern, ballförmig, riesige Blumen, Zentrum geröhrt, Stiele lang, stark und verzweigt, sehr haltbare Schnittblume, 75 cm hoch. 'Superstrahlen'-Astern, 60 cm hoch, sehr große, fein genadelte, außergewöhnlich große Blüten in eleganten Farbtönen 'Riesen-Strahlen'-Astern, Blumen wirken durch die langen, nadelartig gedrehten Blütenblätter sehr graziös, August–September, wertvolle Schnittsorte, 65 cm hoch. 'Straußenfeder'-Astern, sehr reichblühend, langgestielte Schnittaster mit locker gefüllten, sehr großen Blüten, 60–70 cm hoch. 'Unikum'-Aster, mit feinen, langen, schmalen Blütenblättern, zum Schnitt geeignet.

Abbildung 82: ***Callistephus chinensis*** **'Deutsche Meister'**

Abbildung 83: ***Callistephus chinensis*** **'Pink Lady'**

Abbildung 84: ***Callistephus chinensis*** **'Duchesse'**

Abbildung 85: ***Callistephus chinensis*** **'Straußenfeder'-Mischung**

Abbildung 86: ***Callistephus chinensis*** **'Super Princess'**

Abbildung 87: ***Callistephus chinensis*** **'Starlight Rose'**
(Foto Fleuroselect)

Calochortus amabilis

Mormonentulpe, Prärietulpe.

Familie: Liliaceae - Liliengewächse.
Herkunft: USA, Kalifornien. Etwa 50 Arten, in 3 Artgruppen eingeteilt.
Wuchs: 30–60 cm hohe Stengel, mehrfach verzweigt.
Blatt: schmal, grasähnlich.
Blüte: goldgelbe, hängende Glöckchen.
Blütezeit: VI–VII.
Standort: benötigt geschützten, warmen, halbschattigen Standort. Nicht völlig winterhart, trocken und frostfrei überwintern.
Erde: durchlässige, sandige Gartenerde.
Vermehrung: Brutzwiebeln von den alten Zwiebeln, nach dem Absterben des Laubes, abtrennen. Bei Samenvermehrung beginnt die Blühfähigkeit nach 4 Jahren.
Pflanzung: Ende Oktober oder ab Mitte Mai, etwa 10 cm tief.
Pflege: Winterschutz mit Folie und Laubabdeckung, in sehr rauhen Gegenden Überwinterung in trockenen, frostfreien Räumen.
Verwendung: mehrjähriges Zwiebelgewächs, Liebhaberpflanze für Rabatten und Steingärten.

Weitere Arten:
Calochortus caeruleus: stammt aus Kalifornien; 8–15 cm hoch; Blüte weißlich-lila mit weichen Härchen, glockenförmig; blüht im Juli. Kiesige, durchlässige Böden, sonnig-halbschattig, guten Winterschutz.
Calochortus macrocarpus: Britisch-Kolumbien, Idaho, Kalifornien; 40–60 cm hoch, große Zwiebelknollen. Blüte behaart, lila mit dunklen Streifen, bis 12 cm ∅, blüht im August. Entweder als Kalthauspflanze oder mit gutem Winterschutz.
Calochortus venustus: Kalifornien; 40–80 cm hoch. Blüten in vielen Farben, behaart, sie stehen aufrecht, Blütezeit Juni–Juli. Kalthauspflanze, im Freiland guter Winterschutz nötig.

Abb. 88

Camassia cusickii
Prärielilie, Präriekerze.

Familie: Liliaceae – Liliengewächse.
Herkunft: Nordamerika (Oregon), wächst dort in Wiesen. Es gibt 5 Arten.
Wuchs: 80–120 cm hoch; längliche Zwiebel, etwa 10 cm breit. Sie diente gekocht den Indianern als Nahrungsmittel, roh ist sie giftig. Winterhart.
Blatt: glänzend blaugrün, über 30 cm lang, etwa 5 cm breit, wellig, leicht überhängend.
Blüte: lockere, hellviolettblaue Trauben mit 30–100 Einzelblüten, diese sind 3–4 cm groß. Es gibt auch weiße Sorten.
Blütezeit: IV–V.
Standort: volle Sonne. Im Winter Schutz mit Reisig oder ähnlichem, vor allem trocken halten.
Erde: gut durchlässige Böden, im Frühjahr feucht, im Sommer trocken.
Vermehrung: durch Brutzwiebeln, Zwiebeln Anfang Juli roden und in der Sonne trocknen lassen, im September pflanzen. Auch durch Samen, diese brauchen 4 Jahre bis zur Blühfähigkeit.
Pflanzung: im September, etwa 15 cm tief.
Pflege: Humusgabe im Spätsommer, im Frühjahr bei fehlenden Niederschlägen ausreichend wässern. Verlangt guten Winterschutz.
Verwendung: mehrjährige Zwiebelblume, für Blumenbeete, bei Strauchgruppen oder zum Verwildern im Rasen. Auch als Schnittblume geeignet. Die beste der bei uns angebotenen Arten.
Weitere Arten: *Camassia leichtlinii*: 60–90 cm hoch. Blüte einfach oder gefüllt, weiß, cremeweiß, gelb, blau oder dunkelviolett, 20–40 Einzelblüten in einer Traube. Sehr dekorativ. Blütezeit von April–Mai. Winterhart.
Camassia quamash (*C. esculenta, Phalangium quamash*): 50–80 cm hoch. Blätter graugrün, linealisch. Blüte weiß, violett oder blau, 10–40 Blüten pro Blütenkerze; Blütezeit im Mai–Juni. Benötigt Winterschutz.

Abb. 89/90

Campanula medium
Marienglockenblume.

Familie: Campanulaceae – Glockenblumengewächse.
Herkunft: Südeuropa. Seit dem 16. Jahrhundert in gärtnerischer Kultur. Es gibt etwa 300 Arten auf der nördlichen Halbkugel.
Wuchs: 50–90 cm hoch, pyramidal, gut verästelt; 2jährig.
Blatt: filzige, rauh behaarte Blätter, sind zungenförmig und am Ende zugespitzt. Grundblätter sind rosettenförmig angeordnet.
Blüte: glockenförmig, je nach Sorte blau, rosa, weiß; in pyramidalen, lockeren Trauben.
Blütezeit: VI–VII.
Standort: vollsonnige Lage, Winterschutz notwendig (Fichtenreisig o. ä.)
Erde: nährstoffreiche, sandige Lehmböden.
Kultur: Aussaat Mai–Juli im Freiland auf ein Saatbeet. Auf 5 cm Abstand pikieren. Auspflanzen im August im Abstand 30–40 cm. Keimzeit 2–3

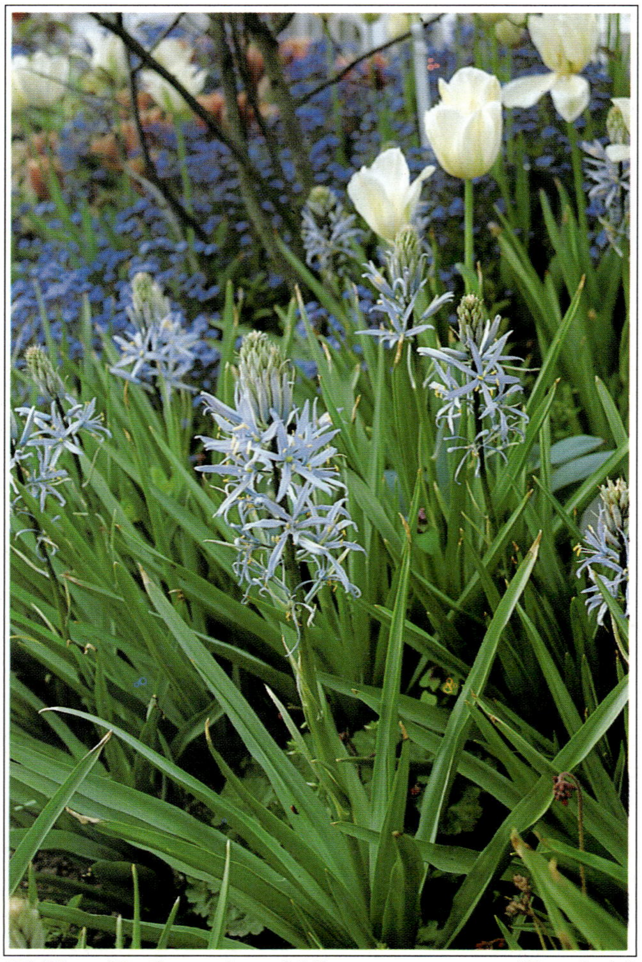

Abbildung 88: ***Camassia cusickii*** (Foto Stein)

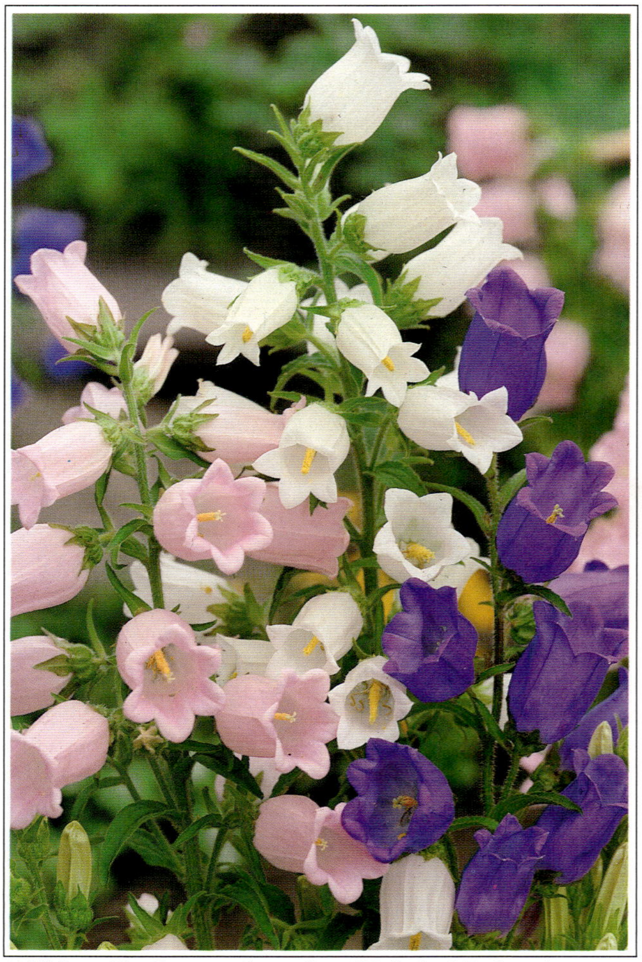

Abbildung 89: ***Campanula medium*** **'Einfache Mischung'**

Wochen bei 15 °C. Nach der Überwinterung eventuell Halt geben.
Verwendung: zweijährige Rabattenpflanze; lang haltbare Schnittblume, richtiger Schnittzeitpunkt ist, sobald sich die untersten Blüten öffnen.
Sorten: 'Einfach blau', einfach blühend, 90 cm hoch. 'Einfach rosa', und 'Einfach weiß'. 'Cyclanthema', besitzen doppelte Glocken, es gibt eine blaue, rosa und weiße Sorte.
Weitere Arten: *Campanula barbata*: ca. 25 cm hoch; 2jährig. Blüte hellblau oder weiß, groß, glockenförmig. Liebt kalkhaltige Böden. Für Steingärten, Schalen und Tröge.

Abbildung 90: *Campanula medium* 'Cyclanthema'

Abbildung 91: Canna-Indica-Hybride 'Lucifer'

Abb. 91/92

Canna-Indica-Hybriden *(Canna × generalis)*

Blumenrohr.

Familie: Cannaceae – Blumenrohrgewächse.
Herkunft: Mittelamerika. Aus Kreuzungen von *C. flaccida, C. coccinea* und *C. indica* entstanden.
Wuchs: 40–150 cm hoch; knollige, kriechende Wurzelstöcke.
Blatt: langgezogen, eirund, dekorativ; blaugrün, leuchtend grün oder bronze schimmernd.
Blüte: gelb, orange, rot, rosa oder auch zweifarbige Sorten; 10–12 cm groß, ähnlich der Gladiole.
Blütezeit: VI–X; spezielle Zwergsorten auch von Dezember–April im Zimmer.
Standort: sonniger, warmer und geschützter Standort. Nicht winterhart; Kalthauspflanze.
Erde: feuchter, tiefgründiger, nahrhafter, lockerer Boden mit organischem Dünger verbessert.
Vermehrung: vor allem durch Rhizomteilung im Frühjahr, jedes Teilstück braucht mindestens ein Auge, Bodentemperatur sollte 28–30 °C betragen. Auch Aussaat geeigneter Sorten möglich.
Pflanzung: ins Freiland ab Mitte Mai–Juni; 8–12 cm tief, im Abstand von 40–70 cm. Vorkultivieren in Töpfen ab Februar bei 15–18 °C.
Pflege: im Oktober, nach dem ersten Frost, 10 cm über dem Boden abschneiden und trocken im Keller bei 5–10 °C überwintern. Während dem Vorkultivieren anfangs nur vorsichtig gießen, dies dann langsam steigern.
Verwendung: mehrjähriges Knollengewächs, Topf-, Zimmer- und Kübelpflanze, auch als Schnittblume oder als Dekorationspflanze für Teichmotive, in Parks oder sonstigen öffentlichen Grünanlagen.
Sorten: 'Feuervogel', rot, Blatt grün, 1 m hoch. 'Feuerzauber', sattrot, Blatt rot, 1,5 m hoch. 'Felix Ragout', gelb, Blatt grün, 1,3 m hoch. 'Gartenschönheit', karminrosa, Blatt rot, 1 m hoch. 'Golden Lucifer', gelb, Blatt grün, 60 cm hoch, Zwergsorte. 'Hamburg', lachsrosa, Blatt rot. 'J. B. van der Schoot', zitronengelb mit roten Punkten, Blatt grün. 'Lucifer', rot mit gelbem Saum, Blatt grün, 60 cm hoch; auch als Zimmerpflanze geeignete Zwergsorte. 'Orchid', rosa, Blatt grün, 70 cm hoch. 'Pannonia', lachsrosa, Blatt grün, 1 m hoch. 'Puck', kanariengelb, Blatt grün, 60 cm hoch. 'Perkeo', leuchtend kirschrot, Blatt grün, 60 cm hoch. 'Reine Charlotte', scharlachrot mit gelbem Saum. 'The President', hellscharlach, Blatt grün, 1,2 m hoch. 'Tyrol', lachsrosa, Blatt rot, 90 cm hoch. 'Wyoming', orangebronze, Blatt rot, 1 m hoch 'Tropical Rose', AAS-Medaillengewinner, 60–75 cm hoch, die leuchtend rosa Blüten stehen deutlich über dem Laub. Blüte 90 Tage nach der Saat. Eine der wenigen Sorten, die sich aus Samen heranziehen lassen. Sehr gut als Topfpflanze. Aussaat Februar–März bei 20–25 °C.

Abbildung 92: Canna-Indica-Hybride (Foto Stein)

Cardiocrinum giganteum (Lilium g.)

Abb. 93

Riesenlilie.

Familie: Liliaceae – Liliengewächse.
Herkunft: Himalaja, Südosttibet. Es gibt 4 Arten.
Wuchs: 1,2–3 m hoch, kräftiger Schaft; Zwiebel stirbt nach der Blüte ab, Zwiebel 15 cm Ø.
Blatt: groß, herzförmig, dunkelgrün mit netzförmiger Aderung. Blätter erscheinen früh und sind deshalb oft frostgefährdet.
Blüte: weiß, außen grünlich überlaufen, am Grunde rötlicher Anflug, etwa 15 cm lang, trompetenförmig, sitzen an der Stengelspitze zu 10–20 Blüten zusammen.
Blütezeit: VII–VIII.
Standort: geschützt, halbschattig. Verlangt ausreichenden und trockenen Winterschutz.
Erde: tiefgründige, durchlässige, nährstoffreiche Humusböden mit neutraler bis saurer Bodenreaktion. Wald-, Lauberde mit Kompost.
Vermehrung: durch Nebenzwiebeln, die sich an der Mutterzwiebel befinden; diese blühen etwa nach 4 Jahren. Bei Samenvermehrung dauert es 5–7 Jahre bis zur Blüte.
Pflanzung: im September–Anfang Oktober; Zwiebelspitze unmittelbar unter der Erdoberfläche, Pflanzabstand 1 m, Pflanzgrube 1 m tief, diese 60 cm mit Schnittabfällen von Stauden oder Farnen auffüllen, darüber geeignetes Erdsubstrat.
Pflege: während des Wachstums reichlich gießen und düngen. Dicken Winterschutz aus trockenem Material vor den Frösten aufbringen.
Verwendung: mehrjährige Zwiebelblume, in Gruppen unter lichten Baumbestand, besonders durch erstaunliche Wuchshöhe, Blütenpracht und großes Laub attraktiv.

Abbildung 93: ***Cardiocrinum giganteum***

Cardiospermum halicacabum

Abb. 94

Ballonpflanze, Ballonblume, Herzsame, Ballonwein.

Familie: Sapindaceae – Seifenbaumgewächs.
Herkunft: südliches Nordamerika, tropisches Amerika.
Wuchs: 2,5–3 m, kletternd, durch Ranken festhaltend.
Blatt: meist dreiteilig, tief gesägt.
Blüte: klein, mit vier weißen Blütenblättern. Der hauptsächliche Zierwert besteht in den ballonförmigen, schwarzen Samenkapseln, die einen weißen, herzförmigen Fleck aufweisen, Kapseldurchmesser 2 cm.
Blütezeit: VI.
Standort: vollsonnige, geschützte Lage.
Erde: anspruchslos.
Kultur: Aussaat ab Februar im Warmhaus, bald pikieren. Auspflanzen mit Topfballen nach der Frostgefahr, etwa Mitte Mai, Abstand 30 cm.
Verwendung: einjährige, interessante Kletterpflanze zur Begrünung von Balkonen, Spalieren und Zäunen, wird auch als Topfpflanze verkauft.

Abbildung 94: ***Cardiospermum halicacabum***

Carthamus tinctorius

Abb. 95

Färberdistel, Saflor.

Familie: Compositae – Korbblütengewächse.
Herkunft: Kleinasien, Vorderindien.
Nutzung: als Färbepflanze für Rot, zur Ölgewinnung aus den Samen.
Wuchs: 70–120 cm hoch, distelartiger Aufbau.
Blatt: dunkelgrün, glänzend.
Blüte: gelb oder orange und weiß.
Blütezeit: VII–VIII.
Standort: vollsonnig.
Erde: nährstoffreicher, humoser Gartenboden, tiefgründig gelockert.
Kultur: Aussaat April–Mai direkt ins Freiland oder ab März im Gewächshaus. Keimdauer 12–16 Tage bei 18–20 °C. Später verziehen auf 30 cm Abstand. Verpflanzen wird schlecht vertragen wegen langer Pfahlwurzel. Flach bedecken, Lichtkeimer.
Verwendung: einjährig, als haltbare Schnittblume aus dem Freiland, als Trockenblume.
Sorten: 'Treibweiß', 'Treibgold', 'Treiborange', ca. 80 cm hoch. 'Goldschopf', orange. 'Feuerschopf', tieforange, 110 cm. 'Kanariengelb', 'Espo ZP 101', goldorange, sehr früh. 'Espo ZP 103', besonders hoch 120–150 cm, etwas später.

Abbildung 95: ***Carthamus tinctorius***

Catananche caerulea

Abb. 96

Rasselblume.

Familie: Compositae – Korbblütengewächse.
Herkunft: Mittelmeerraum, Nordafrika.
Wuchs: 40–60 cm hoch, schmal, aufrechtwachsend.
Blatt: schmal, lanzettlich, leicht filzig.
Blüte: purpurblau.
Blütezeit: VI–VII.
Standort: vollsonnig.
Erde: sandig, lehmig, durchlässig.
Kultur: Aussaat direkt ins Freie dünn verteilt in Reihen von 25 cm Abstand, Keimdauer 8–14 Tage bei 18–20 °C. Vorkultur möglich, Auspflanzen im Mai.
Verwendung: einjährige, hübsche und auffällige Schnittblume, Steingartenpflanze, für sonnige Hänge und Naturgärten. Trockenblume.

Abbildung 96: ***Catananche caerulea***

Catharanthus roseus (Vinca rosea)

Abb. 97

Madagaskar-Immergrün.

Familie: Apocynaceae – Hundsgiftgewächse.
Herkunft: Madagaskar.
Wuchs: kompakt, kissenartig, Höhe ca. 15–20 cm.
Blatt: ganzrandig, länglich mit ausgeprägter Mittelrippe, lederartig, glänzend.
Blüte: rosa, weiß, karminrot mit dunkelrosa Auge.
Blütezeit: Ende V bis IX.
Standort: halbschattig, geschützt.
Erde: feuchte, nährstoffreiche Gartenböden.
Kultur: Aussaat unter Glas Februar bis April bei 18 °C, Keimdauer 14–20 Tage, 1mal pikieren in gut durchlässige Erde, Staunässe wird schlecht vertragen.
Pflanzung: ab Ende Mai im Abstand von 25 x 25 cm.
Verwendung: einjährig, als Beetpflanze, für Schalen und Töpfe, als Zimmerpflanze.
Sorten: 'Little Bright Eye', weiß mit rosa Auge. 'Little Linda', intensiv rosa. 'Peppermint Cooler', weiß mit roter Mitte. 'Grape Cooler', rosa mit roter Mitte, beide können auch kühlere Temperaturen vertragen. 'Blush Cooler', helles, reines Rosa mit großem dunkelrosa Auge. 'Pretty in Pink' und 'Pretty in Rose', AAS-Gewinner.

Abbildung 97: ***Catharanthus roseus*** **'Periwinkle mixed'**

Celosia cristata

Abb. 98

Hahnenkamm, Federbusch, Silber-Brandschopf.

Familie: Amaranthaceae – Fuchsschwanzgewächse.
Herkunft: tropische Gebiete, Ostindien. Es gibt etwa 60 Arten.
Wuchs: 15–80 cm hoch, Stengel abgeplattet.
Blatt: schmal, verkehrt eiförmig, manchmal gelappt, Blattrosetten.
Blüte: verästelte Blütenstände, ⌀ 5–25 cm, pyramidal oder federbuschig (kammähnlich), in weiß, gelb, rot, rosa, orange und violett.
Blütezeit: VI–IX.
Standort: warme, sonnige Lage.
Erde: nährstoffreicher, durchlässiger, sandiger Lehmboden.
Kultur: Aussaat Februar–März im Haus, rechtzeitig pikieren. Keimzeit 1–2 Wochen bei 18 °C. Auspflanzen nach der Frostgefahr, Abstand 20–30 cm.

Abbildung 98: ***Celosia cristata***

Verwendung: einjährig, in Gruppenpflanzungen und auch als Topfpflanze, für Schalen und Balkonkästen; als besondere Schnittblume für Trockensträuße, dafür in voller Blüte schneiden und kopfunter an einem kühlen Ort aufhängen.
Sorten: Das Sortiment gliedert sich in 2 Gruppen: *Celosia argentea* var. *cristata*, den Hahnenkamm, mit wulstartigen Blütenständen und *Celosia argentea* var. *plumosa*, den Federbusch.
Celosia argentea var. *cristata:* 'Schmuckkästchen'-Serie, kompakte Pflanzen mit 20 cm hohen Blüten. 'Feuerball', orange-scharlach, 20 cm hoch. 'Fireglow', scharlachrot, große, ballförmige Blütenkämme, 50–60 cm hoch, hervorragende Schnittsorte. 'Goldgelb', 20 cm hoch. 'Nana Hahnenkamm', Farbmischung, 30 cm hoch. 'Nana Olympiamischung', große Kämme, gute Farbmischung, 20 cm hoch. 'Korallengarten-Farbenwunder', 20 cm hoch, besonders breite und ausgefallene Kämme.
Hohe Sorten: 'Kurume Dunkelrot' und 'Kurume Scharlach', 80 cm hoch, dicke ballförmige Kämme auf starken Stielen.
Celosia argentea var. *plumosa*: 'New Look', AAS-Medaillengewinner, 40 cm hoch, breitbuschiger Wuchs, dunkles Laub, tiefrote Farbe. 'Hopkin'-Serie, sehr frühblühend, leuchtende Farben, ca. 20 cm hoch. 'Feuerfeder', feuerrot, 30 cm hoch, für Beete. 'Geisha', Formelmischung aus Scharlach, Karmin, Lachs, Gelb und Creme, kompakter Wuchs, 25 cm hoch, Beet- und Topfsorte. 'Goldfeder', dunkelgoldgelb, 30 cm hoch, vor allem Topfsorte, 'Orange Kewpie', leuchtend mandarinenorange, 20–25 cm hoch. 'Red Kewpie', leuchtend orangescharlach, 20–25 cm.
Schnittsorten: 'Waldbrand', orangescharlach, dunkellaubig, 60 cm hoch. 'Brasilia' Serie, 80 cm hoch, für Sträuße und Gestecke. 'Lancelot'-Serie, 80–120 cm hoch, mit lanzenförmigen Blütenrispen.
Weitere Arten: *Celosia cristata* var. *erecta*: gute Schnittblumen mit hahnenkammförmigen, ungewöhnlich wirkenden Blütenständen, Höhe 90–100 cm. Sorten: 'Exotic'-Mischung, 'Fireglow', ca. 60 cm hoch. 'Fireking', 90–100 cm hoch, fast ballförmige Blüten. 'Vulkan', 100 cm, dunkelgrünes Laub.
Celosia argentea var. *spicata*: Schnittcelosia mit schlankem, aufrechtem Wuchs und ährenförmigen Blütenständen, Höhe 40–60 cm. Wie Chrysanthemen als Kurztagspflanzen zu kultivieren, benötigen viel Licht und Wärme um 18–20 °C. Auch als Trockenblume gefragt. Sorten: 'Sharon', lilarosa, aparte Erscheinung. 'Venezuela', lilarosa, Blüte verzweigt, läßt sich gut färben.

Abbildung 99: ***Centaurea cyanus*** **'Pink Ball', gefüllt**

Centaurea cyanus

Abb. 99

Kornblume, Flockenblume.

Familie: Compositae – Korbblütengewächse.
Herkunft: Mittelmeergebiet, etwa 500 Arten in Europa, Nordamerika, Chile. Durch Züchtung sind aus der bekannten Kornblume viele Sorten entstanden.
Wuchs: 40–90 cm hoch.
Blatt: wechselständig, fiederschnittig.
Blüte: je nach Sorte weiß, rosa, rot, blau, einfach oder gefüllt.
Blütezeit: V–IX je nach Aussaattermin.
Standort: sonnige, windgeschützte Lage.
Erde: anspruchslos, kalkhaltiger Gartenboden.
Kultur: Freilandaussaat im September (in klimatisch milden Gegenden) oder im April-Juli. Unterglas-Aussaat Februar-März. Keimzeit 2-3 Wochen bei 15 °C. Ausdünnen auf 20–25 cm. Herbstaussaat oder frühe Unterglas-Aussaat für frühe Blüte empfehlenswert, mit Wurzelballen verpflanzen.
Verwendung: einjährig, vor allem Schnittblume; Bienenfutter, zur Ackerrandbegrünung und für Naturgärten – vor allem hierfür die wilde Naturform.
Sorten: Naturform, mit einfachen, ungefüllten Blüten. Kulturformen: 'Blauer Ball', blau , gefüllt, 80 cm hoch. 'Blauer Busch', leuchtend blau, gefüllt, kompakter Wuchs, 45 cm hoch. 'Blauer Junge', tiefblau, 90 cm hoch. 'Farbenspiel', gefüllte Farbmischung, 45 cm hoch. 'Pinkie', reinrosa, 90 cm hoch. 'Rosa Ball', rosa und 'Roter Ball', gefüllt, 80 cm hoch. 'Weißer Ball', reinweiß. 'Schneemann', weiß, gefüllt, 90 cm hoch. 'Florence White', weiß und 'Florence Pink', rosa: Beide Fleuroselect-Goldmedaillengewinner 1994; buschiger, sehr kompakter Wuchs, dicht gefüllt. Für Beete und Töpfe.
Weitere Arten: *Centaurea americana*, 1jährig, Aussaat März–April im Kasten, Blütezeit Juli–August. Herrliche, strahlenförmige Schnittblume. 'Jolly Joker', lilarosa, 8–9 cm ⌀, starke, drahtige Stiele, 100 cm hoch.
Centaurea ragusina (*C. candidissima*): mehrjährig, wird häufig 1jährig gezogen. Blätter sind weiß-filzig und tief eingeschnitten. Blüte erst im 2. Jahr, gelb. Pflanze wird gerne wegen des zierenden Laubes in Sommerblumenbeeten verwendet. Aussaat März–April in Kästen, Auspflanzen im Mai, ohne Frostgefahr.

Centranthus ruber

Abb. 100

Spornblume.

Familie: Valerianaceae – Baldriangewächse.
Herkunft: Portugal, in West- und Mitteleuropa eingebürgert.
Wuchs: 60–70 cm hoch, blaugrüne, nelkenähnliche Triebe.
Blatt: gegenständig, blaugrün bereift, pfeilförmig.
Blüte: rosenrot oder weiß.
Blütezeit: VI–VIII.
Standort: sonnig bis halbschattig.
Erde: sandig bis kalkhaltig, trocken.
Kultur: Aussaat dieser im ersten Jahre bereits blühenden Staude im Februar–Mai bei 18–20 °C, Keimdauer 14–20 Tage, einmal pikieren, nach der Blüte zurückschneiden.
Pflanzung: auf 30 x 40 cm Abstand.

Verwendung: mehrjährig. Hervorragende, lange haltbare Schnittblume, für Staudenbeete, Stein- und Naturgärten.

Sorten: *C. coccineus* var. *ruber*, karminrot, Höhe 80 cm, *C. ruber 'Albus'*, weiß, 80 cm. 'Rosenrot', tiefrosa, 90 cm.

Abbildung 100: ***Centranthus ruber***

Cerinthe major

Große Wachsblume.

Familie: Boraginaceae – Borretschgewächse.
Herkunft: Mittelmeergebiet, Mittel- und Südportugal.
Wuchs: 30–60 cm hoch.
Blatt: graugrün; um den Stengel anliegend.
Blüte: Büschel, an den Enden der 30–60 cm langen Stengel, mit gelben, röhrenförmigen Blüten, ca. 3 cm lang, mit brauner Basis.
Blütezeit: ca. 6 Wochen, VI–VII.
Standort: sonnige Lage, verträgt Wind und Regen.
Erde: anspruchslos.
Kultur: Aussaat im Freiland oder im Haus ab März, Pflanzabstand 15 cm.
Verwendung: einjährig, in Beeten und Rabatten, sehr auffällig in Form und Farbe.

Abb. 101 / 102

Cheiranthus cheiri (Erysimum cheiri)

Goldlack.

Familie: Cruciferae – Kreuzblütengewächse.
Herkunft: Südgriechenland, Süd-Ägäis; ca. 10 Arten von Nordamerika, Persien bis Yunan (China)
Wuchs: 25–70 cm je nach Sorte, Stengel steif. Bei uns 2jährig.
Blatt: schmal, ganzrandig.
Blüte: 2–3 cm ∅, einfach oder gefüllt, in Trauben; duftend. Viele Blütenfarben, rot, orange, gelb, braun und creme.
Blütezeit: IV–VI.
Standort: sonnige Lage, benötigt Winterschutz (Fichtenreisig o. ä.)
Erde: verträgt keine sauren Böden, will schweren, nährstoffreichen, frischen Gartenboden.
Kultur: Aussaat Mai–Juni, am besten ins Frühbeet; bis zum Auflaufen mit Glas abdecken, zusätzlich mit Papier abdekken (Dunkelkeimer). Später auf 20–30 cm pikieren, Anfang Herbst in 12er Töpfe setzen, Überwintern im Kasten, erst nach den starken Frösten auspflanzen. Freilandaussaat Juni–Juli.
Verwendung: Zweijahresblume für Rabatten, Beete und Balkon, besonders durch frühe Blütezeit für Beete mit Blumenzwiebeln (Tulpen) gut zu kombinieren. Schnittblume. Duftblume.
Sorten: Einfachblühende: 'Bedder-Typen', in gelb, orange, scharlach, 25–30 cm, kompakt, gut für Beete, Rabatten und Topfkultur. 'Dresdner Treib', dunkelbraun. 'Goldkönig', goldgelb, sehr schön, 50 cm. 'Goliath Treib', dunkelbraun, 50–60 cm. 'Ruppert', leuchtend rotbraun, großblumig, 50 cm. 'Vulkan', blutrot, 50 cm. 'Zwerg Kanariengelber', 25 cm. 'Zwerg Schwarzbrauner', 25 cm.

Abbildung 101: ***Cheiranthus cheiri***

Gefülltblühende: 'Buschlack', hoch, Mischung, 50 cm. 'Zwerg-Buschlack', Mischung, 30 cm hoch.
Weitere Arten: *Cheiranthus suffruticosum*: besonders wohlriechende Beet- und Topfpflanze mit gelber Blütenfarbe und kompaktem Wuchs. Höhe 15–20 cm, die Pflanzen wachsen sich später auf 25–30 cm Höhe aus. Jeweils 3–5 Pflanzen zusammen ergeben einen Tuff.

Abbildung 102: ***Cheiranthus cheiri 'Prachtmischung'***

Chionodoxa forbesii (Chionodoxa gigantea)

Abb. 103

Schneestolz, Schneeglanz.

Familie: Liliaceae – Liliengewächse.
Herkunft: Kleinasien. Es gibt 6 Arten.
Wuchs: 15–20 cm hoch, Zwiebel etwa 2 cm ⌀, birnenförmig.
Blatt: schmal, etwa 0,5 cm breit, linealisch.
Blüte: blau mit weißer Mitte, ⌀ 4 cm, sternförmig, kurze Röhre.
Blütezeit: III–IV.
Standort: Sonne–Halbschatten; winterhart. Heiße, trockene oder sehr kalte Standorte sind ungeeignet.
Erde: durchlässige, nicht zu trockene, humusreiche Böden.
Vermehrung: durch Brutzwiebeln oder Selbstaussaat. Bei Vermehrung größerer Mengen, Saatgut beim Vergilben der Blätter abnehmen, reinigen, trocken lagern, aussäen 2. Septemberhälfte.
Pflanzung: im Herbst, etwa 7 cm tief, im Abstand von etwa 7 cm.
Pflege: im Herbst mit Düngetorf oder nährstoffreichem Kompost abdecken, im Frühjahr vorsichtige Volldüngergabe. Bei geeignetem Standort unberührt stehen lassen, nicht ausgraben.
Verwendung: mehrjährige Zwiebelblume, vor allem als Unterpflanzung von Sträuchern, Bäumen und an Uferbereichen.
Sorten: 'Alba', große, reinweiße Blüten. 'Blaustern', größere blaue Blüten mit weißer Mitte. 'Pink Giant', im Wuchs kräftiger, leuchtend rosa, auch zum Schnitt geeignet.

Abbildung 103: ***Chionodoxa forbesii***

Chionodoxa luciliae

Abb. 104

Schneestolz, Schneeglanz.

Familie: Liliaceae – Liliengewächse.
Herkunft: Kleinasien. Vor etwa 130 Jahren von dem Schweizer Botaniker, Arzt und Forschungsreisenden Boissier am Rande zurückweichender Schneefelder in Höhen bis 2000 m entdeckt.
Wuchs: etwa 15 cm hoch; Zwiebel 1,5 cm ⌀.
Blatt: schmal, linealisch, etwas kleiner als bei *Chionodoxa forbesii.*

Abbildung 104: ***Chionodoxa luciliae***

Blüte: leuchtend blau, im Zentrum weiß, 1,5 cm ⌀.
Blütezeit: III–IV, etwas später als *Chionodoxa forbesii.*
Standort: Sonne–Halbschatten, winterhart. Heiße trockene oder sehr kalte Standorte sind ungeeignet.
Erde: durchlässige aber nicht zu trockene, humusreiche Böden.
Vermehrung: durch Brutzwiebeln oder Selbstaussaat. Bei Vermehrung größerer Mengen, Saatgut beim Vergilben der Blätter abnehmen, Samen reinigen, trocken lagern, in der 2. Septemberhälfte aussäen.
Pflanzung: im Herbst, 5–7 cm tief, im Abstand von etwa 7 cm.
Pflege: im Herbst mit Düngetorf oder nährstoffreichem Kompost abdecken, im Frühjahr evtl. vorsichtige Volldüngergabe. Bei geeignetem Standort unberührt stehenlassen.
Verwendung: mehrjährige Zwiebelblume, zum Verwildern unter Sträuchern, Bäumen und an Uferbereichen.
Sorten: 'Alba', reinweiße Blüten. 'Rosea', reinrosa, reichblühend.
Weitere Arten: *Chionodoxa sardensis*: 15 cm hoch; leuchtend enzianblau, Schlund weiß. Fruchtknoten dunkelgraugrün, Blütenstand groß; Blütezeit März.

Chlidanthus fragrans

Abb. 105

Schönblüte, Prunkblume.

Familie: Amaryllidaceae – Amaryllisgewächse.
Herkunft: Anden, Peru bis Nordostargentinien.
Wuchs: 20–30 cm hoch; Zwiebeldurchmesser etwa 3 cm.
Blatt: 20 cm lang, schmal, bandförmig.
Blüte: gelb, 7 cm lang, 1–4 Blüten an einem Stengel, angenehmer Zitronenduft.
Blütezeit: VI.
Standort: für Freiland nur von Ende Mai–Ende August geeignet. Sonnige Standorte.
Erde: Erdmischung aus Kompost, Lauberde und Sand.
Vermehrung: im Herbst durch Brutzwiebeln, die zahlreich an der Basis der alten Zwiebeln sitzen oder durch Aussaat.
Pflanzung: im März mit 5 cm Erdüberdeckung in Töpfe und bis Mitte Mai mäßig warm und hell kultivieren, ab Ende Mai ins Freiland.
Pflege: mit dem Topf ab Ende Mai im Freiland in die Erde einsenken, vorher abhärten. Zum Ausreifen der Zwiebeln

Töpfe ab Ende August in mäßig warmen Raum stellen. Überwintern im trockenen, luftigen, etwa 10 °C warmen Raum.
Verwendung: mehrjährige Zwiebelblume, seltene Liebhaberpflanze, Zimmerpflanze, die von Mai–August auch ins Freiland gesetzt werden kann.

Abbildung 105: ***Chlidanthus fragrans***

Chrysanthemum carinatum

Abb. 106 / 107

Kielwucherblume.

Familie: Compositae – Korbblütengewächse.
Herkunft: Nordwestafrika. Es gibt etwa 200 Arten.
Wuchs: 40–80 cm hoch, Stengel aufrecht, verzweigt.
Blatt: doppelt, tief fiederschnittig; meist graugrün.
Blüte: ∅ 7 cm, einfach oder gefüllt, je nach Sorte weiß, gelb, rot, mit Zwischentönen, im Zentrum auffallend andersfarbige Ringe.
Blütezeit: VI–IX.
Standort: sonnige Lage.
Erde: jeder gute Gartenboden geeignet.
Kultur: Aussaat für kaltes Treiben ab Dezember. Freilandaussaat ab Ende April. Frühere Aussaaten werden ab Mitte Mai ins Freiland gepflanzt, diese blühen früher und sind kräftiger als Freilandaussaaten. Pflanzabstand 30–40 cm.
Verwendung: einjährige, wertvolle Schnittblume für Massenschnitt; für bunte Blumenbeete und Rabatten.
Sorten: 'Dunetti'-Mischung, gefüllt, dunkle Mitte. Einfachblühend: 'Flammenspiel', Farbmischung rot, bronze bis gelb, 60 cm. 'Frohe Mischung', beliebte bunte Prachtmischung zum Schnittblumenanbau, 50 cm. 'Tetra Polarstern', weiß mit dunkler Mitte, großblumig, 80 cm. 'Prado', goldgelb mit schwarzbrauner Mitte, langstielig, großblumig.

Abbildung 106: ***Chrysanthemum carinatum*** **'Dunetti'**

Abbildung 107: ***Chrysanthemum carinatum*** **'Frohe M.'**

Chrysanthemum coronarium

Abb. 108

Kronenwucherblume, Sommerchrysantheme, Salatchrysantheme.

Familie: Compositae – Korbblütengewächse.
Herkunft: Mittel- und Südportugal.
Wuchs: 40–125 cm, Stengel verästelt.
Blatt: doppelt-fiederteilig, tief zerschlitzt, aromatisch und wohlschmeckend.
Blüte: Zentrum grünliche Scheibenblüte, äußere Strahlenblüte meist gelb, weiß oder creme, gefüllte und einfache Sorten.
Blütezeit: VI–IX.
Standort: sonniger, nicht zu windiger Standort.
Erde: jeder normale Gartenboden.
Kultur: am besten Aussaat an Ort und Stelle im April bis Juli, in Reihen von 25–30 cm Abstand.
Verwendung: einjährig, vor allem für Schnitt geeignet, als Schnittblume lange haltbar. In Japan und zunehmend auch hier werden die aromatischen Blätter als orientalisches Gemüse und für Salate gegessen.
Sorten: 'Komet', goldgelb, großblumig, langstielig, 120 cm.

Abbildung 108: ***Chrysanthemum coronarium*****, Mischung**

Abb. 109

Chrysanthemum-Indicum-Hybriden (Dendranthema-Grandiflorum-Hybriden)

Herbstchrysantheme, Winteraster.

Familie: Compositae – Korbblütengewächse.
Herkunft: Japan, China.
Wuchs: 90–100 cm, verzweigt.
Blatt: gefiedert, wechselständig.
Blüte: halbgefüllt oder gefüllt, in vielen Farben.
Blütezeit: IX–XI.
Standort: sonnig–halbschattig.
Erde: humose, durchlässige Gartenerde.
Vermehrung: durch Aussaat, Teilung, Stecklinge.

Abbildung 109: Chrysanthemum-Indicum-Hybriden

Kultur: Aussaat im Februar oder März im Gewächshaus oder Frühbeet bei 15–16 °C, Keimdauer 10–14 Tage, 1–2mal pikieren, danach Kultur im Freiland.
Pflanzung: 15 x 20 cm.
Pflege: Pflanzen brauchen im Spätsommer Halt (Netze oder Stäbe), das Ausbrechen der Seitenknospen bringt größere Blüten.
Verwendung: Staude, die schon im ersten Jahr blüht, für Schnitt, Beete, Rabatten.
Sorten: *Chrysanthemum indicum* var. *plenum* Mischung, 60 cm, halbgefüllte, einfachblühende Blüten, nicht sehr regelmäßig. 'Fanfare' F1-Hybride, Mischung, 60 cm, gut gefüllt, Blüten 5–6 cm ∅, in allen Chrysanthemenfarben weiß, gelb, braun, karminrot. Für Schnitt und Rabatten. 'Superjet' F1-Hybride Mischung in allen Chrysanthemenfarben, 90–100 cm. Große Blüten. Für Schnitt gut geeignet.

Chrysanthemum maximum (Leucanthemum maximum)

Gartenmargerite.

Familie: Compositae – Korbblütengewächse.
Herkunft: Südeuropa, Pyrenäen.
Wuchs: bei speziellen neuen Sorten 20–30 cm, buschig, kompakt, sonst 60–70 cm.
Blatt: wechselständig, grob gezähnt.
Blüte: reinweiß mit gelber Mitte, ungefüllt mit großen Petalen.
Blütezeit: VII–VIII.
Standort: sonnig.
Erde: sandig–lehmig, durchlässig, Staunässe vermeiden.
Kultur: Februar–März oder später bis Juni im Gewächshaus bei 18–20 °C, Keimdauer 10–14 Tage, Lichtkeimer, den Samen nicht oder nur leicht bedecken, 1mal pikieren. Sehr frühe Aussaaten belichten.
Pflanzung: Abstand 30 x 30 cm, alle 2–3 Jahre umpflanzen.
Verwendung: Beet- und Rabattenstaude, die auch einjährig zur Blüte kommt. Für Töpfe, Kübel.
Sorten: 'Snow Lady' F1-Hybride, schnellwüchsige Staude, die nach 4–5 Monaten blüht, einjährig, zweijährig oder als Staude kultiviert werden kann. AAS-Preisträger. Nur 25 cm hoch, kompakt und buschig wachsend, große, ungefüllte Blüten.

Abb. 110

Chrysanthemum multicaule (Coleostephus multicaulis)

Zwergwucherblume.

Familie: Compositae – Korbblütengewächse.
Herkunft: Algerien.
Wuchs: bis 25 cm hoch, stark verzweigt.
Blatt: grob gezähnt oder gelappt bis fiederschnittig, kräftig grün, fleischig.
Blüte: langgestielt, Blüte gelb, schüsselförmig, Blütenblätter des äußeren Strahlenkranzes sind auffällig kurz.
Blütezeit: VII–X.
Standort: sonnige bis halbschattige, warme Lage.
Erde: sandig, nicht zu naß.
Kultur: Aussaat unter Glas Februar–April, Keimzeit 2 Wochen bei 15 °C.
Pflanzung: ab Mitte Mai im Abstand von 25 x 25 cm.
Verwendung: einjährig, für Einfassungen, Balkonkästen und Blumenbeete.
Sorten: 'Kobold', goldgelb, Massenblüher, 20–25 cm hoch. 'Goldzwerg', 25 cm hoch, blüht bis in den Oktober hinein.

Abbildung 110: ***Chrysanthemum multicaule***

Abb. 111 / 112

Chrysanthemum paludosum (Hymenostemma paludosum)

Zwergstrauchmargerite.

Abbildung 111: ***Chrysanthemum paludosum***

Familie: Compositae – Korbblütengewächse.
Herkunft: erst seit einigen Jahren im Handel eingeführt.
Wuchs: 15–25 cm hoch, buschig, kompakt.
Blatt: stark gezähnt, fiederteilig.
Blüte: klein, weiß mit gelber Mitte, sehr reich blühend, ähnlich dem Gänseblümchen; Rückschnitt nach der 1. Blüte fördert weiteres Blühen.
Blütezeit: V–X.

Abbildung 112: *Chrysanthemum ptarmicifolium* 'Flore Plena'

Standort: sonnige Lage.
Kultur: Aussaat unter Glas Februar–März, Keimzeit 2 Wochen bei 15 °C. Freilandaussaat im April–Mai.
Pflanzung: ab Mitte Mai im Abstand von 20 x 20 cm.
Verwendung: einjährige, Beet- und Topfpflanze, für Blumenkästen, reizvoll durch den Wildpflanzencharakter.
Weitere Arten: *Chrysanthemum ptarmicifolium* (*Tanacetum ptarmicifolium*): Blattpflanze ähnlich *Cineraria maritima (Senecio cineraria)*, aber mit feinerem, fiedrigem Laub, silbergrau, für Schalen, Einfassungen und Töpfe. Höhe 20 cm. *Chrysanthemum tenuiloba, Dyssodia tenuiloba* (siehe *Thymophylla tenuiloba*): 'Gelbes Gänseblümchen', das Gegenstück zu *Brachycome multifida*, dem Blauen Gänseblümchen, mit fiedrigem, feinem Laub, hängendem Wuchs und goldgelber Blüte.

Abbildung 114: *Chrysanthemum parthenium* 'Schneeball'

Chrysanthemum parthenium (Tanacetum parthenium)

Abb. 113 - 115

Goldkamille, Mutterkraut.

Familie: Compositae – Korbblütengewächse.
Herkunft: Balkan, Kaukasus, Kleinasien. Es gibt eine Vielzahl von Züchtungen.
Wuchs: je nach Sortengruppe 10–25 cm bis 40–80 cm hoch und sehr kompakt.
Blatt: gefiedert, anfangs gelblichgrün.
Blüte: Blütenköpfe meist dichtgefüllt, teils röhrig.
Blütezeit: VI–IX.
Standort: sonnige bis halbschattige Lage.
Erde: kalkhaltige Böden, saurer Boden schadet.
Kultur: Aussaat unter Glas ist vorzuziehen, Februar–April; Keimzeit 3–4 Wochen bei 18 °C. Auspflanzen April–Mai. Frühe Blüte erhält man durch Pikieren der Sämlinge in 8er-Töpfe und Auspflanzen mit Topfballen.
Verwendung: einjährig bis ausdauernd, niedrige Sorten als Topfpflanzen, für Rabatten, Kübel, Steingärten und Einfassungen. Hohe Sorten vor allem für Schnitt.
Sorten: Niedrige Sorten: 'Goldball', goldgelb, kompakt, 30 cm. 'Butterball', hellgelbe, kleine, gefüllte Blüten auf 20 cm hohen Stielen. 'Schneeball', weiß, kleine, geröhrte Blüten, 30 cm. 'Tom Thumb', cremefarben, weiß, 20 cm. 'Prinzeß Daisy', einfach weiß mit gelbem Knopf, kompakt, für Topf und Beete. 'Santana', weiß, pomponblütig, sehr kompakte Topfsorte, die das ganze Jahr satzweise kultiviert werden kann.
Hohe Sorten (Schnitt): 'Balls Weiße', großblumig, widerstandsfähig, 70 cm. 'Tetraweiß', sehr großblumig, gefüllt, 50 cm. 'Royal', einfach, weiß mit gelbem Knopf, großblumig, 50 cm hoch. 'Selma Stern', geröhrte Blumenmitte mit sternartigem Kranz von Zungenblüten, Höhe 50 cm.

Abbildung 113: *Chrysanthemum parthenium* 'Goldball'

Abbildung 115: *Chrysanthemum parthenium* 'Tom Thumb'

Chrysanthemum segetum

Abb. 116 / 117

Saatwucherblume, Gelbe Wucherblume.

Familie: Compositae – Korbblütengewächse.
Herkunft: Ägäis bis Südwest-Asien. Ursprungsform tritt häufig als Ackerunkraut auch bei uns als Ackerwildkraut auf. Durch Züchtungen gibt es eine Vielzahl von Sorten.
Wuchs: 30–60 cm, breit verzweigt, kräftige, lange Blütenstiele.
Blatt: einfach, grob gezähnt.
Blüte: 8 cm ∅, gelb oder gelb mit dunkler Mitte.
Blütezeit: VII–X.
Standort: sonnige Lage.
Erde: anspruchslos, wächst auf jedem Gartenboden.
Kultur: Aussaat im zeitigen Frühjahr, Februar bis Mai, aber auch im Herbst September–Oktober, unter Glas oder Freiland, Keimzeit 2 Wochen bei 15 °C.
Pflanzung: im Abstand 20 x 30 cm, April–Juni.
Verwendung: einjährig für buntes Blumenbeet, Schnittblume, für Naturgärten, für Nizzasträußchen, für Feldblumenmischungen.
Sorten: 'Eldorado', goldgelb mit dunklem Zentrum, 50 cm hoch. 'Helios', goldgelb mit heller Mitte, 50 cm hoch. 'Prado', goldgelb mit schwarzbrauner Mitte, großblumig, langstielig, 50 cm hoch. 'Stern des Orients', hellgelb mit dunkler Mitte und dunklem Ring, 50 cm.
Weitere Arten: *Chrys. spectabile* 'Cecilia', Höhe 90–100 cm, langstielig, großblumig, weiß mit gelbem Ring.

Abbildung 116: *Chrysanthemum segetum* 'Eldorado'

Abbildung 117: *Chrysanthemum segetum* 'Stern des Orients'

Cirsium japonicum

Abb. 118

Japanische Zierdistel, Kratzdistel.

Familie: Compositae – Korbblütengewächse.
Herkunft: Japan, China.
Wuchs: Höhe 70–80 cm, bestachelt, verzweigt.
Blatt: bestachelt, fiederteilig, herablaufend.
Blüte: rosa bis karminrote Köpfchen.
Blütezeit: VII–IX.
Standort: vollsonnig, trocken.
Erde: sandig bis lehmig, gut durchlässig, nährstoffreich.
Kultur: Aussaat im Freiland März-April in Reihen mit späterem Vereinzeln auf 30 cm Abstand. Im Gewächshaus zur Schnittblumenkultur Aussaat Februar-März bei 15–18 °C. Nach dem 7.–8. Laubblatt entspitzen. Pflanzung April–Mai. Bei Aussaat Juni–Juli kann im Herbst geschnitten und nach Überwinterung im Februar und im April nochmals geerntet werden. Die Pflanzen sind in unserem Klima nicht winterhart.
Pflanzung: 30 x 30 cm, je nach Kultur April bis Juli.
Verwendung: Nicht winterharte Staudendistel, die für Schnittblumen kultiviert wird und im Sommer auf Rabatten zur Blüte kommt.
Sorten: 'Rose Beauty', frühblühend, karminrote Blüten, glänzend grünes Laub. 'Pink Beauty', hellrosa, 80–100 cm hoch.

Abbildung 118: *Cirsium japonicum*

Cladanthus arabicus (C. proliferus, Anthemis arabica)

Astblume.

Familie: Compositae – Korbblütengewächse.
Herkunft: Südspanien, Marokko.
Wuchs: 60–90 cm hoch und breit.
Blatt: zart, angenehm duftend.
Blüte: goldgelbes Blütenköpfchen, ca. 5 cm ∅, ähnlich dem Gänseblümchen, an jedem Stengelende. Darunter bilden sich weitere Stengel mit Blütenköpfchen.
Blütezeit: VII–X.
Standort: sonnig, warm.
Erde: anspruchslos, trockenere, sandige und kalkhaltige Böden.
Kultur: Freilandaussaat März–April, Keimzeit 3–4 Wochen, Pflanzabstand 30 cm.
Verwendung: einjährige, prächtige Beetpflanze.

Clarkia unguiculata (C. elegans, C. elegans plena)

Abb. 119

Mandelröschen, Klarkie.

Abbildung 119: *Clarkia unguiculata* 'Gefüllt gemischt'

Familie: Onagraceae - Nachtkerzengewächse.
Herkunft: Kalifornien, westliche USA, etwa 30 Arten in USA und nördlichem Südamerika.
Wuchs: 40–60 cm hoch, Stengel astig, lang, nicht sehr stabil, Blüten sitzen in den Blattachseln.
Blatt: lanzettlich, herzförmig, bereift.
Blüte: 2–4 cm ∅, je nach Sorte in Farben, auch gefüllt blühend.
Blütezeit: VII–IX.
Standort: sonnig bis halbschattig, warm und geschützt.
Erde: schwere Böden ungeeignet.
Kultur: Freilandaussaaten an Ort und Stelle ab April–Mai, in milden Gegenden auch Herbstaussaat möglich. Keimzeit 2–3 Wochen bei 18 °C, Abstand 30–60 cm.
Verwendung: einjährige Massenschnittblume, Bauerngartenblume, für Sommerblumensträuße wegen des lockeren Wuchses geschätzt, lange haltbar, schöne Beetpflanze.
Sorten: 'Prachtmischung'. 'Alba', weiß. 'Rubinkönigin'. 'Zauberin', rosa.
Weitere Arten: *Clarkia pulchella*: 'Gefüllt, Gemischt', 30 cm hoch.

Abb. 120

Cleome spinosa (Cleome pungens)
Spinnenblume.

Familie: Capparaceae - Kaperngewächse.
Herkunft: tropisches und subtropisches Amerika. Etwa 200 Arten im tropischen Amerika und Nordafrika; Steppen- und Wüstenpflanze.
Wuchs: 80–150 cm hoch, aufrecht, starkwachsend.
Blatt: handförmig, flaumig behaart, am Blattgrund Nebendornen.
Blüte: groß, immer weiterwachsend, duftig, Blütendolden mit 10–15 cm ∅. Blüte weiß, rosa, rot, mit langen Fäden.
Blütezeit: Ende VI–X.
Standort: sonnige, besonders warme Standorte.
Erde: trockene, durchlässige, nicht zu schwere Gartenböden.
Kultur: Aussaat unter Glas ab März, Keimtemperatur 18 °C. Dauer 2–3 Wochen. Möglichst bald pikieren in 7er-Topf, später in 12er-Topf.
Pflanzung: ab Mitte Mai im Abstand von 60 x 80 cm.
Verwendung: einjährige Gruppenpflanze, besonders in Staudenbeeten, als Solitärpflanze, in Kübeln, an Mauern. Auch für Schnitt geeignet, jedoch bedingt, weil die Triebe bestachelt sind. *Cleome spinosa* besitzt auch dekorative Samenschalen.
Sorten: 'Galathea', Mischung aus 4 Farben, 80–100 cm hoch, 'Colour Fountain', Formelmischung, 100 cm. 'Helen Campbell', reinweiß, 90 cm. 'Kirschkönigin', tief karminrosa, sehr intensiv, 90 cm. 'Rosakönigin', hellrosa, 90 cm. 'Treurosakönigin', karminrosa, nicht verblassend. 'Violettkönigin', dunkelviolett, Neuzüchtung.

Abbildung 120: ***Cleome spinosa***

Abb. 121

Cobaea scandens
Glockenrebe, Glockenwinde.

Familie: Polemoniaceae - Himmelsleitergewächse.
Herkunft: Mexiko.
Wuchs: starkwachsende Kletterpflanze, in wenigen Wochen 4–6 m, 1jährig gezogen. Triebe lang, dünn und leicht windend, reichlich verzweigt.
Blatt: 2–4paarig gefiedert, tiefgrün; mit Wickelranken, die die Pflanze festhalten.
Blüte: blaue, prächtige Glockenblumen (weiß bis violett, je nach Sorte), 5–8 cm lang und 4 cm breit, an 15–25 cm langen Stielen, sehr reichblühend.
Blütezeit: VII–X.
Standort: sonnig, vor allem warm, geschützt.
Erde: nährstoffreicher, durchlässiger Boden mit genügend Feuchtigkeit. Regelmäßig düngen.
Kultur: Aussaat Mitte–Ende März im Haus bei 18–20 °C, Keimdauer 2–3 Wochen. Je 8er-Topf 2 Samen hochkant stecken, flach mit Substrat bedecken, rechtzeitig stäben, damit die Pflanzen hochwachsen können und genügend auseinanderrücken. Auspflanzen Ende Mai.
Pflanzung: im Abstand von 50–70 cm an einer Klettermöglichkeit.
Verwendung: Kletterpflanze für Zäune, Spalier und Mauern, auf Terrassen und Balkonen; benötigen Rankgerüst.

Abbildung 121: ***Cobaea scandens***

Abb. 122

Coix lacryma-jobi
Hiobsträne, Tränengras.

Abbildung 122: ***Coix lacryma-jobi***

Familie: Gramineae – Süßgräser.
Herkunft: tropisches Asien, Ostindien.
Wuchs: 60–100 cm, maisähnlich, interessante Frucht.
Blatt: sehr breit, ähnlich Mais.
Blüte: Ähre, männliche Blüten oben, weibliche unten angeordnet. Hervorzuheben sind die grauen, perlartigen Scheinfruchtgehäuse, die birnenförmig sind.
Blütezeit: VI–VIII.
Standort: sonnig, warm.
Erde: mäßig feuchter Gartenboden.
Kultur: Aussaat Ende Februar im Haus empfelenswert. Auspflanzen in der zweiten Maihälfte.
Verwendung: einjähriges Ziergras zum Auflockern von Sommerblumenpflanzungen. Der hübsche silbergraue Samen wird zu Ketten verarbeitet.

Abb. 123 / 124

Colchicum autumnale
Herbstzeitlose.

Familie: Liliaceae – Liliengewächse.
Herkunft: Mittel-, Westeuropa bis Nordafrika. Bei uns heimisch, natürlicher Standort feuchte Wiesen. Ca. 50 Arten.
Wuchs: bis 15 cm hoch; Knollenzwiebel bis 4 cm ∅.
Blatt: im Herbst ohne Laub, im Frühjahr entwickelt sich das Laub, welches im Juli abstirbt. Es wird bis 30 cm lang und 6 cm breit.

Abbildung 123: *Colchicum autumnale*

Blüte: weiß, rosa, lila – je nach Sorte, 5–15 cm lang, büschelweise, zart durchscheinende Blütenblätter.
Blütezeit: VIII–X.
Standort: sonnige, bis halbschattige Lage; winterhart.
Erde: durchlässige, ausreichend feuchte, kalkhaltige, sandige Lehmböden. Nicht im Wurzelbereich von Bäumen pflanzen.
Vermehrung: Anfang Juli, von mindestens 3 Jahre lang nicht verpflanzten Beständen, die Brutknöllchen abnehmen, diese trocknen, luftig aufbewahren und im August wieder pflanzen.
Pflanzung: im August, etwa 10 cm tief.
Pflege: ungestört jahrelang ohne Pflege wachsen lassen.
Verwendung: mehrjähriges Zwiebelgewächs, sehr reizvolle Pflanze, besonders durch die Blütezeit. Im Wildrasen oder in Staudenbeeten zusammen mit nicht wuchernden Arten.
Sorten: 'Album', reinweiß, 10 cm hoch. 'Plenum', gefüllte, lilarosa Blüten.
Weitere Arten: *Colchicum agrippinum*: stammt aus Kleinasien, Laub bis 15 cm lang, am Rand gewellt. Blüte klein, schachbrettartig weiß/violett gewürfelt. Verlangt Halbschatten und Winterschutz.
Colchicum byzantinum (*C. major*): stammt aus Griechenland bis Kleinasien; 20 cm hoch, Blätter etwa 30 cm lang. Blüte lilarosa, Röhre weißlich, reichblühend; Blütezeit September–Oktober.
Colchicum neapolitanum: stammt aus dem westlichen Mittelmeergebiet; 20 cm hoch, Zwiebel etwa 4 cm ∅. Blätter erscheinen manchmal schon im Herbst. Blüte schmal, hellmalvenfarbig, Staubgefäße gelb; Blütezeit August–September.

Abbildung 124: *Colchicum speciosum* var. *bornmuelleri*

Colchicum pannonicum: stammt aus Südosteuropa; etwa 15 cm hoch; Laub etwa 7 cm breit. Blüte rötlichlila, reichblühend, Blütezeit September.
Colchicum speciosum var. *bornmuelleri*: Syrien, Iran; 20 cm hoch. Blüte fliederrosa, weiße Mitte, Röhre hellgrün, Blütezeit ab Anfang September.
Colchicum speciosum var. speciosum: Kaukasus, Kleinasien; 15–25 cm hoch, große Knollen. Blätter länglich-oval, 10 cm breit. Blüte groß, hellviolett mit hellem Schlund und gelbem Fleck, sehr reichblühend; Blütezeit Oktober.

Abb. 125

Colchicum-Hybriden
Herbstzeitlose.

Familie: Liliaceae – Liliengewächse.
Herkunft: durch Kreuzung mehrerer *Colchicum*-Arten entstanden.
Wuchs: 20–30 cm hoch; meist große Knollen.
Blatt: etwa 30 cm lang, 6 cm breit, erscheint im Frühjahr, verwelkt im Juli.
Blüte: leuchtende Farben, weiß, rosa, violett, einfach- und gefülltblühend, teilweise sehr großblumig.
Blütezeit: VIII–X.
Standort: bevorzugt Sonne, winterhart.
Erde: nährstoffreiche, kalkhaltige, gut durchlässige, tiefgründige Böden. Trockenheit wird im Sommer vertragen.
Vermehrung: vor allem durch Brutknöllchen, wie bei *Colchicum autumnale*.
Pflanzung: im August, etwa 10–20 cm tief.
Pflege: keine, möglichst unberührt am Standort stehen lassen.
Verwendung: mehrjährige Zwiebelblume, attraktive Pflanze, besonders durch die späte Blütezeit. Im Wildrasen oder in Staudenbeeten, zusammen mit nicht wuchernden Arten.
Sorten: 'Autumn Queen', weiß, violett gesprenkelt; Blütezeit September. 'Lilac Wonder', einfarbig, mauveviolett, reichblühend; Blütezeit September–Oktober. 'The Giant', größte im Handel angebotene Sorte, bis 30 cm hoch; Blüte rosalila und großer weißer Schlund. 'Waterlily', großblumig, gefüllt, mauvefarbig, Blüte nicht sehr witterungsbeständig; Blütezeit September.

Abbildung 125: Colchicum-Hybride 'Waterlily' (Foto Stein)

Coleus-Blumei-Hybriden *(Coleus blumei)*

Abb. 126

Blumennessel, Buntnessel, Buntlippe.

Familie: Labiatae – Lippenblütengewächse.
Herkunft: etwa 200 Arten im tropischen Afrika, Java und Asien. Hybriden in vielen Sorten, deren Herkunft zum Teil unbekannt ist, sind das Hauptangebot, zusammengefaßt unter dem Begriff Blumei-Hybriden.
Wuchs: 20 bis 50 cm hoch, buschig, raschwüchsig, krautartige, vierkantige Triebe, die sich in Erde und im Wasserglas leicht bewurzeln.
Blatt: kreuzgegenständig, herzförmig oder langoval, Rand gesägt oder wellig, buntblättrig, hoher Zierwert, Form vielfältig, in vielen Farben je nach Sorte, auch mehrfarbig und mit verschiedenen Zeichnungen.
Blüte: klein, blauweiß, als endständige Traube (Rispe), zum Vergleich mit dem Blatt unscheinbar.
Blütezeit: Sommer, bei Kultur im Haus auch ganzjährig.
Standort: sonnig, halbschattig und vollschattig. Die beste Ausfärbung der Blätter ergibt sich im Halbschatten.
Erde: jede humusreiche Garten- oder Blumenerde ist geeignet.
Vermehrung: durch Aussaat oder Stecklinge.
Kultur: Aussaat des sehr feinen Samens für den Sommerflor Ende Januar–Februar unter Glas bei 20–24 °C. Dunkelkeimer, Keimzeit 2–3 Wochen. 1–2mal pikieren. Auspflanzen nach Mitte Mai im Abstand von 25 cm. Auch die Vermehrung über krautige Triebspitzen-Stecklinge ist möglich, sie bewurzeln sehr leicht.
Pflege: Blüten auskneifen, dadurch bleiben auch die oberen Blätter groß. Substrat stets feucht halten, aber keine Nässe, sonst Wurzelfäule. Im Winter sparsamer gießen, nur alle 2 Wochen. Im Sommer wöchentlich einmal mit Blumendünger nach Angabe gießen.
Verwendung: mehrjährig als Zimmerpflanze, einjährig genutzt als zierende Beetpflanze, ideal auch für schattige Lagen, für Töpfe im Zimmer, für Kübel und Balkonkästen, für ornamentale Beete.
Sorten: 'Sieben Zwerge' in Formelmischung und Scharlach, breitblättrig mit schmalem, grünem Rand. 'Saber' Formelmischung, säbelförmige Blätter, reich verzweigend. 'Flamex'-Formelmischung, setzt sich aus 10 verschiedenen Farben zusammen, sehr kompakt. 'Meisterfarbmischung', für Töpfe und Beete, sehr unterschiedliche Farben, bunt. 'Carefree'-Mischung, geschlitzt, bunt- und kleinblättrig, eichenblättrig, lebhafte Farben. 'Wizard'-Mischung und 'Wizard Pink', 30 cm hoch, kompakt und gut verzweigt, Blattrand grün und creme. 'Salmon Lace', sehr schön bunt, mit grünem, breit abgesetztem Rand.
Weitere Arten: *Coleus pumilus* (*C. rehneltianus*): Herkunft Nordborneo, Luzon. Wuchs hängend, staudenartig, 15–20 cm. Blatt 2–3 cm groß, dunkelbraun, grün gerandet. Blüte blau, im November–Januar. Interessant; schöne Ampelpflanze.
Coleus thyrsoideus: Herkunft Zentralafrika. Wuchs etwa 1 m hoch, strauchartig. Blüte ist leuchtend blau, als aufrechte, endständige Rispe, Blütezeit Dezember–Februar. Blüht im Winter. Vermehrung durch Stecklinge. Verwendung als blühende Zimmerpflanze.

Abbildung 126: Coleus-Blumei-Hybriden

Collinsia heterophylla (C. bicolor)

Abb. 127

Collinsie.

Familie: Scrophulariaceae – Braunwurzgewächse.
Herkunft: Kalifornien; etwa 25 Arten im westlichen Nordamerika.
Wuchs: 30–50 cm hoch.
Blatt: ungestielt, kreuzweise gegenständig, spitz zulaufend.
Blüte: unregelmäßig, zweilippig, sind in einer Ähre angeordnet, Oberlippe weiß, Unterlippe lila, violett, weiß.
Blütezeit: VII–VIII.
Standort: halbschattige Lage, Hitzeperioden werden schlecht vertragen.
Erde: normaler Gartenboden.
Kultur: Freilandaussaat im April–Juni, breitwürfig oder im Reihen-Abstand 30 cm.
Verwendung: einjährig, für Beeteinfassungen; vor allem wertvoll, da sie für schattigere Standorte geeignet sind. Für Naturgärten und Wildblumenmischungen, wertvoll als Bienenfutterpflanze.

Abbildung 127: *Collinsia heterophylla*

Commelina tuberosa (C. coelestis)

Abb. 128

Tagblume.

Familie: Commelinaceae – Commelinengewächse.
Herkunft: Mexiko. Etwa 100 Arten.
Wuchs: 60–80 cm hoch, behaart; fleischige Rhizomwurzel.
Blatt: länglich-lanzettlich, 10–20 cm lang, 2–5 cm breit.
Blüte: weiß, hellblau oder blau, klein, reichblühend. Die Blüten sind vor dem Öffnen von einem Hochblatt umgeben.
Blütezeit: VI–IX.
Standort: sonnige Lage, nicht winterhart.
Erde: jeder durchlässige, nahrhafte Gartenboden.
Vermehrung: durch Samen oder Teilung der Rhizome.
Pflanzung: Mitte Mai, 6–8 cm tief.
Pflege: im Herbst ausgraben; trocken und frostfrei, wie Dahlien, in trockenem Torf überwintern.
Verwendung: mehrjährig als Beetpflanze, auch im Staudengarten.

Abbildung 128: ***Commelina tuberosa***

Convallaria majalis

Abb. 129

Maiglöckchen.

Familie: Liliaceae – Liliengewächse.
Herkunft: Europa, Kaukasus, West-, Ostasien. In Deutschland unter Naturschutz.
Wuchs: 20 cm hoch, giftig; Rhizomwurzel kriechend.
Blatt: lanzettlich, etwa 20 cm lang.
Blüte: schneeweiß, süß duftend; etwa 5–15 1/2 cm große Glöckchen sitzen am schlanken Stengel, als einseitige Traube.
Blütezeit: V.
Standort: schattige Standorte, winterhart, bevorzugen kühleres Klima.
Erde: feuchte, leicht saure Böden (pH-Wert 4,5–6,0)
Vermehrung: im Herbst durch Teilung der Rhizome, das Laub muß vergilbt sein.
Pflanzung: Herbst oder Frühjahr, 3 cm tief.
Pflege: nach der Pflanzung eine Mulchschicht von Komposterde auflegen. Ungestört jahrelang stehen lassen. Wuchern durch wiederholtes Abstechen des vorgesehenen Pflanzraumes unterdrücken.
Verwendung: als Horstpflanzung zum Verwildern in Gehölzflächen. Für Schnittzwekke, z. B. als Brautstrauß und symbolisches Maigeschenk an die Frau. Duftblume.
Besonderheiten: Kräftige Triebe können im Spätherbst entnommen und bei Minustemperaturen viele Monate lang gelagert werden. Anschließend werden sie in Moos zu mehreren in Töpfe oder Schalen gesteckt und bei Temperaturen um 22–25 °C im Dunkeln getrieben. Diese sogenannten „Eiskeime“ hatten früher eine sehr große Bedeutung, auch heute noch werden sie außerhalb der natürlichen Blütezeit in Blumengeschäften angeboten, vor allem zu Weihnachten.

Abbildung 129: ***Convallaria majalis***

Convolvulus tricolor

Abb. 130 / 131

Dreifarbige Winde, Buschwinde.

Familie: Convolvulaceae – Windengewächse.
Herkunft: Südeuropa, Nordafrika. Ca. 250 Arten in tropischen und gemäßigten Gebieten der Erde.
Wuchs: 30–40 cm hoch, als reichverzweigte, kräftige Polster. Triebe niederliegend, nicht rankend.
Blatt: länglich, lanzettlich, rauh behaart.
Blüte: trichterförmig, ca. 5 cm ∅, Blütensaum ist blau, rot, rosa, weiß, der Schlund ist weiß und goldgelb. Die Blüten sind nur während der Vormittagsstunden geöffnet, bei Regen sind sie geschlossen.
Blütezeit: VII–IX.
Standort: sonnig, warm und geschützt.
Erde: gute, kalkhaltige Gartenböden, sollten jedoch nur schwach gedüngt sein, sonst schlechte Blüte.
Kultur: Freilandaussaat an Ort und Stelle von Anfang April–Mitte Mai, ausdünnen auf 15–20 cm. Unterglasaussaat im Februar–März in Recyclingtöpfe bringt bessere Pflanzenqualität. Keimzeit 2–3 Wochen bei 15 °C. Auspflanzen April–Mai im Abstand von 60 x 80 cm.
Verwendung: einjährige Rabattenpflanze, Beeteinfassungen, Blumenkästen und -schalen.

Abbildung 130: ***Convolvulus sabatius***

Sorten: 'Blaues Banner', enzianblau, nach innen weiß, Schlund gelb. 'Blue Flash', 30 cm hoch, tiefblau. 'Till'-Serie in Rot, Blau und Weiß, Einzelfarben in 30 cm Höhe. Darüber hinaus werden auch Prachtmischungen in violetten, roten und rosaroten Farbtönen angeboten.

Weitere Arten: *Convolvulus sabatius* (*C. mauritanicus*), 'Blaue Mauritius', Heimat Sizilien, Nordwest-Afrika, durch Stecklinge vermehrte Staude als hängende Sommerblume für Ampeln und Balkonkästen, zartlilablaue Blüten, die den ganzen Sommer über erscheinen, Blüte von VI–X.

Abb. 132

Coreopsis tinctoria (Calliopsis bicolor, Calliopsis tinctoria)

Mädchenauge.

Familie: Compositae – Korbblütengewächse.
Herkunft: Nordamerika; etwa 120 Arten im tropischen Afrika und Amerika.
Wuchs: 40–100 cm hoch, aufrechte verzweigte Stengel.
Blatt: schmal, stark zerschlitzt.
Blüte: großblumig, bis 8 cm ∅. Blütenfarbe gelb, braunrot, auch zweifarbig marmoriert; gefüllte und einfachblühende. Reiche und ausdauernde Blüte. Kräftiger Rückschnitt nach der 1. Blüte bringt guten 2. Flor.
Blütezeit: VI–IX.
Standort: sonnig.
Erde: leichte, durchlässige Gartenböden.
Kultur: Freilandaussaat an Ort und Stelle ab April, vereinzeln auf 20 x 20 cm. Frühere Blüte und kräftigere Pflanzen bekommt man durch Aussaat ins Frühbeet im März, anschließend pikieren, abhärten und im Mai auspflanzen.
Verwendung: ein- oder mehrjährig. Für Rabatten, Einfassungen und Gruppenpflanzungen, ideal für Naturgärten, Anziehungspunkt für Schmetterlinge, Bienen und Hummeln. Hohe Sorten sind vor allem für Schnitt gut geeignet; gute Haltbarkeit.
Sorten: 'Mischung hoher Sorten', besonders als Schnittblume, 100 cm hoch. 'Niedrige gemischt', für Beete und Rabatten, 30 cm.
Weitere Arten: *Coreopsis grandiflora*: mit der Sorte 'Early Sunrise', Fleuroselect-Goldmedaillengewinner. Diese Staude blüht bereits im ersten Jahr und ist daher besonders für Rabattenpflanzungen, für Schalen und für den Schnitt interessant. Höhe 35 cm, sehr kompakter Wuchs, üppiger Flor in leuchtendem Gelb, gefüllte Blüten.
Coreopsis basalis (*C. drummondii*): mit der Sorte 'Goldkrone', leuchtend goldgelb mit brauner Mitte, großblumig, langstielig, von Mai–Oktober blühend, 80 cm hoch.
Coreopsis bigelovii (*Leptosyne calliopsidea*): einfach- oder gefülltblühende Mischungen, 30–50 cm hoch.

Abbildung 131: ***Convolvulus tricolor***

Abbildung 132: ***Coreopsis tinctoria***

Corydalis solida (C. bulbosa, Fumaria bulbosa)

Abb. 133

Lerchensporn.

Familie: Papaveraceae – Mohngewächse.
Herkunft: Europa, Algerien, Kleinasien, Libanon, Irak. Über 100 Arten.
Wuchs: 15–25 cm hoch; runde Knolle.
Blatt: fingerförmig.
Blüte: hellpurpur, trübpurpur bis weiß, als aufrechte Traube.
Blütezeit: III–IV.
Standort: halbschattige, nicht zu kalte Standorte.
Erde: humose, tiefgründige, durchlässige Böden.
Vermehrung: durch Selbstaussaat, rasch verwildernd.
Pflanzung: im Herbst (September), etwa 15 cm tief.
Pflege: keine Pflegeansprüche.
Verwendung: mehrjährig für Wildpflanzenmotive in Parkanlagen, in größeren Gärten unter Bäumen, zum Verwildern.
Weitere Arten: *Corydalis angustifolia*: Kaukasus, Anatolien und Iran. 10–20 cm hoch; weiß blühend, Blütezeit April; für Steingartenmotive.
Corydalis bracteata: Sibirien, Altaigebirge. Etwa 20 cm hoch; reichblühend, hellgelbe Blüten; Blütezeit Mai–Juni. Für Steingärten geeignet.
Corydalis cashmeriana: Kaschmir bis Bhutan, bis 4000 m Höhe. 10–15 cm hoch. Blüte azurblau, Blütezeit April–Mai. Verlangt kalkfreien, frischen, lockeren Humusboden; geschützten, halbschattigen Standort und Winterschutz; für Alpinenhaus geeignet.
Corydalis cava: Südalpen, nördliches Mittelmeergebiet. Bis 35 cm hoch, große Knollen. Blätter graugrün. Blüte weiß oder trübrot, Blüten in gedrungenen Trauben; Blütezeit März–Mai.

Abbildung 133: ***Corydalis solida***

Cosmos bipinnatus

Abb. 134–136

Schmuckkörbchen, Kosmee.

Familie: Compositae – Korbblütengewächse.
Herkunft: Mexiko, 29 Arten in Amerika-Subtropen.
Wuchs: starkwüchsig, je nach Sorte 60–130 cm, Stengel steif, stark verzweigt.
Blatt: gegenständig, fiederschnittig.
Blüte: Blütenköpfe 7–10 cm ∅. Gelbes Zentrum, die gezähnten Randblüten in Farben rosa, weiß, rot.
Blütezeit: VII–X.
Standort: sonnig bis halbschattig.
Erde: leichter, sandiger Lehmboden bevorzugt.
Kultur: Freilandaussaat ab Ende April an Ort und Stelle, März–April Aussaat im Kasten. Keimzeit 2–3 Wochen bei 18 °C. Pflanzabstand 35–40 cm.
Pflege: verblühte Pflanzenteile regelmäßig ausschneiden erhöht die Blühwilligkeit beträchtlich.

Abbildung 134: ***Cosmos bipinnatus* 'Sea Shells'**

Verwendung: einjährige Gruppenpflanze und bestens geeignet für Blumenschnitt. Hintergrundpflanze für Beete und Rabatten, bei Hummeln, Bienen und Faltern als Nektarlieferant sehr gefragt.
Sorten: 'Sonata'-Serie, Fleuroselect-Goldmedaillen-Gewinner, kompakte, nur 60 cm hohe, üppig blühende Pflanzen. Eine echte Bereicherung des Sortiments, für Gruppenpflanzungen und Pflanzbeete bestens geeignet. 'Gloria', rosa, riesenblumig, mit rotem Ring, 130 cm hoch, früh aussäen. 'Karminkönig', leuchtend blutrot. 'Radiance', tiefrosa mit scharlachroter Mitte, 130 cm. 'Sensation Prachtmischung', riesenblumig, 120 cm hoch. 'Unschuld', für Gruppen und zum Schnitt, reinweiß, 100 cm hoch. 'Sea Shells', Fleuroselect-Medaillengewinner, mit geröhrten Blüten, eine aparte Neuheit. 'Picotee', weiß mit rotem Rand. Höhe 100 cm. 'Candy Stripe', aparte Kombination von purpur gerandet und gestreiftem Rot auf weißem Grund.

Abbildung 135: ***Cosmos bipinnatus* 'Sensation'**

Abbildung 136: ***Cosmos sulphureus* 'Feuerwerk', Mischung**

Weitere Arten: *Cosmos sulphureus*: stammt aus Brasilien-Mexiko, blüht von August-September, Blüten etwa 4–6 cm ∅, einfach oder gefüllt, 60–90 cm hoch. 'Diablo', feuerrot, Verbesserung aus 'Sunset', Blüte 5 cm ∅, halbgefüllt, blüht überreich von Juli-Frosteinbruch, 60 cm. 'Feuerwerk', Mischung von gelb bis orange, sehr reichblühend; auch für Schnitt sehr gut geeignet, 70 cm hoch. 'Sunny Gold', leuchtend gelb, gefüllt, etwa 4 cm ∅, für Schnitt geeignet. 'Sunset', leuchtend orangerot, halbgefüllt, etwa 4 cm große Blüten, feste Stiele, frühblühend, 60 cm. 'Rabattengold', gelbe und orange Töne, Höhe 60 cm.

Craspedia globosa

Abb. 137

Trommelstock.

Familie: Compositae – Korbblütengewächse.
Herkunft: Australien.
Wuchs: aus riemenförmigen Blättern ragen unbelaubte Blütenstiele hervor, die kugelförmige Blüten tragen.
Blüte: knopfförmig, goldgelb, 2 cm ∅.
Blütezeit: VII–VIII.
Standort: sonnig bis halbschattig.
Erde: lehmig, sandig.
Kultur: Aussaat Januar–März bei 18–20 °C, Keimdauer 12–14 Tage, nach 4–5 Wochen pikieren in Multitopfplatten.
Pflanzung: Mitte Mai, 20 x 25 cm.
Verwendung: einjährige Schnittblume für dekorative Sommersträuße, Trockenblume.
Sorten: 'Drumstick', 75 cm hoch. 'Goldstick', 70 cm hoch.

Abbildung 137: ***Craspedia globosa***

Crepis rubra

Abb. 138

Roter Pippau.

Familie: Compositae – Korbblütengewächse.
Herkunft: Mittelmeergebiet, Südeuropa. Etwa 200 Arten auf der nördlichen Halbkugel und im tropischen Afrika.
Wuchs: 15–45 cm, je nach Sorte.
Blatt: lanzettlich, sägeartig gezähnte Blätter.
Blüte: lilarosa, 3 cm ∅, löwenzahnähnliche Blütenköpfchen.
Blütezeit: VI–VII.
Standort: vollsonnige Lage.
Erde: trockener, normaler Gartenboden.
Kultur: Aussaat April–Mai ins Freiland, direkt am Standort. Abstand 15–25 cm.
Verwendung: einjährige, seltene Beet- und Rabattenpflanze, für Einfassungen und Steingärten geeignet.

Abbildung 138: ***Crepis rubra***

Crinum × *powellii*

Abb. 139

Hakenlilie, Freiland-Amaryllis.

Familie: Amaryllidaceae – Amaryllisgewächse.
Herkunft: Südafrika. Durch Kreuzung von *C. bulbispermum* und *C. moorei* entstanden. Etwa 100 Arten.
Wuchs: 80–100 cm hohe Blütenschäfte; große, länglich-eiförmige Zwiebeln.
Blatt: riemenförmig, bis 1 m lang, immergrün, bei Frosteinwirkung absterbend.
Blüte: weiß bis tiefrosa, lilienartig, trichterförmig, duftend. 5–15 Blüten pro Stengel.
Blütezeit: VII–IX.
Standort: volle Sonne; geschützt, warm. Winterschutz mit dicker Laubdecke, darüber Fichtenreisig oder ähnliches.
Erde: durchlässige, sandige Lehmböden, mit organischem Dünger verbessert.
Vermehrung: durch kleine Brutzwiebeln, diese benötigen 2–4 Jahre bis zur Blüte.
Pflanzung: im Frühjahr, bis zur Spitze der Zwiebel eingraben.
Pflege: ausreichend gießen und regelmäßig flüssig düngen. Möglichst nicht oder sehr vorsichtig verpflanzen.
Verwendung: mehrjähriges Zwiebelgewächs, als Freiland-, Kübel- und Zimmerpflanze. Durch die majestätische Blüte sehr attraktiv. Wegen der Größe der Pflanze vor allem für Parks und öffentliche Anlagen

geeignet. Solitärgewächs an Wassermotiven und in Mittelmeergärten.
Sorten: 'Album', Blüte weiß. 'Harlemense', mattrosa, reichblühend. 'Krelagei', tiefrosa.
Weitere Arten: *Crinum amabile*: Sumatra, Warmhauspflanze, Blüte rosa, von März–Oktober.
Crinum asiaticum: tropisches Südostasien, Warmhauspflanze. Blüte weiß, strahlig, Blütezeit März–Oktober.
Crinum bulbispermum: Südafrika. Blüte außen rosarot, innen weiß, Blütezeit Juli–August. Verlangt guten Winterschutz.
Crinum moorei: Südafrika, Kapprovinz. Kalthauspflanze. Blüte weiß. Blütezeit Juli–August.

Abbildung 139: ***Crinum × powellii***

Blüten sitzen an gebogenen, überhängenden Rispen.
Blütezeit: VII–VIII.
Standort: vollsonniger, geschützter Standort; nur mit sorgfältigem Schutz winterhart.
Erde: lockere, durchlässige nährstoffreiche Gartenböden.
Vermehrung: durch Brutknöllchen, wie bei *Crocosmia × crocosmiiflora*.
Pflanzung: im März–April, ohne Frostgefahr, 5–7 cm tief.
Pflege: viel Wasser und monatliche Blumendüngergaben während der Wachstumszeit. Winterschutz mit einer 20–30 cm dicken Decke aus Laub und Torf und darüber eine Folie. Boden muß im Winter trocken sein. In rauhen Gegenden im Keller trocken, bei 5–8 °C überwintern.
Verwendung: mehrjähriges Knollengewächs, für Blumenrabatten; hübsche, lange haltende Schnittblume.
Sorten: 'Lucifer', feuerrot, auffallend große Blüten an kräftigen Ähren, Höhe 85 cm, Blütezeit Juli–August. 'Emily McKenzie', sehr großblumig, orangerot, Höhe 40 cm, lange Blütezeit. 'James Coey', feuerrot, Höhe 55 cm, Blüte Juli–August. 'Lady Wilson', gelborange, Höhe 55 cm. 'Norwich Canary', gelb, Höhe 55 cm.

Abb. 140

Crocosmia masoniorum
Großblumige Montbretie.

Familie: Iridaceae – Schwertliliengewächse.
Herkunft: Provinz Natal in Südafrika.
Wuchs: 80–100 cm hoch; dunkelbraune, zwiebelförmige Knolle.
Blatt: breit-schwertförmig, gerippt.
Blüte: orangegelb mit zinnoberroten Streifen in der Mitte, trichterförmig,

Abbildung 140: ***Crocosmia masoniorum***

Abb. 141

Crocosmia × crocosmiiflora (Montbretia crocosmiiflora)
Montbretie.

Familie: Iridaceae – Schwertliliengewächse.
Herkunft: Südafrika. Durch Kreuzung von *C. aurea* und *C. pottsii* entstanden. Etwa 5 Arten.
Wuchs: 60–120 cm hoch; Knollen zwiebelförmig, dunkelbraune Haut.
Blatt: schwertförmig, gerippt.
Blüte: gelb, orange bis scharlachrot, 4–5 cm lang, trichterförmig, an einer Blütenrispe bis zu 20 Blüten.
Blütezeit: VII–IX.
Standort: vollsonnige, geschützte Lage. Auch im Weinbauklima nicht ganz winterhart. Kleinblumige Sorten sind meist etwas widerstandsfähiger als großblumige.
Erde: lockere, durchlässige Gartenböden.
Vermehrung: im Frühjahr vor der Pflanzung, die an den dünnen Ausläufern sitzenden Brutknöllchen von der alten Knolle abnehmen und auspflanzen. Bei Samenvermehrung erst nach 3 Jahren blühfähig.
Pflanzung: im April, etwa 7 cm tief, im Abstand von 15–20 cm.
Pflege: viel Wasser während der Wachstumszeit, monatliche Blumendüngergabe. Im Herbst Knollenhorste mit Erdreich ausgraben und im Keller in trockenem Torf bei 13–16 °C überwintern.

Abbildung 141: ***Crocosmia × crocosmiiflora***

Verwendung: mehrjähriges Knollengewächs, für Blumenrabatten, hübsche, lange haltende Schnittblume, sehr dekorativ.
Sorten: 'Aurora', orange, großblumig. 'Fire King', leuchtend rot, kleinblumig, spätblühend. 'James Coey', dunkelscharlach, Zentrum gelborange, großblumig. 'Lady Wilson', goldgelb, großblumig. 'Red King', rot, Zentrum orange, kleinblumig. 'Rheingold', goldgelb, violettbraune Streifen, großblumig.

Abbildung 142: *Crocus ancyrensis*

Crocus
Krokus.

Familie: Iridaceae – Schwertliliengewächse.
Herkunft: Südeuropa, Kleinasien, Vorderasien. Es gibt zahlreiche Kultursorten und etwa 80 Arten. Davon 10 auf der Iberischen Halbinsel, 11 in Italien, 40 in Syrien und Kleinasien und 10 im Kaukasus. Die Kultursorten (Gartenkrokus) sind überwiegend aus den Arten *Crocus chrysanthus* und *Crocus vernus* entstanden.
Wuchs: die Knolle entwickelt sich im 3jährigen Rhythmus. Im ersten Jahr bilden sich in der Mutterknolle die Knospen, diese sind im zweiten Jahr als kleine Knollen sichtbar, im Folgejahr blühen sie bereits und die alte Knolle ist abgestorben.
Blatt: grasähnlich, schmal. Das Laub erscheint je nach Art entweder mit der Blüte oder erst danach.
Blüte: in vielen Farben, becher- oder kelchförmig. 3 Staubblätter, Griffel fadenförmig, die Narbe ist meist orange.
Blütezeit: es gibt frühjahrs- und herbstblühende Sorten.
Standort: sonnige Standorte bevorzugt, einige wenige Arten vertragen auch Halbschatten. Kahlfröste in strengen Wintern werden schlecht vertragen.
Erde: gut durchlässige, humose Böden, die im Sommer trocken und im Frühjahr feucht sind.
Vermehrung: durch Brutknollen oder Samen.
Pflanzung: herbstblühende im August, frühjahrsblühende Arten im September. Pflanztiefe 5–10 cm, im Abstand von 8–15 cm.
Pflege: alle 3–5 Jahre vorsichtig ausgraben und an einem neuen Standort pflanzen.
Verwendung: mehrjähriges Knollengewächs, reizvoller, farbenprächtiger Frühjahrsblüher, zusammen mit Schneeglöckchen oder Winterlingen vor Strauch- oder Baumgruppen. Im Alpinum oder in Blumenrabatten. Auch die im Herbst blühenden Arten sind durch ihre späte Blütezeit eine sehr wertvolle Bereicherung im Garten. Einige Arten und Sorten eignen sich auch als Topfkultur für die Treiberei.

Abbildung 143: *Crocus angustifolius* (Foto Kooiman)

Frühjahrsblühende Arten

Crocus ancyrensis

Abb. 142

Herkunft: Türkei, in der Gegend von Ankara.
Wuchs: 5 cm, sehr wüchsig.
Blüte: leuchtend gelb.
Blütezeit: II–III.

Crocus angustifolius (Crocus susianus)

Abb. 143

Herkunft: Krim, Kaukasus.
Wuchs: 5–8 cm.
Blüte: goldfarbig, braun gestreift.
Blütezeit: II–III.

Crocus balansae (Crocus olivieri ssp. *balansae)*

Abb. 144

Herkunft: Kleinasien.
Wuchs: 5–10 cm, auch für Topfkultur geeignet.
Blüte: leuchtend orangegelb.
Blütezeit: II–III.
Sorten: 'Zwanenburg', herrlich leuchtend tieforange, außen bronzefarben gefiedert, sehr lange Blütezeit.

Abbildung 144: *Crocus balansae* (Foto Kooiman)

Crocus biflorus

Abb. 145

Herkunft: Sizilien bis Kleinasien.
Wuchs: 8–10 cm hoch.
Blüte: reinweiß, mit purpurnen, weißgerandeten Außenseiten.
Blütezeit: II–III.

Abbildung 145: ***Crocus biflorus***

Abbildung 146: ***Crocus chrysanthus*** **'Blue Pearl'**

Crocus chrysanthus

Abb. 146

Balkankrokus.

Familie: Iridaceae – Schwertliliengewächse.
Herkunft: Südosteuropa, Kleinasien, Vorderasien. Züchterisch stark bearbeitet, großes Sortiment.
Wuchs: 5–10 cm hoch; Knolle fast kugelförmig.
Blatt: schmal, lang.
Blüte: die Stammart blüht gelb mit goldgelbem Schlund, bauchförmig, kurzen Stengel.
Blütezeit: III.
Standort: sonnige bis leicht halbschattige Lage.
Erde: sommertrockene, gut durchlässige, nährstoffreiche Böden.
Vermehrung: durch Brutknöllchen.
Pflanzung: im September–Oktober, 6–8 cm tief.
Pflege: nach 3–4 Jahren, Ende Juni–Juli, vorsichtig ausgraben, trocken und kühl lagern, im September–Oktober an einer anderen Stelle erneut pflanzen.
Verwendung: im Alpinum, zwischen niedrigen Stauden oder unter Ziergehölzen.

Crocus corsicus

Abb. 147

Herkunft: Korsika.
Wuchs: 5 cm hoch.
Blatt: fein, dunkelgrün.
Blüte: gelblichweiß oder lilaweiß, zartlila auf cremefarbenem Grund, purpur gefiedert.
Blütezeit: II–III.
Erde: liebt trockenen Boden

Abbildung 147: ***Crocus corsicus***

Crocus etruscus

Abb. 148

Herkunft: Toskana.
Wuchs: 5–8 cm hoch.
Blüte: hell- bis grauviolett, außen dunkler gemustert.
Blütezeit: III.
Sorten: 'Zwanenburg', hell-violettblau, neigt zum Verwildern.

Abbildung 148: *Crocus etruscus*

Abbildung 149: *Crocus imperati* (Foto Kooiman)

Abbildung 150: *Crocus korolkowii*

Crocus flavus (C. aureus, C. luteus)

Herkunft: Südosteuropa, Kleinasien.
Wuchs: 7–10 cm, neigt zum Verwildern.
Blüte: dunkel orangegelb.
Blütezeit: II–III.

Crocus fleischeri

Herkunft: Kleinasien.
Wuchs: 2–5 cm hoch.
Blüte: weiß mit orangen Staubfäden, reichblühend.
Blütezeit: I–III.

Crocus imperati

Abb. 149

Herkunft: Westitalien, südlich von Rom.
Wuchs: 8–10 cm hoch.
Blüte: violett, außen purpurn gestreift.
Blütezeit: I–III.
Standort: trockener Standort

Crocus korolkowii

Abb. 150

Herkunft: Iran bis Pakistan.
Wuchs: 5–8 cm hoch.
Blüte: goldgelb, Mitte dunkelbronze, außen bronze schattiert.
Blütezeit: II–III.

Crocus minimus

Abb. 151

Herkunft: Korsika, Sardinien.
Wuchs: 5–8 cm, auch für Topfkultur.
Blüte: hellviolett, außen weiß und purpurn gefiedert, lange blühend.
Blütezeit: III–IV.

Abbildung 151: *Crocus minimus*

Crocus sieberi

Abb. 152

Herkunft: Südbalkan, Süd-, Westägäis.
Wuchs: 5–10 cm hoch.
Blüte: lilablau, Schlund orange bis gelb, Narbe scharlachorange.
Blütezeit: II–III.
Sorten: 'Firefly', rosalila, 5–8 cm hoch. 'Hubert Edelsten', dunkelviolett und weiße Flecken, Schlund gelb, 7–10 cm hoch. 'Violet Queen', violett, Mitte bronze, 5–8 cm hoch.

Abbildung 152: ***Crocus sieberi***

Crocus tommasinianus

Abb. 153

Herkunft: Südungarn bis Nordwestbulgarien.
Wuchs: 10 cm hoch, gut geeignet zum Verwildern lassen.
Blüte: lavendellila.
Blütezeit: II–III.
Sorten: 'Ruby Giant', violettpurpur, selbststeril. 'Whitewell Purple', sehr wüchsig, kräftig rötlichviolett. 'Barrs Purple', lilaviolett, an der Unterseite gräulich, großblumig.

Abbildung 153: ***Crocus tommasinianus*** **'Whitewell Purple'**

Crocus vernus ssp. *vernus* (*C. neapolitanus*)

Gartenkrokus.

Abb. 154

Familie: Iridaceae – Schwertliliengewächse.
Herkunft: Mittel- und Südeuropa. Züchterisch stark bearbeitet, großes Sortiment.
Wuchs: 8–15 cm hoch, Knollengröße unterschiedlich, meist abgeplattet.
Blatt: schmal, lang, meist auffällig weiß gestreift.
Blüte: weiß, blau bis violett, in vielen Farbschattierungen, auch zweifarbig. Der Blütenstengel ist kurz, vor dem Aufblühen ist er in eine häutige Scheide gehüllt.
Blütezeit: III–IV.
Standort: sonnige bis leicht halbschattige Lage.
Erde: durchlässiger, nährstoffreicher Boden, der nur im Frühjahr und Herbst feucht sein sollte.
Vermehrung: durch Brutknöllchen.
Pflanzung: ab Mitte September–Oktober, 6–8 cm tief.
Pflege: nach 4–5 Jahren, Ende Juni–Juli, vorsichtig ausgraben, trocken und kühl lagern, im September–Oktober erneut an einer anderen Stelle auspflanzen.
Verwendung: mehrjähriges Knollengewächs, im Alpinum, zwischen niedrigen Stauden oder unter Ziergehölzen, in Rasenflächen ist eine Anpflanzung ungünstiger, da Nährstoffkonkurrenz besteht und das Laub der Krokusse nicht geschnitten werden darf.
Sorten: 'Enchantress', porzellanblau, silbrig überhaucht. 'Jeanne d'Arc', reinweiß. 'Kathleen Parlow', schneeweiß. 'King of the Striped', blau, weiß gestreift. 'Little Dorrit', hell-lilasilbern. 'Negroboy', dunkelblau. 'Pickwick', weiß mit dunkelblauen Streifen. 'Purpureus grandiflorus', purpurviolett, großblumig. 'Queen of the Blues', hellblau. 'Remembrance', dunkelviolettblau. 'Schneesturm', reinweiß, großblumig. 'Violet Vanguard', lilaviolett.

Abbildung 154: ***Crocus vernus***

Crocus versicolor

Abb. 155

Silberlackkrokus.

Herkunft: Südostfrankreich, Nordwestitalien. Wurde schon vor 300 Jahren in Holland in Kultur genommen, erst 1975 wieder entdeckt.

Wuchs: 5–8 cm hoch.
Blüte: silberweiß, violett gestreift.
Blütezeit: III–IV.
Standort: trockene Standorte.

Abbildung 155: ***Crocus versicolor***

Herbstblühende Arten

Crocus kotschyanus (C. zonatus)

Abb. 156

Herkunft: südliches Kleinasien, Syrien, Libanon.
Wuchs: 10 cm hoch, neigt zum Verwildern.
Blüte: hell-lila, Mitte goldgelb, großblumig.
Blütezeit: IX–X.

Abbildung 156: ***Crocus kotschyanus*** **'Herbstblühende Mischung'**

Crocus medius

Abb. 157

Herkunft: Seealpen.
Wuchs: 7–10 cm hoch.
Blatt: Blätter erscheinen erst im Frühjahr.
Blüte: einfarbig, hell-lilapurpur, Fruchtknoten orange.
Blütezeit: X–XI.

Abbildung 157: ***Crocus medius***

Crocus pulchellus

Abb. 158

Herkunft: Griechenland, Kleinasien.
Wuchs: 10–15 cm hoch.
Blüte: lavendelblau, orange Mitte.
Blütezeit: IX–X.
Sorten: 'Zephyr', weiß, perlgrau schattiert, Schlund goldgelb, 7–10 cm hoch.

Abbildung 158: ***Crocus pulchellus*** **'Zephyr'**

Crocus sativus

Abb. 159

Safrankrokus.

Herkunft: nur in Kultur bekannt, Safran-Crocus. Wird heute noch vor allem in Spanien zur Safrangewinnung angebaut.
Wuchs: 8 cm hoch.
Blüte: lilablau, Fruchtknoten rot, lang.
Blütezeit: IX–X.

Abbildung 159: ***Crocus sativus*** (Foto Kooiman)

Crocus serotinus ssp. *salzmannii* (*C. asturicus, C. salzmannii*)

Abb. 160

Herkunft: West-, Mittel- und Südspanien.
Wuchs: 10 cm hoch.
Blüte: blaß lilablau, Schlund weiß.
Blütezeit: X–XI.

Abbildung 160: ***Crocus salzmannii*** (Foto Kooiman)

Crocus speciosus

Abb. 161

Herkunft: Krim, Kleinasien, Iran.
Wuchs: 15 cm hoch, neigt zum Verwildern.
Blüte: dunkelblau, Narbe orange.
Blütezeit: IX–X.
Sorten: 'Aitchisonii', blaulila, großblumig, spätblühend. 'Albus', reinweiß.

Abbildung 161: ***Crocus speciosus* 'Aitchisonii'**

Abbildung 162: ***Cucurbita pepo* 'Bischofsmütze'**

Cucurbita pepo var. *ovifera*

Abb. 162 / 163

Zierkürbis.

Familie: Cucurbitaceae – Kürbisgewächse.
Herkunft: Zentralamerika, etwa 25 Arten. Seit 1500 in Europa eingeführt.
Wuchs: Rankgewächs, 150–250 cm lange Triebe.
Blatt: groß, herzförmig, gelappt, rauh.
Blüte: gelb, wenig auffällig; männliche und weibliche Blüten befinden sich an einer Pflanze (einhäusig). Zierwert durch die bizarren Formen und Farben der Früchte.
Blütezeit: VII–IX.
Standort: sonnige, warme und geschützte Lage.
Erde: nährstoffreiche, durchlässige, gut mit Wasser versorgte Böden.
Kultur: Aussaatzeit April–Mai im Haus oder ohne Frostgefahr im Freiland direkt am Standort. 2–3 Samen pro Stelle, Abstand 80 x 100 cm. Keimzeit 2–3 Wochen bei 18 °C.
Verwendung: einjährig, als Dekorationsfrucht sehr beliebt; an Zäunen und Spalieren rankend, in Kübeln für Terrassen und Balkone. Die Früchte bleiben 3–4 Monate fest, wenn sie vor dem ersten Nachtfrost abgeerntet und ins Haus gebracht werden. Dort kühl und luftig langsam trocknen lassen.
Sorten: Kleinfruchtige: 'Aladin', weiß, gelb, grün und rot gescheckt, mittelgroß, türkenbundähnlich. 'Birnen', gestreift, sehr zierlich. 'Eier', cremeweiß. 'Kronen', elfenbeinfarbig, mit Verzierungen. 'Orangen', orangenförmig. Häufig als 'Kleinfruchtige Mischung' angeboten.
Großfruchtige: 'Bischofsmütze' (Kaisermütze), gelb, orange, grün gestreift. 'Großfruchtige Mischung'.

Abbildung 163: ***Cucurbita pepo* var. *ovifera***

Cuphea ignea (*C. platycentra*)

Abb. 164

Köcherblümchen, Zigarettenblume.

Familie: Lythraceae – Blutweiderichgewächse.
Herkunft: Mexiko. Etwa 200 Arten dieser Gattung.
Wuchs: 30 cm, als Halbstrauch, reichverzweigt, ausgebreitet.
Blatt: gegenständig, länglich-lanzettlich.
Blüte: in den Blattachseln, etwa 3 cm lang. Blütenähren rot mit schwarzem Ring und weiß gerandetem Saum, an Zigarettenasche erinnernd.
Blütezeit: V–IX.
Standort: warm, geschützt, sonnig–halbschattig.
Erde: normaler Gartenboden.
Vermehrung: Aussaat oder Grünstecklinge, nicht ganz verholzt, bei 20 °C. Bodentemperatur in Torf-Sandgemisch bewurzeln lassen.
Kultur: in Einheitserde oder Rindensubstrat, pH-Wert um 6. Aussaat März bis spätestens Anfang April im Gewächshaus bei 18–20 °C, Keimdauer 2–3 Wochen, 1mal pikieren, nach den Frösten auspflanzen im Abstand von 20 x 20 cm.
Pflege: Substrat im Sommer mäßig feucht halten; im Win-

ter sparsam gießen. Von Frühjahr–Herbst wöchentlich einmal mit Blumendünger nach Angabe gießen. Umtopfen jährlich im Frühjahr–Sommer.
Verwendung: Gruppenpflanze für Sommerblumenbeete, Rabatten, Kübel und Balkonkästen, auch für Blumenampeln und Töpfe.
Sorten: 'Medaillon', granatrot mit schwarz, zierliche Blüte, buschiger, verzweigter Wuchs, 25–30 cm hoch.
Weitere Arten: *Cuphea hyssopifolia*: Herkunft Mexiko, Guatemala. Blüte von Mai–Oktober, je nach Sorte weiß oder rot-violett. Kalthausgewächs, sehr geeignet für ganzjährigen Zimmeraufenthalt. Strauch myrtenähnlich.
Cuphea lanceolata: 'Feuerfliege', kirschrot, 40 cm.

Abbildung 164: ***Cuphea ignea***

Abb. 165

Cyclamen coum ssp. *caucasicum* (*C. orbiculatum*, *C. europaeum* var. *caucasicum*)

Kaukasisches Alpenveilchen.

Familie: Primulaceae – Primelgewächse.
Herkunft: Südostrumänien, Südrand des Schwarzen Meeres bis Kaukasus, Armenien und Libanon.
Wuchs: 5–10 cm hoch; abgeflachte, kugelige Knolle.
Blatt: dunkelgrün, mit weißlichen Randzonen; kreisrund, nieren- oder herzförmig.
Blüte: kräftig rosa bis karminrot.
Blütezeit: II–IV.
Standort: leichter Halbschatten; warme, geschützte Standorte, im Winter Schutz mit Reisig o. ä.
Erde: kalkhaltige, durchlässige, humose, nicht zu trockene Böden.
Vermehrung: durch Aussaat der Samen nach der Ernte.
Pflanzung: Mai–September, 2–4 cm tief.
Pflege: möglichst nicht verpflanzen.
Verwendung: Liebhaberpflanze für Steingärten, während des Sommers in schattigen Lagen.
Besonderheiten: Bitte bei allen Cyclamen-Arten (außer *Cyclamen persicum*-Kultursorten) besonders die jeweils gültigen Regelungen des Washingtoner Artenschutzabkommens zum Schutz wilder Pflanzen beachten!
Sorten: es gibt eine Vielzahl von Varietäten, auch weißblühende Sorten.
Weitere Arten: *Cyclamen cilicium*: stammt aus Südanatolien. Die Blätter sind dunkelgrün und weiß marmoriert. Blüte zartrosa. Blütezeit September–Oktober. Benötigt Winterschutz oder für Alpinenhaus geeignet.
Cyclamen persicum: Vorkommen von Griechenland, Südwestasien bis Tunesien. Blätter regelmäßig, herzförmig. Blüte pfirsichrot, Fruchtstiele niedergebogen. Von dieser Art stammt das bekannte Zimmer-Alpenveilchen ab.
Cyclamen pseudoibericum: Herkunft Taurus, Amanus. Blätter dunkelgrün, weiß marmoriert. Blüte groß, leuchtend karmesinrot, duftend. Blütezeit Februar–April. Verlangt Winterschutz oder Alpinenhaus.

Abbildung 165: ***Cyclamen coum***

Curtonus paniculatus (*Crocosmia paniculata, Tritonia paniculata*)

Riesenmontbretie.

Familie: Iridaceae – Schwertliliengewächse.
Herkunft: Südafrika, Transvaal, Natal.
Wuchs: 100–150 cm hoch; kugelige Knolle.
Blatt: unsymmetrisch, schwertförmig, gefaltet, 60 cm lang, etwa 8 cm breit.
Blüte: dunkelorangerot, Blütenstiele verzweigt, Blüten sitzen eng zusammen an einer zick-zack-verlaufenden Ähre.
Blütezeit: VIII–IX.
Standort: sonnige, warme Standorte, während der Wachstumszeit etwas feuchter halten.
Erde: Erdgemisch aus Kompost, Sand und Düngetorf, soll nährstoffreich und wasserhaltend sein.
Vermehrung: durch Knollen oder Aussaat, es dauert 3–4 Jahre bis zur Blüte.
Pflanzung: umtopfen während der Ruheperiode im zeitigen Frühjahr in hohe Töpfe oder Kübel. Am besten nicht auspflanzen, sondern mit dem Topf in die Erde einsenken. Winterschutz erforderlich mit einer bis zu 30 cm dicken Schicht Laub und Folie.
Pflege: düngen mit Hornspänen oder Knochenmehl im Frühjahr. Pflege wie Gladiolen.
Verwendung: in Stauden- oder Blumenzwiebelbeeten; ausgezeichnete Schnittblume.

Abb. 166

Cyclamen hederifolium (C. neapolitanum, C. linearifolium)

Neapolitanisches Alpenveilchen, Erdscheibe.

Familie: Primulaceae – Primelgewächse.
Herkunft: Südeuropa, Frankreich, Schweiz bis Bulgarien. Es gibt 16 Cyclamen-Arten.
Wuchs: 10–15 cm hoch; scheibenförmige Knolle, die Wurzeln wachsen aus der Oberseite der Knolle.
Blatt: Blätter erscheinen erst nach der Blüte, efeuähnlich, silberfarbig gezeichnet.
Blüte: hellrosa, grazile Form.
Blütezeit: VIII–XI.
Standort: bevorzugt Halbschatten; winterhart bei entsprechendem Schutz durch Laub oder Reisig.
Erde: humose, gut durchlässige Böden mit Torf angereichert.
Vermehrung: durch Aussaat der Samen nach deren Ernte.
Pflanzung: Mai–September, Jungpflanzen ebenso tief wie sie im Torf waren setzen, alte Knolle 2–4 cm tief. Vorsichtig pflanzen!
Pflege: Zimmerkultur: trocken ohne Erde, an einem hellen Platz in einem nur mäßig warmen Raum in eine Schale legen. Regelmäßig mit Wasser befeuchten, Knolle bringt während des Winters zahlreiche Blüten, im Mai in den Garten pflanzen.
Verwendung: Liebhaberpflanze für Steingärten, Waldmotive und Naturgärten. Auch Zimmerkultur möglich.
Sorten: 'Album', reinweiße Blüten.

Abbildung 166: ***Cyclamen hederifolium*** **'Album'**

Abb. 167

Cyclamen purpurascens (C. europaeum)

Sommer-Alpenveilchen.

Familie: Primulaceae – Primelgewächse.
Herkunft: Südostfrankreich, Mitteleuropa bis Westkarpaten, Mitteljugoslawien. **In Deutschland unter Naturschutz.**
Wuchs: 8–15 cm hoch; Knolle kugelig, abgeplattet. Wurzeln bilden sich nur seitlich und aus dem Knollenoberteil.
Blatt: dunkelgrün, silbrig gezeichnet, unterseits rot, immergrün, herznierenförmig.
Blüte: karminrosa bis rosarot, bis 1,5 cm breit, angenehm duftend.
Blütezeit: VII–IX.
Standort: warme, geschützte Standorte mit ausreichender Luftfeuchtigkeit, im Halbschatten bzw. Schatten.
Erde: humusreiche, steinige, kalkhaltige, gut durchlässige und feuchte Böden.
Vermehrung: durch Aussaat der Samen im Kalthaus oder Mistbeet.
Pflanzung: im Frühjahr, 3 cm Erdüberdeckung.
Pflege: möglichst nicht verpflanzen.
Verwendung: Liebhaberpflanze für Steingärten und Ziergehölze.

Abbildung 167: ***Cyclamen purpurascens***

Abb. 168

Cynara scolymus

Artischocke.

Familie: Compositae – Korbblütengewächse.
Herkunft: Mittelmeerraum.
Wuchs: bis 160 cm hoch, mit Blütenstielen, die bereits im 1. Jahr erscheinen, an langen Stielen bis zu 6 Blüten von 8–10 cm ∅.
Blatt: weit ausladend, weißfilzig behaart, fiederteilig, tief eingebuchtet, bei bestimmten Sorten gestachelt, sehr dekorativ.
Blüte: große Distelblüte mit stahlblauen Zungenblüten, sehr dekorativ.
Blütezeit: VII–IX.
Standort: sonnig.
Erde: tief gelockert, nährstoffreich, humos, Staunässe wird nicht vertragen.
Kultur: Aussaat im Dezember-Februar, den Samen 24 Stunden lang vorquellen lassen, Keimdauer 14–20 Tage bei 18–20 °C. 1mal pikieren, Weiterkultur im Gewächshaus bei 10–12 °C, nach den Frösten im Mai auspflanzen. Im kalten Frühbeetkasten ist die Überwinterung der ausgegrabenen Pflanzen möglich, danach im April wieder auspflanzen.
Pflanzung: im Abstand von 80 x 100 cm.
Düngung: reichlich Kompost oder abgelagerten Mist geben.
Pflege: Überwinterung ist auch im Freien möglich, dann blühen die Pflanzen 2–3 Jahre lang weiter. Hierfür eine dicke Schicht Laub (20–30 cm) aufbringen oder die Pflanzen mit Folie, darübergestülpten Eimern usw. vor Frost und der Winternässe schützen, Anfang April wieder entfernen.
Verwendung: die Knospen werden wegen der zarten Blütenböden als Feingemüse geschätzt. Nach dem Aufblühen ergeben sie sehr dekorative Schnittblumen und Trockenblumen.

Sorten: Die normalen Speiseartischocken können stark bestachelt sein. Daher nur Sorten verwenden. 'Große grüne von Laon', großblütig, kaum Stacheln, Höhe 150 cm. 'Violetta', violette Knospen, 140 cm hoch.
Weitere Arten: *Cynara cardunculus,* „Cardy" oder „Kardone" genannt, bringt im 2. Jahr nach Überwinterung ebenfalls zahlreiche blaue Distelblüten, die denen der Artischocke gleichen, aber mehr Hüllblätter besitzen. Die bis zu 1 Meter langen, dekorativen, weißfilzig behaarten Blätter sind bestachelt und besitzen dicke, fleischige Blattstiele, die als Gemüse sehr schmackhaft sind. Höhe der Blätter ca. 100 cm, der Blütenstiele bis zu 180 cm. Sorte: 'Azura', 160 cm hoch.

Abbildung 168: ***Cynara scolymus***

Abbildung 169: ***Cynoglossum amabile* 'Firmament'**

Abb. 169

Cynoglossum amabile
China-Hundszunge, Sommervergißmeinicht.

Familie: Boraginaceae – Borretschgewächse.
Herkunft: Westchina, Tibet. Etwa 80 Arten auf der ganzen Erde.
Wuchs: 30–60 cm hoch, Pflanze ist filzig behaart, Stengel stark verzweigt.
Blatt: 6–20 cm lang, filzig.
Blüte: blau, rosa oder rot, in lockeren Trauben. Blüte ist vergißmeinnichtähnlich, 0,5 cm ∅. Rückschnitt nach dem 1. Flor bringt 2. Blüte.
Blütezeit: VII–IX.
Standort: sonnige bis halbschattige Lage.
Erde: kalkhaltiger Gartenboden.
Kultur: Freilandaussaat ab Mitte April, Keimzeit 2 Wochen bei 15 °C, Pflanzabstand 20–30 cm. Vermehrung auch durch Selbstaussaat, die Samen sind klebrig.
Verwendung: Rabattenpflanze, die Anklang findet; auch für Einfassungen und Steingärten geeignet. Hervorragende Bienenweide.
Sorten: 'Blauer Vogel', strahlend blau, 35 cm hoch. 'Firmament', leuchtend indigoblau, 35–40 cm hoch, kompakter Wuchs.

Cypella coelestis (C. plumbea)
Becherschwertel.

Familie: Iridaceae – Schwertliliengewächse.
Herkunft: Südbrasilien, Argentinien.
Wuchs: 50–100 cm hoch, Stengel verzweigt, stricknadeldick; kleine trockenhäutige Knollen.
Blatt: schwertförmig.
Blüte: 7 cm groß, 3 äußere Perigonblätter sind ockergelb mit purpurnem Mittelnerv.
Blütezeit: VIII–IX.
Standort: nicht winterhart; sonnige, warme Standorte.
Erde: sandig-lehmige Böden, die gut durchlässig sind.
Vermehrung: durch Brutzwiebeln, diese im Frühjahr abnehmen.
Pflanzung: im April in 12er-Töpfe, auspflanzen ins Freiland ab Mitte–Ende Mai. Erdbedeckung 2–3 cm.
Pflege: im Spätsommer–Herbst, nach dem Einziehen des Laubes ausgraben und im mäßig warmen Raum, in Torf oder Sand eingeschlagen, trokken überwintern.
Verwendung: Liebhaberpflanze, zusammen mit bodendeckenden Stauden, Blumenzwiebeln oder niedrigen Ziergräsern zu verwenden. Eine elegante, bizarre Sondererscheinung.
Weitere Arten: *Cypella herbertii* (*Moraea herbertii*): Südbrasilien, Uruguay, Argentinien. Wuchshöhe etwa 30 cm. Blätter linealisch, Hüllblätter aufgeblasen. Blütenfarbe gelb, matt purpur mit dunklen Punkten. Blütezeit Juli. Sehr schöne Kalthauspflanze.

Dahlia-Hybriden
Dahlie, Georgine.

Abb. 170 - 188

Familie: Compositae - Korbblütengewächse
Herkunft: ursprünglich in Mexiko beheimatet. Bereits von den Azteken züchterisch bearbeitet. Vor etwa 200 Jahren kamen die Dahlien nach Europa. 1803 sandte Alexander v. Humboldt Dahlien an den botanischen Garten von Berlin. Heute gibt es ungewöhnlich viele Züchtungen. Die Dahlien- und Gladiolengesellschaft bewertet diese. Die Familie umfaßt etwa 18 Arten.
Wuchs: je nach Sorte 30–200 cm hoch, Wurzelknollen.
Blatt: gegenständig, meist dreiteilig, Blätter sterben im Herbst durch den Frost ab.
Blüte: in allen Farben, Blütenköpfe je nach Sorte 2–30 cm ∅, sie bestehen aus Zungen- und Röhrenblüten.
Blütezeit: VII–X.
Standort: Bevorzugt geschützten und sonnigen Standort.
Erde: anspruchslos, keine nassen und schweren Böden. Boden sollte mit Humus und organischem Dünger verbessert werden.
Vermehrung: Knollenteilung im Frühjahr, dabei muß jedes Teilstück ein Auge besitzen. Stecklingsvermehrung; sobald 3–4 Blätter erschienen sind, Stecklinge schneiden und bei etwa 18 °C bewurzeln lassen. Auch Aussaat bei einfachblühenden und niedrigen gefüllten Sorten möglich.
Kultur: Aussaat Februar–März im Gewächshaus bei 18–20 °C. Keimdauer 7–16 Tage. 1mal pikieren in Töpfchen oder Multitopfplatten von 7 cm ∅. Nach den Frösten auspflanzen.
Pflanzung: ab Mai, je nach Wuchshöhe 30–60 cm bzw. 60–80 cm Abstand. Erdabdeckung etwa 10 cm.
Pflege: im Herbst ausgraben, bei 4–5 °C frostfrei in Torf, Sand o. ä. lagern. Vorzeitigen Austrieb vermeiden. Viruskranke Pflanzen vernichten. Benötigen Stab zum Festbinden. Nur 3 Triebe wachsen lassen, damit sich die Blüten gut entwickeln können. Während des Sommers Boden lockern, wässern und Volldüngergabe.
Verwendung: Schnittblume, Balkon- und Beetpflanze, auch für Einfassungen, hohe Arten als Solitärpflanze. Nektarlieferant für Schmetterlinge, Bienen, Hummeln.
Sorten: Sehr große Vielfalt, deshalb Einteilung in mehrere Sortengruppen. Kriterium ist vor allem Bau und Aussehen der Blüten, nach denen die Sorten in Klassen und diese wieder in Gruppen unterteilt werden.

Einfachblühende Dahlien

Um einen Blütenboden mit kurzen Röhrenblüten ist jeweils ein Kranz von Zungenblüten angeordnet.

Topmix-, Baby- oder Zwerg-Mignon-Dahlien
Mit ihrem niedrigen, buschigen Wuchs und einer Höhe von nur 20–40 cm ist diese Klasse für Töpfe, Beete, Balkonkästen und Rabatten, ja sogar als Topfpflanzen fürs Zimmer zunehmend gefragt. Blüte: einfach, 4–5 cm ∅, sehr reichblühend. **Sorten:** verschiedene Farbsorten.

Abbildung 170: Topmix-Dahlie

Mignon-Dahlien
Meist wird diese Klasse aus Samen herangezogen. Wuchsform: Pflanzen mit buschigem Wuchs, Höhe 40–60 cm. Hochwachsende Sorten werden bis zu 1 Meter hoch.
Blüte: einfach bis leicht gefüllt, 7–9 cm breit, kurze, gelbe Röhrenblüten, Zungenblüten am Rand, hohe Sorten bis 12 cm Durchmesser.
Verwendung: Die reichblütigen Pflanzen werden vor allem für Rabatten und großflächige Sommerblumenbeete benutzt.
Sorten: 'Irene van der Zwet', leuchtend gelb, Höhe 60 cm. 'Mies', lilarosa. 'Nelly Geerlings', leuchtend scharlachrot. 'Rote Funken', scharlachrot mit dunkelgrünem Laub. 'Sneezy', reinweiß. 'Soleil', kanariengelb. 'Zons', dunkelsamtrot.

Abbildung 171: Mignon-Dahlie 'Sneezy'

Abbildung 172: Mignon-Dahlie 'Mies'

Halbgefüllte Dahlien

Um die gelbe Scheibe von Röhrenblüten odnen sich zwei oder mehrere Kreise von Zungenblüten. Form, Größe und die Höhe sind verschieden.

Paeonien-Dahlien oder Duplex-Dahlien
Großen, einfach geformten Zungenblüten steht eine Scheibe von dichten Röhrenblüten gegenüber, die Stempel sind etwas erhöht. Wuchsform: mittel bis hoch, 60–100 cm.
Verwendung: für Beet- und Gruppenpflanzungen.
Sorten: 'Bishop of Llandaff', dunkel-erdbeerrot, dunkellaubig. 'Fascination', kräftig rosa. 'Olympic Fire', orangerot.

Abbildung 173: Paeonien-Dahlie

Halskrausen-(Collerette-) Dahlien
Diese auffälligen Blüten zeichnen sich aus durch eine große Röhrenblütenscheibe, kurze Zungenblüten, die wie eine Halskrause wirken, und durch einen Kranz von großen Zungenblüten. Die nektarreichen Blüten sind ein Anziehungspunkt für Schmetterlinge.
Wuchsform: mittelhoch–hoch wachsend.
Verwendung: als Schnittblume, aber hauptsächlich für Beete und Rabatten.

Sorten: 'Accurazy', dunkelorange mit zitronengelb. 'Alstergruß', rot mit gelb. 'Bridesbouquet', reinweiß mit gelber Mitte. 'Can Can', hellpurpur mit creme. 'Clair de Lune', gelbgrün mit weiß. 'Grand Duc', dunkelrot, gelb mit gelblicher Halskrause. 'Herz-As', apartes lilarosa mit hellem Rand. 'Alstergruß', leuchtendorange mit gelbem Kranz. 'Esther', orange mit Goldrand. 'Don Lorenzo', rot mit gelber Krause. 'Schmetterling', dunkelrot mit weißer Krause.

Abbildung 174: Halskrausen-Dahlie 'Alstergruß'

Anemonenblütige Dahlien
Die dicht an dicht stehenden Röhrenblüten wölben sich kissenartig auf, der Kranz Randblüten steht in mehreren Reihen. Apartes Aussehen. Es gibt niedrige Sorten (Anemini-Dahlien) von nur 40 cm Höhe, mittelhohe und hohe.

Wuchsform: buschig, kompakt.
Verwendung: Balkonkästen, Beete und Rabatten.
Sorten: 'Diamant Rosa', 40 cm hoch, karminrosa. 'Brio', orange rot. 'Blits', weiß mit gelber Mitte. 'Diamant gelb', leuchtend gelb. 'Purpinca', purpurrot. 'S. Doorenbosch', rosaweiß.

Abbildung 175: Anemonenblütige Dahlie, orange

Abbildung 176: Anemonenblütige Dahlie, dunkelrosa

Gefüllte Dahlien

Seerosen-Dahlien
Die Pflanzen dieser Gruppe werden mittelhoch-hoch, sind früh und lange blühend, mit straffen, starken Stielen zum Schnitt. Die Blüten sind flacher als bei Schmuckdahlien, weniger gefüllt. Viele Sorten dieser Klasse findet man auch unter der übergeordneten Bezeichnung 'Dekorative Dahlien' eingeordnet.
Wuchsform: mittelhoch-hoch, 80–120 cm. **Blüte:** gefüllt, jedoch weniger dicht als bei Schmuck- und Kaktusdahlien, Zungenblüten löffelförmig, seerosenartig angeordnet.

Verwendung: bevorzugte Klasse zum Schnitt für Vasen und Gestecke, für Rabatten.
Sorten: 'Cheerleader', lachsorange, 120 cm. 'Patty', lachskarminrosa, 120 cm. 'Abridge Porcellain', zartlila mit weißem Hintergrund, 120 cm. 'Dr. Hans Riecke', goldgelb, 120 cm. 'Emmenthal', orange, 120 cm. 'Gerrie Hoek', reinrosa mit hellem Rand, kleine Blüten, ideal für Binderei, 120 cm. 'Peace Pact', reinweiß, 100 cm. 'Requiem', dunkelpurpur, 120 cm. 'Tambour Maitre', scharlachrot , 100 cm. 'Twiggy', lachs mit gelbem Herz, 120 cm.

Dekorative Dahlien (Schmuckdahlien)
Diese große Klasse zeichnet sich durch große, ballförmige Blüten aus, die dicht gefüllt sind, mit flachen, löffelförmigen Blütenblättern. Stark variierende Form.
Wuchsform: hochwachsend.
Blüte: gefüllt, Zungenblüten löffelförmig, Blütenform flacher als bei Kaktusdahlien. Mitte deutlich erkennbar. Blütendurchmesser bis 18 cm und mehr.
Verwendung: für Schnitt und Rabatten geeignet.

Sorten: 'Arabian Night', schwarzrot, Höhe 120 cm. 'Barbarossa', leuchtendrot, 120 cm. 'Goldika', goldgelb, 80 cm. 'Teutoburger Wald', rosa, 80 cm. 'Heidiland', rosaweiß, 100 cm. 'Deutschland', signalrot, 120 cm. 'Diamant', orangerot, 125 cm. 'Glory von Heemstede', schwefelgelb, 125 cm. 'Miramer', orange, 120 cm. 'Duett', rot mit weiß, 120 cm. 'Garden Wonder', leuchtendrot, 120 cm. 'Schneesturm', weiß, 120 cm. 'Tartan', violett-weiß gestreift, sehr große Blüten, 110 cm hoch.

Abbildung 177: Dekorative Dahlie 'Barbarossa'

Abbildung 178: Dekorative Dahlie 'Dr. Hans Riecke'

Abbildung 181: Balldahlie 'Abridge Taffy'

Abbildung 179: Dekorative Dahlie 'Little Tiger'

Abbildung 180: Dekorative Dahlie 'Berliner Kleene'

Abbildung 182: Balldahlie 'Peter'

Ball-Dahlien
Eine Klasse mit größeren Blüten als Pompondahlien, viel längeren und festeren Stielen, für viele das Beste in Schnittdahlien. Robust und haltbar, lange blühend.
Wuchsform: mittelhoch, nicht sehr breit, 100–130 cm hoch.
Blüte: dicht gefüllt, mittelgroß, ballförmig, Zungenblüten gehen vom Zentrum aus.
Verwendung: vorzugsweise zum Schnitt, langandauernde Blüte.
Sorten: 'Abridge Taffy', reinweiß, 100 cm. 'Black Barbara', samtig schwarz-rot, 100 cm. 'Caroline', lachsrot, 100 cm. 'Boy Scout', purpurrosa, 130 cm. 'Dawnham Royal', purpurviolett, 120 cm. 'Doris Duke', dunkel-lachsfarbig, 100 cm. 'Golden Torch', goldgelb, 100 cm. 'Klein Gerhard', reinorange, 110 cm. 'Lady Linda', gelb, 100 cm. 'Lilac Pearl', lilapurpur, 100 cm. 'Miss Swiss', lachsrosa schattiert, 120 cm. 'Red Cap', dunkelscharlachrot, 130 cm. 'Peter', lilarosa, 100 cm. 'Vicky Baum', gelb, 130 cm. 'Zakuro Hime', rot mit weißen Spitzen, 130 cm.

Pompon-Dahlien
Kleine, runde Blumen mit tütenförmigen Zungenblüten, sehr kompakt, feste Bälle auf straffen Stielen. Kleinere Blüten als bei Balldahlien.
Sorten: 'Amusing', safrangelb mit steinrot, 100 cm. 'Bell Boy', leuchtend rot. 'Kochelsee', scharlachrot, 100 cm. 'Lipoma', lilarosa. 'Little William', granatrot mit weißen Spitzen. 'Magnificat', orangerot. 'Potgieter', primelgelb, 100 cm. 'Stolze von Berlin', lilarosa. 'Zonnegoud', kanariengelb.

Abbildung 183: Pompondahlie 'Lipoma'

Abbildung 185: Kaktusdahlie 'Doris Day'

Abbildung 186: Kaktusdahlie 'Golden Heart'

Kaktusdahlien
Die spitz gedrehten oder nadelförmigen Blütenblätter sind sehr lang und schmal. Sehr dekorativ. Beliebte Dahlienklasse. Besonders großblumige Züchtungen sind auf dem Rückzug, etwas kleinere und dafür zahlreichere Blüten gewinnen an Beliebtheit, vor allem auch, weil sie regenfester sind.
Sorten: 'Angelique', kräftig rosa, 100 cm. 'Bacchus', blutrot, 100 cm. 'Doris Day', blutrot, 100 cm. 'Golden Heart', orangerot mit gelber Mitte. 'Apeldoorn', dunkellachsorange, 100 cm. 'Bach', reingelb, 160 cm. 'Bergers Rekord', leuchtendrot, 80 cm. 'Chat Noir', weinrot, 140 cm. 'Cheerio', weinrot mit weißen Spitzen, interessante Erscheinung, 120 cm. 'Orchid Prinzess', weiss mit lila Spitzen, 140 cm. 'My Love', weiß. 'Schwester Clarentine', lachs-aprikosenfarbig, 100 cm hoch. 'Vulkan', orangerot mit kleinen gelben Spitzen.

Abbildung 184: Kaktusdahlie 'My Love'

Beet-Dahlien
Dieser Typ ist locker gefüllt mit seerosen-ähnlichen Blüten, wegen der kürzeren Stiele für den Schnitt kaum geeignet, große Blüten und robuster, kompakter Wuchs machen diese Klasse für Rabatten interessant.
Wuchsform: kompakt, 40–70 cm hoch, standfest, benötigen keinen Halt.
Blüte: locker gefüllt, löffel-spatelförmige Zungenblüten.
Verwendung: vorzugsweise für Rabatten.
Sorten: 'Bluesette', cattleyenrosa, 45 cm. 'Berliner Kleene', leuchtend lachsrot, 45 cm. 'Ellen Houston', orangerot, braunblättrig. 'Little Tiger', rot mit weißen Spitzen. 'Pianella', aprikosenfarbig, 40 cm. 'Préféré', orange, braunblättrig. 'Red Pigmy', blutrot, 40 cm. 'Stardust', leuchtend tiefrosa, 70 cm. 'Wittem', weiß mit einem Hauch lila, 70 cm.

Semikaktus-Dahlien
Diese Gruppe steht zwischen den Kaktus- und Schmuckdahlien. Die Sorten neigen jeweils mehr der einen und der anderen Klasse zu, sind also nicht auf Anhieb eindeutig zuzuordnen. Die Blütenblätter sind etwas weniger eingerollt als bei Kaktusdahlien. Die Blütenbälle sind in der Regel groß, es gibt jedoch auch die Klasse der etwas kleineren Semikaktusdahlien.
Wuchsform: hoch, 100–150 cm.
Blüte: dichtgefüllt, große Blütenbälle mit dachziegelartig angeordneten, leicht eingedrehten Blütenblättern.
Verwendung: zum Schnitt und als dekorative Pflanzen für Rabatten und Beete.
Sorten: 'Nepal', lachsrosa, 100 cm hoch. 'Gildehaus', lila, 110 cm. 'Franz Woditschka', rot mit gelben Spitzen, 100 cm. 'Bonjour', rosa mit cremefarbener Mitte. 'Scarlet Star', leuchtend orangerot, 120 cm. 'Lucky Devil', apricot-orange, Höhe 120 cm. 'Marquise', rosa-violett, Höhe 120 cm. 'Lune de Miel', honigfarben, Höhe 120 cm. 'High Chaparral', leuchtendrot, 120 cm. 'Zürich', goldgelb-bronze, Höhe 120 cm.

Abbildung 187: Kaktusdahlie 'Zürich'

Sterndahlien, Orchideenblütige Dahlien
Die Zungenblüten sind auffällig gedreht, gefleckt, so daß ein sehr exotisches Aussehen entsteht. **Wuchsform:** mittelhoch, Höhe 70 cm.
Verwendung: für Einzelstellung und für Rabatten.
Sorten: 'Giraffe', sattgelb, eingerollte Zungenblätter violettrot gefleckt. 'Pink Giraffe', karminrosa. 'Red Giraffe', leuchtend rot, im Innern gelb.

Abbildung 188: Orchideenblütige Dahlie 'Giraffe'

Delphinium ajacis (Consolida ajacis)

Abb. 189

Garten-Rittersporn, Sommer-Rittersporn.

Familie: Ranunculaceae – Hahnenfußgewächse.
Herkunft: Mittelmeerraum; etwa 300 Arten, darunter viele ausdauernde Stauden.
Wuchs: 40–140 cm hoch, spärlich verzweigte Stengel, eintriebig wachsend.
Blatt: dunkelgrün, linealisch.
Blüte: blau, violett, rot, rosa und weiß; groß, sitzen in langen, lockeren Trauben. Die Einzelblüten sind kurz gespornt. Blüht später als der Gartenrittersporn, hält sich dafür länger.
Blütezeit: V, VI–VIII.
Standort: sonnige, windgeschützte Lage, vor allem für hohe Sorten.
Erde: kalkhaltiger, nahrhafter Gartenboden, der nicht zu trocken sein sollte.
Kultur: Freilandaussaat ab Mitte April an Ort und Stelle. Vereinzeln auf 20–25 cm. Bei Herbstaussaat (September–Oktober), 4 Wochen frühere Blüte. Kaltkeimer, optimale Keimtemperatur 10–12 °C. Bei Temperaturen über 15 °C Keimhemmung möglich. Sät sich auch selbst aus, besonders einfachblühende Sorten.
Verwendung: für Sommerblumenbeete, als Hintergrundpflanze, vor Mauern; als Schnittblume mit guter Haltbarkeit in der Vase. Hervorragende Trockenblume. Die Wildform paßt gut in Naturgärten und in Feldblumenmischungen.
Sorten: 'Niedrige, gefüllte, hyazinthenblütige', 50 cm hoch, mittelfrühblühend. 'Gefüllte Riesen-Hyazinthen', 110 cm hoch, frühblühend, ebenfalls als Mischungen oder auch in reinen Farben. 'Kalsey'-Mischung, unverzweigte, lange Stiele, frühe Blüte, dicht besetzte Rispen, auch in Einzelfarben. 'Juno'-Serie, etwas lockerer Blütenaufbau, lange Rispen, früh. 'Early Bird Mixed', ca. 80 cm hoch, unverzweigte Blütenstände, Pastelltöne, sehr früh.

Abbildung 189: *Delphinium ajacis* 'Niedrige, hyacinthenblütige'

Delphinium cheilanthum (D. consolida, Consolida regalis)

Abb. 190

Levkojen-Rittersporn, Feldrittersporn.

Familie: Ranunculaceae – Hahnenfußgewächse.
Herkunft: Europa, Kleinasien. Wildform kommt in der Acker-

Abbildung 190: *Delphinium cheilanthum* 'Blue Cloud'

flora vor. Etwa 300 Arten, darunter viele ausdauernde Stauden.
Wuchs: bis 140 cm hoch, vom Grunde auf reichlich verzweigt, kräftiger Wuchs.
Blatt: linealisch.
Blüte: Blütenrispen lang, dicht, je nach Sorte weiß, rosa, blau und rot.
Blütezeit: V, VI–VIII.
Standort: sonnige, geschützte Lage.
Erde: bevorzugt schwerere, kalkhaltige, ausreichend feuchte Gartenböden.
Kultur: Freilandaussaat März–April oder im Herbst, Oktober–November (Blüte 4 Wochen früher!), Abstand 25 cm, Keimzeit 3–4 Wochen bei 10 °C.
Verwendung: locker eingestreut in Blumenbeete; auch hervorragend für Schnitt geeignet, bevorzugte Trockenblume, schneiden, wenn die Blütenstände zu 1/3 aufgeblüht sind. Die locker aufgebauten Formen passen gut in Naturgärten, Bauerngärten und in Feldblumenmischungen.
Sorten: 'Blaue Glocke', hellblau, 110 cm. 'Gloria', leuchtend rosa, 110 cm. 'Rosa Königin', rosa, 110 cm. 'Weißer König', weiß, 110 cm. 'Exquisit', in verschiedenen Farben, Blütenstände sehr dichtbesetzt, 110 cm. Pflanzabstand 17 x 15 cm, für Schnittblumenproduktion. Mit locker aufgebauten Blütenständen, reich verzweigt sind 'Blaue Wolke' ('Blue Cloud'), leuchtend blauviolett, mit langen Spornen, 80–100 cm.

Delphinium grandiflorum

Abb. 191

Zwerg-Rittersporn, Chinesischer Rittersporn.

(*Delphinium grandiflorum* var. *chinense, D. chinense*) stammt aus Westchina und dem südlichen Sibirien. Die Art überdauert als Staude nur in sehr milden Wintern, wird daher einjährig gezogen. Der Wuchs ist buschig-kugelig, Höhe nur 30 cm, daher auch gut geeignet für Töpfe und Rabatten. Es gibt blaßblaue, lila- und fleischfarbene, weiße und reinblaue Sorten. Im Handel ist im allgemeinen nur 'Blauer Spiegel', azurblau. Aussaat Februar–März bei 18–20 °C ergibt blühende Pflanzen im Juli. Auspflanzen Ende April-Mai im Abstand von 25 x 25 cm. Gute Topfpflanzen zum Muttertag erzielt man bei Aussaat im Mai, Überwinterung im Frühbeet, antreiben ab März.

Abbildung 191: *Delphinium grandiflorum* var. *chinense*

Delphinium-Hybriden *(D. × cultorum)*

Abb. 192

Staudenrittersporn.

Familie: Ranunculaceae – Hahnenfußgewächse.
Herkunft: Die staudigen Rittersporne entstanden aus Kreuzungen der heimischen Art *Delphinium elatum* mit asiatischen Arten wie *D. grandiflorum* (Ostsibirien, Westchina), *D. huetianum* (Taiwan) und *D. cheilanthum* (China). Züchtungen, die sich aus Samen vermehren lassen, entstanden vor allem in den USA.
Wuchs: je nach Sorte 80–150 cm hoch. Wurzelstock faserig dick, Stiele kräftig, dickbuschig.
Blatt: 3zählig bis handförmig, gelappt oder geteilt.
Blüte: blau, violett, rosa oder weiß, teils mit Auge. Blütenstand kerzenartig, in lockeren Trauben angeordnet.
Blütezeit: VI–VII und im Herbst IX–X.
Standort: sonnige, windgeschützte Lagen.
Erde: kalkhaltiger, nahrhafter, humoser Gartenboden, der nicht zu trocken sein sollte.
Kultur: *Delphinium × cultorum*, der Staudenrittersporn, kann mit neuen Sorten auch einjährig gezogen werden. Die Blüte setzt schon im August ein, wenn die Aussaat unter Glas Ende Februar-Anfang März erfolgt. Keimdauer 18–25 Tage bei 12–14 °C. 1mal pikieren und ab Mitte Mai ins Freie pflanzen, Abstand 40 x 40 cm. Die Pflanzen überdauern den Winter.
Verwendung: als mehrjährige Schnitt- und Rabattenstauden, auch zum Trocknen geeignet.
Sorten: 'Pacific Riesen' Mischung und in Einzelfarben, 120–180 cm hoch, dicht mit großen Blüten besetzte feste Stiele, gut zum Schnitt geeignet, aber windgefährdet. Zwerg-Pacific 'Dwarf Blue Springs', nur 80–120 cm hoch, kompakt wachsend, ideal für Staudenpflanzungen, sehr schönes Farbspiel in weißen, violetten, hellrosa, hell- und dunkelblauen Farben. 'Magic Fountains', eine Klasse für sich mit kompakt wachsenden 80–120 cm hohen Stielen und ausdrucksvollen Blüten durch intensiv gefärbte „Biene" (Staubgefäße). Diese Einzelfarben und Mischung benötigen zum Keimen 21–27 °C. *Delphinium cardinale* (Höhe 40–50 cm) aus Südkalifornien und *D. nudicaule* (Höhe 30–40 cm) aus Nordkalifornien sind weitere staudig wachsende Rittersporarten, die in unserem Klima einjährig gezogen werden müssen.

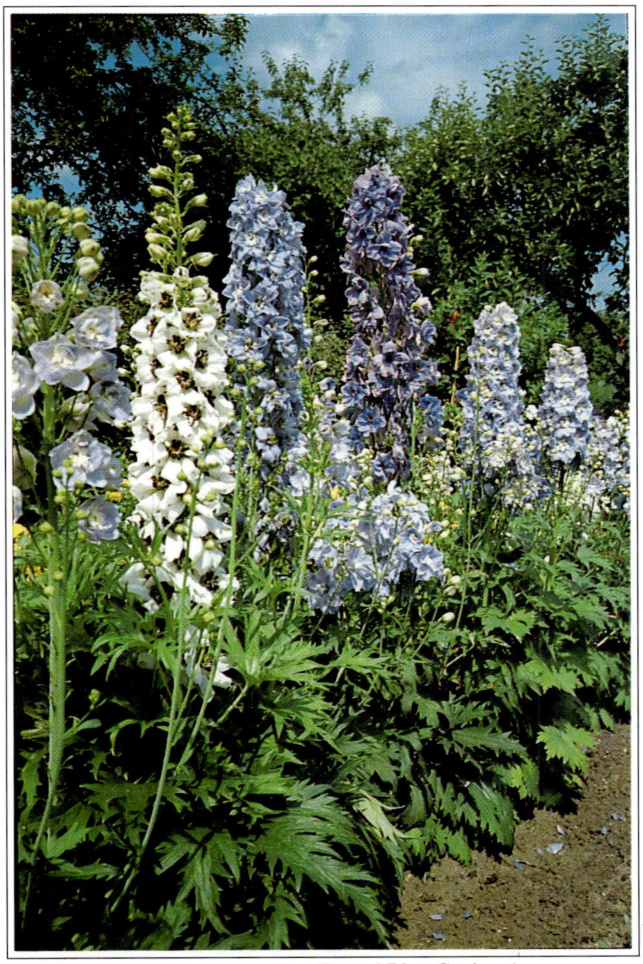

Abb.192: Delphinium-Hybriden 'Dwarf Blue Springs'

(Foto Stein)

Dianthus barbatus

Bartnelke.

Abb. 193 / 194

Familie: Caryophyllaceae – Nelkengewächse.
Herkunft: in Europa weit verbreitet, ursprünglich in den Ostkarpaten, Pyrenäen, Balkan, Südwestrußland beheimatet. Etwa 300 Arten.
Wuchs: 20–50 cm hoch, die meisten Sorten sind bei entsprechendem Standort mehrjährig, werden häufig als Sommerblumen kultiviert.
Blatt: lanzettlich, dunkelgrün.

Abbildung 193: *Dianthus barbatus*

Blüte: rot, rosa, purpurrosa, weiß und Kombinationen dieser Farben, einfach oder gefüllt, zahlreiche Einzelblüten sitzen in Dolden, 5–10 cm ∅, zusammen, duftend.
Blütezeit: VI–VII.
Standort: sonnige, warme Lage. Winterschutz notwendig, Reisig o. ä.
Erde: durchlässige, alkalische, nährstoffreiche, sandige Lehmböden, evtl. Kalk geben.
Kultur: Aussaat Mai–Juli auf Freilandbeet oder Kasten, Keimzeit 1–2 Wochen bei 15 °C. Abstand 2–3 cm, auspflanzen Anfang August, Abstand 20–25 cm. Blüte nach Überwinterung im Frühsommer. Gärtner kultivieren Bartnelken geeigneter Sorten einjährig mit Aussaat Ende Januar bis Mai bei 15–20 °C, Weiterkultur bei 12–14 °C. Blüte dann von Mai bis September. Ziel sind Topfpflanzen oder Schnittblumen, die den ganzen Sommer über bis in den Spätherbst hinein oder verfrüht angeboten werden können. Die Blüten werden ohne Kühlperiode gebildet. Herbstaussaat und frostfreie Überwinterung ähnlich *Primula acaulis* ergeben im zeitigen Frühjahr blühende Topfpflanzen oder Schnittblumen.
Pflanzung: Abstand 20 x 20 cm.
Verwendung: farbenprächtige Gruppenpflanze für Beete und Rabatten, aber auch für Schnitt sehr gut geeignet. Hervorragende Duftblume. Für Bauerngärten. Geeignete Sorten ergeben Topfpflanzen für Beete und Schalen.
Sorten: 'Albus', reinweiß, 50 cm. 'Heimatland', dunkelrot mit weißer Mitte, 50 cm. 'Lachskönigin' (Pink Beauty), hellachsrosa. 'Scharlachkönigin' ('Scarlet Beauty'), scharlach, 50 cm. 'Einfache Prachtmischung', 50 cm. 'Gefüllte Prachtmischung', 50 cm. 'Super Duplex', extra gefüllte Prachtmischung. 'Messager', einfach, 4 Wochen früher blühend. 'Red Empress', einjährig, leuchtend scharlachrot, 40 cm. 'Indianerteppich', Farbmischung, 25 cm.
Einjährige Züchtungen für die Ganzjahreskultur: 'Red Empress', 40 cm hoch, scharlachrot, 'Rondo' Prachtmischung, Höhe nur 15–20 cm, einfache Blüten in leuchtenden Farben, ausgezeichnet für Töpfe, Aussaat Mai–Juni, Blüte Juli–September. Hohe Sorten für den Schnitt: 'Hollandia' F1-Hybriden, Serie in Einzelfarben und in Mischung, Fleuroselect 'Quality Award', Höhe 60 cm, einfachblühend. 'Rapid' F1-Hybriden, Höhe 60 cm, in Einzelfarben und Prachtmischung.

Abbildung 194: *Dianthus barbatus*, gefüllt

Dianthus caryophyllus

Gartennelke, Edelnelke.

Abb. 195 / 196

Familie: Caryophyllaceae – Nelkengewächse.
Herkunft: vermutlich Südeuropa. Vielzahl von Sortengruppen (Land-, Hänge-, Remontant-, Chineser-, Riviera-, Edel-, Malmaison-, Margareten-, Chor- und Chabaudnelken), die meisten sind mehrjährig.
Wuchs: 30–90 cm hoch, Stengel knotig.
Blatt: graugrün, schmal.
Blüte: gelb, weiß, rot, rosa und mehrfarbig, 2–8 cm ∅, aromatisch duftend, einfache und gefüllte Sorten, Blütenblätter ganzrandig oder gezähnt.
Blütezeit: VI–VII.
Standort: sonnig, warm.
Erde: kalkhaltige, nährstoffreiche Gartenböden.
Kultur: Aussaat unter Glas im Februar, Keimzeit 1–2 Wochen bei 18–20 °C, anschließend pikieren, im April ins Frühbeet; Topfkultur: 1 oder 3 Sämlinge in 10er oder 12er Topf pikieren, auspflanzen ab Mitte Mai, nach Spätfrösten, Abstand 20–25 cm.
Verwendung: schöne Beetpflanze, vor allem als Schnittblume angeboten; durch Ausbrechen der Seitenknospen werden die Blüten wesentlich größer. Gartennelken werden durch geeignete Züchtungen zunehmend auch als Topfpflanze angeboten, ideal für die Bepflanzung von Schalen und Rabatten, Rückschnitt sofort nach der Blüte verlängert dabei den Flor.
Sorten: Chabaudnelken: bringen bei Aussaat ab Februar unter Glas im gleichen Jahr Schnitt- oder Topfnelken mit großen, edel geformten Blüten, starker Duft: 50 cm hoch, auffallend lange, besonders kräftige Stiele und hochgefüll-

Abbildung 195: *Dianthus caryophyllus*, Chabaudnelke

te, große Blüten. Rasse 'Original William Martin', 'Carmen', kirschrot. 'Etincelant', leuchtend rot. 'Jeanne Dionis', reinweiß. 'Marie Chabaud', kanariengelb. 'Nero', dunkelpurpur. 'Reine Rose Vif', leuchtend rosa. 'Rubin', und Mischungen. Chabaudnelken 'Scarlet Luminette' F1-Hybride: 50–60 cm, kräftige Stiele, frühe Blüte, leuchtend scharlachrot; Fleuroselect-Bronzemedaille 1982. 'Nizzaer Kind': sehr großblumig, fast wie Edelnelken, bei rechtzeitigem Ausbrechen; 40–50 cm hoch, verschiedene Farbsorten.
Zwerg-Chabaud-Nelken: hervorzuheben ist die 'Knight'-Serie, die sich durch kompakten Wuchs und dichtgefüllte, mittelgroße Blüten auszeichnet. Geeignet als Topf- und Beetpflanze, 20–30 cm hoch. 'Crimson Knight' ('Karmin

Ritter', karminrot, Fleuroselect-Bronzemedaille 1979. 'Orange Knight', cremegelb mit orangem Anflug. 'Scarlet Knight', leuchtend scharlach. 'Yellow Knight', reingelb. 'White Knight', reinweiß. 'Lillipot' F1-Hybriden-Serie, sehr kompakt wachsende Beet- und Topfnelken mit gefüllten Blüten, Höhe 20–25 cm, Blüte ab Ende Juni, Farben in scharlach, gelb, weiß, orange-rötlich geflammt, Formelmischung.

Landnelken: gefüllte, aus zweijähriger Kultur mit Aussaat Mai–Juni, winterhart, 1 Monat vor den Chabaud-Nelken blühend: 'Johannistag', sehr früh, hochprozentig gefüllt, 50 cm hoch. 'Non Plus Ultra'-Serie, 60 cm hoch, Blüten von 5–6 cm ∅. 'Floristan'-Serie, sehr große Blüten, sehr gut gefüllt. 'Tige de Fer', 60 cm hoch, bewährte Sorte. 'Frühblühende Wiener Zwerg', 35 cm hoch, für Schnitt und Beetbepflanzung.

Abbildung 196: ***Dianthus caryophyllus*** **'Grenadin'**

Dianthus chinensis (D. sinensis)

Abb. 197 - 200

Chinesernelke, Kaisernelke, Hedwigsnelke.

Familie: Caryophyllaceae – Nelkengewächse.
Herkunft: China, Korea. Züchterisch stark bearbeitet, auch durch Einkreuzung mit *D. barbatus*: Hedwigs-Nelken, Kaisernelken und daraus hervorgegangene Neuheiten, die den ursprünglichen Charakter erheblich verändert und verbessert haben.
Wuchs: 15–40 cm hoch, gut verzweigt.
Blatt: graublau-grünlich.
Blüte: rosa, scharlach, karminrot, weiß und mehrfarbig, Zentrum meist dunkel, Blütenblätter mit schwarzem Strich und weißem Zentrum; 8 cm ∅, Kronblätter meist gezähnt. Nicht duftend, einfach oder gefüllt blühend.
Blütezeit: VII–IX.
Standort: sonnig, warm, bei Herbstaussaat Winterschutz.
Erde: nährstoffreiche, gute Gartenböden, kalkhaltig und durchlässig.

Abbildung 198: ***Dianthus chinensis*** **'Strawberry Parfait' F1-Hybride** (Foto Fleuroselect)

Kultur: Aussaat Februar–April ins Frühbeet oder unter Glas. Keimzeit 1–2 Wochen bei 15 °C. Bei den älteren Sorten ist auch Herbstaussaat möglich. Ca. 4 Wochen nach Aussaat pikieren. Auspflanzen Mitte Mai, Abstand 20 cm.
Pflanzung: im Abstand von 20–25 cm.
Verwendung: hervorragende, niedrige Beetpflanzen, die sich insbesondere in Balkonkästen und Schalen bewähren. Die Verwendung für den Schnitt tritt wegen des kompakten Wuchses der Neuzüchtungen in den Hintergrund. Durch Kreuzungen mit Bartnelken wurde die Blühdauer verlängert, Rückschnitt bringt erneuten Flor.
Sorten: 'Baby Doll', einfachblühende Mischung, großblumig, für Beete und Rabatten. 'Bravo', leuchtend scharlach, einfachblühend, Beetpflanze, 25 cm hoch. 'Feuersturm', leuchtend hellscharlach, buschig, 30 cm. 'Schneeflocke', reinweiß, sehr großblumig, 20 cm, Fleuroselect-Bronzemedaille. 'Snowfire', weiß mit scharlachrotem Auge, Topf- und Beetnelke, AAS-Silbermedaille. 'Telstar-Mixed', Farbmischung reichblühend mit Bartnelken-Charakter, kräfti-

Abbildung 197: ***Dianthus chinensis*** **'Telstar Mixed' F1-Hybride** (Foto Fleuroselect)

Abbildung 199: ***Dianthus chinensis*** **'Raspberry Parfait' F1-Hybride** (Foto Fleuroselect)

ger Wuchs, 25–30 cm, Fleuroselect-Bronzemedaille, verträgt etwas Frost und kann an geschützter Stelle überwintern. 'Magic Charms' F1-Hybriden, verschiedene Farbsorten, kräftig und kompakt wachsend, 20 cm hoch. Leuchtende Farben. Fleuroselect-Bronzemedaille, AAS-Bronzemedaille. 'Color Magician', 25–30 cm hoch, Fleuroselect-Goldmedaille, interessantes Farbenspiel, im Aufblühen fast weiß, Übergang später zu Hellrosa, Rosa und Dunkelrosa. 'Flash Mixture', sehr wüchsig und widerstandsfähig, lange Blüte, Höhe 20–25 cm. Eine Klasse für sich sind die besonders großblütigen Sorten (5 cm ∅) 'Strawberry (Erdbeer-) Parfait' mit leuchtend scharlachroter Mitte und hellerem Rand, Fleuroselect-Goldmedaillen-Gewinner 1991, und 'Raspberry(Himbeer-) Parfait', karmesinrot mit hellerem Rand, Höhe jeweils 20 cm, buschiger, verzweigter Wuchs.

Abbildung 200: *Dianthus chinensis* 'Color Magician'

Diascia barberae

Abb. 201

Doppelsporn, Rosenglöckchen, Elfensporn, Doppelhörnchen.

Familie: Scrophulariaceae – Braunwurzgewächse.
Herkunft: Südafrika. Die Gattung umfaßt etwa 50 Arten.
Wuchs: 20–30 cm hoch, polsterartig, schlanke Blütenstengel.
Blatt: dunkelgrün, glänzend, eiförmig zugespitzt.
Blüte: Rispen mit schüsselförmigen, rosa Blüten, 2 cm ∅, Blüte hat gelben, grün getupften Schlund und an der Unterseite 2 hornförmige Sporne. Nach der 1. Blüte zurückschneiden.
Blütezeit: VII–IX.
Standort: sonnige, warme Lage.
Erde: durchlässige Gartenböden.
Kultur: Aussaat Januar bis März unter Glas vorteilhaft bei 18–22 °C, Keimdauer 8–10 Tage. Auch Freilandaussaat im April an Ort und Stelle möglich.
Pflanzung: im Mai im Abstand von 20 x 20 cm.
Verwendung: seltene Rabatten- und Beetpflanze, in Deutschland wieder verstärkt angeboten. Ideal für die Schalen- und Balkonkastenbepflanzung, für Ampeln, Kübel und Tröge. Schön auch den Sommer über in Steingärten.
Sorten: es gibt verschiedene Züchtungen von unterschiedlichem Wuchscharakter und Farben von fleischfarbig bis lachsrosa.
Weitere Arten: *Diascia cordata*: buschiger, üppiger Wuchs, rundes, weichbehaartes Laub, muschelrosa Farbton, Höhe 30 cm, für größere Ampeln *D. rigescens*: niedriger, zierlicher Wuchs, 15–20 cm hoch, wächst kissenförmig, große, intensiv rosa Blüten mit gelbem Schlund, für Töpfe, Rabatten, kleinere Ampeln, Sorte 'Ruby Fields'. *D. vigilis*: breitausladender Wuchs, vieltriebig, herzförmige Blätter, hellrosa Blüten, sehr reichblühend, ideal für Rabatten und Steingärten. Sorte 'Elliotts Variety'.

Abbildung 201: *Diascia barberae*

Dichelostemma congestum (Brodiaea congesta)

Frühlingsstern.

Familie: Liliaceae – Liliengewächse.
Herkunft: USA, Washington bis Kalifornien.
Wuchs: etwa 30 cm hoch; Zwiebelgewächs, kleine Zwiebelchen.
Blatt: schmal, nur wenige Blätter.
Blüte: violettblau, Blütenstand ist eine Dolde.
Blütezeit: VI–VII.
Standort: sonnige, warme Lage; Überwinterung im Kalthaus, im milden Weinbauklima auch mit dickem Winterschutz aus Laub möglich.
Erde: durchlässige, lehmige Sandböden.
Vermehrung: durch Brutzwiebelchen oder durch Aussaat.
Pflanzung: im Herbst, 4–5 cm tief in Töpfe.
Pflege: Töpfe im Kalthaus überwintern und nach den letzten Frösten im Frühjahr auspflanzen.
Verwendung: als Schnittblume.
Weitere Arten: *Dichelostemma multiflorum*: beheimatet in den USA. Blüte lila, sehr dichtblütig. Überwintern im Kalthaus.

Didiscus caeruleus (Trachymene caerulea)

Abb. 202

Blaudolde.

Familie: Umbelliferae – Doldengewächse.
Herkunft: Westaustralien; 14 Arten kommen in Australien

und Indonesien vor.
Wuchs: 50–80 cm hoch, drüsig behaart, aufrechte Stengel.
Blatt: wechselständig, fingerförmig, gestielt.
Blüte: winzig kleine Blüten stehen in duftender Blütendolde, 5–8 cm ∅, zusammen.
Blütezeit: VII–IX.
Standort: warme, sonnige Lage, jedoch keine extreme Hitze.
Erde: leichte, gute Gartenböden.
Kultur: Aussaat im März im Haus; Freilandaussaat bei mildem Klima im April möglich. Auspflanzen Mitte–Ende Mai, Abstand 30 cm.
Verwendung: vorzügliche Schnittblume, die lange in der Vase hält. Beetpflanze mit großer Wirkung. Besonders attraktiv für Schmetterlinge.
Sorten: 'Himmelblau', 60 cm hoch.

Abbildung 202: ***Didiscus caeruleus***

Dierama pendulum (D. pendula)

Abb. 203

Trichterschwertel.

Familie: Iridaceae – Schwertliliengewächse.
Herkunft: Ost- und Südafrika, 3 Arten.
Wuchs: 60–100 cm hoch; Blütenschaft dünn, überhängend; Knolle zwiebelförmig.
Blatt: grasähnlich, 2zeilig angeordnet, 6–10 mm breit.
Blüte: weiß, rosa, purpurrosa; 3 cm lang, mit unscheinbaren, bräunlichen Hochblättern; trichterförmig. Rispige Ähren.
Blütezeit: VII–VIII.
Standort: geschützt, sonnig; nicht winterhart, außer im milden Weinbauklima mit gutem Winterschutz.
Erde: gut durchlässige, nährstoffreiche Gartenböden. Für Topfkultur Gemisch aus Kompost-, Lauberde und vor allem scharfen Sand verwenden.
Vermehrung: Brutknollen im Frühjahr abnehmen oder durch Aussaat.
Pflanzung: mit 3–5 cm Erdbedeckung, im Frühjahr nach der Frostgefahr.
Pflege: im Herbst vor Frostbeginn ausgraben und frostfrei bei 4–8 °C trocken in Torf-, Sandgemisch oder Sägemehl überwintern. Während der Wachstumsphase ausreichend gießen. Etwas empfindlich gegen Verpflanzen, daher Topfkultur bevorzugen.
Verwendung: in Blumenbeeten oder Wildstaudenpflanzungen in kleinen Horsten einfügen oder Kübel- und Topfpflanze während des Sommers im Freien, auch als Zimmerpflanze geeignet.
Weitere Arten: *Dierama pulcherrimum*: in der Kapregion beheimatet. Über 1 m hoch wachsend. Blätter breiter und länger. Blüte groß, leuchtend purpur bis blutrot. Es gibt Sorten von hellrosa bis veilchenblau.

Abbildung 203: ***Dierama pendulum***

Digitalis purpurea

Abb. 204

Roter Fingerhut.

Familie: Scrophulariaceae – Braunwurzgewächse.
Herkunft: westliches Mitteleuropa, 20 Arten in Eurasien.
Wuchs: 60–120 cm, 2jährig; durch Rückschnitt nach der Blüte wird die Pflanze remontierend, Giftpflanze.
Blatt: filzig, behaart, spitzeiförmig bis lanzettlich.
Blüte: Farbmischungen von glockenförmigen, röhrenartigen Blüten, 5–8 cm lang mit geflecktem Schlund, auf kräftigen Stengeln.
Blütezeit: VI–VII.
Standort: Halbschattenpflanze, kühle Standorte.
Erde: durchlässige, kalkarme, nährstoffreiche Gartenböden.

Abbildung 204: Digitalis-'Excelsior'-Hybriden

Kultur: Aussaat April–Juli im Freiland oder Februar–Anf. März für einjährige Kultur im Haus. Auspflanzen Ende August–September oder bei eingetopften Pflanzen im April–Mai des Folgejahres; Pflanzabstand 30–50 cm; auch Selbstaussaat im Garten. Eingetopfte und kühl überwinterte Pflanzen ergeben auffällige und prächtige Kübelpflanzen für die Blüte im Mai.
Verwendung: Schnitt- und Schmuckpflanze im Hintergrund von niedrigen Beetpflanzungen. Paßt gut zu Koniferen und Büschen, waldartiger Charakter, zwischen Rhododendren und Azaleen.
Sorten: 'Foxy', remontierend, prächtige Mischung, blüht schon im ersten Jahr, 80 cm. 'Excelsior'-Hybriden, fast waagerecht stehende, große Blüten, 120 cm hoch. 'Mervita', Farbmischung mit großen, stark getigerten Glocken. 'Gloxinaeflora alba', weiße große Blütenglocken.
Weitere Arten: *D. q mertonensis*, große erdbeerrote Blüten, 80 cm, dunkelgrüne Blätter.
D. grandiflora, Großblütiger Fingerhut, kalkliebend, 60–120 cm, weiches Laub, 3 cm lange, blaßgelbe, innen geaderte Blüten.
D. lutea, Gelber Fingerhut, kahle, unbehaarte Blätter, 2 cm lange, gelbe, ungefleckte Blüten.
D. lanata, Wolliger Fingerhut, heimisch in Südeuropa, wächst in voller Sonne, in allen Teilen stark behaart, 100 cm, weißliche, bräunliche oder ockergelbe Blüten mit weißer Unterlippe, sehr giftig.
D. ferruginea, Rostfarbiger Fingerhut, in Südosteuropa heimisch, 60–150 cm hoch, langer, schmaler Blütenstand mit grau-gelben Blüten, innen rosarot mit braun geaderter Unterlippe.

Abb. 205 / 206

Dimorphotheca sinuata (D. aurantiaca, D. calendulacea)
Kapkörbchen, Kapringelblume.

Familie: Compositae – Korbblütengewächse.
Herkunft: Südafrika; über 10 Arten.
Wuchs: 20–40 cm, verästelte Triebe.
Blatt: länglich, lanzettlich.
Blüte: weiß, orange, aprikosenfarbig, gelblich; 5–8 cm ⌀, margeritenähnlich. Blüte schließt sich nachts und bei trüber Witterung. Verblühende Triebe entfernen.
Blütezeit: VI–IX.
Standort: will warmen Standort und volle Sonne.
Erde: trockener, nahrhafter, gut durchlässiger Gartenboden.
Kultur: am besten Aussaat unter Glas, 3–4 Korn in 6er-Topf, im März; auspflanzen im Mai ohne Frostgefahr. Keimzeit 2 Wochen bei 15 °C, anschließend niedrigere Temperaturen. Auch Freilandaussaat Ende April an Ort und Stelle möglich, Abstand 20 cm.
Verwendung: Einfassungs- und Rabattenpflanze, für trockene Standorte, Hänge, Kübel usw. Als Schnittblume geeignet, hält einige Tage in der Vase.
Sorten: 'Tetra Goliath', orange mit dunkler Mitte, sehr großblumig, 40 cm. 'Sommermode', 30 cm hoch, Pastellfarben in Orange, Gelb, Lachs und Weiß.
Weitere Arten: *Dimorphotheca pluvialis*: westl. Südafrika, stärker behaart als *D. sinuata*. 'Tetra Nordstern' (Polarstern), weiß mit violetter Mitte, 40 cm. 'Polarstern', 30 cm hoch, weiß mit violetter Mitte. 'Whirlygig', ausgefallene Blütenform mit gedrehten Petalen und weiß-lila Farben. 'Sparkler', weiß mit lila Auge, kompakt. 'Silver Sparkler', mit weiß-buntem Laub, bis 12 cm Blütendurchmesser.
D. ecklonis: s. *Osteospermum ecklonis*.

Abbildung 205: ***Dimorphotheca***

Abbildung 206: ***Dimorphotheca pluvialis***

Dioscorea batatas
Yamswurzel.

Familie: Dioscoreaceae – Yamswurzgewächse.
Herkunft: China, Korea, Japan. Auf den Philippinen und in verschiedenen anderen Ländern als Nutzpflanze, ähnlich der Kartoffel angebaut. Es gibt etwa 600 Arten.
Wuchs: windende Triebe, die kurzzeitig im Sommer 6–8 m lang wachsen; Wurzelknollen werden bis 1 kg schwer, sind armdick und enthalten viel Stärke, Geschmack ähnlich der Kartoffel.
Blatt: herzförmig, länglich, bis 10 cm groß.
Blüte: unscheinbar, intensiv süßlich duftend.
Blütezeit: VII–VIII.
Standort: bei uns nicht völlig winterhart; verlangen sonnigen bis halbschattigen, geschützten Standort.
Erde: gut durchlässige, nährstoffreiche Böden.
Vermehrung: durch Teilung der unterirdischen Knollen, durch Auslegen der oberirdischen Samen oder auch Anzucht aus Stecklingen möglich.
Pflanzung: auspflanzen erst im Mai nach der Frostgefahr. Knollen im Herbst mit Erdabdeckung in Töpfe pflanzen. Oberirdische Brutknollen auf den Töpfen auslegen.
Pflege: überwintern unter Glas oder im temperierten, frostfreien Keller. Benötigen stabiles Klettergerüst.
Verwendung: kletternd wie Hopfen, zum Begrünen von Zäunen, Wänden usw. Hängepflanze bei Kultur in Töpfen.
Weitere Arten:
Dioscorea bulbifera: Heimat Indochina, Philippinen, Malaysia, weltweit in den Tropen verbreitet. Blätter herz- bis eiförmig, rundlich. Triebe bringen viele eßbare Knollen. Nicht winterhart.
Dioscorea caucasica: Heimat Kaukasus. Blätter herz- bis eiförmig, dunkelgrün. Wuchs bis 2 m. Völlig winterhart.
Dioscorea vittata: Heimat Brasilien. Blätter herz- bis eiförmig, etwa 10 cm groß; rot, weiß, grün gemustert. Zimmerpflanze.

Abb. 207

Dorotheanthus bellidiformis (Mesembryanthemum criniflorum)

Mittagsblume.

Familie: Aizoaceae – Mittagsblumengewächse.
Herkunft: Südafrika.
Wuchs: flach ausgebreitet, kriechend, 5–10 cm hoch, Stengel rötlich.
Blatt: fleischig, behaart, blaugrün.
Blüte: schöne Pastelltöne, verschiedene Farben, 5 cm ⌀, ähnlich Gerbera, öffnet sich nur bei Sonne, nach dem Verblühen entfernen.
Blütezeit: VII–IX.
Standort: vollsonnig, trocken.
Erde: sandig, humos, gut durchlässig, mager, nur sehr wenig düngen.
Kultur: Aussaat März–April unter Glas, pikieren in Topfplatten, Keimdauer 10–14 Tage bei 16–18 °C, im Freien schon zeitig im April oder Mai, bis zum Aufgang anfangs sehr feucht halten.
Pflanzung: im Mai, Abstand 20 x 20 cm.
Verwendung: reichblühend, für Steingärten, Tröge, Einfassungen, Beete, Balkonkästen.
Sorten: wird meist in Farbmischungen angeboten.

Abbildung 207: ***Dorotheanthus bellidiformis***

Abbildung 208: ***Dracocephalum moldavica*** (Foto Stein)

Abb. 208

Dracocephalum moldavica

Drachenkopf, Türkische Melisse.

Familie: Labiatae – Lippenblütengewächse.
Herkunft: Sibirien, Himalaya, auf dem Balkan eingebürgert.
Wuchs: aufrecht, 60–70 cm hoch, üppig, staudenartiges Aussehen.
Blatt: tief gesägt, behaart, melisseartig duftend.
Blüte: blauviolett oder weiß, in dichten Scheinquirlen.
Blütezeit: VII–IX.
Standort: trocken, sonnig, den heimatlichen Steppen entsprechend.
Erde: anspruchslos, gedeiht in jeder Gartenerde.
Kultur: Aussaat März unter Glas oder April–Mai direkt ins Freie, dünn verteilt in Reihen von 25–30 cm Abstand, Saattiefe ca. 2 cm. Später verziehen auf 20 cm Abstand.
Verwendung: üppig blühende Gruppen- und Rabattenpflanze, ausgezeichnete Bienenweide, für Naturgärten, Steppengärten, Steingärten.

Abb. 209

Dracunculus vulgaris (Arum dracunculus)

Drachenwurz.

Familie: Araceae – Aronstabgewächse.
Herkunft: Mittelmeergebiet bis Vorderasien. 2 Arten.
Wuchs: 60–100 cm hoch; Stiele sind weißgefleckt; flachknollig, 8 cm breit.
Blatt: fußförmig eingeschnitten, 10–15teilig.
Blüte: Blütenscheide (Spatha) braunrot, 25–30 cm hoch. Daraus hervorspringend der 25 cm lange, schwarze Kolben. Aasgeruch.
Blütezeit: V–VI.
Standort: benötigen viel Wärme und Sonne. Nicht winterhart.
Erde: normale Gartenböden, die im Sommer trocken sind, z. B. an Südmauern.
Vermehrung: durch Aussaat oder Brutknöllchen.
Pflanzung: 5–10 cm tief, ab Anfang–Mitte Mai.
Pflege: Knollen frostfrei im Keller (von Oktober–April) überwintern. Hoher Wasserbedarf während des Austreibens.
Verwendung: als botanische Liebhaberei in Staudenflächen oder mit anderen Knollenpflanzen.
Weitere Arten: *Dracunculus canariensis*: beheimatet auf den Kanarischen Inseln, sehr ähnlich *Dracunculus vulgaris*.

Abbildung 209: ***Dracunculus vulgaris***

Abb. 210

Eccremocarpus scaber

Schönranke, Prachtranke, Trompetenblume.

Familie: Bignoniaceae – Trompetenblumengewächse.
Herkunft: Chile, 3 Arten in Südamerika.
Wuchs: 2–5 m lang, Triebe dünn, zäh, reichlich verzweigt, kräftig wachsend. In der Heimat mehrjährig und immergrün.
Blatt: doppelt gefiedert, mit rankender Mittelrippe.

Abbildung 210: ***Eccremocarpus scaber***

Blüte: herrliche, 2–3 cm lange, röhrenförmige Blüten in Blütentrauben, 10–15 cm lang, leuchtend orangerot.
Blütezeit: VI–X.
Standort: sonniger, warmer Standort, Südlage. Nur im Weinbauklima mit gutem Winterschutz und milden Wintern mehrjährig.
Erde: durchlässige, gute Gartenböden.
Kultur: Aussaat März im Warmhaus, bei 18 °C 3 Pflanzen in einen Topf pikieren. Auspflanzen Ende Mai ohne Frostgefahr ins Freiland oder in Kübel.
Verwendung: für Zäune, Spaliere, Mauern, auch in Blumenkästen; gute Schlingpflanze.
Sorten: außer der Wildform gibt es einige Farbsorten in Gelb, Karmin und Dunkelrot. Tresco-Hybriden: Mischung klarer Farben.

Abb. 211

Echium plantagineum *(E. lycopsis)*

Natternkopf, Schlangenkraut, Wegerich-Natternkopf.

Familie: Boraginaceae – Borretsch-, Rauhblattgewächse.
Herkunft: Mittelmeer bis Kaukasus, Südwestengland. 50 Arten in Mitteleuropa bis Vorderasien.
Wuchs: 30–100 cm, krautartig, Stengel krautig mit stacheligen, grauen Borsten überzogen.
Blatt: borstig behaart, blaugrün, breit lanzettlich; Rosettenblätter.

Abbildung 211: ***Echium plantagineum***

Blüte: glockig, ähnlich Natternmaul; blau, purpur, rosa und weiß, ca. 1 cm ∅; Bienenfutter.
Blütezeit: VI–VIII.
Standort: sonnige, trockene Lage.
Erde: trockene, nährstoffarme Böden; bei stark gedüngten Böden wenig Blüte und viel Laub.
Kultur: Freilandaussaat Ende März–Mai an Ort und Stelle oder März-Aussaat im Haus. Auspflanzen im Mai, große Pflanzen sollten nicht mehr verpflanzt werden, Abstand 40–50 cm.
Verwendung: für Sommerblumenbeete mit trockenem Standort. Für flächige Sommerblumenpflanzungen, guter Partner zu Gelb und Orange, ausgezeichnete Bienenweide, für Naturgärten.
Sorten: 'Blue Bedder', himmelblau, 35 cm hoch. 'Dwarf Hybrids', Mischung, 30 cm.

Abb. 212

Emilia javanica *(E. sagittalis, E. sonchifolia, Cacalia coccinea, Senecio sagittatus)*

Quastenblume, Emilia.

Familie: Compositae – Korbblütengewächse.
Herkunft: Südchina, Indien.
Wuchs: 40–60 cm hoch, drahtige Stengel.
Blatt: graugrün, rosettenartig, die unteren verkehrt eirund bis fast spatelförmig.
Blüte: Blütenköpfchen quastenähnlich, klein, rot bis gelb, in endständiger Dolde.
Blütezeit: VII–IX.
Standort: sonnige warme Standorte.
Erde: gering; trockene, durchlässige Gartenböden bevorzugt.
Kultur: Freilandaussaat im April, im Kasten März–April. Auspflanzen im Mai ohne Frostgefahr, Abstand 15–20 cm.
Verwendung: für Rabatten; sehr haltbare Schnittblume.
Sorten: 'Aurea', orange-scharlach. 'Lutea', goldgelb.

Abbildung 212: ***Emilia javanica*** **'Magic Mix'**

Abb. 213

Eranthis cilicica *(E. hyemalis* var. *cilicica)*

Winterling, Winterakonit, Taurus-Winterling.

Familie: Ranunculaceae – Hahnenfußgewächse.
Herkunft: Anatolien bis Syrien, im Taurusgebirge bis 1500 m Höhe im steinigen Boden. Etwa 8 Arten von Europa bis Ostasien.
Wuchs: etwa 15 cm hoch; teppichartig; verästelte, knollige Wurzel.
Blatt: im Austrieb bräunlich, Blätter fein geschnitten, schmal, handförmig. Hochblatt halskrausenähnlich.
Blüte: leuchtend goldgelb, Einzelblüte 3 cm ∅, gestielt, stark duftend.
Blütezeit: III.
Standort: Halbschatten, windgeschützte, warme Standorte;

Abbildung 213: ***Eranthis cilicica***

nicht ganz so winterhart wie *E. hyemalis.*
Erde: humose Gartenböden, die nicht austrocknen. Kalkhaltige bis neutrale Böden bevorzugt.
Vermehrung: vorwiegend durch Aussaat der Samen an Ort und Stelle. Die Pflanzen blühen dann etwa nach 4 Jahren. Aussaat bis Mitte September. Auch Rhizomteilung möglich.
Pflanzung: September–Oktober, 5–7 cm tief, Abstand 8–10 cm. Vor der Pflanzung 24 Stunden ins Wasser legen.
Pflege: am Standort unberührt wachsen lassen. Verpflanzen nur kurz nach dem Einziehen der Blätter. Bei nährstoffarmen Böden im Herbst mit Kompost düngen.
Verwendung: Steingärten, lockere Rasenflächen, Vorflächen bei Laubgehölzen.

Abb. 214

Eranthis hyemalis

Winterling, Winterakonit.

Familie: Ranunculaceae – Hahnenfußgewächse.
Herkunft: Südeuropa, in Mittel- und Westeuropa eingebürgert. Seit dem 16. Jahrhundert als Gartenpflanze in alten Kloster- und Obstgärten bekannt.
Wuchs: 7–15 cm hoch, teppichartig; verästelte, knollige Wurzel.
Blatt: grün, handförmig gefiedert, etwas breiter als *E. cilicica.* Hochblätter halskrausenähnlich.
Blüte: leuchtend gelb, Einzelblüte 2–3 cm ∅, stark duftend.
Blütezeit: II–III.
Standort: Halbschatten, windgeschützte, warme Standorte; winterhart.
Erde: humose Gartenböden, die nicht austrocknen. Kalkhaltige bis neutrale Böden bevorzugt.
Vermehrung: vorwiegend durch Aussaat der Samen an Ort und Stelle. Die Pflanzen blühen dann nach etwa 4 Jahren. Aussaat bis Mitte September. Rhizomteilung möglich.
Pflanzung: September–Oktober, 5–7 cm tief, Abstand 8–10 cm. Vor der Pflanzung 24 Stunden ins Wasser legen.
Pflege: am Standort unberührt wachsen lassen. Verpflanzen nur kurz nach dem Einziehen der Blätter. Bei nährstoffarmen Böden im Herbst mit Kompost düngen.

Abbildung 214: ***Eranthis hyemalis***

Verwendung: neigt zum Verwildern, für Vorflächen bei Laubgehölzen und für lockere Rasenflächen geeignet.
Sorten: 'Glory', aus einer Kreuzung zwischen *E. cilicica* und *E. hyemalis* entstanden. Größere Blüten, Laub grün. 'Guinea Gold', ebenfalls aus *E. cilicica* und *E. hyemalis* entstanden. Größere Blüten, Laub bronzefarben.

Abb. 215

Eremurus robustus

Steppenkerze, Steppenlilie, Lilienschweif.

Familie: Liliaceae – Liliengewächse.
Herkunft: Zentralasien, Turkestan, Buchara.
Wuchs: 2–3 m hoch; fleischige Knollenwurzel, dient zur Nährstoffspeicherung, nicht austrocknen lassen.
Blatt: 30–90 cm lange, grüne, riemenförmige Blätter, die später überhängen. Sie sind rosettenartig angeordnet. Nach der Blüte ziehen sie ein.
Blüte: beim Aufblühen leicht rosa, später weiß; Blütentraube bis zu 1 m lang; Heckenrosenduft.
Blütezeit: VI–VII.
Standort: warme, geschützte Lage; mit entsprechendem Winterschutz winterhart, Neuaustrieb ist im Frühjahr durch Spätfröste gefährdet.
Erde: durchlässige, leichte, humose und nährstoffreiche Gartenböden. Eventuell Kies-, Sandbett als Drainage einbauen.
Vermehrung: durch Aussaat der Samen, die Pflanzen sind nach 4–6 Jahren blühfähig.
Pflanzung: im August–Oktober, 8–15 cm tief.
Pflege: am besten für 10–12 Jahre am Standort unberührt belassen. Winterabdeckung mit verrottetem Mist oder am besten mit Kompost.
Verwendung: Schnittblume für große Vasen, bis 3 Wochen haltbar. In Staudenbeeten als Hintergrund, vor immergrünen Gehölzen, im Gräsergarten oder an Wasserbecken.
Weitere Arten: *Eremurus elwesii*: durch Kreuzung entstanden. 2–2,50 m hoch. Blätter 50 cm lang, blaugrün. Lange, hellrosa Blütentraube. Blütezeit im Mai.
Eremurus himalaicus: Herkunft nordwestliches Himalajagebiet. 1,20–1,50 m hoch. Blätter 30–50 cm lang, grün, Ränder leicht gewimpert. Blüte schneeweiß. Blütezeit Ende Mai–Juni.
Eremurus-Hybriden: hierbei sind vor allem die 'Shelford'-Hybriden (gelbe bis rote Farbtöne, sehr wüchsig, 1,60 m hoch) und die 'Shelford Ruiter'-Hybriden (verbesserte, früherblühende Rasse) zu erwähnen, die hervorragend zum Schnitt geeignet sind.
Eremurus olgae: Vorkommen Iran, Afghanistan. Bis 2 m hoch. Blätter 60 cm lang, etwa 1,5 cm breit. Blütentraube dicht besetzt, Einzelblüten weiß. Blütezeit Juli.
Eremurus stenophyllus (*E. bungei*): Iran bis Pakistan. Etwa 1 m hoch. Blätter 25 cm lang, 1 cm breit. Blüte gelb, duftend; Blütentrauben 60 cm lang. Blütezeit Juni–Juli. Hervorragende Schnittblume.

Abbildung 215: ***Eremurus stenophyllus***

Abb. 216

Erigeron karvinskianus (Erigeron mucronatus, Vittadinia triloba)

Spanisches Gänseblümchen.

Familie: Compositae – Korbblütengewächse.
Herkunft: Mexiko, in Südeuropa eingebürgert, Mittelmeerraum bis in die Schweiz.
Wuchs: stark verzweigt, kissenförmig, überhängend, 20–30 cm hoch.
Blüte: kleine margaretenähnliche Blütchen von weißer Farbe, rosa angehaucht, sehr zahlreich.
Blütezeit: 3 Monate nach der Aussaat, V–X.
Standort: sonnig bis halbschattig.
Erde: durchlässig, lehmig oder sandig.
Kultur: Aussaat Februar–März, Keimdauer 10–14 Tage bei 15–18 °C, Lichtkeimer, Samen nicht bedecken. 3–5 Pflänzchen in je einen Topf pikieren. Ende April oder Mai auspflanzen.
Pflanzung: auf Abstand 20 x 25 cm.
Verwendung: schnell wachsende Balkon- und Ampelpflanze, für Steingärten, Tröge und Mauern.
Sorten: 'Blütenmeer', 20–30 cm hoch, sehr reichblühend.

Abbildung 216: ***Erigeron karvinskianus*** (Foto Stein)

Abb. 217

Eryngium giganteum

Elfenbeindistel.

Familie: Umbelliferae – Doldengewächse.
Herkunft: Kaukasus, Iran. Andere *Eryngium*-Arten sind mehrjährig, ausdauernde Stauden.
Wuchs: ca. 75 cm hoch, kandelaberartiger Aufbau; 2jährig.
Blatt: scharf gezähnt, Grundblätter langgestielt, tiefherzförmig, lederartig.
Blüte: Blütenköpfe grünweiß, geadert.
Blütezeit: VII–VIII.
Standort: vollsonnige Standorte, besonders im Winter sollte der Standort nicht zu naß sein.
Erde: durchlässige, trockene, kalkhaltige Böden.
Kultur: Aussaat September–Februar im Freiland, Keimzeit 2 Wochen bei 15 °C, danach Saatkiste in Plastikfolie hüllen, um Austrocknen zu vermeiden und im Freien winterlichen Temperaturen aussetzen. Auch Selbstaussaat. Kalt-(Frost-)keimer. Benötigt lange Zeit, um die Keimruhe zu brechen und zu keimen. Im Mai danach in Töpfchen pikieren und später an den endgültigen Standort auspflanzen im Abstand von 50–60 cm.
Verwendung: relativ selten in Sommerblumenbeeten angepflanzt. Vor allem als Schnitt- und Trockenblume verwendet. Auch für Solitärstellung geeignet. Nektarpflanze für Schmetterlinge.

Abbildung 217: ***Eryngium giganteum***

Abb. 218 / 219

Erysimum × allionii (Cheiranthus × allionii)

Schöterich.

Familie: Cruciferae – Kreuzblütengewächse.
Herkunft: entstanden aus *Erysimum ochroleucum × E. perovskiana*. Etwa 80 Arten in der nördlichen, gemäßigten Zone.
Wuchs: 40–50 cm hoch, buschig; 2jährig, ähnlich Goldlack.
Blatt: schmal, länglich, eirund.
Blüte: je nach Sorte goldgelb, orange, in endständigen Trauben. Herrlicher Duft.
Blütezeit: V–VI, bei Frühjahrsaussaat VII–IX.
Standort: sonniger Standort.
Erde: nahrhafte, lehmige Gartenböden.
Kultur: Freilandaussaat April–Mai, dann Blüte im Juli bis September. Zur Überwinterung wird im Juli–August gesät. Keimzeit 2 Wochen bei 15 °C. Für Überwinterung Frostschutz nötig.
Verwendung: Gruppen-, Rabattenpflanze, für Blumenkästen und als Schnittpflanze. Unterpflanzung zu späten Tulpen, Partner zu blauem Vergißmeinnicht oder Stiefmütterchen. Stark duftend. Nektarpflanze für Schmetterlinge (z. B. für den Admiral)
Sorten: 'Goldbeet', goldgelb, 45 cm. 'Gruppengold', goldgelb. 'Moonlight', gelb. 'Orangekönigin', leuchtend orange, 45 cm.

Abbildung 218: ***Erysimum × allionii* 'Orangekönigin'**

Abbildung 219: ***Erysimum × allionii* 'Moonlight'**

Erythrina crista-galli
Korallenstrauch.

Abb. 220

Familie: Leguminosae - Schmetterlingsblütengewächse.
Herkunft: Brasilien. Es gibt etwa 50 Arten.
Wuchs: bis 2 m, bei uns strauchartig mit verholztem Stamm, Zweige bedornt; grobborkige Knolle (Strunk)
Blatt: fiedrig, 3teilig, grün.
Blüte: kirschrot, fleischig korallenartig, gekrümmt als endständige Traube.
Blütezeit: Ende VII–Ende IX.
Standort: warme, sonnige, windgeschützte Standorte; nicht winterhart.
Erde: humose, nahrhafte Böden.
Vermehrung: werden in der Heimat von Vögeln, die die Blüte besuchen, befruchtet. Bei uns durch Knollenteilung oder Stecklinge vermehrt.
Pflanzung: gegen Ende Mai, wenn keine kalten Nächte mehr zu erwarten sind.
Pflege: im Herbst vor dem Frost ausgraben und vollkommen trocken und warm Knollen mit dem verholzten Stammtrieb überwintern. Ab Mitte April in einem hellen Raum aufstellen. Während der Vegetationszeit reichlich wässern und düngen.
Verwendung: sehr eindrucksvolle, lange blühende, tropische Pflanze, in Kübeln als Solitärpflanze auf Terrassen oder im Sommerblumenbeet.
Sorten: 'Compacta', etwa 90 cm hoch, sehr blühwillig von Juli–Oktober.

Abbildung 220: ***Erythrina crista-galli***

Erythronium dens-canis
Hundszahn, Forellenlilie.

Abb. 221

Familie: Liliaceae - Liliengewächse.
Herkunft: Mittel-, Südeuropa, Nordasien. Im Balkan stark verbreitet.
Wuchs: 10–15 cm hoch; Zwiebelgewächs, die Form der Zwiebel erinnert an einen Hundeeckzahn.
Blatt: blaugrün und bräunlich marmoriert. Die 2 Blätter sind grundständig.
Blüte: rosa Farbtöne; alpenveilchenähnlich, nickend.
Blütezeit: IV–V.
Standort: absonnige bis halbschattige Lage; winterhart.
Erde: lockere, tiefgründige, nährstoffreiche Böden, die feucht, aber gut drainiert sein sollen.
Vermehrung: durch Brutzwiebeln, diese im Sommer–Herbst abnehmen. Auch Samenanzucht möglich, es dauert 2–3 Jahre bis zur Blüte.
Pflanzung: im Herbst, 10 cm tief.
Pflege: ungestört wachsen lassen. Zwiebeln nicht trocken und warm lagern.
Verwendung: in Steingärten, für Massenanpflanzung, die man verwildern läßt, für Uferbepflanzung.

Abbildung 221: ***Erythronium dens-canis* 'Purple King'**

Erythronium revolutum
Hundszahn, Forellenlilie.

Abb. 222

Herkunft: USA, Kalifornien, Oregon.
Wuchs: 20–25 cm hoch; Zwiebelgewächs mit vielen Nebenzwiebeln.
Blatt: grün und weiß-, braungefleckt. Bis 4 grundständige Blätter.
Blüte: weiß bis rosa; alpenveilchenähnlich, nickend, bis 12 cm ∅.
Blütezeit: V.
Standort: absonnige bis halbschattige Lagen; winterhart.
Erde: lockere, tiefgründige, nährstoffreiche Böden, die feucht, aber gut drainiert sein sollten.
Vermehrung: durch Brutzwiebeln, diese im Sommer–Herbst abnehmen. Auch Samenanzucht möglich, es dauert 2–3 Jahre bis zur Blüte.
Pflanzung: im Herbst, 12 cm tief.
Pflege: ungestört wachsen lassen. Zwiebeln nicht trocken und warm lagern.
Verwendung: in Steingärten, für Massenanpflanzungen, die man verwildern läßt, für Uferbepflanzungen. Schöne Liebhaberpflanze.
Sorten: 'White Beauty', weiße Blüte mit gelber Mitte, Blätter gefleckt, 20 cm hoch. Es gibt zahlreiche Hybridsorten, die überwiegend aus den in Nordamerika beheimateten Sorten entstanden sind. 'Jeannine', schwefelgelb, Blätter schön marmoriert, 30–40 cm hoch. 'Kondo', blaßgelb mit brauner Mitte, Blätter bronzefarben marmoriert. 'Rose Queen', Blüte reinrosa. 'Snowflake', Blüte weiß.
Weitere Arten: *Erythronium albidum*: Nordamerika. 30 cm hoch. Laub einfach oder gefleckt. Blüte bläulich-weiß.
Erythronium americanum: Nordamerika. 5–15 cm hoch. Laub hellgrün, dunkler marmoriert. Blüte hellgelb, an der Rückseite kastanienbraun.
Erythronium californicum: USA, Nordwestkalifornien. 20–45 cm hoch. Laub mittelgrün, braun gesprenkelt. Blüte cremeweiß. 2–7 cm groß.
Erythronium grandiflorum: Nordamerika. 15–30 cm hoch. Blätter ungefleckt. Blüten leuchtend gelb.
Erythronium oregonum: Nord-

amerika. 30–40 cm hoch. Blätter bräunlich gefleckt. Blüte weiß oder cremeweiß am Grunde orangebraun.
Erythronium tuolumnense: USA, Kalifornien, Oregon. 30–40 cm hoch. Blätter hellgrün. Blüte hellgelb, 2–3 an einem Stiel. 'Pagoda', schwefelgelb, in der Blütenmitte einen braunen Ring. Blätter bronze gefleckt, 30 cm hoch.

Abbildung 222: *Erythronium revolutum*

Abb. 223 / 224

Eschscholzia californica

Schlafmützchen, Kalifornischer Mohn, Goldmohn.

Familie: Papaveraceae – Mohngewächse.
Herkunft: USA-Kalifornien; ca. 120 Arten im pazifischen Nordamerika. Benannt nach Dr. Johann Friedrich Eschscholtz aus Dorpat.
Wuchs: 30–50 cm, buschig, verzweigt, polsterartig; Pfahlwurzel.
Blatt: feingefiedert, silbergrün.
Blüte: einfach, halbgefüllt und ganzgefüllt; gelb, rot, orange, rosa, weiß; becherförmig, ca. 8 cm ∅, nur bei Sonne geöffnet.
Blütezeit: VI–X.
Standort: vollsonnige Lage; sehr widerstandsfähig.
Erde: wasserdurchlässige, lockere, sandige Böden.
Kultur: nur Direktsaat empfehlenswert, Aussaattermin März-Mai, Keimzeit 2 Wochen bei 15 °C. Empfehlenswert ist auch die Aussaat im September zur Überwinterung, dann Blüte im Mai. Vermehrt sich auch leicht durch Selbstaussaat.
Verwendung: für Beete, Rabatten, trockene Hänge, Blumenkästen und Kübel.
Sorten: 'Einfache Prachtmischung', ca. 40 cm hoch. 'Gefüllte Ballerinamischung', leuchtende Farben, ca. 30 cm hoch. 'Missionsglocken', halbgefüllte Prachtmischung. Es gibt auch schöne Farbsorten. 'Dalli', Fleuroselect-Goldmedaillengewinner, leuchtend orangerot mit gelbem Schlund, feste, lange haltbare Blüte. 'Carmine King', einfach, hell- und dunkelrosa.

Abbildung 223: *Eschscholzia californica* 'Dalli'
(Foto Fleuroselect)

Abbildung 224: *Eschscholzia californica* 'Single Mixed'

Abb. 225

Eucomis bicolor

Schopflilie, Ananaslilie.

Familie: Liliaceae – Liliengewächse.
Herkunft: Südafrika, Natal. Etwa 10 Arten.
Wuchs: Stengel 30–60 cm hoch, schwach punktiert; große Zwiebeln.
Blatt: 6 grundständige, breite, glatte, ovale Blätter mit gewellten Rändern. An der Spitze des Blütenstengels sitzt ein grüner Blattschopf, ähnlich einer Ananas.
Blüte: Blütenschaft ist mit sternförmigen, grünlichgelben Blüten besetzt, die lila gerandet sind.
Blütezeit: VI–VII.
Standort: sonnige, warme Lage, im Weinbauklima begrenzt winterhart.
Erde: nährstoffreiche, durchlässige Gartenböden.
Vermehrung: Brutzwiebeln neben der großen Zwiebel werden im Frühjahr abgenommen. Samenvermehrung ist möglich und bringt nach 5 Jahren blühfähige Pflanzen.
Pflanzung: ins Freiland im Frühjahr; 20 cm tief mit Sandabdeckung, Pflanzabstand 30 cm.
Pflege: während der Vegetationszeit feucht halten und alle 4 Wochen Volldüngergaben. Rechtzeitig vom Freiland hereinnehmen. Trocken, frostfrei und kühl in einem hellen Raum überwintern.
Verwendung: sehr reizvolle Schnittblume. Kübel- und Topfpflanze, Freilandpflanze während des Sommers zwischen Ziergräsern oder sukkulenten Stauden.
Sorten: 'Alba', Blüte cremeweiß.
Weitere Arten: *Eucomis autumnalis* (*E. undulata*): Südafrika. 40 cm hoch. Blätter 45 cm lang, bis 7 cm breit, mit gewelltem Rand, unterseits braun gestreift. Blüte grünlichweiß, dichtständig. Blütezeit März–April.
Eucomis comosa (*E. punctata*): Südafrika. 45–60 cm hoch. Blätter 60 cm lang, 7–5 cm breit, mit glattem Rand, purpurn gefleckt. Blüte cremeweiß bis grünlich, Zentrum violettbraun. Blütezeit Juni–Juli.

Abbildung 225: *Eucomis bicolor*

Euphorbia lathyris

Abb. 226

Spring-Wolfsmilch, Wühlmaus-Wolfsmilch.

Familie: Euphorbiaceae - Wolfsmilchgewächse.
Herkunft: Mittelmeerraum.
Wuchs: straff aufrecht, 120–150 cm hoch. Zweijährig.
Blatt: kreuzgegenständig, lanzenförmig, fest, mit deutlich ausgeprägter Mittelrippe.

Abbildung 226: *Euphorbia lathyris*

Blüte: unscheinbar, gelbliche Hochblätter.
Blütezeit: VII-VIII.
Standort: sonnig bis halbschattig.
Erde: leicht, sandig oder lehmig, durchlässig, keine Staunässe.
Kultur: Kaltkeimer. Aussaat im Herbst oder Winter, nach dem Ankeimen bei 15 °C Kühlbehandlung bei +4 bis –4 °C. Nach ca. 4 weiteren Wochen Temperatur wieder erhöhen. Nach dem Erstarken der Pflänzchen auspflanzen ins Freie, Abstand ca. 30–40 cm.
Pflanzung: als lebender Zaun um den Garten herum oder in die Nachbarschaft gefährdeter Pflanzen.
Verwendung: nur geringer Zierwert, aber durch Geruchsstoffe Abwehr gegen Wühlmäuse.

Euphorbia marginata

Abb. 227

Weißrand-Wolfsmilch, Schnee-auf-dem-Berge, Bunte Wolfsmilch.

Familie: Euphorbiaceae - Wolfsmilchgewächse.
Herkunft: Südostamerika. Sehr artenreiche Gattung, ca. 1600 Arten in der ganzen Welt.
Wuchs: 40–80 cm, dicht buschig, oben gabelig verzweigt.
Blatt: oval bis länglich, buntblättrig, weiße Zeichnung, ab Mitte Sommer glänzend rot. Blattschmuckpflanze.
Blüte: unscheinbar.

Abbildung 227: *Euphorbia marginata* 'White Top'

Blütezeit: VII–X.
Standort: sonnige, warme Lage.
Erde: verlangt leichten, sandigen Lehmboden, der auch nährstoffreich sein kann.
Kultur: am besten im März–April unter Glas. Keimzeit 1–2 Wochen bei 18 °C. Auch Freilandaussaat an Ort und Stelle möglich.
Verwendung: Rabattenpflanze, Blattschmuck- und Schnittpflanze, floristisches Beiwerk; um giftigen Milchsaft zu stoppen, Stengelende mit einer Flamme ansengen oder in kochendes Wasser tauchen, dadurch in der Vase länger haltbar. Einjährig.
Sorten: 'Bergkristall', grün-weiße Blattschirme, 50–60 cm hoch. 'Bergschnee' ('White Top'), blütenweiße Hochblätter, 50 cm hoch. 'Eiszapfen', 70 cm hoch, weiße, nur leicht gesprenkelte Brakteen (Hochblätter).

Felicia amelloides (Agathaea caelestis)

Abb. 228

Kapaster, Blaues Maßliebchen, Himmelsblume.

Familie: Compositae - Korbblütengewächse.
Herkunft: Südafrika. Etwa 50 Arten.
Wuchs: 40 cm hoch, buschige Laubpolster. Mehrjährig.
Blatt: teils gezähnt, schmal, wechsel- oder gegenständig.
Blüte: Blütenköpfe blau mit gelbem Zentrum, 2–4 cm ∅, auf 30–60 cm hohen Stengeln.
Blütezeit: V–X.
Standort: sonnige Lage, vor Mauern, geschützt.
Erde: trockener bis mäßig feuchter Boden.
Vermehrung: durch Stecklinge.
Kultur: Aussaat Februar–März im Gewächshaus bei 15–18 °C, Keimdauer 25–30 Tage oder ab Ende März–April im Freiland. Üblicher ist jedoch die Vermehrung durch Stecklinge, im August–September schneiden und bewurzeln, noch im Herbst eintopfen und kühl im Gewächshaus kultivieren.

Abbildung 228: *Felicia amelloides*

Pflanzung: ab Mitte Mai im Abstand von 25–30 cm.
Verwendung: Balkonkästen, schöne Kübelpflanze, für Steingärten, Beet- und Einfassungspflanze in Gärten mit südlichem Flair.

Felicia bergeriana (Aster bergerianus)

Einjährige Kapaster.

Familie: Compositae - Korbblütengewächse.
Herkunft: Südafrika. Etwa 50 Arten.
Wuchs: 10–20 cm hoch, dicht behaart.
Blatt: länglich-oval, gezähnt, grauhaarig.
Blüte: herrlich blaue, feinblättrige Blütchen, 2–3 cm ∅, gelbe Mitte.
Blütezeit: VII–X.
Standort: sonnige, warme Lage.
Erde: trockener bis mäßig feuchter Boden.
Kultur: Aussaat März unter Glas bei 18–20 °C, Ende Mai auspflanzen im Abstand von 25 x 25 cm.
Verwendung: für Steingärten, Kübel-, Beet- und Einfassungspflanze. Einjährig.

Abb. 229

Foeniculum vulgare (Foeniculum officinale)
Zierfenchel.

Familie: Umbelliferae – Doldengewächse.
Herkunft: Mittelmeergebiet.
Wuchs: 120 cm hoch, buschig, aufrecht. Zwei- bis mehrjährig.
Blatt: stark gefiedert, hellgrün oder bronzegrün, stark aromatisch duftend.
Blüte: gelblich, unscheinbar.
Blütezeit: VI–VII.
Standort: sonnig bis halbschattig, windgeschützt.
Erde: lehmig oder sandig, mineralisch, durchlässig.
Kultur: Aussaat in Töpfchen ab März, besser direkt ins Freie ab April bis Juli, später verziehen auf 15–20 cm Abstand, Reihenabstand 35–40 cm.
Verwendung: als Begleitgrün zu Sträußen und Gestecken aller Art, sehr dekorativ, lokkert auf und füllt.
Sorten: 'Smokey', bronzegrün, 120 cm hoch.

Abbildung 229: ***Foeniculum vulgare***

Abb. 230

Freesia-Hybriden
Freesie.

Familie: Iridaceae – Schwertliliengewächse.
Herkunft: in Südafrika beheimatet, aus den Arten *Freesia armstrongii* und *Freesia refracta* entstanden. Es gibt eine Vielzahl von Züchtungen; als Züchter hervorzuheben sind Dr. Ragioneri (Italien), H. Hoog (Holland) und H. F. Lutz (Deutschland)
Wuchs: 30–100 cm hoch; längliche Knollen.
Blatt: schmal, schwertförmig.
Blüte: weiß, gelb, rosa, rot, orange, blau, trichterförmig. 5–8 cm lang, stark duftend. Es gibt auch gefülltblühende Sorten. Die Einzelblüten sitzen zu 8–10 an einer einseitigen Ähre.
Blütezeit: im Freiland Ende VII–X.
Standort: warme, geschützte, leicht beschattete Standorte; nicht winterhart.
Erde: leichte, humose, frische, nahrhafte Böden.
Vermehrung: durch Brutknollen, die nach dem Absterben der Blätter gewonnen werden. Vermehrung durch Samen möglich, dazu im März–April unter Glas aussäen.
Kultur: Aussaat März–April im Gewächshaus oder Frühbeet bei 18–20 °C, Keimdauer 14–20 Tage, den Samen über Nacht in 20 °C warmem Wasser vorquellen. Mit 1 cm Substrat abdecken, Dunkelkeimer. Nach 4–6 Wochen in 8 cm-Töpfe pikieren in nährstoffreiche, humose Erde. Kulturdauer bis zur Blüte von Dezember–April ca. 8 Monate. Winter-Kultur aus fertigen Knollen, die man nach einer sommerlichen Ruhepause aus eigener Aussaat oder aus Brutknollen gewann oder präpariert (ca. 8 Wochen lang bei 25 °C) zugekauft hat: Die Knollen sollen einen Durchmesser von mindestens 2 cm besitzen. Man pflanzt sie ab August bis in den Winter hinein im Abstand von 8 x 8 oder 10 x 6 cm in tiefe Kisten, große Töpfe von 15–16 cm ∅ oder in Pflanzbeete aus und bedeckt sie 4–5 cm hoch mit Substrat. Bei Temperaturen von zunächst 8–10 °C bilden die Knollen Wurzeln und Blätter aus. Sobald die Knospen erscheinen, können die Temperaturen auf 12–15 °C steigen. Die Hauptblüte fällt in die Spätwintermonate Februar bis März.
Pflanzung: Mitte Mai ins Freiland, 3–5 cm tief, Abstand 5–10 cm.
Pflege: monatliche Blumendüngergaben während der Wachstumszeit. Im Herbst Knollen aus dem Boden nehmen und frostfrei in Torf oder Sägemehl einlagern, sie dürfen nicht austrocknen (Kartoffelkellertemperaturen). Rhizomknollen können für die Blüte im Frühsommer bereits ab März vorgetrieben werden.
Verwendung: als schöne, wohlduftende Schnittblume, die durch die Gewächshauskulturen ganzjährig angeboten werden. Im Garten Lieferant von Schnittblumen in den Sommermonaten und im Frühherbst.
Sorten: 'Ankara', weiß, großblumig, einfachblühend. 'Apollo', weiß, sehr großblumig, einfach. 'Aurora', gelb, langstielig, einfach. 'Ballerina', weiß, langstielig, einfach. 'Butterfly', gelb, gefülltblühend. 'Carmen', rot, einfach. 'Diana', weiß, gefüllt. 'Escapade', rot, gefüllt. 'Fantasy', zartgelb, gefüllt. 'Golden Melody', gelb, sehr großblumig, einfach. 'Mozart', lila, kräftiger Stiel, einfach. 'Oberon', leuchtend rot, reichblühend, einfach. 'Rosalinde', dunkelrosa, starkwüchsig, gefüllt. 'Rose Marie', dunkelrosa, einfach. 'Royal Blue', blau, starkstielig, einfach. 'Silvia', blau, reichblühend, gefüllt, starker Wuchs. 'Sonata', zartgelb, langer Stiel, einfach. 'Tosca', purpurrosa, gefüllt, starke Stiele. 'Welkin', blau, gefüllt. 'White Swan', reinweiß, großblumig, einfachblühend.

Abbildung 230: ***Freesia* 'Einfache Mischung'**

Abb. 231

Fritillaria imperialis
Kaiserkrone.

Familie: Liliaceae – Liliengewächse.
Herkunft: Afghanistan, Iran, nordwestliches Himalajagebiet. Es gibt etwa 100 Arten auf der nördlichen Halbkugel.
Wuchs: 60–100 cm hoch, dicke Stengel; flachkugelige, wenig schuppige, faustgroße Zwiebel, die nach Wild riecht und im Ruf steht, Wühlmäuse zu vertreiben.
Blatt: zugespitzt-eiförmige Blätter; lilienartiger Blattschopf über den Blüten.
Blüte: orangerot, rot oder gelb, 6 cm lang, 6–8 Einzelblüten, büschelartig, kranzförmig angeordnet. Duft nach Moschus.
Blütezeit: Ende III–V.
Standort: sonnig bis halbschattig, heiße Mittagssonne ungünstig; winterhart.
Erde: gut durchlässige, nicht zu feuchte, nahrhafte, lehmige, neutrale Böden.
Vermehrung: durch Brutzwiebeln, die sich durch Anschneiden des Zwiebelbodens verstärkt bilden. Brutzwiebeln werden im darauffolgenden Jahr oder ein Jahr später abgenommen. Bei Samenaussaat dauert es etwa 5 Jahre, bis die Pflanzen blühen. Im Herbst aussäen.
Pflanzung: möglichst früh im Herbst, bereits ab August, 20–25 cm tief.

Pflege: organische Dünger,verrotteten Stallmist oder Kompost als Mulchdecke mit dem Wachstumsbeginn geben.
Verwendung: als Solitärpflanze, in kleinen Gruppen in Staudenrabatten, Blumenzwiebelbeeten oder vor Sträuchern. Sehr dekorativ in großen Horsten in Bauerngärten. Auch als Schnittblume geeignet.
Sorten: 'Aurora', orangerot, großblumig. 'Kroon of Kroon', ('Pralifera'), leuchtend rot, zwei Blütenkränze übereinander. 'Lutea Maxima', goldgelb, großblumig. 'Rubra Maxima', leuchtend rot, großblumig.

Abbildung 231: *Fritillaria imperialis* 'Aurora'

Blütezeit: IV–V.
Standort: geschützten, sonnigen bis halbschattigen Standort; winterhart.
Erde: feuchte, anmoorige, humose Böden ohne stauende Nässe.
Vermehrung: durch Brutzwiebeln und Aussaat der Samen.
Pflanzung: sofort nach der Ernte, August–Oktober, 7–10 cm tief.
Pflege: bis zu 10 Jahre ungestört am Standort belassen. Während der Wachstumszeit schwache Volldüngergabe, Rhododendrondünger geeignet.
Verwendung: in Steingärten, unter Ziergehölzen oder an nordwärts abfallenden Hängen, in Blumenwiesen, in der angrenzenden Sumpfzone am Gartenteich.
Weitere Arten: *Fritillaria acmopetala*: Taurus, Zypern, Syrien, Libanon. 40–60 cm hoch. Blüte olivgrün, mit purpurnen Spitzen, nickend. Blütezeit April–Mai. Pflanzung im Herbst, 10 cm tief.
Fritillaria assyriaca: 30–40 cm hoch, zierlich. Blüte kastanienrot, innen bronzefarbig. Blätter glänzend grün. Pflanzung im Herbst, 10 cm tief.
Fritillaria biflora 'Martha Roderick': zierlich, Höhe nur 20 cm, Blüten hutförmig, gelbbraunrot gestreift. Zum Treiben und für die Pflanzung ins Freie.
Fritillaria camtschatcensis: 15–35 cm hoch, treibt zahlreiche unterirdische Ausläufer. Blüte dunkelpurpur bis fast schwarz, durchdringender Geruch. Kalkempfindlich, bevorzugt Walderde und halbschattigen Standort. Pflanzung im Herbst, 7–10 cm tief.
Fritillaria involucrata: Südfrankreich. 15–35 cm hoch. Blätter graugrün. Blüte grün mit bräunlicher Tönung. Herbstpflanzung, 7–10 cm tief.
Fritillaria michailowskyi, Glokkenlilie: hängende Blüten in Form einer Tulpenblüte, braunrot mit zitronengelbem Rand, auffällige Erscheinung, Höhe 15–20 cm, Blüte April.
Fritillaria pallidiflora: Mittelsibirien. 15–30 cm hoch, sehr wüchsig. Blätter graugrün. Blüte strohgelb bis blaßgelb mit grünlichem Anflug, großblumig, 4 cm lang. Blütezeit April. Herbstpflanzung, 10 cm tief.
Fritillaria persica: Syrien, Iran, Irak. 70–90 cm hoch, kräftig wachsend.10–50 dunkelblauviolette Blüten sitzen an einer endständigen Traube. Blütezeit April. Verlangt sonnigen Standort und leichten Winterschutz. Herbstpflanzung, 25 cm tief.

Fritillaria meleagris

Abb. 232 - 234

Schachbrettblume, Kiebitzei, Kiebitzblume.

Familie: Liliaceae – Liliengewächse.
Herkunft: Mittel-, Ost- und Südeuropa bis Kaukasus.
Steht in der Bundesrepublik Deutschland unter Naturschutz. Unbedingt Artenschutzregelung beachten!
Wuchs: 20–40 cm hoch; kleine Zwiebel, bis 3 cm ∅.
Blatt: graugrün, linealisch schmal, wenig beblättert.
Blüte: weiß, purpurn bis rosa, schachbrettartig gemustert, überhängende Glockenblüte, 4 cm ∅, meist eine Blüte.

Abbildung 232: *Fritillaria persica*

Abbildung 233: *Fritillaria michailowskyi*

Abbildung 234: *Fritillaria meleagris*

Fritillaria pinardii: 10–15 cm hoch. Blätter schmal, graugrün. Blüte dunkelpurpurn mit schmalem, gelbem Rand, innen hellgelb, großblumig. Blütezeit April–Mai. Herbstpflanzung, 7–10 cm tief.
Fritillaria pontica: Balkan bis Osttürkei. 30–40 cm hoch. Blätter linealisch, grau. Blüte gelblichgrün mit bräunlichpurpurnem Anflug. Spitzen hellbraun. Blütezeit April. Pflanzung im Herbst, 10 cm tief.
Fritillaria purdyi: Kalifornien, Napa Valley, Blüte grünbraun getupft, winterhart, Höhe 15–20 cm, Blüte April–Mai.
Fritillaria pyrenaica: Nordspanien bis Südfrankreich. 20–30 cm hoch. Zwiebel 3 cm Ø. Blätter lanzettlich-zugespitzt. Blüte glockig, purpurbraun, innen gelbgrün. Blütezeit April–Mai. Herbstpflanzung, 10 cm tief.
Fritillaria sibthorpiana: 10–20 cm hoch. Blätter breitlanzettlich, graugrün. Blüte hellgelb. Blütezeit April. Herbstpflanzung, 8–10 cm tief.
Fritillaria verticillata: 20–30 cm hoch. Die oberen Blätter bilden graugrüne Ranken. Blüte weiß und purpurn liniert. Blütezeit März–April. Herbstpflanzung, 10 cm tief.

Abbildung 236: Fuchsia-Hybride 'Sensation'

Fuchsia-Hybriden
Fuchsie.

Abb. 235–238

Familie: Onagraceae – Nachtkerzengewächse.
Herkunft: Südamerika. Etwa 100 Arten in Amerika und Neuseeland. Durch Züchtungen ein großes Sortenangebot, etwa 2000! Vor allem aus England und den USA.
Wuchs: strauchartig, 60–100 cm, auch oft als Bäumchen gezogen. Es gibt auch Hängeformen, je nach Kreuzung und Sorte.
Blatt: gegenständig, spitz, oval, gezähnt und ungezähnt, es gibt auch buntlaubige Sorten.
Blüte: hängend, röhrenartig, bunt gefärbt; weiß, rosa, rot, violett; einfach- oder gefülltblühende Sorten.
Blütezeit: V–IX, den ganzen Sommer.
Frucht: beerenartig.
Standort: halbschattig bis schattig.
Erde: locker, humusreich, gute Nährstoffversorgung notwendig.
Vermehrung: Stecklinge im Februar–März und August–September abnehmen, bewurzeln sich im Wasserglas mit 18–22 °C Wärme oder in Sand-Torfgemisch stecken. Auch die Aussaat ist möglich im Gewächshaus oder auf der Fensterbank im Januar–Februar bei 20–24 °C. Pikieren, in 10-cm-Töpfen kultivieren und ab Mitte Mai ins Freie pflanzen.
Kultur: Einheitserde, Lauberde mit Torfsubstrat, pH-Wert um 6. Im Sommer, von Mai–Oktober, frostfrei im Freien aufstellen. Im Winter als Kalthausgewächs 5–10 °C bei luftigem, hellen Standort. Hell bis schattig, ohne direkte Sonne. Liebt Luftfeuchtigkeit. Zimmerpflanze mit vielfältiger Verwendungsmöglichkeit.
Verwendung: Beliebte Kübelpflanze und für Blumenkästen, zu verwenden an halbschattigem oder schattigem Standort von Mai–Oktober im Freien. Winterharte Züchtungen wie *Fuchsia magellanica* und entsprechende Kultursorten können den Winter unter einer dicken Laubdecke im Freien verbringen bis zum Wachstumsbeginn, der spät einsetzt (erst Ende Mai).
Pflanzung: im Freiland im Abstand von 30–40 cm.
Pflege: Substrat mäßig feucht halten. Erst gießen, wenn die Erde völlig ausgetrocknet ist. Von Frühjahr–Herbst einmal wöchentlich mit Blumendünger nach Angabe düngen. Umpflanzen jährlich im Frühjahr vor dem Wachstumsbeginn. Kellerüberwinterung mit spärlichem Licht möglich. Im Frühjahr Rückschnitt. Stämmchenanzucht geschieht durch Anbinden eines Triebes. Alle anderen Triebe laufend entfernen. Wenn die gewünschte Stammhöhe erreicht ist, mit der Kronenbildung beginnen. Seitentriebe am zukünftigen Stamm laufend vorsichtig ausbrechen (entfernen).
Sorten: enorme Vielfalt, daher sind nur einige, beispielhafte Sorten erwähnt. 'Adriane Berger', zartrosa/kirschlachs, einfach, für Topf und Freiland. 'Beacon', rot/violett, aufrechtwachsend, bekannte Beet- und Friedhofsorte. 'Clara Mia', hellrosa/rot, großblumig, früh. 'Dollarprinzessin', rot/dunkelblau, gefüllt, altbekannte Topf- und Beetsorte. 'Elfriede Ott', leuchtend rosa, Topf-, Beet- und Balkonsorte. 'Hanna', rot/weiß, gefüllt, Topf-, Beetsorte, für jeden Zweck geeignet. 'Koralle', korallenrot, traubenblütig, Freilandsorte für Beete. 'La Campanella', weiß/blauviolett, gefüllt. Hängesorte. 'Marinka', rot, gefüllt, Hängesorte. 'Ortenburger Festival', rot/dunkelblau; wetterfest, reichblühende Beet- und Topfsorte. 'Red Spider', rot/karmin, Hängesorte. 'Swingtime', rot/weiß, gefüllt, hängend, ideale Balkonsorte, wetterfest, für Töpfe, Ampeln, Balkon. 'W. Churchill', rot/blau, gefüllt, aufrecht, reichblühend, für jeden Verwendungszweck.
Weitere Arten: *Fuchsia fulgens*: Herkunft Mexiko. In der Heimat bis 2 m hoch, röhrige Blüten, kräftig scharlachrot. Es gibt viele Sorten, hängende und gefüllt blühend.

Abbildung 235: Fuchsia-Hybride 'Gartenmeister Bonstedt'

Fuchsia procumbens: Herkunft Neuseeland. Wuchs hängend – Ampelpflanze oder kriechend. Kalthausgewächs.
Fuchsia-Triphylla-Hybriden: Traubenblütige Fuchsie.

Durch Kreuzungen in vielen Sorten angeboten. Wuchs strauchartig. Blatt wechselständig, spitz, oval, grün. Blüte in vielen Farben je nach Sorte; röhrig, in Trauben an den Zweigenden.

Abbildung 237: Fuchsia-Hybride 'Adriane Berger'

Winterharte Fuchsien:
Fuchsia magellanica: Scharlachfuchsie, Herkunft Argentinien, Süd-Chile. Ca. 120 cm hoch, scharlachrot, kleinblütig. Wuchs aufrecht, Blüten in kleinen Trauben hängend. Weitgehend frostbeständig.

Fuchsia magellanica überwintern mit einer 20 cm dicken Laubschicht ohne Probleme. Es gibt eine Vielzahl von großblütigen Sorten, die etwas anspruchsvoller sind und nur im Weinbauklima und in wintermilden Klimaten der Küste überdauern.

Abbildung 238: *Fuchsia magellanica* 'Gracilis'

Abb. 239

Gaillardia pulchella var. *picta* (*G. bicolor, G. picta*)
Kokardenblume.

Familie: Compositae – Korbblütengewächse.
Herkunft: östliche und südliche USA; etwa 20 Arten.
Wuchs: 30–70 cm hoch, breitverzweigt.
Blatt: länglich, gezähnt, rauh.
Blüte: weiß, gelb, orange bis rot, auch zweifarbig, 6–8 cm ∅, einfach und halbgefüllt, gänseblümchenähnlich, auf langem Stiel. Ausschneiden nach der Blüte bringt mehr Blüten.
Blütezeit: VI–X.
Standort: vollsonnige Lage, liebt Trockenheit und Hitze.
Erde: jeder humusreiche, trokkene, kalkhaltige Gartenboden ist geeignet.
Kultur: Aussaat im März ins Frühbeet oder im Gewächshaus bei 15–18 °C. Keimdauer 14–20 Tage. Ende Mai auspflanzen, nach der Frostgefahr, Abstand 30–40 cm.
Pflanzung: Ende Mai im Abstand 25 x 25 cm.
Verwendung: Blumenkästen; gute haltbare Schnittblume; Rabattenpflanze.
Sorten: 'Einfache Gemischt', 50 cm. 'Indian Chief', dunkelkupferrot, 50 cm. 'Lorenziana Plena', gut gefüllte Mischung, 50 cm. 'Tetra', großblumig, blutrot; Schnittsorte.

Abbildung 239: *Gaillardia pulchella* var. *picta* 'Lorenziana Plena'

Abb. 240

Galanthus elwesii
Türkisches Schneeglöckchen.

Familie: Amaryllidaceae – Amaryllisgewächse.
Herkunft: Mitteljugoslawien bis Ostgriechenland, Kleinasien und südwestliche Ukraine.
Etwa 8 Arten, die alle unter strengem Naturschutz stehen, Artenschutzregelungen sind zu beachten!
Wuchs: 15–25 cm hoch, horstartig; länglich-runde Zwiebeln mit brauner Schale.
Blatt: riemenförmig, 3 cm breit, 20 cm lang, graugrün.
Blüte: weiße Hüllblätter, langgezogen und innen 3 grünspitzige Kelchblätter, bis 4 cm breit.
Blütezeit: im Februar, aus der letzten Schneedecke kommend.
Standort: sonnige, höchstens halbschattige Standorte, winterhart.
Erde: normale, lockere, feuchte, kalkhaltige Böden, die während des Sommers trocken sein müssen.
Vermehrung: kurz nach der Blüte junge Zwiebeln ablösen. Selbstaussaat und Samenvermehrung bringen nach 3–4

Jahren blühfähige Pflanzen.
Pflanzung: spätestens Spätsommer–Frühherbst, 5–8 cm tief.
Pflege: anspruchslos, jahrelang am Standort belassen.
Verwendung: als Gruppenpflanze im Rasen, unter Laubgehölzen oder alten Gebüschgruppen zum Verwildern, Steingartenpflanze. Auch für kleine Sträuße zum Schnitt geeignet. Topfkultur in kühlen Räumen möglich.
Sorten: es gibt einige Sorten, jedoch wird meist die Stammart angeboten.
Weitere Arten: *Galanthus ikariae* ssp. *latifolius*: stammt aus Kleinasien. 15–20 cm hoch. Blätter hellgrün, schmal und lang. Blüte weiß, innere Blütenblätter sehr schmal, grün gerandet.
Galanthus plicatus: Rumänien bis Krim. 30–35 cm hoch. Blätter 3 cm breit, 30 cm lang. Blüten weiß, groß, innere Blütenblätter grün mit weißem Saum. Blütezeit März.

Abbildung 240: ***Galanthus elwesii***

Galanthus nivalis

Abb. 241

Kleines Schneeglöckchen, Schneetröpferl.

Abbildung 241: ***Galanthus nivalis***

Familie: Amaryllidaceae – Amaryllisgewächse.
Herkunft: West-, Mittel-, Süd- und Südosteuropa. **Steht unter Naturschutz, unbedingt die Artenschutzregelungen beachten!**
Wuchs: etwa 10 cm hoch; runde bis längliche Zwiebeln mit lockerer, brauner Schale.
Blatt: blaugrün, linealisch, 8 mm breit, 20 cm lang.
Blüte: weiße Glöckchen, wie längliche Tropfen, bei kühlem Wetter geschlossen, hängend. Äußere Hüllblätter weiß, 2 cm lang, die inneren sind kürzer und gelb bis grün gerandet.
Blütezeit: II–III.
Standort: halbschattige Standorte, winterhart.
Erde: normale, lockere, feuchte, kalkhaltige Böden.
Vermehrung: kurz nach der Blüte junge Zwiebeln ablösen. Selbstaussaat und Samenvermehrung bringen nach 3–4 Jahren blühfähige Pflanzen.
Pflanzung: im Spätsommer–Herbst, 10 cm tief.
Pflege: anspruchslos, jahrelang am Standort belassen.
Verwendung: als Gruppenpflanze unter Laubgehölzen und für kleine Sträuße zum Schnitt geeignet. Topfkultur in kühlen Räumen möglich.
Sorten: 'Atkinsii', 20 cm hoch; Blüte lang, schlank, Innensegmente mit hufeisenförmigen Markierungen. 'Magnet', Blüte lang, schlank, an langen Blütenstielen hängend. 'Plenus', reizende, gefülltblühende Sorten. 'S. Arnott', etwa 15 cm hoch, Spitzensorte. 'Viridapicis', 10–15 cm hoch, Blüte sehr groß.

Galtonia candicans (Hyacinthus c.)

Abb. 242

Sommerhyazinthe, Riesenhyazinthe.

Familie: Liliaceae – Liliengewächse.
Herkunft: Südafrika. 3 Arten.
Wuchs: 100–150 cm hoch; kugelige, faustgroße Zwiebel mit gelblich-brauner Schale.
Blatt: riemenförmig, 6 cm breit, 60 cm lang, grundständig, blaugrün.
Blüte: weiß, in lockeren, endständigen Trauben, 20–30 Einzelblüten, die bis 5 cm lang und glockenförmig sind. Leichter Duft.
Blütezeit: VII–Ende VIII.
Standort: sonnige-halbschattige, warme Standorte. Nicht winterhart. Überwinterung mit 15–20 cm dicker Schutzdecke aus Torf oder ähnlichem bedingt möglich.
Erde: nährstoffreiche, gut durchlässige Gartenböden.
Vermehrung: durch Abnehmen der Zwiebelbrut oder durch Samenaussaat.
Pflanzung: im Frühjahr, ohne Frostgefahr, 15–20 cm tief.
Pflege: während der Vegetationszeit Volldüngergaben. Im Herbst sollten die Zwiebeln aus dem Boden genommen und frostfrei und trocken gelagert werden.
Verwendung: als Topf- und Kübelpflanze oder für Gruppenpflanzung im Freiland in Blumenbeeten.

Abbildung 242: ***Galtonia candicans***

Gamolepis tagetes (G. annua)
Gamolepis.

Familie: Compositae – Korbblütengewächse.
Herkunft: Südafrika.
Wuchs: 10–25 cm hoch.
Blatt: sehr schmal, gefiedert.
Blüte: 1–2 cm ⌀, gänseblümchenähnlich, leuchtend gelb bis orange.
Blütezeit: VI–VII.
Standort: sonnig, geschützt.
Erde: mäßig feuchter bis trockener Boden.
Kultur: Aussaat im Gewächshaus Februar–März, im Freiland bei frostfreiem Boden an Ort und Stelle. Auspflanzen nach Frostgefahr, Abstand 10 cm.
Verwendung: Steingärten, Balkonkästen, Kübel, Beeteinfassungen, Blumengebinde. Einjährig.

Gaura lindheimeri
Abb. 243

Prachtkerze.

Familie: Onagraceae – Nachtkerzengewächse.
Herkunft: südliches Nordamerika.
Wuchs: vieltriebig, filigran, locker, Höhe 150 cm.
Blatt: fein, lanzettlich.
Blüte: weiß, an einer vielblütigen Rispe, 4 Blütenblätter, ausdrucksvolle Staubgefäße, bei Hitze nur morgens offen.

Abbildung 243: *Gaura lindheimeri*

Blütezeit: VII–IX.
Standort: sonnig bis halbschattig, trocken.
Erde: sandig bis lehmig, gut durchlässig.
Kultur: Aussaat März–April im Gewächshaus bei 16–18 °C, Keimdauer 14–20 Tage. 1mal pikieren, dann auspflanzen ab Ende April im Abstand von 30 x 40 cm.
Verwendung: Besonders reichlich blühende Sommerblume mit staudigem Charakter, in unserem Klima jedoch einjährig zu kultivieren. Lockert durch ihren filigranen Charakter sowohl Sommerblumenpflanzungen als auch Sommerblumenbeete auf. Paßt gut in Naturgärten und Gräsergärten. Zum Schnitt bedingt geeignet.

Gazania-Hybriden
Abb. 244/245

Gazanie, Mittagsgold.

Familie: Compositae – Korbblütengewächse.
Herkunft: Südafrika, etwa 25 Arten. Hybriden durch Kreuzungen verschiedener Gazanien-Arten entstanden, z. B. *G. nivea, G. rigens, G. longiscapa*.
Wuchs: 15–30 cm hoch, kompakt, Triebe aus dem Herzen verzweigend.
Blatt: länglich, glatt oder gezähnt; flache, dicke Blattrosette, 15–25 cm lang, oberseits dunkelgrün, unterseits filzig, weiß.
Blüte: Blütenköpfe einzeln, Gerbera-ähnlich, 10 cm ⌀, in Farben Gelb, Braun, Weiß, Rosa, Rot, mit gelbem oder dunklem Zentrum, sehr ausdrucksvoll; Blüte nur bei Sonne geöffnet; verblühte Blütenstände abschneiden.
Blütezeit: VI–X.
Standort: benötigt viel Wärme und Sonne, sommerliche Temperatur ist ideal.
Erde: durchlässiger, kalkreicher Boden ist ideal, gedeiht jedoch auch auf sandig-humosen Böden.
Kultur: Februar–April Aussaat im Gewächshaus oder Kasten. Keimzeit 2–3 Wochen bei 18 °C. Samen nur ganz leicht bedecken, sehr lufthungrig. Ins Freiland pflanzen ab Mitte Mai, Abstand 20–25 cm. Wertvolle Sorten können auch

Abbildung 244: Gazania-Hybriden 'Sonnenschein'

Abbildung 245: Gazania-Hybriden 'Grandiflora'

durch Grünstecklinge, die im September geschnitten werden, vermehrt werden. Dann Überwinterung im Topf.
Pflanzung: nach den Frösten im Abstand 25 x 25 oder 35 x 35 cm, je nach Sorte.
Verwendung: Gruppen- und Steingartenpflanze, Blumenkästen, Kübel, als Schnittblume weniger geeignet. Einjährig.
Sorten: 'Chansonette Mischung', sehr gedrungener Wuchs, 20 cm hoch, leuchtende Farben, ideale Beet- und Balkonpflanze. 'Feuerspiel Formelmischung', feuerrote und rot-gelb-gestreifte Typen, sehr reichblühend, etwa 30 cm hoch. 'Mini Star Gelb', reingelb, kurzgestielt, 20 cm; Fleuroselect-Bronzemedaille. 'Mini Star Tangerine', orangegelb, 20 cm, Fleuroselect-Bronzemedaille und AAS Preisträger. 'Sonnenschein'-Hybriden-Auslese, Prachtmischung, besonders großblumig, sehr kräftig, leuchtende Farbtöne, 30 cm hoch. 'Daybreak'-Serie mit 'Garden Sun' ('Gartensonne'), Fleuroselect-Goldmedaille, dunkelgoldgelb mit orangefarbener Mitte, sehr kompakt wachsend mit nur 20 cm Höhe. 'Daybreak Bronce' braunorange, kompakt, 20–25 cm hoch, weitere Farben. 'Morgentau' Zwerg-Mischung, ausdrucksvolle Farben, 25 cm hoch. 'Czardas'-Serie, Höhe 25 cm, sehr reichblühend, klare, ausdrucksstarke Farben. 'Talent'-Prachtmischung, Fleuroselect-Qualitätssiegel, die erste aus Samen vermehrbare Zwerggazanie mit schöner silbrig-weißer Belaubung. Die Pflanzen sehen auch ohne Blüten attraktiv aus.

Abbildung 246: *Gilia capitata*

Abb. 246

Gilia capitata
Sperrkraut, Gilia.

Familie: Polemoniaceae - Himmelsleitergewächse.
Herkunft: Kalifornien, Colorado. Über 50 Arten in Nordamerika und in den Anden.
Wuchs: 35–50 cm, krautartig, schlank, verästelt.
Blatt: stark zerteilt, schmal, gegen- oder wechselständig.
Blüte: kurzstielige Blütenbüschel, Wildart leuchtend blau, ein Anziehungspunkt besonderer Art für Schmetterlinge und Insekten.
Blütezeit: VII–VIII.
Standort: sonnige, warme Standorte.
Erde: trockene, bis mäßig feuchte Gartenböden, wächst leicht.
Kultur: Aussaat im April–Mai an Ort und Stelle, ausdünnen auf 15–20 cm Abstand; Februar/März - Aussaaten unter Glas, falls Vorkultur gewünscht wird, auspflanzen dann ab April im Abstand von 15 x 20 cm.
Verwendung: Schnittblume für Vase, langhaltend. Ausdrucksvolle Wildblume mit besonderer Anziehungskraft für Insekten, besonders aber für Schmetterlinge. Einjährig.
Weitere Arten: *Gilia achilleifolia*: kompakter Wuchs, 30 cm hoch, Blätter fiedrig, Blüte violett.
Gilia tricolor: Wuchs 20–50 cm hoch, Blätter schmal, gegenständig, Blüte lila oder violett, Sorten in rosa, rot, weiß und dunkelviolett. Nach Schokolade duftend.
Gilia rubra: s. *Ipomopsis rubra*.

Abb. 247

Gladiolus communis ssp. *byzantinus*
Gladiole, Siegwurz.

Familie: Iridaceae - Schwertliliengewächse.
Herkunft: Mittelmeergebiet.
Beim Handel Artenschutzregelungen beachten!
Wuchs: 60–90 cm hoch; abgeflachte Knolle.
Blatt: schwertförmig.
Blüte: purpurrot, die Staubbeutel sind fast so lang wie die Staubfäden.
Blütezeit: VI–VII.
Standort: sonnige, warme Standorte; winterhart mit Schutzdecke aus Torf, Laub oder Reisig.
Erde: trockene, durchlässige Gartenböden, die mit Düngetorf oder Kompost angereichert sind. Stallmist ist ungeeignet, er kann Knollenerkrankungen verursachen.
Vermehrung: durch Brutknollen oder Aussaat der Samen.
Pflanzung: im Herbst, 15 cm tief.
Pflege: ungestört jahrelang am Standort belassen. Je nach Bodenzustand kali- und phosphorbetont düngen.
Verwendung: für Steingärten, Wildstaudenpflanzungen, auch zum Schnitt geeignet.
Sorten: 'Albus', weißblühend.
Weitere Arten: *Gladiolus communis* ssp. *communis*: Mittelmeerraum, in Mitteleuropa verwildert auftretend. Etwa 60 cm hoch; abgeplattete Knolle. Lange Blütenstände, rosa, Staubfäden länger als Staubbeutel. Blütezeit Mai–Juni.
Gladiolus imbricatus - Wiesensiegwurz: Mittel- Südosteuropa. 40–60 cm hoch. Kurze, gedrungene Blütenstände, Blüte purpurrot. Verlangt feuchte Böden. Für Uferbepflanzungen geeignet. **Steht in Deutschland unter Naturschutz.**
Gladiolus italicus (*G. segetum*): Mittelmeergebiet bis Kleinasien. 1 m hoch, lange Schäfte mit Ähren, rotviolette Blüten. Blütezeit im Mai.
Gladiolus palustris - Sumpfsiegwurz: Mittel-, Osteuropa. 60 cm hoch; Knolle eiförmig, bis 2 cm breit. Blätter schmal, lang zugespitzt. Blüte purpurrosa mit weißen Streifen. Blütezeit Juni–Juli. Verlangt feuchten, frischen Boden. **Steht in Deutschland unter Naturschutz.**

Abb. 248 - 251

Gladiolus-Hybriden
Gladiole, Edelgladiole, Siegwurz.

Familie: Iridaceae - Schwertliliengewächse.
Herkunft: aus Kreuzungen von afrikanischen und europäischen Wildarten entstanden. Jährlich werden neue Sorten angeboten; die Deutsche Dahlien- und Gladiolengesellschaft registriert diese und gibt über deren Wert Auskunft.
Wuchs: 30–150 cm hoch, je nach Sortengruppe; zwiebelförmige Knolle, je größer sie ist, desto eher die Blüte.
Blatt: paarweise, schwertförmig, grün.
Blüte: alle Farben außer Schwarz und Braun. Die Ähren mit den tütenförmigen

Abbildung 247: ***Gladiolus communis*** **'Spic and Span'**

Abbildung 248: Gladiolus-Hybriden 'Flower Song'

Abbildung 249: *Gladiolus primulinus,* Mischung

Blüten sind in ihrer Form, je nach Sortengruppe, stark variierend. Es gibt großblumige, kleinblumige, duftende und vielblütige Sorten, auch solche mit mehreren Blütenschäften.
Blütezeit: VI–IX, je nach Sorte.
Standort: vollsonnige, windgeschützte, warme Standorte, nicht winterhart.
Erde: fast jeder Gartenboden geeignet, der ausreichend feucht, durchlässig und nährstoffreich ist, vor allem ist Kali und Phosphor wichtig.
Vermehrung: durch Brutknöllchen, die von der alten Knolle stammen, im Frühjahr auspflanzen und weiterkultivieren, es dauert 2 Jahre bis zur Blühgröße. Oder durch Zerschneiden alter Knollen, dabei pro Teilstück ein Auge belassen. Samenaussaat ergibt starkunterschiedliche Pflanzen.
Pflanzung: ab Mitte April–Juni im Freiland, 8–10 cm tief, Abstand 10–20 cm.
Pflege: Anfang Oktober Knollen aus dem Boden nehmen, reinigen, bei 25–30 °C einige Tage trocknen und in einem trockenen, gut durchlüfteten, dunklen Raum bei 4–10 °C überwintern. Blütenstände nach dem Verblühen abschneiden. Blätter stehen lassen. 1. Kopfdüngung bei Blühbeginn, 2. Düngung nach dem Verblühen. Anhäufeln und Mulchen, wenn die Pflanzen 30 cm hoch sind.
Verwendung: sehr dekorative Gruppenpflanze zwischen Stauden oder Sommerblumen. Niedrige Sorten für Balkonkästen, Kübel oder Töpfe geeignet. Vor allem werden Gladiolen als Schnittblumen angebaut, auch in Gewächshäusern um u. a. eine Verfrühung der Blüte zu erhalten.
Sorten: Rote Sorten: 'Carmen', frühblühend, scharlach mit weißem Fleck. 'Cordula', mittelfrüh, signalrot. 'Eurovision', mittelfrüh, zinnoberrot mit purpurnen Streifen. 'Hermann von der Mark', früh, pfefferrot, schmaler, weißer Streifen. 'Hunting Song', früh, dunkelorange. 'Leen van der Mark', scharlachrot. 'Life Flame', früh, scharlachrot. 'Nicole', früh, tieforange. 'Oskar', mittel, blutrot. 'President de Gaulle', mittel, hellzinnoberrot. 'Reine de Hollande', mittel, aprikosenorange. 'Sanssouci', mittel, scharlach, cremeweiße Streifen. 'Sundance', mittel, orangerot, gelber Fleck. 'Traderhorn', früh, scharlachrot, rahmweißer Fleck. 'Venetie', mittel, mandarinenrot, purpurn gerandet. 'Victor Borge', spät, orangerot. 'Wig's Sensation', spät, zinnoberrot, dunkler Fleck. Rosa Sorten: 'Applause', mittel, altrosa, rosaweiß gezeichnet. 'Daydream', mittel, muschelrosa, rahmgelber Fleck. 'Dr. Zijvago', mittel, dunkelrosa. 'Friendship', früh, zartrosa. 'Jessica', lachsrosa. 'My Love', mittel, altrosa, rosaweiß gezeichnet. 'Pink Perfection', reinrosa mit karminrosa Narbe. 'Rose Supreme', mittel, lachsrosa, Herz rahmweiß. Lachsfarbige Sorten: 'Bon Voyage', früh, azaleenrosa, lachsfarbig getönt. 'Peter Pears', früh, lachsfarbig, helle Streifen und roten Fleck. 'Spic & Span', mittel, lachsrosa. 'Wine and Roses', rosa mit rotem Fleck. 'Priscilla', rosa Rand, weiße Mitte. Purpurne bis violette Sorten: 'Blue Conqueror', mittel, dunkelveilchenblau. 'Bono's Memory', hell malvenfarbig, purpurrosa Fleck. 'Fidelio', mittel, cyclamen-purpurn. 'Lustige Witwe', mittel, violettpurpurn, rahmfarbiger Fleck. 'Memorial Day', früh, purpurn, weiß geadert. Gelbe Sorten: 'Aldebaran', früh, porzellangelb, blutroter Fleck. 'Flowersong', früh, gelb, Schlund karmin. 'Grünspecht', mittel, grünlichgelb, Zentrum rot. 'Jacksonville Gold', primelgelb. 'Nova Lux', hellgelb. Weiße Sorten: 'White Friendship', rahmweiß mit hellgelbem Fleck. 'White Prosperity', weiß. 'Mary Housley', mittel, rahmweiß, zinnoberroter Fleck. 'Schneeprinzessin', früh, weiß. 'Teach Inn' weiß, rotes Herz. 'White Goddess', mittel, reinweiß, gefranst.
Weitere Sortengruppen: Butterfly-Gladiolen: etwa 1 m hoch. Blüten etwas kleiner als bei den vorherigen Sorten, jedoch sehr intensive Farben. Die Blütenränder sind häufig gewellt. Blüte Juli–August. Kultur wie bei den großblumigen Gladiolen.

Abbildung 250: *Gladiolus nanus,* Mischung

Abbildung 251: *Gladiolus* 'Butterfly'-Mischung

Baby-Gladiolen, Gladiolus-Gruppe: Die nachstehend aufgeführten Arten und Sorten besitzen mehr Wildpflanzen-Charakter. Sie sind zierlicher und kürzer, nur 45–60 cm hoch, blühen früher bereits im Juni–Juli mit relativ kleinen Blüten. Kultur wie bei den großblumigen Sorten. Mit Schutz durch eine dicke Lage Stroh sind sie winterhart.
Colvillei-Gladiolen: etwa 60 cm hoch. Zierliche Blüten und Wuchsform.
Nanus-Gladiolen, Zwerggladiolen: niedrigste Sortengruppe, 30–50 cm hoch. Blüten mehr Wildpflanzencharakter. Können im Herbst gepflanzt werden und mit entsprechender Schutzdecke aus Torf, Laub, o. ä. im Freiland bleiben. Beliebte Sorten: 'Elvira', zartrosa mit rotem Fleck. 'Guernsey Glory', dunkelrot. 'Nymph', weiß, rot nuanciert. 'Prins Claus', weiß, karmin gefleckt.
Primulinus-Gladiolen: über 1 m hoch, im Aufbau schlanker als die Gruppe der großblütigen Gladiolen. Sorten: 'Treasure', primelgelb, Lippen scharlach. 'Perseus', lila mit creme Fleck, 'White City', weiß. 'Leonore', primelgelb. 'Anitra', pfefferrot, mittelfrüh. 'Obelisk', feuerrot mit gelbem Rand, mittelfrüh, 'Little Darling', lachsrosa mit gelber Mitte, spät.

Godetia grandiflora (Clarkia whitneyi)

Abb. 252

Godetie, Atlasblume, Sommerazalee.

Familie: Onagraceae – Nachtkerzengewächse.
Herkunft: Kalifornien, westliche USA.
Wuchs: 20–70 cm hoch, spärlich verzweigt. Einjährig.
Blatt: länglich, lanzettlich.
Blüte: weiß, rosa, rot, oder violett; becherförmige Blütenblätter, seidig glänzend, 5–10 cm ∅, sitzen dicht an den Blattwinkeln.
Blütezeit: VI–IX, etwa 6 Wochen.
Standort: bevorzugt sonnige Lage, verträgt noch Halbschatten.
Erde: liebt leichten, sandigen Lehmboden, mit wenig Nährstoffgehalt; verträgt keinen zu feuchten Boden.
Kultur: Aussaat im März ins Frühbeet, Keimzeit 1–2 Wochen bei 15 °C. Auspflanzen im Mai, Abstand 20–25 cm. Auch Freilandaussaaten an Ort und Stelle gut möglich, Termin Ende März oder bereits im Herbst. Mehrere Folgesaaten im Frühjahr bringen lange Blütezeit. Für die Überwinterung Schutz durch etwas Fichtenreisig.
Verwendung: prächtige Schnitt- und Rabattenpflanze, niedrige Sorten auch für Steingärten.
Sorten: 'Azaleenschau', Prachtmischung, gefüllt, azaleenförmige Blüten. Einfach blühende Sorten: 'Halbhohe Prachtmischung', leuchtende Farben, etwa 40 cm hoch. 'Hohe, gefüllte Prachtmischung', etwa 60 cm hoch, für Schnitt. Darüber hinaus gibt es noch Farbsorten wie die einfach blühenden 'Kelvedon', lachsrosa mit orange. 'Tiefkarmesin', karmesin mit scharlach und die gefüllt blühenden Sorten 'Cattleya', hellila. 'Erfurter Blut', karminscharlach. 'Rembrandt', karmesinrosa-weiß. F1-Hybriden enthalten die Serien 'Satin', 20–30 cm hoch, stark verzweigt mit vielen ca. 6 cm großen Blüten und 'Grace', Fleuroselect-Quality-Mark, eine Rasse für den Schnitt von Juni bis August, Höhe 60 cm, aufrechter, verzweigter Wuchs, Blüten trichterförmig, mit mehreren zusammen. Beide Serien in vielen Farben und Formelmischung.

Gomphrena globosa

Abb. 253

Kugelamarant.

Familie: Amaranthaceae – Amarantgewächse.
Herkunft: tropisches und subtropisches Amerika. Etwa 100 Arten weltweit in tropischen Gegenden verbreitet, gilt in diesen Gegenden als Unkraut.
Wuchs: 10–40 cm, polsterartig, weich behaart, reichlich verzweigt. Einjährig.
Blatt: lebhaft grün, lanzettlich. pfeilförmig, oval.
Blüte: weiß, rosa, feuerrot, goldbraun oder purpur, Blütenköpfchen kugelförmig, 2–3 cm ∅, 2–3 zusammen.
Blütezeit: VIII–X.
Standort: verlangt warmes Klima und sonnigen Standort, verträgt Hitze.
Erde: guter durchlässiger Gartenboden.
Kultur: Aussaat März–April im Haus, Keimzeit 2 Wochen bei 18 °C. Danach pikieren, topfen und abhärten. Auspflanzen im Mai, wenn Nachttemperaturen über 10 °C, Abstand etwa 20 cm.
Verwendung: Trockenblume, Einfassungen, niedrige Rabatten, auch als Topfpflanze verwendet. Hohe Sorten auch für Schnittzwecke geeignet.
Sorten: Hohe Sorten zum Schnitt (etwa 40–60 cm hoch): 'Orange', 'Weiß', 'Purpurviolett', 'Feuerrot', unter Glas ca. 60 cm hoch. *G. haageana* 'Orange', Höhe 40 cm, gefragte Farbe, *G. haageana* 'Brillant Rot', leuchtend rot. Niedrige Sorten für die Beetbepflanzung (etwa 15–25 cm hoch): 'Buddy', weinrot, kugelige Büsche. 'Bianca', weiß, sonst wie 'Buddy'.
Weitere Arten: *Gomphrena haageana*: Die Sorte 'Rubra', eignet sich hervorragend als Trokkenblume, Blüte orange bis zinnoberrot, 30 cm hoch.

Abbildung 252: ***Godetia grandiflora*** **'Azaleenschau'**

Abbildung 253: ***Gomphrena globosa***

Gypsophila elegans
Schleierkraut.

Abb. 254

Familie: Caryophyllaceae – Nelkengewächse.
Herkunft: Kleinasien, Kaukasus. Etwa 120 Arten, überwiegend mehrjährige Stauden im östlichen Mittelmeergebiet und Eurasien.
Wuchs: 30–100 cm hoch, je nach Sorte, locker, buschig.
Blatt: schmal, flach, graugrün.
Blüte: weiß, karminrosa, rosa; zierliche nelkenähnliche Blütensternchen, 1 cm ∅, in Rispen.
Blütezeit: VI–VIII.
Standort: sonnige, warme Lage.
Erde: benötigt kalkhaltigen, relativ nährstoffarmen, lockeren Gartenboden, nicht zu stark gießen!
Kultur: März–Juni Aussaat ins Freiland ohne Frostgefahr, Folgesaaten alle 4 Wochen, Keimzeit 2–3 Wochen bei 15 °C. Auf 20–30 cm Abstand vereinzeln.
Verwendung: vor allem als Schnittblume als Beiwerk zu Sträußen, auch als Unterpflanzung bei Rosen. Einjährig.
Sorten: 'Kermesina', kleinblumig, anilinrot. 'Maxima Alba' (Covent Garden), großblumig, weiß, 45 cm hoch. 'Rosea', kräftig rosa, 50 cm. 'Weißer Riese', extra große, weiße Blüten, 45–50 cm, ideale Schnittsorte. *G. erecta* 'Schneefontäne', sehr große, weiße Blüten, ∅ bis 2,5 cm, Höhe bis 100 cm, auch für Folien- und Gewächshauskultur.

Abbildung 254: *Gypsophila elegans*, Mischung

Habranthus tubispathus (H. robustus, Zephyranthes robusta)
Habranthus.

Familie: Amaryllidaceae – Amaryllisgewächse.
Herkunft: Argentinien. Etwa 12 Arten.
Wuchs: 30–50 cm hoch; eiförmige Zwiebel mit brauner Haut.
Blatt: riemenförmig, rinnig, aufrecht stehend.
Blüte: weiß, nach außen rosa bis purpurrosa, im Zentrum grün; 7 cm breit.
Blütezeit: VII–VIII.
Standort: heller, sonniger Standort bevorzugt. Etwa 6 °C während der Ruheperiode, während des Wachstums luftiger Raum bei Temperaturen zwischen 12–20 °C, anschließend 18–22 °C zum Ausreifen der Zwiebel.
Erde: Erdmischung aus 1/3 Torf, 1/3 Sand und 1/3 Blumenerde mit organischem Dünger.
Vermehrung: durch Nebenzwiebeln oder durch Aussaat der Samen.
Pflanzung: während der Ruheperiode, am besten im zeitigen Frühjahr, in Töpfe, die 5 cm größer als der Zwiebeldurchmesser sind.
Pflege: während der Wachstumszeit reichlich wässern und von Zeit zu Zeit düngen.
Verwendung: seltene Liebhaberpflanze für Zimmerkultur. Kann nach Vorkultur im Sommer ins Freie gepflanzt werden. Ein eleganter Sommerblüher.

Helianthus annuus
Sonnenblume.

Abb. 255–257

Familie: Compositae – Korbblütengewächse.
Herkunft: westliche USA – wird in vielen Ländern zur Ölgewinnung angebaut.
Wuchs: 40–300 cm je nach Sorte, Stengel einfach, oben verästelt. Einjährig.
Blatt: groß, meist rauhhaarig, herzförmig, gegenständig.
Blüte: gelb, rot, weiß, braun, sogar zweifarbig; gefüllte und einfachblühende Sorten, Blütenköpfe von 10–35 cm ∅.
Blütezeit: VII–X.
Standort: sonnige Lage.
Erde: für gute Entwicklung kräftige, nahrhafte, ausreichend feuchte Gartenböden.
Kultur: April–Mai Aussaat ins Freiland an Ort und Stelle, Saattiefe 2–3 cm, Abstand 40–60 cm, Keimzeit 1–2 Wochen bei 15–20 °C. Für besonders kräftige Pflanzen Anzucht unter Glas in Töpfen empfehlenswert. Topfsorten benötigen 9–11 Wochen bis zur Pflanzung, ab Mitte Mai im Abstand 40 x 50 cm.
Verwendung: Schnittblume, in Einzelstellung oder in Gruppen (Blickfang), am Zaun, vor Mauern, als Hintergrundpflanze. Sehr verbreitete und beliebte Art. In Töpfen für Schalen- und Balkonbepflanzung.
Sorten: 'Intermedius Abendsonne', braun-blutrote Töne, 200 cm. 'Bismarckianus', riesenblumig, goldgelb, wenig verzweigt, die „gewöhnliche" Sonnenblume, bis 300 cm. 'Goldener Neger', gelb, dunkle Mitte, stark verzweigt, 150–300 cm. 'Herbstschönheit', gelb-bronzefarbig, verzweigt, 150 cm. 'Primrose', schwefelgelb, 250 cm. 'Schnittgold', schmaler goldgelber Kranz um tiefschwarze Scheibe, sehr ebenmäßig, gute Schnittsorte, 160 cm. 'Helios', 160 cm, 1 Blüte pro Stiel, dafür sehr regelmäßig geformt, tiefschwarze Scheibe von 16 cm ∅, kleiner Kranz von Zungenblüten. 'Sole Mio', ähnlich der vorigen, gute Schnittsorte für hohe Ansprüche. 'Holiday', ähnlich der vorigen, aber längere und weniger regelmäßige Zungenblüten, im Garten auffälliger Rundbusch. 'Valentin', Fleuroselect-Quality-Mark, 150 cm, gut verzweigt, goldgelb mit dunkler Scheibe.

Abbildung 255: *Helianthus annuus* 'Musicbox' (Foto Benary)

Niedrige Sorten für Töpfe und für das Freiland: 'Zwerg-Sunspot', einfache Blüte, nur 40 cm hoch, gut geeignet für Töpfe. 'Musicbox', 70 cm hoch, gelb-braune Farben, einfache Blüten. 'Zwerg Sonnengold' gefüllt, 40 cm hoch. 'Goldener Knirps', gefüllt, großblumig, 60 cm hoch.

Abbildung 256: *Helianthus annuus* 'Goldener Neger'

Weitere Arten: *Helianthus debilis* ssp. *cucumerifolius* und ssp. *debilis*: 'Piccolo', goldgelb, einfachblühend, 10 cm ∅, mit braunem Butzen, 150 cm. 'Stella', goldgelb mit dunkler Scheibe, spitze Petalen, 150 cm. Sowie verschiedene einfach- oder gefülltblühende Mischungen.

Abbildung 257: *Helianthus annuus*

Helichrysum bracteatum

Abb. 258

Gartenstrohblume, Strohblume.

Familie: Compositae – Korbblütengewächse.
Herkunft: Australien. Etwa 300 Arten in Europa, Asien und Afrika. Durch Züchtung entstand die großblumige Form 'Monstrosum'.
Wuchs: Zwergsorten 30 cm, mittlere Sorten 40–60 cm, hohe Sorten bis 110 cm.
Blatt: wechselständig; linealisch-lanzettlich, bis 10 cm lang.
Blüte: gelb, rosa, rot, violett oder weiß; ∅ bis 8 cm, farbige Hüllblätter umfassen das Blütenköpfchen, halbgefüllte und gefüllte Sorten.
Blütezeit: VII–X.
Standort: vollsonnige und warme Lage.
Erde: liebt nicht zu feuchte, nahrhafte Böden.
Kultur: März – Aussaat im Frühbeetkasten, ab Mitte April Freilandaussaat an Ort und Stelle, Keimzeit 2–3 Wochen bei 18 °C. Pflanzabstand 25–30 cm. Einjährig.
Verwendung: vor allem Trokkenblume, dafür Blüten noch knospig bei trockener Witterung schneiden, luftig, schattig und kopfunter zum Trocknen aufhängen. Zwergsorten auch als Rabattenpflanzen geeignet.

Abbildung 258: *Helichrysum bracteatum* 'Monstrosum'

Sorten: Hohe Sorten: 'Monstrosum'-Serie, 80 cm hoch. 'Album', weiß, 60–80 cm. 'Bronzekugel', bronzefarben, 80–90 cm. 'Feuerball', braunrot mit orange, 80 cm. 'Goldkugel', goldgelb, 80–90 cm. 'Purpureum', violett, 80 cm. 'Rosakugel', leuchtend rosa, 80 cm. 'Roggli Prachtmischung', leuchtende Farben, 110 cm. 'Mittelblumige Sorten'-Serie mit vielen Einzelfarben, Höhe 120 cm, Blüten etwas kleiner, sehr gut für den Schnitt. Halbhohe Sorten: 'Nanum' Prachtmischung, 40–50 cm. Zwergsorten: 'Bikini-Serie', Höhe 30–40 cm, gut verzweigte, buschige Pflanzen, bilden Farbteppich von Juli–September, für Schnitt und Rabatten. 'Bunter Bikini', Formelmischung, überreichblühend, in leuchtenden Farben, sehr niedrig, kompakte Büsche. 'Crimson Bikini', dunkelrot. 'Goldener Bikini', leuchtend goldgelb. 'Hot Bikini', feuerrot, sehr leuchtend, Fleuroselect-Bronzemedaille. 'Golden Beauty', nicht aus Samen erhältlich, sondern aus Stecklingen. Breit ausladender, überhängender Wuchs, robust, ideal für Ampeln, Balkonkästen, Töpfe. Dauerblüher.
Weitere Arten: *Helichrysum cassianum*: Heimat Australien, kleine, zartrosa oder weiße Blütchen in Sternchenform, mit gelber Mitte, stark verzweigte Triebe, Höhe 40–50 cm. Blüte VII–IX. Gefragt für die Binderei. Keimzeit 7–14 Tage bei 15–18 °C. Im Freiland möglichst Direktsaat ab April, dünn verteilt in Reihen von 25–30 cm Abstand. Sorte: 'Lichtrosa'.
Helichrysum subulifolium: Höhe 50 cm, zierliche goldgelbe Blütchen von 2–2,5 cm ∅ auf steifen, unverzweigten Stielen, Höhe 35–40 cm, schöne Schnitt- und Trockenblume. Aussaat im April direkt ins Freie, Reihenabstand 25–30 cm. Sorten: 'Gold Braid', 35 cm. 'Valentin', Blüte 1,5–2 cm ∅, Blüte VII–VIII, 'Goldköpfchen', Höhe 50 cm.

Heliotropium arborescens (H. peruvianum, H. corymbosum)

Abb. 259

Sonnenwende, Heliotrop.

Familie: Boraginaceae – Borretsch-, Rauhblattgewächse.
Herkunft: Peru, dort Halbstrauch. Etwa 250 Arten in den Tropen und Subtropen.
Wuchs: 30–60 cm hoch, strauchartig, dicht. Können auch wie Fuchsien als Stämmchen gezogen werden.
Blatt: länglich, behaart, runzelig, oval, dunkelgrün, bis 12 cm.
Blüte: rötlich-violett bis dunkelblau, sehr zart nach Vanille duftend. Große, schirmartige Doldentrauben, 25 cm ∅, an kurzen Stielen. Unermüdlich, reichblühend.
Blütezeit: VI–X.
Standort: geschützter, warmer, sonniger Standort. Überwinterung in einem hellen, luftigen Raum möglich.

Abbildung 259: *Heliotropium arborescens* 'Marina'

Erde: nährstoffreiche, durchlässige Böden, bestehend aus Kompost, Sand, Torf und Lauberde.
Kultur: Aussaat im Haus von Januar–März. 1mal pikieren, später in 8er-Topf verpflanzen, Keimzeit 2–3 Wochen bei 18 °C. Jungpflanzen bei einer Größe von 10 cm entspitzen. Auspflanzen ohne Frostgefahr nach Mitte Mai. Abstand etwa 25 cm. Früher vorwiegend durch Stecklinge vermehrt.
Verwendung: für Rabatten, Blumenkästen, Kübel, Tröge und als Topfpflanze. Auch beliebte Schnittblume. Schmetterlings- und Bienenfutterpflanze. Duftblume, Vanilleduft.
Sorten: 'Marine', tiefblau, große Dolden, stark duftend, 50 cm hoch 'Mini-Marin', Höhe nur 30 cm, kompakter, geschlossener Wuchs, dunkles Laub, für kleinere Blumenbeete und Rabatten. 'Blaues Wunder' F1-Hybride, besonders früh und kräftig wachsend, gut verzweigt, dunkelgrünes Laub, tiefblau. 'Schloß Ahrensburg' F1-Hybride, sehr früh blühend, 40 cm hoch, gut verzweigt.

Abbildung 261: *Helipterum roseum*

Abb. 260 / 261

Helipterum roseum (Acroclinium roseum)
Sonnenflügel, Immortelle.

Familie: Compositae – Korbblütengewächse.
Herkunft: Australien, etwa 60 Arten in Australien und Südafrika.
Wuchs: 30–60 cm, verzweigt, schlanke Stengel. Einjährig.
Blatt: oval, schmal, spitz zulaufend, wechselständig, flach.
Blüte: weiß, rosa oder rahmfarben, Blütenköpfchen 5–7 cm ∅, ähnlich gefüllter Gänseblümchen.
Blütezeit: VII–IX.

Abbildung 260: *Helipterum manglesii*

Standort: volle Sonne, geschützter, warmer Standort.
Erde: gut durchlässiger, humoser, nicht zu kalkhaltiger Boden.
Kultur: Aussaat im März im Kasten. Keimzeit 2–3 Wochen bei 15 °C. Auspflanzen nach Mitte Mai, Abstand etwa 20 cm. Freilandaussaat im April–Mai ist üblich, dünn verteilt in Reihen von 25–30 cm oder breitwürfig.
Verwendung: wichtige Trockenblume für Binderei, Schnittblume. Auf Rabatten, in Gräser- und Steppengärten, in Steingärten lange Farbe zeigend, wertvolle Sommerblume.
Sorten: 'Brillant', dunkelrosa, großblumig, 30 cm. 'Goliath', karminrosa Farbtöne, großblumig, 50 cm. 'Großblumige Spielarten', rosa, karmin, weiß oder chamois, gefüllt, 50 cm. 'Großblumige Rosa Spielarten', gefüllt, rot bis rosa. 'Red Bonnie', rote Töne, teils mit schwarzer Mitte.
Weitere Arten:
Helipterum humboldtianum (*H. sandfordii*): goldgelb, viel verwendete Trockenblume, 35 cm hoch.
Helipterum manglesii (*Rhodanthe manglesii*): zierliche Trokkenblume, weiß, rosa oder rot, 30–40 cm hoch.

Abb. 262

Hermodactylus tuberosus (Iris tuberosa) Wolfsschwertel, Witweniris.

Familie: Iridaceae – Schwertliliengewächse.
Herkunft: Mittelmeergebiet, Frankreich bis Jugoslawien. Nur eine Art.
Wuchs: 30 cm hoch, irisähnlich; handförmig, knollige Rhizome.
Blatt: schwertförmig, kantig.
Blüte: irisähnlich, Dom gelblichgrün, Hängeblätter schwärzlich-purpurn mit gelbem Rand. Im Gegensatz zu Iris-Arten einfächriger Fruchtknoten.
Blütezeit: IV–V.
Standort: sonnige, warme Standorte; benötigt guten Winterschutz, in rauhen Gegenden, nicht winterhart.
Erde: leichte, sandige, nährstoffreiche, durchlässige, etwas kalkhaltige Böden.
Vermehrung: durch Rhizomteilung im Frühjahr.
Pflanzung: Anfang August oder im Mai, knapp mit Erde bedecken.
Pflege: Winterschutz nötig oder ausgraben und im frostfreien Raum überwintern.
Verwendung: geschätzte, ausgefallene Schnittblume für die Vase. Interessante Liebhaberpflanze. Mehrjährig.

Abbildung 262: *Hermodactylus tuberosus*

Abb. 263

Hesperis matronalis
Nachtviole.

Familie: Cruciferae – Kreuzblütengewächse.
Herkunft: Europa, Asien.
Wuchs: 80–120 cm hoch, 2jährig bis ausdauernd.
Blatt: ungeteilt, fiedrig, rauh, dunkelgrün.
Blüte: violett, purpurlila oder weiß, einfach oder gefüllt, in endständigen Trauben, starker Veilchenduft.
Blütezeit: V–VI.

Standort: schattige Lage; etwas Winterschutz mit Fichtenreisig; soll vor allem im Winter nicht zu feucht stehen.
Erde: kalkhaltiger, tiefgründiger Gartenboden.
Kultur: Freilandaussaat März-Juni, gleich an Ort und Stelle, Keimzeit 3-4 Wochen bei 18 °C.
Verwendung: Schnittblume, Rabatten, war früher häufig in Bauerngärten anzutreffen. Bienen- und Schmetterlingsweide. Duftblume. Wildblume für Naturgärten.
Sorten: 'Alba Plena', weiß, gefülltblühend. 'Nana Candidissima', weiß, 20-40 cm hoch. 'Purpurea Plena', gefüllt, violett.

Abbildung 263: ***Hesperis matronalis***

Heterocentron-Hybriden

Abb. 264

Kaskadenblume, Andenflor, Centradenie.

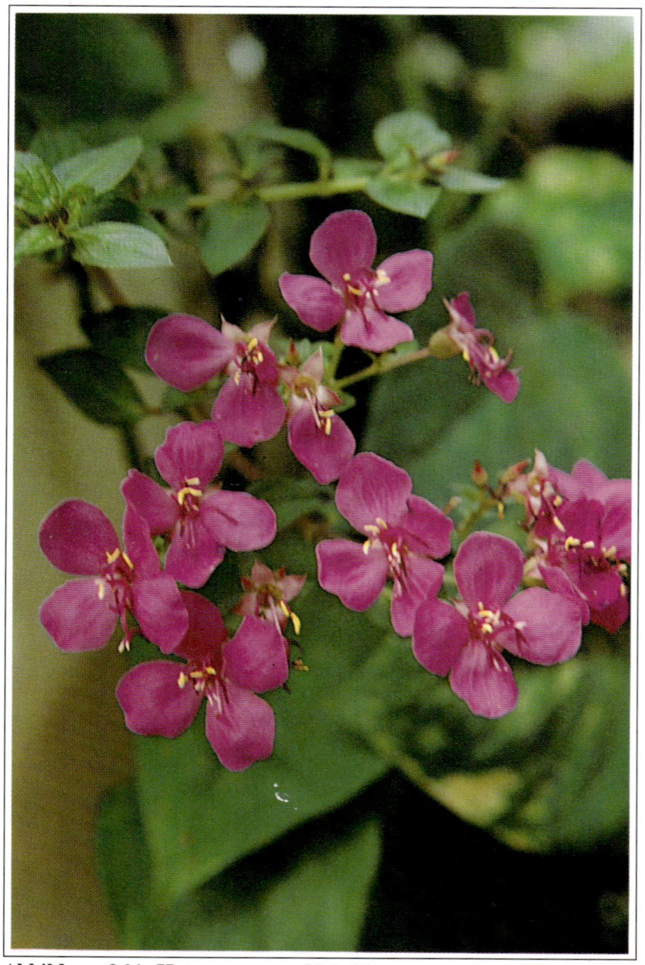

Abbildung 264: Heterocentron-Hybride (Foto Stein)

Familie: Melastomaceae-Schwarzmundgewächse.
Herkunft: Mexiko, jedoch durch Kreuzungen aus *Heterocentron elegans* und *Heterocentron macrostachyum* entstanden.
Wuchs: fächerförmig, stark verzweigend, hängend.
Blatt: eiförmig bis elliptisch, klein.
Blüte: violettrosa mit leuchtend gelben Staubgefäßen, ca. 2 cm Durchmesser, zahlreich erscheinend, radförmig mit 5 Blütenblättern.
Blütezeit: V-X.
Standort: sonnig-halbschattige Lage.
Erde: nährstoffreich, humusreich und tonhaltig, von guter Struktur.
Vermehrung: durch Stecklinge.
Kultur: Stecklingsvermehrung im Spätsommer oder im Januar. Gute Pflanzen müssen im Januar getopft werden, mehrfach stutzen, um die Verzweigung zu fördern. Die Pflanzen sind empfindlich gegen Staunässe, aber auch gegen Austrocknen, gleichmäßige Wasserversorgung ist wichtig. Kultur bei 18-20 °C. Blüteninduktion hängt von besonderen Licht- und Temperaturverhältnissen ab.
Pflanzung: ab Mitte Mai im Abstand von 20-25 cm.
Verwendung: reichblühende Balkon- und Ampelpflanze, für Wintergärten und Kleingewächshäuser sowie für Epiphytenstämme.
Sorten: 'Cascade', kräftig rosa Blüte, reichblühend, halbhängender Wuchs.

Hibiscus moscheutos

Abb. 265

Sumpfeibisch.

Familie: Malvaceae - Malvengewächse.
Herkunft: Südöstliche USA. Etwa 200 Hibiscus-Arten in Südeuropa, Asien, Nordafrika und Amerika.
Wuchs: bis 80 cm hoch, von unten stark verzweigend.
Blatt: eirund-länglich, gezähnt.
Blüte: trichterförmig, bis 25 cm ∅, weiß, karminrot, rosa, zweifarbig, nur kurze Zeit haltbar, dafür viele Blüten.
Blütezeit: VII-X.
Standort: sonnige und warme Standorte.
Erde: nährstoffreiche, lehmige Böden.
Kultur: Aussaat ab Januar bis Anfang März unter Glas (22-26 °C), in 40 °C warmem Wasser über Nacht vorkeimen, Keimdauer ca. 14 Tage, danach bei 16-18 °C weiter kultivieren, einmal pikieren, später in 15er-Topf. Auspflanzen nach Mitte Mai, Abstand 40-60 cm, zur Überwinterung mit Stroh, Laub oder Torf 15 cm hoch abdecken. Ein- bis mehrjährig.
Verwendung: schöne, auffällige Gruppenpflanze mit riesigen Blüten für Rabatten, Wassergärten, Kübel, auch für Tröge und Wintergärten geeignet.
Sorten: 'Dixie-Belle' F1-Hybride, Blütendurchmesser 25 cm, Mischung in auffälligen Farben, Höhe 50 cm. 'Disco-Belle' F1-Hybride, Blüten von 20 cm ∅, weiß, rosa, karminrot, reinweiß mit Auge, Mischung, Höhe 45 cm.

Abbildung 265: ***Hibiscus moscheutos* 'Dixie-Belle' F1-Hybride**

Weitere Arten: *Hibiscus trionum*, Stundeneibisch, Drei-Stunden-Blume, Wetterröschen: so genannt wegen der nur kurze Zeit geöffneten Blüte. Heimat südöstliches Europa, Westasien. Wuchs bis 60 cm hoch, auffällige, trichterförmige Blüte gelb mit schwärzlichem Schlund. Kultursorten öffnen die Blüten länger. Blüte VII-X. Schöne Rabattenpflanze, auch für Tröge und Schalen geeignet.
Hibiscus acetosella (*H. eetveldeanus*): Heimat Ostafrika, einjährig kultiviert, käftig wachsende, rotblättrige Art, die wegen ihres Ziereffektes angebaut wird. Blüte unscheinbar. Wuchshöhe 70 cm, Verwendung auf Rabatten und in Gruppenpflanzungen.

Homeria collina (H. breyniana, Moraea collina)

Abb. 266

Homerie.

Familie: Iridaceae – Schwertliliengewächse.
Herkunft: Südafrika. Etwa 10 Arten.
Wuchs: 40–60 cm hoch; flache Knollen.
Blatt: linealisch, aufrecht wachsend.
Blüte: weiß, gelb, orange oder scharlachrot, 6 cm ∅.
Blütezeit: VII–VIII.
Standort: sonnige, warme Standorte; nicht winterhart.
Erde: gute, nahrhafte, durchlässige Böden.
Vermehrung: durch Brutknöllchen.
Pflanzung: ins Freiland erst gegen Ende Mai.
Pflege: während der Vegetationszeit wässern. Zum Überwintern in Töpfe mit sandiglehmiger Erde pflanzen, diese relativ trocken halten und im mäßig warmen, luftigen Raum aufstellen.
Verwendung: Liebhaberpflanze, entweder im Topf im Kalthaus kultiviert oder während des Sommers auspflanzen.

Abbildung 266: ***Homeria collina***

Abbildung 267: ***Hordeum jubatum***

Hordeum jubatum

Abb. 267

Mähnengerste.

Familie: Gramineae – Süßgräser.
Herkunft: Amerika.
Wuchs: 40–70 cm hoch, entwikkelt prächtige Horste.
Blatt: weich, linealisch.
Blüte: Ähren sind bis 12 cm lang, sehr lange Grannen, färben sich bei der Reife leuchtend gelb, rosa überhaucht.
Blütezeit: VI–VIII.
Standort: anspruchslos, sonnig.
Erde: gedeiht auf jedem Gartenboden, durchlässig, keine Staunässe.
Kultur: Freilandaussaaten Ende April an Ort und Stelle. Aussaaten ins Frühbeet Ende März – Anfang April, in Töpfen. Auspflanzen im Mai ohne Frostgefahr, Abstand etwa 15 cm oder in lockeren Gruppen.
Verwendung: als Gruppenpflanze locker verteilt in Sommerblumenbeeten; für Trokkensträuße. Für Naturgärten. Ein- oder zweijährig.

Humulus japonicus (Humulus scandens)

Abb. 268 / 269

Japanischer Hopfen.

Familie: Moraceae – Maulbeergewächse.
Herkunft: Japan, China. Verwandt mit dem gewöhnlichen Bierhopfen *(Humulus lupulus)*
Wuchs: 4–6 m, kletternd, schnellwüchsig. Zweihäusige Pflanze.
Blatt: sehr dekorativ, rauh behaart, handförmig, 15–20 cm ∅, 5–7 gesägte Lappen.
Blüte: unscheinbar, weibliche Blüte grünlichgelb, kätzchenförmig.
Blütezeit: VII–VIII.
Standort: sonnige bis schattige Lage.
Erde: feuchter, aber nicht zu nasser Boden; relativ anspruchslos. Boden sollte nicht zu nahrhaft sein, sonst schlechte Blattfärbung bei weißbunten Sorten.
Kultur: Aussaat Februar–März im Gewächshaus. Keimzeit 3 Wochen bei 15 °C. Einige Wochen nach dem Auflaufen der Sämlinge in 10er-Topf pflanzen. Nach dem Abhärten,

Abbildung 268: ***Humulus japonicus***

Abbildung 269: *Humulus japonicus* 'Variegatus'

ab Mitte Mai ins Freiland, Abstand 40–50 cm. Pflanzen rechtzeitig, bereits in den Töpfen, stäben.
Verwendung: Blattschmuckpflanze, Kletterpflanze zum Bekleiden von Balkongittern, Lauben, Pergolen, Zäunen. An Bäumen hochwachsend. Auch für Nordseiten geeignet. Entwickelt sehr dichtes Laubwerk, dadurch vortrefflicher Sichtschutz. Einjährig.
Sorten: 'Variegatus', weißbuntlaubig, für sonnige Lagen, schnellrankend, 4 m.

Abb. 270

Hunnemannia fumariifolia
Mexiko-Tulpenmohn.

Familie: Papaveraceae – Mohngewächse.
Herkunft: Mexiko.
Wuchs: 60–90 cm, krautig.
Blatt: blaugrün, fein zerteilt.
Blüte: seidig-gelb, 5–8 cm ∅, ununterbrochene Blüte.
Blütezeit: VI–X.
Standort: reichlich Sonne, warme Lage. **Erde:** bevorzugt trockenen Gartenboden.
Kultur: Aussaat Ende März–April im Haus, in 8er-Topf 3–4 Samen, die kräftigste stehen lassen. Auspflanzen nach Mitte Mai.
Verwendung: Blumenbeete, Rabatten; Schnittblume, aber mit geschlossenen Kapseln schneiden, Stengelende in kochendes Wasser tauchen oder durch Feuer anbrennen, dadurch halten die Blüten fast eine Woche. Einjährig.

Abbildung 270: *Hunnemannia fumariifolia*

Abb. 271 / 272

Hyacinthoides hispanica (Scilla h., Scilla campanulata)
Glockenblaustern, Spanischer Blaustern.

Familie: Liliaceae – Liliengewächse.
Herkunft: Spanien, Portugal, Südwestfrankreich.
Wuchs: 25–35 cm hoch; Zwiebel 7 cm ∅.
Blatt: breit, riemenförmig, dunkelgrün, in bodennaher Rosette.
Blüte: weiß, blau, rosa, je nach Sorte, die Art blüht blau-violett, glockenförmig, hängend. Zahlreiche Blüten in vielen pyramidalen Trauben.
Blütezeit: IV–V.
Standort: sonnige-halbschattige, warme Standorte, mit Schutzdecke auch in rauheren Klimagebieten winterhart.
Erde: durchlässige, nährstoffreiche Böden.
Vermehrung: durch Brutzwiebeln oder Anzucht der Samen, entwickeln sich in 2–3 Jahren zu blühfähigen Pflanzen.
Pflanzung: September–Oktober, 8–10 cm tief.
Pflege: mögl. ungestört am Standort belassen. Im Herbst mit Düngetorf abdecken.
Verwendung: in Beeten, zusammen mit anderen Frühjahrsblühern, als Schnittblume.
Sorten: 'Blue Bird', sattblau, frühblühend. 'Blue Ribbon', leuchtend, blau, 30 cm, dichte Blatthorste. 'Dainty Maid', dunkelrosa, großblumig, 25 cm. 'Excelsior', dunkelblau, großblumig, 25 cm. 'La Grandesse', reinweiß, 25 cm. 'Myosotis', reinblau. 'Queen of the Pinks', dunkelrosa. 'Rosabella', hellrosa, reichblühend. 'Rose Queen', lilarosa. 'Sky Blue', dunkelblau, spätblühend. 'White Queen', reinweiß. 'White Triumphator', weiß, großblumig, sehr wüchsig.
Weitere Arten: *Hycinthoides non-scripta* (*Scilla non-scripta, Endymion nutans*), Hasenglöckchen, engl.: 'Blue-bell', bedeckt die Waldböden der britischen Inseln. Heimat Westeuropa, Ostfriesland. **Steht in Deutschland unter Naturschutz.** 20 cm hoch. Blätter schmal, riemenförmig, dunkelgrün. Kleine, himmelblaue, glockige Traubenblüten. Blütezeit Mai. Zur Verwilderung und für Parkwiesen bestens geeignet.

Abbildung 271: *Hyacinthoides hispanica*

Abb. 272: *Hyacinthoides non-scripta* 'Blue Bells' (Foto Stein)

Hyacinthus orientalis

Hyazinthe.

Abb. 273 - 275

Familie: Liliaceae - Liliengewächse.
Herkunft: östliches Mittelmeergebiet bis Südwestasien. Kam Mitte des 16. Jahrhunderts über Konstantinopel nach Europa. Heute gibt es eine Vielzahl von Sortenzüchtungen.
Wuchs: 20–30 cm hoch; große, runde Zwiebel.
Blatt: bandförmig, 20–30 cm lang, 6–9 Blätter pro Pflanze.

Blüte: weiß, gelb, rosa, rot, blau, einfach- oder gefülltblühende Sorten. 15–20 cm lange, walzenförmige, dicht besetzte Blütentrauben. Süßer, durchdringender Duft.
Blütezeit: Mitte IV–V im Freiland. Treibhaushyazinthen XII–IV.
Standort: sonnige-leicht halbschattige, warme Standorte; ist bei uns winterhart.

Abbildung 273: ***Hyacinthus orientalis*** **'Bismarck'**

Abbildung 274: ***Hyacinthus orientalis***

Erde: durchlässige, nährstoffreiche Gartenböden, wobei im Frühjahr ausreichende Bodenfeuchte wichtig ist. Grundwasserspiegel von etwa 50 cm vorteilhaft.
Vermehrung: durch Brutzwiebeln, dazu Zwiebelboden diagonal anschneiden, dies bewirkt verstärkte Brutzwiebelbildung.
Pflanzung: September–November, 10 cm tief, Abstand 12–15 cm.
Pflege: nach der Blüte einziehen lassen, etwa im Juni jedes Jahr ausgraben, säubern und trocken bis Oktober lagern. Verbleiben die Zwiebeln am Standort, müssen Blütenstände nach der Blüte abgeschnitten werden, um die Samenbildung zu verhindern. Bei tiefem Grundwasserstand im Frühjahr reichlich wässern. Für die Zimmerkultur in Hyazinthengläsern oder Topfkultur sind für die Treiberei geeignete Sorten zu verwenden. Zwiebeln 8–9 Wochen bei 4 °C dunkel stellen, anschließend bei 10 °C in einem Raum mit indirektem Licht aufstellen, bis Blattentwicklung einsetzt, dann ins warme Zimmer bringen.
Verwendung: in Steingärten, ungemähten Rasenflächen, in Rosenbeeten und Blumenzwiebelbeeten. Auch als Topfpflanze und für die Treiberei geeignet.

Sorten: 'Amethyst', violett. 'Amsterdam', rot. 'Annemarie', hellrosa. 'Bismarck', porzellanblau. 'Blue Jackett', tief dunkelblau. 'Carnegie', reinweiß. 'City of Haarlem', goldgelb. 'Delfts Blau', tief porzellanblau. 'Jan Bos', dunkelkarminrot. 'Lady Derby', hellrosa. 'La Victoire', scharlachrot. 'L'Innocence', weiß. 'Marconi', rosa. 'Orange Boven', orange. 'Ostara', tiefblau. 'Pink Pearl', dunkelrosa. 'Queen of the Pinks', rosa. 'White Pearl', weiß. 'Yellow Hammer', goldgelb. 'Multiflora'-Hyazinthen sind speziell behandelte Hyazinthen, die durch Herausstechen der Hauptblütentraube, mehrere Blütentrauben bringen, die nicht so dicht mit Einzelblüten besetzt sind.

Hymenocallis narcissiflora (Pancratium n., H. calathina, Ismene calathina)

Schönhäutchen.

Abb. 276

Familie: Amaryllidaceae - Amaryllisgewächse.
Herkunft: Peru, Bolivien in den Andenregionen. Etwa 40 Arten.
Wuchs: 40–80 cm hoch; die Zwiebeln sind breit und rund, 8 cm ∅.

Blatt: riemenförmig, hellgrün, 2zeilig, bis 60 cm lang.
Blüte: weiß, 7–10 cm groß, narzissenähnlich, stark duftend. Blütendolden mit bis zu 6 Blüten.
Blütezeit: VI–VII.

Abbildung 275: ***Hyacinthus orientalis*** **'Oranje Boven'**

Abbildung 276: ***Hymenocallis narcissiflora***

Standort: sonnige, warme Standorte, im Freiland ab 16 °C verwendbar; nicht winterhart.
Erde: gute, nährstoffreiche Böden, die mit organischem Dünger verbessert sind.
Vermehrung: durch Brutzwiebeln.
Pflanzung: ins Freiland erst in der 2. Maihälfte setzen. Im Topf vorkultivieren, 12 cm Erdabdeckung.
Pflege: vor dem 1. Frost ausgraben, luftig trocknen, anschließend trocken in Torf bei etwa 10 °C mit der Oberseite nach unten lagern. Während der Wachstumszeit reichlich wässern und laufend düngen.
Verwendung: für Freiland- und Zimmerkultur geeignete Liebhaberpflanze. Bei Freilandaussaat am besten mit dem Topf in Blumenbeet einsenken.
Sorten (meist Hybrid-Sorten): 'Advance', große, weiße Blüten mit grüngestreiftem Schlund, 50 cm hoch. 'Festalis', große, weiße Blüten, sehr blühwillig, 50 cm. 'Sulphur Queen', gelbe Blüten, im Schlund grün gestreift.
Weitere Arten: *Hymenocallis amancaes* (*Ismene a.*): stammt aus Peru. 30–60 cm hoch. Blätter riemenförmig. Blüte kräftig gelb, Schlund grünlich, 2–5 leicht hängende Blüten pro Dolde. Blütezeit Juni–Juli. Während des Sommers für Freilandpflanzung geeignet. *Hymenocallis longipetala* (*Elisena l.*): Peru. 80 cm hoch; faustgroße Zwiebel. Blätter bandförmig. Blüte reinweiß, 10 cm breit mit geschwungenen und gewellten, schmalen Kronkelchzipfeln. Wird vorwiegend als prunkvolle Schnittblume angebaut. *Hymenocallis speciosa* (*Pancratium speciosum*): Westindien. Etwa 60 cm hoch; Zwiebel rund, 12 cm ∅. Blätter immergrün. Blüte weiß, Vanilleduft. Blütezeit September–November. Als Zimmerpflanze verwendet.

Abb. 277

Iberis amara (I. coronaria)
Bittere Schleifenblume.

Familie: Cruciferae – Kreuzblütengewächse.
Herkunft: Westeuropa, Italien, westl. Mitteleuropa. Seit dem 16. Jahrhundert als Gartenpflanze bekannt.
Wuchs: 10–40 cm hoch, reichverzweigt.
Blatt: länglich, lanzettlich, fein gezähnt, zäh, Enden abgestumpft.
Blüte: weiß, 2–3 cm ∅, doldenähnliche Trauben, stark duftend. Rückschnitt gleich nach der Blüte bringt 2. Flor.
Blütezeit: V–VIII.
Standort: sonnig, leicht halbschattig in warmen Klimagebieten.
Erde: alkalische (kalkhaltige), nährstoffreiche Gartenböden.
Kultur: Freilandaussaat, je nach Witterung, März–Mai; auch Herbstaussaat möglich, dabei Winterschutz mit Fichtenreisig empfehlenswert. Keimzeit 2 Wochen bei 18 °C. Abstand etwa 20 cm.
Verwendung: Rabatten, Einfassungen und zum Blumenschnitt (sehr haltbar); Steingarten. Einjährig.
Sorten: 'Empress', schneeweiß, hyazinthenblütige Riesen, 30 cm hoch 'Eisberg', reinweiß, ca. 25 cm hoch.

Abbildung 277: ***Iberis amara*** **'Eisberg'**

Abb. 278

Iberis umbellata
Schleifenblume.

Familie: Cruciferae – Kreuzblütengewächse.
Herkunft: Mittelmeerraum. Seit dem 16. Jahrhundert als Gartenpflanze bekannt.
Wuchs: 20–50 cm hoch.
Blatt: lanzettlich, zugespitzt.
Blüte: abgeflachte Scheindolden, schirmartig, dehnen sich während der Blüte nicht aus. In vielen Farben: violett, rot, rosa, weiß. Nicht duftend.
Blütezeit: VI–VIII.
Standort: sonnig, verträgt leichten Halbschatten in warmen Klimagebieten.
Erde: alkalische, humusreiche Gartenböden.
Kultur: Freilandaussaat, je nach Witterung, März–Mai; auch Herbstaussaat möglich, dabei Winterschutz mit Fichtenreisig empfehlenswert. Keimzeit 2 Wochen bei 18 °C. Abstand etwa 25 cm. Nach Rückschnitt folgt eine zweite Blüte. Einjährig.
Verwendung: Rabatten, Einfassungen, Steingärten und zum Blumenschnitt (sehr haltbar)
Sorten: 'Märchenzauber', prächtiges Farbenspiel, für Blumenbeete, 25 cm. 'Mercury', großblumige Prachtmischung, herrliche Schnittblume, 35 cm hoch. 'Red Flash', leuchtend rubinrot, schönstes Rot bei Iberis, buschiger Wuchs, sehr geeignet für Binderei. 'Feuerteufel', changierendes Karmin- und Purpurrot, Höhe 20 cm.

Abbildung 278: ***Iberis umbellata*** **'Fairy'**

Abb. 279 / 280

Impatiens balsamina (Balsamina hortensis)
Gartenbalsamine, Springkraut.

Familie: Balsaminaceae – Balsaminengewächse.
Herkunft: Hinterindien, China. Im vorigen Jahrhundert sehr beliebt, mit riesigem Sortenangebot. Im 16. Jahrhundert durch Portugiesen nach Europa gebracht. Man findet sie noch in Bauerngärten.
Wuchs: 20–70 cm, je nach Sorte; fleischige Stengel durch Knoten gegliedert.
Blatt: lanzettlich, zugespitzt.
Blüte: gefüllte und halbgefüllte Blütenähren, rosenartig, je nach Sorte Blüten 2–3 cm ∅, in vielen Farben, auch mehrfarbig.
Blütezeit: VI–IX.
Standort: vollsonnige bis halbschattige Lage.

Abbildung 279: ***Impatiens glandulifera***

Erde: nährstoffreiche, gut gedüngte Böden.
Kultur: Aussaat Februar–März im Gewächshaus, März–April Aussaat im Frühbeet möglich, Direktsaat im Freiland ab Mitte Mai. Keimzeit 1–2 Wochen bei 15 °C. Auspflanzen im Mai, nach der Frostgefahr, Pflanzabstand 30–40 cm.
Verwendung: Einfassungs- und Rabattenpflanze, auch zum Schnitt geeignet. Einjährig.
Sorten: heute nur noch als Mischungen angeboten, z. B. 'Blütenbusch', gefüllt, kamelienblütig, in bester Mischung, 60 cm. 'Rosenmischung', großblumig, gefüllt, in vielen Farben, 70 cm.
Weitere Arten: *Impatiens glandulifera*, Himalaya-Springkraut: stammt aus Asien, kommt bei uns in Auwäldern verwildert vor; Blüte purpur, weinrot, in Trauben, 4–6 cm ∅, 80–120 cm hoch, Blüte VI–X, Bienen- und Hummelfutterpflanze für den Sommer und Herbst. Duftend. Einjährig.

Abbildung 280: ***Impatiens balsamina*** **'Kamelien Mischung'**

Impatiens-Neu-Guinea-Hybriden

Abb. 281

Neu Guinea Impatiens, Edellieschen, Neu Guinea Springkraut.

Familie: Balsaminaceae – Balsaminengewächse.
Herkunft: Durch Kreuzungen aus *Impatiens hawkeri* × *I. linearifolia* entstanden und seitdem sehr erfolgreich als Topf- und Beetpflanzen eingeführt.
Wuchs: ca. 30–40 cm hoch, stark verzweigt, flächig sich ausbreitend.
Blatt: dunkelgrün, glänzend, teils intensiv gelb-grün gezeichnet, lanzettlich, Blattrand fein gezähnt.
Blüte: radförmig, fünf Blütenblätter in schirmförmiger Anordnung, 3–5 cm ∅.
Blütezeit: als Topfpflanze ganzjährig, im Freiland V–X.
Standort: halbschattig, in der Sonne nur bei ausreichender Wasserversorgung.
Erde: humusreich, immer ausreichend feucht, nährstoffreich, leicht sauer.
Vermehrung: meist durch Kopfstecklinge, die leicht anwachsen, einige Sorten auch durch Samen.
Kultur: Aussaat bei einigen Sorten wie 'Tango' und 'Spectra-Mischung': Januar–Februar im Gewächshaus bei 20–22 °C, Keimdauer 15–20 Tage. Nach 4 Wochen in Anzuchtplatten pikieren und nach weiteren 4–6 Wochen in 10–12 cm Töpfe setzen. Weiterkultur bei 17–20 °C bis Mitte Mai. Kultur aus in Lizenz vermehrten bewurzelten Stecklingen.
Pflanzung: ab Mitte Mai im Abstand 30 x 30 cm.
Verwendung: als Topfpflanzen fürs Zimmer, als Gruppenpflanzen und blühender Bodendecker im Freiland an geschützten, warmen, vollsonnigen und halbschattigen Stellen, für die Bepflanzung von Balkonkästen, Kübeln, Schalen und Gefäßen den Sommer über im Freiland und im Innenbereich. Einjährig.
Sorten (aus Samen zu ziehen): 'Tango' F1-Hybride, 20 cm hoch, große, leuchtend-orangerote Blüten, dunkles, kontrastierendes Laub. 'Spectra' F1-Hybriden-Mischung, 25 cm, 8 Farbschattierungen, reichblühend, grünes und gelbgrün panaschiertes Laub. Aus Stecklingen lieferbar: 'Paradise'-Serie: alle Sorten kompakt wachsend und früh blühend, sowohl für den Verkauf in Töpfen als auch für das Auspflanzen im Freiland geeignet. 'Antigua', orangerot. 'Aruba', magentarot. 'Barbados', orangerot. 'Bora-Bora', lila mit hellem Auge. 'Fiji', zartrosa mit dunkelrosa Auge. 'Lanai', rot, 'Maui', korallenrot. 'Papete', purpurrot. 'Samoa', weiß mit rotem Auge. 'Tahiti' zartrosa mit dunkelrosa Auge. 'Tobago' lachsrot. 'Tonga', zartlila. 'Trinidad', purpurlila.
'Klassiker'-Serie: bis auf die späteren Sorten 'Flambee', rothellrosa und 'Isopa', purpurrosa mit kräftigem Wuchs alle für Töpfe und Freiland geeignet: 'Aglia', pink, grün-gelbes Laub. 'Anaea', dunkelrot. 'Argus' rosarot mit grün-gelbem Laub. 'Apollon', dunkellila, 'Aurore', orange mit bronze und gelbem Laub. 'Celsia', silberrosa mit bronze Laub. 'Delias', rosa. 'Dunya', purpurrot, 'Flambee', rot-hellrosa. 'Isopa', purpurrosa. 'Isis', zartorange mit grün-gelbem Laub. 'Jasius', reinweiß. 'Marpesia', korallenrot mit rot-grünem Laub, 'Marumba', orangerot mit bronze Laub. 'Melissa', korallenrot mit bronze Laub. 'Octavia' hell und dunkellila gesternt. 'Selenia', orangerot, 'Sphinx', weiß. 'Thecla', hell- und dunkelrosa und 'Vulcain', hellrosa und erdbeerrot.

Abbildung 281: Impatiens-Neu-Guinea-Hybriden

Impatiens walleriana *(I. holstii, I. sultani)*

Abb. 282 – 284

Fleißiges Lieschen.

Familie: Balsaminaceae – Balsaminengewächse.
Herkunft: tropisches Ostafrika, in Gebirgsgegenden. Viele Neuzüchtungen, früher vorwiegend als Topfpflanze verwendet, heute gibt es viele, sehr widerstandsfähige Freilandsorten.
Wuchs: 15–60 cm, je nach Sorte, stark verästelt, stark wasserhaltiger Stengel.
Blatt: elliptisch, lanzettlich, wechselständig, leicht gezähnt.
Blüte: in vielen Farben, weiß, rosa, lachs, rot, ∅ bis 4,5 cm, tellerförmige Blütenkrone. Einzeln oder mehrere, in den Blattachseln.
Blütezeit: V–XI, als Zimmerpflanze I–XII.
Standort: halbschattige, auch schattige Lagen werden gut vertragen, keine pralle Sonne.

Abbildung 282: ***Impatiens*** **Mischung**

Abbildung 283: ***Impatiens*** **'Rosette' F1-Hybriden**

Erde: humusreiche, durchlässige, feuchte Gartenböden. Einheitserde, pH-Wert um 6.
Kultur: zur Beetpflanzung Februar–März-Aussaat ins Gewächshaus oder auf der Fensterbank, einmal pikieren und in 8er-Töpfe setzen. Keimzeit 2–3 Wochen bei 18–22 °C. Auspflanzzeit ab Mitte Mai nach den letzten Frösten, Abstand etwa 25 cm. Auch Stecklingsvermehrung von April–September möglich. Als Zimmerpflanze jährlich im Frühjahr–Sommer umtopfen.
Verwendung: Beet- und Gruppenpflanze, vor allem in halbschattiger Lage, z. B. unter hohen Bäumen, auch für Gräber sehr geeignet. Bekannte und beliebte Zimmerpflanze seit 1880. Wird kaum von Schnekken befallen, daher sehr pflegeleicht. Immer beliebter werden Impatiens als Ampelpflanzen. Einjährig.

Sorten: 'Accent'-Serie F1-Hybriden, hervorragende Neuzüchtung, sehr früh blühend, kompakter Wuchs, großblumig in leuchtenden Farbsorten und Mischungen angeboten. 'Futura'-Serie F1-Hybriden, gleichmäßiger Pflanzenaufbau, frühblühend, großblumig, sehr geeignet für Balkonkästen und Schalen, aber auch für Beetpflanzungen. Viele Farbsorten. 'Bellizzy' F1-Hybriden, niedriger, kräftiger, gleichmäßiger Wuchs, blüht auch im kühlen Klima frei über dem Laub, 15–20 cm hoch, viele Farbsorten. 'Super Elfin'-Serie F1-Hybriden, in leuchtenden Farben, kompakter, niedriger, gleichmäßiger Wuchs, 20 cm hoch. Besonders gängige Sorten sind 'Starbright', rot-weiß, Fleuroselect-Medaille. 'Mega Orange Star', lachsorange mit weißem Stern, Fleuroselect-Medaille und 'Swirl', zartrosa mit leuchtendrosa Blütenrand. 'Miss Swiss' F1-Hybriden, scharlach, Fleuroselect-Bronzemedaille. 'Impuls' F1-Hybriden-Serie, besonders früh blühend und reichlicher Knospenansatz, Blütengröße 5–6 cm, in vielen Farben und Formelmischung, 15 cm hoch. 'Florette Stern' F1-Hybriden-Serie, alle Farbsorten zweifarbig weiß gesternt, großblumig, 20–25 cm hoch, rosa bis rot. Gefüllte Sorten sind besonders dekorativ, insbesondere für Ampeln: 'Bellizzy Orange Ball' F1-Hybride, 25 cm hoch, leuchtendorange, hochprozentig gefüllt, 'Bellizzy Bunte Bälle' F1-Hybriden-Mischung, 25 cm hoch, sehr gut gefüllt. 'Rosette' F1-Hybriden-Mischung, teils gefüllt. 'Heideröslein', rosa, 100 % gefüllt, nur aus Stecklingen.
Weitere Arten: *Impatiens repens*: Herkunft Ceylon, Indien, Halbstrauch; kriechende, rot angelaufene Stengel. Blätter klein. Blüte Juni–August, in den Blattachseln, 3 cm Ø, gelb. Warmhausgewächs (Zimmerpflanze).

Abbildung 284: ***Impatiens walleriana*** **'Accent Lavendel'**

Abb. 285

Incarvillea delavayi

Freilandgloxinie.

Familie: Bignoniaceae – Trompetenblumengewächse.
Herkunft: China, Jünnan.
Wuchs: 40–50 cm hoch, breit ausladend.
Blatt: groß, überhängend, fiederteilig, Rand gekerbt.
Blüte: in lockeren Trauben angeordnet, groß, tiefrosa mit gelbem Schlund.
Blütezeit: VI–VII.
Standort: sonnig bis halbschattig, auch im Schatten.
Erde: humos, feucht, nährstoffreich.
Pflanzung: im Frühjahr, ca. 50 x 50 cm, tief pflanzen wegen Frostgefahr.
Pflege: nicht ganz winterhart, daher Winterschutz durch dikke Laubschicht geben.
Verwendung: üppig blühend, für Steingärten, Blumenrabatten, Staudenpflanzungen.

Abbildung 285: ***Incarvillea delavayi***

Abb. 286

Ipheion uniflorum (Brodiaea uniflora, Triteleia u.)

Frühlings-Sternblume, Ipheie.

Familie: Liliaceae – Liliengewächse.
Herkunft: Südbrasilien, Argentinien, Uruguay.
Wuchs: 15 cm hoch; Zwiebel 1–2 cm Ø. Pflanze riecht bei Verletzungen zwiebelartig.
Blatt: grasähnlich, bis 30 cm lang, 0,8 cm breit. Blätter entwickeln sich im Herbst und verwelken im Frühsommer.
Blüte: bläulich-weiß, Blütenaußenseite grünlich, 2 cm Ø, süßlich duftend. Geschnitten riechen die Blüten leicht nach Knoblauch.
Blütezeit: IV–V.

Standort: sonnige, geschützte Standorte. Mit entsprechendem Schutz aus Laub, Torf und Fichtenreisig winterhart. Als Zimmerpflanze bei über 20 °C und Nachttemperaturen von 12–18 °C kultivieren.
Erde: leichte, durchlässige, nährstoffreiche, lehmige Sandböden.
Vermehrung: durch Brutzwiebeln.
Pflanzung: Frühjahr oder Herbst, mit 2 cm Erdabdeckung.
Pflege: während des Wachstums reichlich wässern, düngen mit Hornspänen. Nach dem Welken des Laubes im Frühsommer trocken halten. Als Zimmerpflanze täglich mindestens 4 Stunden direkte Sonne.
Verwendung: im Steingarten, unter Ziersträuchern, in ungemähten Rasenflächen. Geeignet zur Kennzeichnung von Lilien-Pflanzstellen. Überwiegend als Topfpflanze und auch zum Schnitt.
Sorten: 'Wisley Blue', violettblau, großblumig.

Abbildung 286: ***Ipheion uniflorum***

Abb. 287

Ipomoea tricolor (I. rubrocaerulea, I. violacea, Pharbitis rubrocaerulea)
Prunkwinde, Trichterwinde.

Familie: Convolvulaceae – Windengewächse.
Herkunft: tropisches Amerika. Etwa 200 Arten.
Wuchs: bis 3 m hoch windend, bei uns einjährig gezogen, in der Heimat ausdauernd. Stengel verzweigt, windend.
Blatt: ei-herzförmig.
Blüte: weiß, rot und blau; sehr groß, ∅ bis 10 cm, Schlund und Röhre weiß.
Blütezeit: VII–X.
Standort: sonniger, geschützter Standort.
Erde: kalkhaltige, nicht zu nährstoffreiche Gartenböden.
Kultur: Aussaat im Frühbeet oder im Treibhaus empfehlenswert. Zeitpunkt März–April, Keimzeit 2 Wochen bei 18 °C einmal pikieren, am besten im 9er-Topf vorkultivieren.
Verwendung: vorzügliche, schlingende, einjährige Kletterpflanze.
Sorten: 'Blauer Himmel', dunkelblau, Schlund weiß, Schlundmitte gelb. 'Praecox', himmelblau, früh- und lang blühend, Wuchs bis 3 m.

Abbildung 287: ***Ipomoea tricolor***

Abb. 288

Ipomopsis rubra (Gilia rubra, Gilia coronopifolia, I. elegans)
Steppenrose, Sperrkraut.

Abbildung 288: ***Ipomopsis rubra*** (Foto Stein)

Familie: Polemoniaceae – Himmelsleitergewächse.
Herkunft: USA, Florida.
Wuchs: 80–150 cm hoch, kann ein- oder zweijährig gezogen werden.
Blatt: fiederteilig oder zerschlitzt.
Blüte: scharlachrot, rosa, blutrot, kupferrot, orange und gelb; in langen, schmalen Rispen.
Blütezeit: VIII–X.
Standort: sonnige Standorte.
Erde: durchlässiger Gartenboden.
Kultur: Freilandaussaat im April, direkt in Reihen von 30 cm Abstand, später vereinzeln auf 25 cm Abstand. Bei Herbstaussaat Winterschutz. Am besten im kalten Kasten frostfrei überwintern. Dann Blüte bereits im Juli.
Verwendung: Haltbare, langstielige Schnittblume, hochwachsende Hintergrundpflanze in Rabatten. Einjährig.

Iresine herbstii
Iresine.

Familie: Amaranthaceae – Amaranthgewächse.
Herkunft: Brasilien. Etwa 70 Arten. Dazu Sorten durch Züchtungen.
Wuchs: dünne Stengel, krautartig, überhängend.
Blatt: kreisförmig, rot gefärbt und geadert, überhängend. Blattform und Zeichnung je nach Sorte verschieden.
Vermehrung: Stecklinge ab Frühjahr, die sich leicht bei 18–20 °C Temperatur bewurzeln.
Kultur: Blumenerde, wie angeboten. Von Frühjahr–Herbst übliche Zimmertemperatur 18–20 °C bei luftigem Stand. Im Winter bis 15 °C vertragend. Warmhausgewächs. Hell bis sonnig. Robuste Zimmerpflanze, die auch als Beetpflanze verwendet wird.
Pflege: Substrat ganzjährig mäßig feucht halten, keine stauende Nässe, Pflanze nicht austrocknen lassen. Düngen von Frühjahr–Herbst einmal wöchentlich, im Winter alle 3–4 Wochen, mit Blumendünger nach Angabe. Umpflanzen durch jährliche Nachzucht nicht nötig.

Iris
Schwertlilie.

Familie: Iridaceae – Schwertliliengewächse.
Einteilung: Die verschiedenen Arten wurden von Dykes in 12 verschiedene Gruppen (Sektionen) eingeteilt. Es sind dies rhizom- oder zwiebelbildende Arten, mit übereinstimmenden botanischen Merkmalen. Einige hier nicht aufgeführte Arten sind bereits in Kreuzers Pflanzenlexikon Band 2, S. 93–105 beschrieben.
Herkunft: nördliche Halbkugel, in den gemäßigten und wärmeren Zonen. Es gibt etwa 200 Arten und mehrere 1000 Sorten.
Wuchsform: unterschiedliche Wuchshöhen, die Arten haben Zwiebeln oder knollige Rhizome.
Blatt: schwertförmig, grasartig oder rund.
Blüte: sie besteht aus den 3 äußeren Blütenblättern (Hängeblättern) und 3 inneren Blütenblättern, die häufig als Domblätter bezeichnet werden.

Gruppe: Juno

Iris aucheri (I. sindjarensis)
Abb. 289
Schwertlilie.

Familie: Iridaceae – Schwertliliengewächse.
Herkunft: Syrien, Irak, Kleinasien.
Wuchs: 30 cm hoch; zwiebelbildend, die Zwiebeln sind glatt und haben walzenförmige, bruchempfindliche Wurzeln.
Blatt: gerinnt, 30–45 cm lang, Laub verwelkt im Sommer.
Blüte: hellblau, dunkel geadert, orchideenhaft anmutend, je Schaft etwa 6 Blüten; duftende Blüte.
Blütezeit: III–IV.
Standort: unbedingt warme, vollsonnige Standorte; verlangt Winterschutz.
Erde: durchlässige, trockene, nahrhafte, sandige Gartenböden.
Vermehrung: durch Aussaat der Samen, Teilung oder Abnehmen einiger fleischiger Wurzeln, diese in einem Sandbeet anziehen.
Pflanzung: Spätsommer–Herbst, etwa 10 cm tief. Wurzeln beim Verpflanzen vorsichtig behandeln.
Pflege: 3–5 Jahre am Standort ungestört belassen.
Verwendung: Steingärten, Sommerblumenbeete, vor allem während des Sommers in trokkenen Bereichen des Gartens.
Weitere Arten: *Iris bucharica*: stammt aus Buchara. 40 cm hoch. Blüte gelblichweiß, die unteren Blütenblätter mit großem, gelbem Fleck. Blütezeit März–April. Sonnige, warme, trockene Standorte.
Iris magnifica: stammt aus Mittelasien. 40 cm hoch. Blüte weiß bis weißlichblau, Hängeblätter mit orangem Fleck. Blütezeit April. Überwintern am besten im Kalthaus.
Iris persica: Kleinasien bis Südiran. 20 cm hoch. Blüte hellila, dunkelrot geadert. Empfindliche Art. Es gibt zahlreiche Varietäten mit unterschiedlicher Blütenfarbe.

Abbildung 289: *Iris aucheri*

Gruppe: Regelia

Iris hoogiana
Schwertlilie.

Familie: Iridaceae – Schwertliliengewächse.
Herkunft: Turkestan.
Wuchs: 50–70 cm hoch; knollige Rhizome, mit kurzen Ausläufern.
Blatt: hellgrün, schwertförmig, 2 cm breit.
Blüte: zart lavendelblau, gelber Bart, edel geformt, duftend.
Blütezeit: V.
Standort: sonnig, warm; benötigt Winterschutz, vor allem gegen Feuchtigkeit.
Erde: sehr gut drainierte, trockene, gute Gartenböden. Sehr empfindlich gegen Nässe.
Vermehrung: durch Rhizomteilung.
Pflanzung: im Herbst, etwa 10 cm tief.
Pflege: im Sommer Rhizomknollen ausgraben, trocken und luftig bis zum Herbst lagern.

Verwendung: eine der schönsten Iris-Arten. Liebhaberpflanze für Stauden- oder Sommerblumenbeete.
Weitere Arten: Iris-Regeliocyclus-Hybriden: entstanden aus Kreuzungen von Regelia- und Oncocyclus-Iris durch C. G. von Tubergen in Haarlem, Holland. 35–50 cm. Blüte in vielen Farben, kräftig geadert, blüht Mitte Mai. Guter Winterschutz empfehlenswert. Nach der Blüte ausgraben, trocken und luftig aufbewahren. Es gibt viele Sorten, z. B. 'Chione', hellilageadert auf weißem Grund, Hängeblätter mit graubraunem Adernetz und schwarzbraunem Fleck. 'Sylphide', weiß mit zartgrauen Tupfen, Hängeblätter mit dunkelbraungrauem Adernetz und tiefschwarzem Fleck. 'Thesens', dunkelviolett mit dunkleren Adern, Hängeblätter cremeweiß mit violetten Adern und Fleck.

Weitere Arten: *Iris bakeriana*: stammt aus Kleinasien, Kurdistan, Gebirge im Euphratgebiet. 15–20 cm hoch. Blätter achtkantig. Äußere Blütenblätter blau mit gelben Mittelstreifen, am Grunde violett, innen lila. Blütezeit Februar–März. Verlangt geschützten, warmen Standort und guten Winterschutz, am sichersten im Gewächshaus kultivieren.
Iris histrio: Kleinasien, Libanon, Palästina. 10–15 cm hoch. Äußere Blütenblätter weiß mit dunkelblauen Adern und Fleck, die inneren sind schmal und deren Spitzen zeigen nach außen. Blütezeit Februar–März. Am sichersten im Kalthaus oder Alpinenhaus kultivieren. Es gibt 2 Varietäten *Iris histrio* var. *aintabensis* mit hellblauen, weiß gefleckten Blüten und *Iris histrio atripurpurea* mit einfarbig, dunkelvioletten bis dunkelroten Blüten.

Gruppe: Reticulata

Iris danfordiae (I. bornmuelleri)

Abb. 292

Gelbe Vorfrühlingsiris.

Familie: Iridaceae – Schwertliliengewächse.
Herkunft: Kleinasien, Taurus.
Wuchs: 10–15 cm hoch; längliche, zugespitzte Zwiebel mit netzartiger Zeichnung auf der Zwiebelhaut.
Blatt: linealisch, erscheinen zusammen mit der Blüte.
Blüte: zitronengelb, am Grunde schwarzgefleckt, innen grüngestreift, auf der Lippe grüngepunktet.
Blütezeit: III–IV.
Standort: sonnige- leicht halbschattige, warme Standorte, die im Sommer trocken sind.
Erde: durchlässige, kalkhaltige, sandige Lehmböden.
Vermehrung: durch Brutzwiebeln oder Aussaat der Samen.
Pflanzung: im Oktober, 5–8 cm tief.
Pflege: es ist vorteilhaft, die Zwiebeln im Juni auszugraben, zu säubern, trocken und luftig bis Oktober zu lagern.
Verwendung: im Steingarten, in Blumenzwiebelbeeten zusammen mit anderen Vorfrühlingsblühern.

Abbildung 292: ***Iris danfordiae***

Abbildung 293: ***Iris histrioides major***

Iris histrioides

Abb. 293

Schwertlilie.

Familie: Iridaceae – Schwertliliengewächse.
Herkunft: nördliches Kleinasien, Armenien.
Wuchs: 10 cm hoch; Zwiebel netzartig gezeichnet.
Blatt: schmal-linealisch, erscheinen nach der Blüte.
Blüte: leuchtend dunkelblau, die unteren Blütenblätter haben einen weißen Fleck mit gelber Zunge und blauen Punkten.
Blütezeit: III.
Standort: warme, sonnige, im Sommer trockene Standorte; relativ winterhart.
Erde: gut durchlässige, etwas kalkhaltige, sandige Lehmböden.
Vermehrung: durch Brutzwiebeln.
Pflanzung: im Oktober, etwa 8 cm tief.
Pflege: nach der Blüte unbedingt trocken halten, damit die Zwiebel richtig ausreift.
Verwendung: im Steingarten oder in kleine Schalen gepflanzt, zur Treiberei.
Sorten: 'Major', tiefblau, Zunge goldgelb gepunktet.

Abbildung 294: *Iris reticulata*

Abbildung 295: Iris-Hollandica-Hybriden 'Blue Magic'

Abb. 294

Iris reticulata

Zwergschwertlilie.

Familie: Iridaceae – Schwertliliengewächse.
Herkunft: Kleinasien, Kaukasus, Irak, Iran.
Wuchs: 10–20 cm hoch, Zwiebel mit netzartiger Haut.
Blatt: schmal, ungleich vierkantig, etwa 30 cm lang. Blätter erscheinen mit der Blüte.
Blüte: purpurviolett mit gelblichem Lippenfleck und orangem Mittelstreifen, duftend.
Blütezeit: II–III.
Standort: sonnig, halbschattig, warm; je nach Klimazone eventuell Winterschutz nötig.
Erde: durchlässige, leicht kalkhaltige, sandige Gartenböden.
Vermehrung: Brutzwiebeln.
Pflanzung: X, 6–8 cm tief.
Pflege: in der Vegetationszeit vorsichtig düngen. Nach Blüte Standort durch Abdecken trocken halten oder Zwiebeln ausgraben, säubern, bis Oktober luftig und trocken lagern.
Verwendung: im Steingarten, Terrassenbeeten zwischen Polsterstauden. Zwiebeln werden zur frühen Blüte im Dezember angetrieben.
Sorten: 'Cantab', hellblau mit orangem Fleck. 'Clairette', himmelblau mit purpur. 'Harmony', himmelblau mit gelbem Strich. 'Joyce', lavendel- und dunkelblau. 'J. S. Dyt', rötlichpurpurn mit orangem Fleck. 'Pauline', purpurviolett mit großem, weißem Punkt. 'Spring Time', dunkelblau, weiß gezeichnet. 'Violet Beauty', leuchtend dunkelviolett mit orangem Fleck.

Gruppe: Xiphium

Abb. 295 + 296

Iris-Hollandica-Hybriden

Holländische Iris.

Familie: Iridaceae – Schwertliliengewächse.
Herkunft: Kreuzungen verschiedener Iris-Arten durch holländische Blumenzwiebelzüchter.
Wuchs: 50–80 cm; längliche Zwiebel, glatte Schale, während der Vegetationszeit fleischige Wurzeln.
Blatt: sehr schmal, aufrecht.
Blüte: gelb, weiß, hell- bis dunkelblau, violett, bronzefarben. Die äußeren Blütenblätter haben weder einen Bart noch Kamm, die inneren sind länglich-oval mit runder Spitze.
Blütezeit: VI–VII, durch spezielle Kulturverfahren ganzjährige Blüte möglich.
Standort: sonnig, geschützt; Winterschutz mit 20 cm dicker Schicht aus trockenem Torf und Laub.
Erde: durchlässige, humose Böden.
Vermehrung: durch Brutzwiebeln, 4–6 pro Zwiebel.
Pflanzung: Mitte Oktober – Mitte November, 8–10 cm tief.
Pflege: für die notwendige Ruhezeit Ende Juli ausgraben, kurz an der Luft trocknen, dann in Sand oder Torf bis zur Herbstpflanzung lagern. Während des Wachstums reichlich

Abbildung 296: Iris-Hollandica-Hybriden

wässern, mit altem, gut verrottetem Stallmist düngen.
Verwendung: als Schnittblume, für die Treiberei und auch für Freilandbeete als Bereicherung zwischen Tulpen- und Rosenblüten. Für den Gartenbau die wirtschaftlich bedeutendste Iris-Art.
Sorten: 'Blue Magic', violettblau mit gelb. 'Frans Hals', violettblau mit goldbraunen Hängeblättern. 'Golden Harvest', reingelb. 'H. C. van Vlieth', Domblätter dunkelblau, Hängeblätter mittelblau mit orange. 'Hillegarde', hellila mit gelborange. 'Ideal', dunkelblau, großblumig. 'Imperator', mitteltiefblau. 'Prof. Blaauw', reinblau, großblumig. 'Purple Sensation', violett-purpur mit gelb. 'Wedgwood', himmelblau, großblumig. 'White Excelsior', reinweiß.
Weitere Arten: *Iris latifolia* (*I. anglica, I. xiphioides*) – Englische Iris: stammt aus den Pyrenäen. 50–60 cm hoch. Blätter steif, rinnig, blaugrün. Blüte leuchtend dunkelviolett mit gelbem Fleck, 12 cm ∅. Blütezeit Juni–Juli. In Gegenden mit mildem Klima winterhart. Es gibt eine Vielzahl von Sorten von weiß, blau bis rosa.
Iris xiphium (*I. hispanica*) – Spanische Iris: Südfrankreich, Iberische Halbinsel bis Nordafrika. 50 cm hoch. Blüte violett, elegant geformt. Blütezeit Juni. Es gibt weiße, gelbe und blaue Sorten. Im Sommer ausgraben und trocken lagern, verlangen guten Winterschutz.

Abb. 297

Ixia-Hybriden

Klebschwertel, Miniaturgladiole, Abendblume, Ährenschwertel.

Familie: Iridaceae – Schwertliliengewächse.

Abbildung 297: Ixia-Hybride, Mischung

Herkunft: durch Kreuzung aus in Südafrika beheimateten Arten entstanden etwa 30 Arten.
Wuchs: 50–90 cm hoch, drahtige Stengel; Rhizomknollen enthalten klebrigen Saft.
Blatt: schwertförmig, schmal, grasartig, bis 50 cm lang, sie ziehen Mitte des Sommers ein.
Blüte: weiß, creme, gelb, orange, rot oder rosa, Zentrum dunkel, häufig mehrfarbig. 5 cm ∅, becherartig, trichter- oder sternförmig. 5–12blütige Ähren. Blüten sind nur bei Sonne geöffnet.
Blütezeit: IV–VI.
Standort: geschützte, vollsonnige Standorte; nur in milden, trockenen Klimagebieten im Freiland überwinterungsfähig.
Erde: warme, durchlässige, leichte, nahrhafte, sandige Gartenböden.
Vermehrung: durch junge Brutknollen, dazu Bestände im Juli roden. Auch Aussaat der Samen möglich, diese Pflanzen sind dann erst nach 3 Jahren blühfähig.
Pflanzung: bei uns vorzugsweise im Frühjahr ohne Frostgefahr 8 cm tief. Bei Herbstpflanzung mit Stroh abdecken oder in Töpfe pflanzen und diese bis zum Frühjahr in einem temperierten Raum aufstellen.
Pflege: sobald der Austrieb erfolgt, stärker wässern und Blumendüngergaben. Nach dem Verwelken des Laubes im August Rhizomknollen ausgraben, trocken, beschattet und frostfrei lagern. Es ist vorteilhaft, jährlich die Anbaufläche zu wechseln.
Verwendung: vor allem als Schnittblume, überwiegend im Gewächshaus kultiviert, aber auch für Freilandbeete, in Gruppen gepflanzt oder als Zimmerpflanze geeignet.
Sorten: meist als Mischung angeboten, es gibt aber auch eine Vielzahl von Sorten.
Weitere Arten: *Ixia viridiflora*: Südafrika, Kapland. Etwa 50 cm hoch. Blüte schillernd, stahlblau, mit einem Anflug schiefergrau. Empfindliche Art.

Abb. 298

Ixiolirion tataricum (*I. montanum, I. pallasii*)

Blaulilie, Bergblaulilie.

Familie: Amaryllidaceae – Amarillisgewächse.
Herkunft: Kleinasien, Iran, Irak, Afghanistan, Pakistan, Westsibirien. Es gibt etwa 3 Arten.
Wuchs: 30–50 cm hoch, dünne Stengel; Zwiebel 3 cm ∅, mit langem Hals.
Blatt: schmal, lang, grasartig.
Blüte: violettblau bis lavendelblau, rosa schimmernd, 4–5 cm groß, trompetenförmig, Blütenzipfel zurückgekrümmt. Blütenstände locker angeordnet. Schwach duftend.
Blütezeit: V.
Standort: sonnige Standorte, winterhart.
Erde: nährstoffreiche, durchlässige, gute Gartenböden.
Vermehrung: durch Aussaat der Samen im Spätsommer-Herbst. Sämlinge im Winter abdecken.
Pflanzung: September–Oktober, 10 cm tief.
Pflege: düngen mit Komposterde und im Herbst mit Düngetorf bedecken.
Verwendung: im Steingarten, für Beetpflanzungen und als Schnittblumen, dafür Blütenstiel knospig schneiden.

Abbildung 298: ***Ixiolirion tataricum***

Abb. 299

Kochia scoparia

Besenkraut, Sommerzypresse.

Familie: Chenopodiaceae – Gänsefußgewächse.
Herkunft: Südosteuropa, Asien, gemäßigte Zonen. Etwa 80 Arten in Australien, Europa, Asien, Afrika, Nordamerika.
Wuchs: 60–100 cm, kugelförmiger verzweigter Busch.
Blatt: im Sommer sattgrün, im Herbst rötlich, feinzerteilt, schmal, dicht zusammenstehend.
Blüte: klein, gelbgrün, unscheinbar.
Blütezeit: VIII–IX.
Standort: vollsonnige Lage, hitzeverträglich.
Erde: gering, trockene bis mäßig feuchte Gartenböden.
Kultur: Aussaat März–April, am besten gleich in kleine Töpfe und im Frühbeet aufstellen. Lichtkeimer, den Samen nur leicht bedecken, Keimzeit 1–2 Wochen bei 15 °C. Auspflanzen ab Mitte Mai, Abstand 50–80 cm. Freilandaussaat ab Mai nach der Frostgefahr möglich, später vereinzeln auf 20 cm Abstand.
Verwendung: beliebte einjährige Zierheckenpflanze (schnittverträglich), auch Balkon-Schalen- und Kübelpflanze;

geeignet für Friedhof. Solitärpflanze im Garten oder Park.
Sorten: 'Childsii', bleibt im Herbst grün, 80 cm. 'Trichophylla', sattgrün, färbt sich im Herbst rötlich, 100 cm.

Abbildung 299: ***Kochia scoparia*** **'Childsii'**

Lagenaria siceraria

Abb. 300

Flaschenkürbis, Kalebasse, Flaschenfrucht.

Familie: Cucurbitaceae – Kürbisgewächse.
Herkunft: Tropen der alten Welt, von dort aus auch nach Amerika gelangt.
Wuchs: kletternd, bis zu 4 Meter lange Triebe.
Blatt: rundlich, groß, behaart.
Blüte: weiß, unscheinbar.
Frucht: flaschenförmig, hängend, ungewöhnliche Formen, die nach der Reife langsam an kühler Stelle trocknen und später viele Jahre haltbar sind.
Standort: sonnig, geschützt, an Mauern, Bäumen o. Gerüsten.
Erde: locker, humos, nährstoffreich.
Kultur: Aussaat im Gewächshaus März–Anfang Mai, 1–2 Körner pro 8-cm-Topf. An Stäben rechtzeitig aufleiten und nach den Frösten im Abstand von 30–40 cm auspflanzen.
Pflege: aufleiten an Klettermöglichkeit, bei Bedarf mit einem Pinsel künstlich bestäuben.
Verwendung: einjährig, die ungewöhnlich geformten Früchte besitzen hohen Zierwert. Man läßt sie trocknen, höhlt sie aus und kann sie bemalen oder mit Mustern beschnitzen.
Sorten: es werden Mischungen verschiedener Formen angeboten, tropfenförmige oder keulenförmige, teils auch in Zierkürbis-Mischungen enthalten.

Abbildung 300: ***Lagenaria siceraria***

Lagerstroemia indica

Abb. 301

Lagerstroemie, Indische Zwergmyrte.

Familie: Lythraceae – Blutweiderichgewächse.
Herkunft: China, Korea.
Wuchs: buschig, 20–25 cm hoch, verzweigter kleiner Strauch.
Blatt: glänzend, rund bis lanzettlich.
Blüte: stark gefranst, kleine Blüten hellrosa, weiß, rot, purpurviolett, lavendelblau.
Blütezeit: VII–X.
Standort: sonnig, geschützt.
Erde: mittelschwer, durchlässig, humusreich.
Vermehrung: durch Stecklinge oder Aussaat.
Kultur: Aussaat Dezember–April im Gewächshaus für eine Blüte im Sommer oder im Mai für Töpfe zur Winterblüte im Haus oder Wintergarten. Keimung bei 20–24 °C innerhalb von 15–20 Tagen. Dunkelkeimer, Saatgut bedecken. Weiterkultur bei 18–20 °C an heller Stelle. Nach den Frösten auspflanzen im Abstand von 25 x 25 cm.
Verwendung: als Beetpflanze an sonniger Stelle im Freien oder als interessante Topfpflanze und Kübelpflanze.
Sorten: 'Kleiner Häuptling', Mischung aus mehreren Farben, 15 cm hoch.

Abbildung 301: ***Lagerstroemia indica***

Lagurus ovatus

Abb. 302

Hasenschwanzgras, Sammetgras.

Familie: Gramineae – Süßgräser.
Herkunft: Mittelmeerraum, Kanarische Inseln.
Wuchs: 20–40 cm hoch, polsterbildend.
Blatt: schmal.
Blüte: Ähren sind weiße, eiförmige Blütenköpfchen, von seidenweichen Haaren umgeben.
Blütezeit: VI–VIII.
Standort: sonnig, warm.
Erde: gut durchlässige Gartenböden.
Kultur: Aussaat Ende März ins

Frühbeet, am besten in kleine Töpfe. Auspflanzen Anfang Mai, Abstand etwa 20x30cm. Direktsaat möglich in Rillen von 25–30 cm Abstand, dünn verteilt, später vereinzeln.
Verwendung: einjährige Beet- und Einfassungspflanze, Ähren schön für Schnitt (Trokkenbinderei).

Abbildung 302: ***Lagurus ovatus***

Lampranthus blandus (Mesembryanthemum blandum)

Abb. 303

Eiskraut, Eisblume, Feuer von Granada.

Familie: Aizoaceae – Mittagsblumengewächse.
Herkunft: Südafrika, Kapland. Etwa 160 Arten dieser Gattung.
Wuchs: 30–40 cm, strauchartig, buschig.
Blatt: grün, sukkulent, im Querschnitt dreieckig.
Blüte: dunkelrosa bis kräftig rot, strahlenförmig.
Blütezeit: VII–IX.
Vermehrung: Sommerstecklinge im Torf-Sandgemisch bewurzeln und gut überwintern, um sie im Frühjahr zu topfen.
Kultur: Einheitserde mit 1/4 Sand, pH-Wert um 6. Von Frühjahr–Herbst Zimmertemperatur, Freilandaufenthalt im Sommer sehr vorteilhaft. Im Winter kühl halten, mit 5–15 °C.
Verwendung: mehrjähriges Kalthausgewächs. Ganzjährig heller, sonniger Fensterplatz. Sehr gute Verwendung für Tröge, Balkonkästen, aber auch in der Zimmerkultur beliebt.
Pflege: Substrat in der Wachstumszeit mild feucht halten. Im Freiland trockenen Standort ohne Dauernässe geben. Im Winter so viel gießen, daß die Pflanze nicht vertrocknet. Düngen von Mai–September einmal alle 14 Tage mit Blumendünger nach Angabe. Umpflanzen jährlich im Frühjahr.
Weitere Arten: *Lampranthus aurantiacus:* ähnlich voriger, leuchtendrote Blüten, üppiges Wachstum, Sorten in Rot und Rosa, z. B. 'Pink', in Weiß und Orange.

Abbildung 303: ***Lampranthus blandus***

Lampranthus conspicuus (Mesembryanthemum conspicuum)

Eisnelke, Mittagsblume.

Familie: Aizoaceae – Mittagsblumengewächse.
Herkunft: Südafrika. 11 Arten dieser Gattung.
Wuchs: bis 40 cm hoch und breit, dünntriebig. Blätter paarweise angeordnet, halb stielrund, graugrün, 2 cm lang.
Blüte: margeritenähnlich, violettrosa, einzeln oder drei zusammen, 3 cm ⌀.
Blütezeit: den ganzen Sommer; abgeblühte, alte Blüten entfernen.
Standort: täglich mind. 6 Stunden direkte Sonne. Temperaturen mind. 4 °C, keine Frosthärte. Freilandkultur nur ohne Frostgefahr in Trögen, Schalen und Blumenkästen von Juni–September möglich.
Erde: handelsüblich angebotene Blumenerde mit Blumendüngergabe.
Vermehrung: im Frühjahr oder Spätsommer durch Stecklinge oder Samenaussaat im Frühjahr bei 16–18 °C.
Pflege: nur soviel gießen, daß die Erde nicht austrocknet oder die Pflanze nicht schrumpft. Kühl und trocken überwintern. Düngen während des Sommers alle 2–3 Wochen mit Blumendünger nach Angabe. Umtopfen jährlich im Spätwinter oder zeitigen Frühjahr. Drei Jahre alte Pflanzen sind durch Jungpflanzen zu ersetzen.
Verwendung: mehrjährige Topf- und Kübelpflanze. Für Balkone in sonniger Lage.
Weitere Arten: *Lampranthus aureus*: aufrechter Wuchs, etwa 30 cm hoch; mit 5 cm langen Blättern, frischgrün, grau bereift. Blüte 6 cm ⌀, glänzend orange. Eine der schönsten Arten!
Lampranthus glomeratus: Schlanke Äste mit zahlreichen Kurztrieben, aufrecht. Blätter klein, dünn, 3kantig. Blüten zahlreich, 25 mm ⌀, karmin.
Lampranthus haworthii: die dünneren Äste sind mehr aufrecht, gut verzweigt. Blätter 4 cm lang, 5 mm dick, hellgrün, grau bereift. Blüte hellpurpur, 7 cm ⌀. Blüht reich. Standardart, bestens geeignet für Balkonkästen in heißer Lage.
Lampranthus spectabilis (*Mesembryanthemum s.*): Triebe niederliegend, bis 8 cm lang. Blätter graugrün. Blüte von Frühjahr–Sommerende, purpurrot, 5–8 cm ⌀, in großen Mengen.

Lantana-Camara-Hybriden

Abb. 304

Wandelröschen.

Familie: Verbenaceae – Eisenkrautgewächse.
Herkunft: Jamaika, Westindien. 1692 entdeckt. Verwildert auch in den südlichen USA vorkommend. Etwa 150 Arten in Südamerika, tropisches Afrika und Ostasien.
Wuchs: 30–100 cm je nach Sorte, sparrig, strauchartig; steife, vierkantige Triebe. Werden auch zu Kronenbäumchen gezogen.
Blatt: eiförmig-länglich, runzelig, hellgrün.
Blüte: während der Blütezeit verändert sich die Blütenfarbe, gelb, orange, rosa, creme.

Doldenartige Blütenstände, 2–4 cm groß, mit strengem Duft.
Blütezeit: VI–IX.
Standort: sonnig, verträgt auch Halbschatten. Überwinterung bei uns nur im Haus oder in einem hellen, luftigen Raum bei +8 °C.
Erde: nährstoffreiche Böden, für Trogpflanzung entsprechende Kultur- oder Blumenerde.
Kultur: Aussaat Januar–Februar im Gewächshaus, Keimzeit 2–3 Wochen bei 18 °C. Pikieren in Töpfchen von 8–10 cm ∅. Auspflanzen nach der Frostgefahr im Mai, Abstand 50 cm. Die übliche Vermehrungsart benutzt jedoch krautige Triebstecklinge, die im Spätsommer entnommen, auf ca. 4 cm Länge geschnitten und im Gewächshaus bewurzelt werden. Umtopfen im Februar, um kräftige Pflanzen zu erzielen.
Verwendung: mehrjährige, nicht winterharte, beliebte Topfpflanze zur Verwendung im Garten, für Beete und Rabatten, beliebte Kübelpflanze, auch Zimmerpflanze, dazu wird der aufrechte Wuchs durch Stäben des Haupttriebes mit hängenden Seitenzweigen erreicht. Duftpflanze. Nektarlieferant für Schmetterlinge.
Weitere Arten: *Lantana montevidensis (L. sellowiana, L. delicatissima),* Liegendes Wandelröschen: Blüte rosa-violett mit gelbem Schlund.

Abbildung 304: Lantana-Camara-Hybriden

Lapeirousia grandiflora (Anomatheca gr.)
Lapeirousie.

Familie: Iridaceae – Schwertliliengewächse.
Herkunft: Südafrika. Es gibt etwa 50 Arten.
Wuchs: 30 cm hoch; zwiebelförmige Rhizomknollen.
Blatt: schwertförmig, 15–20 cm lang.
Blüte: ziegelrot mit ausgebreitetem, weißem Saum. Lange, dünne, röhrenförmige Blütensternchen, 5 cm ∅. 4–12 Blüten an einem Blütenstand.
Blütezeit: IV bei Zimmerkultur. Bei Freilandpflanzung VII–VIII.
Standort: sonnig, bis ganz leichter Schatten bei 18 °C, nachts 10–13 °C. Nicht winterhart, nur im milden, mediterranen Klima als Freilandpflanze geeignet.
Erde: Substrat aus 1/3 Torf, 1/3 Sand, 1/3 Blumenerde und organischem Dünger oder sandige, nährstoffreiche Böden.
Vermehrung: durch junge Brutknollen oder Aussaat der Samen.
Pflanzung: im Herbst mit etwa 3 cm Erdabdeckung im Kalthaus oder in Töpfe pflanzen, dabei 8 Knollen in einen 12er-Topf setzen. Auch Frühjahrspflanzung ab Ende Mai im Freiland möglich.
Pflege: düngen und feucht halten nur während des Wachstums ab Austriebsbeginn. Im Sommer weder gießen noch düngen.
Verwendung: mehrjähriges Knollengewächs, vor allem als Zimmer- und Kalthauspflanze für Liebhaber.
Weitere Arten: *Lapeirousia laxa (L. cruenta, Gladiolus laxus, Anomantheca laxa):* östliches Südafrika. 15–30 cm hoch. Blätter bis 20 cm lang, schwertförmig, Blüte zinnoberrot mit dunklem Fleck. 3 cm lang, 1,5 cm breit, röhrig. Ebenfalls nicht frosthart.

Abb. 305

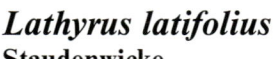

Lathyrus latifolius
Staudenwicke.

Familie: Leguminosae – Schmetterlingsblütengewächse.
Herkunft: Mitteleuropa.
Wuchs: bis zu 3 Meter lange Ranken.
Blatt: länglich, ganzrandig.
Blüte: nicht duftend, kleiner und fester, auch haltbarer als bei den einjährigen Wicken, in weißrosa, lilarosa, purpurrot.
Blütezeit: VI–VIII.
Standort: sonnig oder halbschattig.
Vermehrung: sandig oder sandig-lehmig, keine Staunässe.
Kultur: Aussaat im Gewächshaus ab Februar, im Freiland Ende März – Anfang April. Keimdauer 20–30 Tage bei 5–15 °C (reagiert auf Kaltbehandlung). Danach pikieren in Töpfchen und nach April auspflanzen im Abstand von 30–60 cm, jeweils 3–5 Korn pro Topf oder Pflanzstelle. Bei Aussaat im Freiland den Samen über Nacht vorquellen lassen.
Verwendung: mehrjährige, reichblühende Kletterpflanze zum Abschirmen von Sträuchern, Hauswänden, zur Gliederung des Gartens, für Schnittblumen und Gestecke.

Abbildung 305: ***Lathyrus latifolius,*** **Mischung**

Lathyrus odoratus

Abb. 306 / 307

Wohlriechende Wicke, Edelwicke, Duftwicke, Wohlriechende Platterbse.

Familie: Leguminosae - Schmetterlingsblütengewächse.
Herkunft: Süditalien, Sizilien.
Wuchs: kletternde Sorten 1-3 m, mit Gerüst (Schnüre, Drähte) wachsend; nicht kletternde Sorten 30-60 cm hoch.
Blatt: oval, paarig, bei den kletternden Sorten laufen die Blätter mit einer Ranke aus.
Blüte: weiß, rosa, rot, violett bis blau, auch zweifarbig, duftige, wohlriechende Blüten, 2-5 cm ∅, 3-7 zusammen, traubenartig. Blütenblätter leicht gewölbt, Blüte langgestielt. Zur Erhaltung der Blühkraft abgeblühte Triebe sofort entfernen.
Blütezeit: VI-IX.
Standort: sonniger, geschützter Standort.
Erde: tiefgründige, nährstoffreiche, kalkhaltige Böden. Jährlicher Standortwechsel.
Kultur: Freilandaussaat Ende März bis April im Abstand von 3-4 cm jeweils 1 Korn 2-3 cm tief in Rillen ablegen, spätere Aussaaten sind durch Austrocknen gefährdet. Keimzeit 2 Wochen bei 15 °C. Vor der Aussaat Samen 1-2 Stunden in lauwarmem Wasser einweichen. Für die Treiberei im Gewächshaus Aussaat von Oktober-April mit Vorkultur in Töpfchen möglich, jeweils 4-5 Korn pro Topf. An Gittern aufleiten. Bei 8-15 cm Pflanzenhöhe anhäufeln.
Verwendung: einjährig, als Kletterpflanze, zum Beranken von Zäunen, Wänden, beliebte Schnittblume, stark duftend. Nicht rankende Sorten für Beet, Balkon und Schnitt.
Sorten: Niedrige Sorten: 'Little Sweetheart' ('Kleiner Liebling'), gedrungener Wuchs, nur 20 cm hoch, Prachtmischung. 'Super Snoop', buschiger Wuchs, Höhe 35-40 cm, benötigt keinen Halt. Langstielige Blüten zum Schnitt. Auch für Gefäße und für den Balkon. Hohe Sorten: kletternd am Draht: 'Mammut', frühblühende, langstielige, hervorragende Rasse für unter Glas und Freiland, verschiedene Farbsorten. 'Multiflorus Giganteus', kräftiger Wuchs, hitzeresistent, reich- und frühblühend, für Treiberei und Freilandanbau; verschiedene Farbsorten. 'Royal', kalifornische Originalsaat, außerordentlich große Blüte, 4-7 cm ∅, je Stengel 5-7, extrem langstielig. Für späten Anbau unter Glas und im Freiland geeignet; verschiedene Farbsorten. 'Spencer', kalifornische Saat mit großen, gewellten Flüten, meist als Prachtmischung angeboten.

Abbildung 306: ***Lathyrus odoratus* 'Royal'**

Abbildung 307: ***Lathyrus odoratus* 'Super Snoop'**

Lavatera thuringiaca

Abb. 308

Staudenbechermalve.

Familie: Malvaceae - Malvengewächse.
Herkunft: Mitteleuropa, südliches Rußland, Balkan, Südeuropa.
Wuchs: Höhe 150 cm, üppig, ausdauernd, verzweigt rundlich-herzförmig, bisweilen dreilappig.
Blüte: hellrosa, sehr zahlreich angesetzt, ca. 5 cm ∅.
Blütezeit: VII-IX.
Standort: sonnig-halbschattig.
Erde: humos, nährstoffreich, keine Staunässe.
Kultur: Aussaat Februar-April, Keimung innerhalb von 10-14 Tagen bei 15-18 °C. Jeweils 3 Samen pro 8-9 cm-Topf. Weiterkultur bis zum Auspflanzen oder Eintopfen bei 14-16 °C. Nach Abhärtung ins Freie.
Pflanzung: Anfang Mai im Abstand von 80 x 100 cm.
Verwendung: Schöne und reichblühende Staude, die sich gut zum Schnitt eignet, aber auch als auffällige Kübelpflanze und für Naturgärten.

Abbildung 308: ***Lavatera thuringiaca***

Lavatera trimestris

Abb. 309

Bechermalve, Buschmalve, Pappelrose.

Familie: Malvaceae - Malvengewächse.
Herkunft: Mittelmeerraum. Etwa 20 Arten im Mittelmeergebiet, Zentralasien, Australien und Kalifornien. Verwandt mit Hibiscus.
Wuchs: 50-120 cm je nach Sor-

te, rauhhaarig, reich verästelt.
Blatt: ähnlich dem Ahornblatt, herz-nierenförmig, flaumhaarig.
Blüte: zartrosa oder weiß, 6–10 cm ∅, becherförmig, langgestielt.
Blütezeit: VII–X.
Standort: sonnige Lage, trockenes Klima.
Erde: leichtere, gut durchlässige, nicht zu nährstoffreiche Böden, bei Überdüngung geringe Blütenbildung, empfindlich bei zu nassen Böden. Jährlicher Standortwechsel wegen Rost- und Welkekrankheit (Brennflecken) dringend empfohlen.
Kultur: Aussaat März–Mai mit Anzucht der Jungpflanzen im Gewächshaus oder Frühbeet. Keimzeit 2–3 Wochen bei 16–18 °C. Direktsaat im Freien möglich ab April an Ort und Stelle mit späterem Verziehen, Abstand etwa 50 cm.
Verwendung: einjährige Beet- und Rabattenpflanze, dekorative, einjährige Hecke. Schöne und auffällige Schnittblume. Die Fruchtstände werden für Trockendekorationen genutzt. Bauerngartenblume. Ergibt auch eine dekorative, große Topfpflanze für Kübel und Wintergärten.
Besonderheiten: Heißwasser-Behandlung vor der Aussaat verhindert spätere Enttäuschungen mit Faulen am Stengelgrund, Brennflecken-Krankheit und Umfallen der Sämlinge: den Samen in Stoffsäckchen 1/2 Stunde in 45–50 °C warmes Wasser geben (Temperatur messen). Nach dieser keimfördernden Behandlung sofort säen.
Sorten: 'Mont Blanc', reinweiß, großblumig, Laub tiefgrün, glänzend, 50 cm; Fleuroselect-Bronzemedaille. 'Silver Cup', leuchtend rosa mit zarter Aderung, Blütendurchmesser bis 9 cm, wetterbeständig, sehr wertvolle Sorte, 60 cm; Fleuroselect-Silbermedaille. 'Ruby Regis', tiefrosa mit intensivroter Aderung, Höhe 50–60 cm. Fleuroselect-Qualitätssiegel. 'Prachtmischung' aus rosa und weißen Farben.
Weitere Arten: Sehr ähnlich ist *Malope trifida,* dunkelkarminrot. Siehe *Malope.*

Abbildung 309: ***Lavatera trimestris***

Abb. 310

Layia platyglossa
Layie.

Familie: Compositae – Korbblütengewächse.
Herkunft: Kalifornien. Etwa 15 Arten im westlichen Nordamerika.
Wuchs: 30–40 cm hoch.
Blatt: wechselständig, fiederspaltig, schmal (linealisch)
Blüte: goldgelb mit weißem Rand, aromatischer Duft, endständige Blütenköpfchen.
Blütezeit: VII–VIII.
Standort: sonnige, geschützte, warme Lage.
Erde: normale, durchlässige Gartenböden.
Kultur: Aussaat ins Freiland an Ort und Stelle Ende April–Anfang Mai, Abstand 10–15 cm.
Verwendung: einjährige Rabatten-, Beet- und Gruppenpflanze, seltenere Liebhaberpflanze.

Abb. 310: ***Layia platyglossa***

Abb. 311

Leonotis leonurus
Löwenohr.

Familie: Labiatae – Lippenblütengewächse.
Herkunft: Südafrika.
Wuchs: in der Heimat als Strauch 2 m hoch. Als Topf- und Kübelpflanze geeignet. Durch zeitigen Rückschnitt Höhe ca. 150 cm.
Blatt: grün, weich behaart, lanzettlich, gegenständig.
Blüte: an den Triebspitzen orangefarbene, röhrige Lippenblüten, in mehreren Scheinquirlen.
Blütezeit: IX–XII.
Vermehrung: im Frühjahr–Sommer die halb verholzten Kopfstecklinge im Torf-Sand-substrat bei mindestens 22 °C Bodentemperatur bewurzeln lassen. Bewurzelte Stecklinge pincieren (stutzen).
Kultur: Aussaat möglich im Gewächshaus zeitig im Februar, spätestens Anfang März. Keimzeit 8–10 Tage bei 16–18 °C. Bald pikieren und sofort stutzen, um mehr Verzweigung zu erreichen. Stecklingsvermehrung aus überwinterten Mutterpflanzen ist die übliche Methode. Topfen in Einheitserde oder Substrat aus 3/4 lehmigem Humus und 1/4 grobem Sand, pH-Wert um 6. Von Mai–September Freilandstandort möglich; im Winter etwa 5–10 °C. Den Sommer über vollsonnig stellen im Freien und im Raum. Wegen der Höhe der Triebe Halt durch Stäbe empfohlen.
Pflanzung: nach Mitte Mai im Abstand von 30 x 30 cm oder in große Töpfe.
Pflege: In Töpfen stets feucht halten; im Winter nur so viel gießen, daß die Pflanze nicht schrumpft. Düngen von Frühjahr–Herbst einmal wöchentlich, im Winter alle 3–4 Wochen mit Blumendünger nach Angabe. Umpflanzen jährlich im Frühjahr.
Verwendung: mehrjährig, nicht winterhart, auffällige Erscheinung, wertvoll durch die sehr späte Blüte im Herbst, als Hintergrundbepflanzung in sonnigen Staudenbeeten, vor Mauern, an geschütztem Standort, zur Kübelbepflanzung, in städtischen Anlagen als botanische Besonderheit.

Abbildung 311: ***Leonotis leonurus***

Leucojum aestivum

Abb. 312

Sommerknotenblume, Sommertürchen.

Familie: Amaryllidaceae – Amarillisgewächse.
Herkunft: Mittel-, Südeuropa, Kaukasus, Südwestasien. **Steht in Deutschland unter Naturschutz. Artenschutz-Regelungen beachten!** Es gibt 9 Arten. Oft fälschlich als Märzenbecher angeboten.
Wuchs: 40–50 cm hoch; runde Zwiebel, 4 cm Ø.
Blatt: schmal, bis 40 cm lang, 4–7 Blätter pro Pflanze. Laub stirbt nach der Blüte ab.
Blüte: weiß mit grünen Spitzen, 2 cm Ø; lockerer Blütenschopf mit bis zu 8 Blüten.
Blütezeit: V–VI.
Standort: sonnige–halbschattige Standorte, die aber nicht heiß sein dürfen; winterhart mit trockener Laub- oder Torfabdeckung.
Erde: feuchte–sumpfige Gartenböden.
Vermehrung: durch kleine Brutzwiebeln, die im Frühherbst abgenommen werden. Oder Samenaussaat im Frühjahr möglich, aber nicht rentabel.
Pflanzung: im zeitigen Frühjahr, 15 cm tief, 20 cm Abstand.
Pflege: Zwiebeln ungestört am Standort belassen. Im Frühjahr eine Flüssigdüngung oder im Herbst mit Düngetorf abdecken.
Verwendung: mehrjährige Zwiebelblume, im Steingarten und unter Laubgehölzen.
Sorten: 'Gravetye Giant', 50 cm hoch, je Stengel 9 Blüten, noch schöner und geeigneter als die Stammart.
Weitere Arten: Leucojum autumnale: Herbstknotenblume. In Portugal, Marokko und Spanien beheimatet. 10–15 cm hoch; Zwiebeln 2 cm Ø. Blätter sind fadenförmig, erscheinen nach der Blüte. Blüte weiß, rosa angehaucht, bis zu 3 Blüten pro Pflanze. Blütezeit September–Oktober. Trockenere Standorte, ist nicht ganz so winterhart. Eignet sich zur Topfkultur.

Abbildung 312: ***Leucojum aestivum***

Leucojum vernum

Abb. 313

Märzenbecher, Frühlingsknotenblume.

Familie: Amaryllidaceae – Amarillisgewächse.
Herkunft: Pyrenäen, West- und Mitteleuropa bis Mittelitalien, Karpaten. **Steht in Deutschland unter Naturschutz. Artenschutz-Regelungen beachten!**
Wuchs: 15–25 cm hoch; kugelige Zwiebel, 3 cm Ø, mit grünlicher Schale.
Blatt: dunkelgrün, glänzend, riemenförmig. Laub stirbt nach der Blüte ab.
Blüte: weiß mit grünlichen Tupfen an den Spitzen der Blütenblätter, eine oder zwei breitglockige Blüten je Stengel.
Blütezeit: III–IV.
Standort: halbschattige–schattige Standorte; völlig winterhart.
Erde: humose, nährstoffreiche Gartenböden.
Vermehrung: durch kleine Brutzwiebeln, die beim Umpflanzen abgenommen werden und durch Aussaat der Samen.
Pflanzung: im August–September, 10 cm tief, Abstand 15–20 cm.
Pflege: bei geeignetem Standort möglichst ungestört belassen. Falls umgepflanzt wird, sollte dies im Mai–Juni erfolgen.
Verwendung: mehrjährige Zwiebelblume, im Steingarten, in Beeten zusammen mit anderen Frühjahrsblühern im lichten Schatten von Laubgehölzen. Auch zum Schnitt geeignet.
Sorten: es gibt 2 sehr wüchsige und robuste Varietäten: var. *vagneri*, var. *carpaticum*.

Abbildung 313: ***Leucojum vernum***

Liatris spicata

Abb. 314

Prachtscharte.

Abbildung 314: ***Liatris spicata***

Familie: Compositae – Korbblütengewächse.
Herkunft: Nordamerika, Oregon-Michigan.
Wuchs: Höhe 60 cm, in Horsten sich ausbreitend.
Blatt: linealisch, am Stamm recht zahlreich angesetzt.
Blüte: kolbenförmige Blütenstände, die von oben nach unten aufblühen. Violettrosa.
Blütezeit: VII–IX.
Standort: sonnig, halbschattig, paßt in nahezu jede Gartensituation.
Erde: humos, gut drainiert, feucht, aber keine Staunässe.
Vermehrung: durch Samen oder über Brutknollen, die rechtzeitig im Herbst oder Frühjahr abgenommen werden.
Pflanzung: im Herbst oder Frühjahr, Abstand 25 x 25 cm.
Verwendung: mehrjährig, schöne Staude für Rabatten, zum Schnitt, sehr gefragt bei Schmetterlingen, Bienen und Hummeln.
Sorten: 'Floristan Weiß', weiß, 90 cm hoch. 'Kobold', dunkellilarosa, nur 40 cm hoch.

Lilium
Lilie.

Familie: Liliaceae – Liliengewächse.
Herkunft: Asien, Europa und Nordamerika, nicht südlicher als 20° nördlicher Breite. Es gibt etwa 100 Arten und ein riesiges Sortiment.
Wuchs: 40–180 cm hoch. Zwiebel aus dachziegelartigen Schuppen zusammengesetzt, am Zwiebelboden ausdauernde Wurzeln, bei einigen Arten auch einjährige Stengelwurzeln knapp unter der Bodenoberfläche.
Blatt: variabel, meist sehr schmal und langgezogen bis breit lanzettlich, auch grasartig, im allgemeinen glänzend grün.
Blüte: trichter-, trompeten-, flocken-, schalen- oder turbanförmig.
Standort: je nach Art volle Sonne oder Halbschatten, unter lichten Bäumen, jedoch freistehend und ohne Wurzeldruck der Bäume. Wichtig ist eine Beschattung des Bodens, z. B. zwischen Stauden. Die meisten Arten sind winterhart.
Erde: gut drainierte, nur mäßig feuchte, humose Böden. Die meisten Arten verlangen leicht saure Böden (pH-Wert 6,0). Winternasse Böden werden nicht vertragen. Gut bekommt den Pflanzen Waldstreu.
Vermehrung: durch Aussaat der Samen, außer bei den Hybrid-Sorten. Durch Teilung, Jungzwiebeln oder Zwiebelschuppen.
Pflanzung: vorzugsweise im Herbst, von Ende August–Ende Oktober, auch Frühjahrspflanzung möglich. Pflanztiefe etwa 2–3mal so tief wie Knollendurchmesser.
Pflege: Boden im Herbst mit Düngetorf abdecken. Nach dem Verblühen Blütenstand abschneiden. Zwiebeln mehrere Jahre am Standort belassen, erst umpflanzen, wenn die Blühwilligkeit nachläßt. Bei hochwachsenden Sorten ist ein Stützgerüst nötig.
Verwendung: mehrjähriges Zwiebelgewächs, in Staudenbeeten, für Rabatten, teils auch im Steingarten gepflanzt. Hervorragende Schnittblume und zur Treiberei geeignet.

Botanische Arten (Wildlilien)

Lilium amabile
Korea-Lilie.

Herkunft: Korea.
Wuchs: 80–90 cm hoch; mittelgroße, weiß-gelbliche Zwiebel.
Blatt: schmal, lanzettlich.
Blüte: leuchtend granat- bis orangerot mit schwarzen Punkten, Türkenbundform, mittelgroß. Unangenehmer Geruch.
Blütezeit: VII.
Erde: kalkverträglich, liebt sandigen Lehmboden.
Sorten: die Varietät *luteum*, blüht gelb bis orangegelb.

Abb. 315

Lilium auratum
Goldbandlilie.

Herkunft: Japan, am Fuße des Fuji-Yama auf der Hauptinsel Honshu.
Wuchs: etwa 120 cm.
Blatt: schmal- bis breit-lanzettlich.
Blüte: weiß mit goldgelbem Mittelband, rotgefleckt, schalenförmig, breit, stark duftend. Eine der prächtigsten Lilienarten.
Blütezeit: VII–VIII.
Standort: windgeschützte Lage, verlangt hohe Luftfeuchtigkeit, Winterschutz erforderlich.
Erde: neutraler, leicht saurer Boden.
Sorten: die Varietät *platyphyllum* zeichnet sich durch noch größere und hübschere Blüten aus. Zahlreiche Hybriden (siehe Orientalische Hybriden S. 124).

Abbildung 315: ***Lilium auratum***

Abb. 316

Lilium bulbiferum
Feuerlilie, Bauernlilie.

Herkunft: Alpenregion, Korsika. **Steht in Deutschland unter Naturschutz. Artenschutz-Regelungen beachten!**
Wuchs: 80–100 cm hoch, in den Blattachseln bilden sich Jungzwiebeln oder Bulben, daher der Name.
Blatt: glänzend, lanzettlich, bis 10 cm lang.
Blüte: leuchtend orangegelb, nach außen rotorange.
Blütezeit: V–VI.
Standort: vollsonnige Lage.
Erde: verträgt kalkhaltige Böden.
Sorten: die Varietät *croceum* ohne achselständige Brutzwiebeln, bildet Ausläufer. Blüte leuchtend orange.

Abbildung 316: ***Lilium bulbiferum***

Lilium canadense
Kanadische Wiesenlilie.

Herkunft: östliches Nordamerika, Kanada.
Wuchs: bis 150 cm hoch, bildet in jedem Jahr an fleischigen Rhizomen neue Schuppen, die dann 1 Jahr später blühen.
Blatt: groß, 10 cm lang, in Quirlen angeordnet.
Blüte: hellorange bis gelborange, dunkel gepunktet, zierlich, glockenförmig, 10 cm ∅, nikkend, an 20 cm langen, aufstrebenden Stielen. Eine der schönsten Lilien!
Blütezeit: VI–VII.
Standort: bevorzugt leichten Halbschatten.
Erde: kalkfliehend, verlangt im Sommer feuchten, im Winter trockenen Boden.

Lilium candidum
Abb. 317

Madonnenlilie.

Herkunft: südlicher Balkan bis Südwestasien, Israel, Libanon. Seit Jahrtausenden in den Gärten gepflanzt!
Wuchs: 80–150 cm hoch; gelblich-weiße Zwiebeln.
Blatt: rosettenartig angeordnet, grundständige Blätter. Die Blätter sind bis 25 cm lang und verkehrt-lanzettlich.
Blüte: reinweiß, trichterförmig, 10–12 cm groß, schräg abstehend. Stark duftend.
Blütezeit: VI–VII.
Erde: verträgt auch kalkhaltige Böden. Liebt sommerliche Trockenheit.
Pflanzung: schon im Herbst, nicht mehr im Frühjahr, da sich überwinternde grüne Blätter bilden, die gefährdet sind durch Spätfrost. Pflanztiefe flach (5 cm). Möglichst wenig umsetzen, sondern in Horsten belassen. Winterschutz durch Reisig.

Abbildung 317: ***Lilium candidum***

Lilium cernuum
Nickende Lilie.

Herkunft: Korea, Mandschurei, Ussuri.
Wuchs: 30–80 cm hoch; eiförmige, weiße Zwiebel.
Blatt: schmal, grasartig.
Blüte: fliederfarben, violett gepunktet, die Zipfel der Blütenblätter sind stark zurückgeschlagen. In lockeren Trauben, bis zu 15 Blüten. Duftend.
Blütezeit: VI–VII.
Standort: sonnige bis halbschattige Lage.
Erde: feuchte, sandige Lehmböden, jedoch mit gutem Wasserabzug.
Besonderheiten: Die Art ist kurzlebig, muß immer wieder aus Samen nachgezogen werden.

Lilium chalcedonicum
Chalcedonische Lilie.

Herkunft: Griechenland, Südalbanien.
Wuchs: 60–120 cm hoch; eiförmige, gelbe, mittelgroße Zwiebel.
Blatt: schmal-lanzettlich, im oberen Bereich werden sie kleiner und bedecken den Stengel dachziegelartig.
Blüte: lackartig glänzend rot, stark zurückgerollte Blütenzipfel, türkenbundförmig.
Blütezeit: VII–VIII.
Standort: Liebhaberpflanze für vollsonnige Standorte.
Erde: kalkhaltig, kein Torf, sonst sehr heikel.

Lilium davidii var. *willmottiae*
Abb. 318

Pyramidenlilie.

Herkunft: Westchina. In Höhen von 1500–2800 m vorkommend.
Wuchs: 100–200 cm hoch; breit-eiförmige, weiße Zwiebel, ist eßbar und wird in Fernost für die menschliche Ernährung angebaut.
Blatt: klein grasartig, am Schaft verteilt.
Blüte: leuchtend tieforange, schwarz gepunktet, türkenbundförmig. 30–80 Blüten in pyramidalen Trauben.
Blütezeit: VII–VIII.
Standort: absonnige–halbschattige Standorte.
Erde: feuchte Böden mit guter Drainage.
Sorten: 'Unicolor', einfarbig orange. 'Maxwill', orange.

Abbildung 318: ***Lilium davidii* var. *willmottiae***

Lilium formosanum
Taiwan-Lilie, Taiwanesische Berglilie.

Herkunft: Taiwan, freie und dichtbewaldete Berghänge bis 3000 m.
Wuchs: bis 200 cm hoch; eiförmige, leicht zugespitzte Zwiebel.
Blatt: dunkelgrün, bis 30 cm lang, sehr schmal, grasartig.
Blüte: reinweiß, außen rosa überlaufend, schmal trichterförmig, großblumig, duftend.
Blütezeit: VII–VIII.
Standort: im Freiland nur bei hoher Luftfeuchtigkeit und ausreichendem Winterschutz, sonst vorzugsweise im Kalthaus.
Verwendung: Schnittblume.
Besonderheiten: im Freiland sehr problematisch, besser im Gewächshaus kultivieren.
Sorten: die Varietät *pricei* wird 30–60 cm hoch und ist frosthärter.

Lilium hansonii

Abb. 319

Goldtürkenbund.

Herkunft: Nordostasien, Korea.
Wuchs: 60–150 cm hoch; runde, große, weiße bis hellrosa Zwiebel.
Blatt: lanzettlich bis elliptisch, in Quirlen.
Blüte: goldgelb bis orangegelb, rotbraun gepunktet, fleischig, türkenbundförmig, leicht zurückgebogene Zipfel. Bis zu 10 Blüten in einer Dolde.
Blütezeit: VI.
Standort: halbschattige Lagen und Schutz gegen Spätfröste.
Erde: humose, auch kalkhaltige Böden.

Abbildung 319: ***Lilium hansonii***

Lilium henryi

Abb. 320

Gelber Riesentürkenbund.

Herkunft: Zentralchina; Hupeh und Kweitschou.
Wuchs: 120–200 cm, überhängend; Zwiebel rotbraun, sehr groß, rund.
Blatt: breit lanzettlich, glänzend, wechselständig am Schaft.
Blüte: orangegelb mit braunen, kleinen Warzen gepunktet, türkenbundförmig, groß. Etwa 20 nickende Blüten an einer Blütentraube.
Blütezeit: VIII–IX.
Standort: verträgt Halbschatten.
Erde: verträgt kalkhaltige Böden. Bevorzugt lehmige Sandböden, keinen Torf.
Besonderheiten: ist ein guter Kreuzungspartner, besonders für *Lilium auratum.*
Sorten: 'Citrinum', zitronengelb, Blütezeit September. 'Improved', orangegelb, Schaft straff aufrecht.

Abbildung 320: ***Lilium henryi***

Lilium japonicum (L. krameri)

Japan-Lilie.

Herkunft: Japan.
Wuchs: bis 70 cm hoch; Zwiebel mittelgroß, birnenförmig mit wenigen Schuppen.
Blatt: schmal.
Blüte: hellrosa, trompetenförmig, 12 cm ∅.
Blütezeit: VII–VIII.
Standort: Kalthauspflanze, im Freiland nicht sehr ausdauernd.
Erde: verlangt kalkfreie, humose Böden.

Lilium lancifolium (L. tigrinum)

Abb. 321

Tigerlilie.

Herkunft: Japan, Ostchina, Korea, Mandschurei. In China schon seit mehr als 1000 Jahren in Kultur; die Zwiebel wird dort gegessen.
Wuchs: 80–120 cm hoch; Zwiebel mittelgroß, zugespitzt-rund, weiß.
Blatt: linealisch, sattgrün, bis 15 cm lang; zahlreiche Achselbulben in den Blattachseln.
Blüte: orangerot, purpurschwarz gepunktet, Staubbeutel rotbraun, 12–15 cm hoch, türkenbundförmig, 4–15 nikkende Blüten je Traube.
Blütezeit: VII–VIII.
Standort: anspruchslos.
Erde: kalkverträglich, keinen Stalldung geben, sonst anspruchslos.
Sorten: 'Flaviflorum', zitronengelb, schwarz gepunktet. 'Fortunei', scharlachorange, lange Blütezeit. 'Splendens', leuchtend orangerot, braun gepunktet, großblumig.

Abbildung 321: ***Lilium lancifolium***

Lilium longiflorum

Abb. 322

Osterlilie.

Herkunft: Riukiu-Inseln, Südjapan.
Wuchs: 30–90 cm hoch; große, oben abgeflachte, gelbliche Zwiebel.
Blatt: glänzende, lange breit-

lanzettliche Blätter.
Blüte: reinweiß, bis 20 cm lange, trompetenförmige, prächtige Blüten, 5-10 waagrecht stehende Blüten. Angenehm duftend.
Blütezeit: VIII–IX.
Standort: Kalthauspflanze zum Schnitt, im Freiland nur sehr bedingt geeignet.
Sorten: 'Casa Rosa', rosa, 100 cm hoch. 'White Europe', weiß, 100 cm hoch. 'Snow Queen', weiß, 100 cm hoch. 'Lorina', weiß, sehr robust, für das Freiland, verträgt Lehmboden, 100 cm hoch.

Abbildung 322: ***Lilium longiflorum***

Lilium martagon

Abb. 323

Türkenbundlilie.

Herkunft: Europa, Sibirien, Japan. **Pflanze steht in Deutschland unter Naturschutz. Artenschutz-Regelungen beachten!**
Wuchs: 80–150 cm hoch, stark wachsend; Zwiebel klein bis mittel, eiförmig zugespitzt, gelblich.
Blatt: länglich, lanzettlich, mit einem Quirl in Bodennähe, dann unregelmäßig aufsteigend.
Blüte: weinrot, braun gepunktet, 5–10 cm ∅, typische Türkenbundform. 5–20 waagrechte, nickende Blüten, traubenartig beisammen. Duft angenehm.
Blütezeit: VI–VII.
Standort: absonnige bis halbschattige Lage.
Erde: liebt kalkhaltige, lockere, humose Waldböden.
Sorten: Varietät *album*, weiße, nicht gepunktete Blüten mit goldgelben Staubgefäßen. Varietät *cattaniae* (var. *dalmaticum*), schwarzrote, dickfleischige Blüte, Varietät *hirsutum*, weinrot, Blattunterseite wollig behaart.

Abbildung 323: ***Lilium martagon***

Lilium pardalinum

Pantherlilie, Leopardlilie.

Herkunft: Kalifornien, auf sumpfigen Wiesen.
Wuchs: 120–200 cm hoch; Rhizomzwiebel horstbildend.
Blatt: länglich-lanzettlich, quirlig beblättert.
Blüte: in verschiedenen Rottönen, nach innen gelborange und stark gepunktet. Türkenbundförmig.
Blütezeit: VII.
Standort: sonnige bis halbschattige Standorte.
Erde: feuchte, leicht saure Böden.
Sorten: 'Giganteum', glänzend karminrote, chromgelb-grünlich abgesetzte Blüten, dunkelbraun gepunktet.

Lilium pumilum (L. tenuifolium)

Abb. 324

Korallenlilie.

Herkunft: Nordostasien, Nordchina, Mongolei, Ostsibirien, Nordkorea.
Wuchs: 40–80 cm hoch, standfest; Zwiebel klein, länglich, grauweiß.
Blatt: sehr schmal, grasartig.
Blüte: leuchtend scharlachrot, glänzend, typische Türkenbundform. Etwa 20 nickende, 5 cm breite Blüten in einer Traube.
Blütezeit: VI–VII.
Standort: sonnige Standorte.
Erde: beste, feuchte Gartenböden, kalkliebend.
Verwendung: schöne, aber schwierige Wildlilie, stets für Nachschub aus Samenanzucht sorgen.
Sorten: 'Golden Gleam', orangegelbe Blüten. 'Red Star', feurig scharlachrot. 'Yellow Bunting', gelbe Blüte.

Abbildung 324: ***Lilium pumilum***

Lilium pyrenaicum

Pyrenäen-Lilie.

Herkunft: östliche Pyrenäen, Nordspanien, Südwestfrankreich. Steht unter Naturschutz.
Wuchs: 60–120 cm hoch; Zwie-

bel eiförmig, mittelgroß, gelbliche Schale.
Blatt: lanzettlich, etwa 10 cm lang, wechselständig.
Blüte: gelb, im Zentrum grünlich gestrichelt, dunkel punktiert, Staubgefäße rot, türkenbundförmig, 3,5 cm ∅. Durchdringender Geruch. Etwa 12 Blüten je Traube.
Blütezeit: V–VI.
Standort: sonnige Standorte.
Erde: sandig-lehmige Böden.
Sorten: 'Aureum', goldgelb. 'Rubrum', orangerot.

Abbildung 326: ***Lilium speciosum*** **'Rubrum'**

Abb. 325

Lilium regale
Königslilie.

Herkunft: Westchina, Szetschuan. Im Jahre 1903 von E. H. Wilson entdeckt und nach Europa gebracht.
Wuchs: 100–150 cm hoch, kräftig wachsend; Zwiebel breit-eiförmig, rotschalig, mit dachziegelartigen Schuppen.
Blatt: dunkelgrün, schmal, linealisch, wechselständig angeordnet.
Blüte: weiß, im Zentrum gelb, mit weinroten bis braunen Streifen an der Außenseite, Staubbeutel chromgelb, trichterförmig. In radförmiger Dolde, 3–25 Blüten zusammen. Starker Lilienduft. Eine der schönsten Lilien.
Blütezeit: VII.
Standort: für sonnige–halbschattige Lage, winterhart, spätfrostempfindlich.
Erde: kalkverträglich, geringe Ansprüche.
Sorten: 'Album', reinweiß, glänzende Blüte. 'Royal Gold', goldgelb.

Abbildung 325: ***Lilium regale***

Lilium rubellum

Herkunft: Japan.
Wuchs: 30–50 cm hoch; Zwiebel groß, weiß.
Blatt: oval, bis 10 cm lang, 2–3 cm breit.
Blüte: hell- bis dunkelrosa, trompetenförmig, 5 cm lang. 5 Blüten je Stiel. Duftend.
Blütezeit: V–VI, sehr früh.
Standort: liebt halbschattige Lagen.
Erde: sehr empfindlich, kalkfeindlich, im Winter Schneedecke und trockene Böden, im Sommer viel Feuchtigkeit.

Abb. 326

Lilium speciosum
Prachtlilie, Prachttürkenbund.

Herkunft: Japan, Taiwan.
Wuchs: 80–150 cm hoch; Zwiebel groß, rund, rötlich-braune Schale.
Blatt: dunkelgrün, lederartig, breit-lanzettlich, bis 15 cm lang, wechselständig angeordnet.
Blüte: weiß mit rosa Bereichen, dunkelrot gepunktet, ∅ bis 15 cm, türkenbundförmig, bis zu 20 Blüten in lockeren Trauben. Süß duftend.
Blütezeit: VIII–IX.
Standort: Benötigt Winterschutz und halbschattigen Standort.
Erde: nährstoffreiche, feuchte, gut drainierte Humusböden, kalkfeindlich.
Sorten: 'Rubrum', karminrosa auf weißem Grund, rosarot gefleckt. Weitere Sorten sind bei Lilium-Hybriden aufgeführt.

Lilium superbum
Amerikanische Türkenbundlilie.

Herkunft: USA, in Auen und auf feuchten Wiesen.
Wuchs: 80–250 cm hoch; Zwiebel klein, rund, weißlich.
Blatt: lanzettlich, in Quirlen angeordnet.
Blüte: dunkelgelb bis orange, dunkel gepunktet, im Zentrum grün, türkenbundförmig, 10 cm ∅. Sehr reichblühend, bis 40 Blüten je Pflanze.
Blütezeit: VII–VIII.
Standort: Sonne bis Halbschatten.
Erde: kalkfliehend, verlangt während der Wachstumszeit viel Feuchtigkeit.

Lilium × *testaceum*
Nanking-Lilie, Isabellenlilie, Stolze Lilie.

Herkunft: vermutlich eine Kreuzung zwischen *Lilium candidum* und *L. chalcedonicum*. Alte Hybride!
Wuchs: etwa 150 cm hoch; Zwiebel groß, rund, weiß; Schuppen zugespitzt.
Blatt: verkehrt-lanzettlich, grundständig.
Blüte: blaßgelb bis gelblichbraun, innen rötlich gepunktet, trompetenförmig, bis 8 cm lang. Bis zu 12 nickende Blüten je Dolde.
Blütezeit: VII–VIII.
Standort: hohe Luftfeuchtigkeit und sonnige Standorte.
Erde: verlangt kalkhaltige Böden.

Abb. 327–329

Lilium-Hybriden
Asiatische Hybriden

Herkunft: entstanden aus Kreuzungen von *Lilium amabile, L. bulbiferum, L. callosum, L. cernuum, L. concolor, L. davidii, L. hollandicum, L. leichtlinii, L. maculatum, L. pumilum* und *L. tigrinum.* Dazu gehören u. a. die Maculatum-, Mid-Century-, Fiesta-, Harlequin- und Preston-Hybriden. Asiatische Hybriden werden am meisten gezüchtet. Die Blüten stehen in der Regel aufrecht und sind auf

Abbildung 327: Lilium-Hybriden 'Connecticut King'

festen, stämmigen Stielen zahlreich angeordnet. Es sind robuste, wetterfeste Züchtungen, die sich auch gut zur Topfkultur eignen. Meistens nicht duftend.
Wuchs: die Mehrzahl der Sorten wird zwischen 60 und 120 cm hoch.
Sorten: 'Adeline', gelb, aufrechte Blüten, 100–125 cm hoch. 'Attila', gelb mit roten Punkten, 100–120 cm, Blütezeit Juni. 'Avignon', leuchtend orangerot, 60–100 cm hoch. Blütezeit Juli. 'Chinook', aprikosenfarbig, 80–100 cm hoch, Blütezeit Juni–Juli. 'Connecticut King', zitronengelb, 125–150 cm hoch, sehr wüchsig, Blütezeit Juni-Juli, lange blühend. 'Corsage', lilarosa, großblumig, 90–120 cm hoch, zum Treiben geeignet, Blütezeit

Abbildung 328: Lilium-Hybriden 'Juliana'

Juli. 'Enchantment', leuchtend rot, reich blühend, 70–80 cm hoch, Blütezeit Juni. 'Eros', dunkles Rosa, Höhe 100–110 cm, Blüte Juni–Juli. 'Fire King', leuchtend rot, 90–100 cm hoch, Blütezeit Juli. 'Feuerzauber', leuchtend rot, Höhe 55 cm, geeignet für die Topfkultur, Blüte Juni–Juli, 'Fuga', leuchtend orangescharlach, Blütezeit Juni. 'Jolanda', mandarin-orange, 120 cm hoch, Blütezeit Juli. 'Ladykiller', orangegelb, 70–80 cm hoch, Blütezeit Juni–Juli. 'Höllenfürst', dunkelweinrot, 90–100 cm hoch. 'Lavender Dream', intensives dunkles Pink, lange Blütezeit, Höhe 120 cm. 'Medaillon', hellgelb, Höhe 85–95 cm. 'Menton', lachsrosa, Höhe 110 cm. 'Montblanc', weiß, 85–95 cm hoch. 'Orange Triumph', kräftig orangerot mit schwarzen Punkten, becherförmige Blüte, 80 cm hoch, Blütezeit Juni. 'Papillon', duftiges, zartes Rosa, gelb überhaucht, Höhe 100 cm. 'Pirate', glänzend rot, sehr haltbar, 100 cm hoch, Blütezeit Juni. 'Prosperity', leuchtend dunkelzitronengelb, wenig gefleckt, 90–120 cm hoch, Blütezeit Juni. 'Rose Fire', leuchtend orange, innen gelb, Höhe 85 cm. 'Rosita', kräftiges Lilarosa, frühe Blüte im Juni, Höhe 85 cm. 'Roter Prinz', ziegelrot, dunkel gepunktet, Spitzensorte, 100–120 cm hoch, Blütezeit Juli. 'Schellenbaum', rotrotorange, Höhe 120–130 cm, Blüte Juli. 'Simone', pastellfarbenes Rosa, rötliche Sprenkel, Höhe 120 cm. 'Sonnentiger', leuchtend gelb mit orangem Anflug, leicht gepunktet, 120 cm hoch, Blütezeit Juli–August. 'Sterling Star', weiß mit dunklen Flecken. 'Tamara', gelb-rosa, Höhe 80–90 cm, Blüte Juni–Juli.

Martagon-Hybriden

Abb. 330

Herkunft: aus Kreuzungen von *Lilium hansonii* und *L. martagon* entstanden. Dazu gehören Backhouse-Hybriden, Painted-Lady-Hybriden und Paisley-Hybriden.
Wuchs: je nach Hybrid-Gruppe 120–150 cm, sogar bis 200 cm. Ansprüche wie *Lilium martagon*.
Sorten: 'J. S. Dijt', cremeweiß, purpur gepunktet, Höhe 100 cm, Blüte Juni. 'Mrs. R. O. Backhouse', orange, heller gepunktet, Blüte Juli–August. 'Komet'-Hybriden, orangerot, Höhe 110 cm. 'Shantung', aprikosenfarbig, leicht dunkel gepunktet, über 150 cm hoch, Blüte Juli–August. 'Sutton Court', gelb mit rosa, Blüte Juli–August. 'Theodor Haber', dunkelrot, Höhe 100–120 cm, Blüte Juni.

Abbildung 330: Lilium-Martagon-Hybriden 'Album'

Candidum-Hybriden

Herkunft: entstanden aus Kreuzungen von *L. candidum* × *chalcedonica* und *L. monadelphum*. Siehe hierzu auch *Lilium* × *testaceum*. Es gibt auch Rückkreuzungen mit *L. testaceum*.
Sorten: 'June Fragrance', blaßgelb, Höhe 80–100 cm.

Abbildung 329: Lilium-Hybriden 'Fire King'

Abb. 331

Amerikanische-Hybriden

Herkunft: entstanden durch Kreuzungen amerikanischer Wildlilien. Landtyp z. B. *Lilium bolanderi, L. kellogii, L. columbianum.* Sumpftyp: *L. pardalinum, L. vollmeri, L. occidentale* und verschiedene Varietäten. Bellingham-Hybriden waren Ergebnis der ersten gelungenen Kreuzung.
Wuchs: 120–200 cm hoch.
Blüte: rote, orange und gelbe Farbtöne, gefleckt, türkenbundförmige Blüten, bis zu 30 je pyramidaler Traube.
Standort: halbschattige oder absonnige Lage.
Erde: feuchte Böden. Winterschutz mit Mulchschicht aus Torf oder Waldstreu und Häcksel.
Sorten: 'Afterglow', rotgelb. 'Buttercup', gelb, rot gepunktet. 'Pink Bells', kräftig altrosa. 'Shuksan', hellorange, dunkel gepunktet, reichblühend. Die Sorten blühen von Juni–August.

Abbildung 331: Lilium-Amerikanische-Hybriden 'Shuksan'

Abbildung 332: Trompetenlilien-Hybriden 'African Queen'

Abb. 333: Trompetenlilien-Hybriden 'Golden Splendour'

Blütezeit: meist VII.
Sorten: Chinesische Trompeten: Hybriden mit Trichter, entstanden aus Kreuzungen *Lilium regale* × *sargantiae* = *Imperiale* und *Lilium sargantiae* × *henryi* = Aurelianense-Hybriden: 'African Queen Strain', aprikosenfarben, weit geöffnete, große Blüten, 150–180 cm hoch. 'Black Dragon Strain', weiß, außen braun, weiß gestreift, 180–200 cm hoch. 'Golden Clarion Strain', gelbe Blüten in verschiedenen Tönen, mit einem braunen bis weinroten Streifen auf dem Blütenrücken, Höhe 140 cm. 'Pink Perfection Strain', tiefrosa großblumig, 100–200 cm. 'Mabel Violett', tiefrosa, bläuliches Rosarot, Höhe 160 cm. 'Golden Splendour', tiefgoldgelb, 15 cm ⌀, rotbraun getreifte Außenseite, 120–180 cm hoch. 'Carnival Queen', weiß mit rosa Schlund, 120 cm hoch.
Sunburst-Hybriden: sternförmige, flache, weit offene Blüten: 'Bright Star', weiße, große Blütenblätter mit orangem Stern, 90–120 cm hoch. 'Golden Sunburst', goldgelb, sternförmig, Blüten leicht zurückgezogen, 150–180 cm hoch. 'Damson', fuchsienrosa, sehr wüchsig, etwa 150 cm hoch.
Schalenförmige Lilien: mehr oder minder schalenförmige offene Blüten: 'Green Magic', grünweiße Blüte. 'Honeydew', grüngelb, Kalthaussorte. 'Royal Gold', goldgelb, sehr hübsche Form, 100–150 cm, Blütezeit Juni–Juli.
Hängende Blüten: stark geöffnet: 'Regale', weiß, 150 cm hoch. 'Sentinel Strain', reinweiß mit gelblichem Schlund, robuste Sorte, 100–150 cm hoch, Blütezeit Juni–Juli. 'Porzellan-Glocke', cremeweiß, 120 cm hoch. 'White Henryi', weiß, innen hellgelb, 100 cm hoch.

Longiflorum-Hybriden

Herkunft: entstanden durch Kreuzung von *Lilium formosanum* und *L. longiflorum.*
Standort: vor allem für den Anbau im Kalthaus geeignet.
Sorten: es gibt eine Vielzahl von Sorten, die überwiegend zur Schnittblumenproduktion angebaut werden, z. B. 'Casa Rosa', 100 cm hoch. 'White Europe', weiß, 100 cm. 'Snow Queen', weiß, 100 cm.

Abb. 232 / 233

Trompetenlilien-Hybriden, Trichterlilien-Hybriden

Herkunft: entstanden durch Kreuzungen von *Lilium brownii, L. henryi, L. imperiale, L. leucanthum, L. regale, L. sargentiae* u. a. Dazu gehören die Aurelian-, Olympic- und Sunburst-Hybriden. Die Gruppe wird züchterisch sehr stark bearbeitet.
Wuchs: meist 120–180 cm hoch. Sehr wüchsig und langlebig.
Blüte: Elegante, lange bis becherförmige Blüten. Stark duftend.

Abb. 334

Lilium-Auratum-Hybriden, Orientalische-Hybriden, Orient-Hybriden

Herkunft: vor allem durch Kreuzungen aus *Lilium auratum, L. rubellum, L. japonicum* und *L. speciosum* entstanden. Wegen der sehr großen Blüten brauchen diese Sorten einen geschützten Standort. Zur Topfkultur geeignet.
Wuchs: meist 120–180 cm hoch.
Blüte: Verschiedene Blütenformen, schalenförmig, flache oder türkenbundförmige Blüten. Angenehm, oft auch stark duftend. Riesige Blüten.
Blütezeit: VIII–IX.
Standort: verlangen mildes Klima und hohe Luftfeuchtigkeit. Windgeschützt.
Erde: aus kompostiertem Eichenlaub, lieben saure, kalkfreie Böden.
Sorten: 'American Eagle', weiß mit roten Punkten, 150 cm hoch. 'Black Beauty', dunkelpurpur, Türkenbundform. 'Casablanca', eine der schönsten Sorten, sehr wüchsig, riesige, weiße Blüten, starker Duft, 100–110 cm hoch. 'Dame Blanche', weiß, feste Stiele, 100–110 cm. 'Imperial Gold', weiß mit goldgelben Streifen, rotbraun gepunktet, großblumig, flach, 120–160 cm hoch. 'Imperial Silver', weiß mit dunkelroten Punkten, Staubbeutel orangerot, 150–180 cm hoch.

'Journey's End', hellrosa mit weißem Rand, nur 80–90 cm hoch. 'Le Reve', reines Rosa, Riesenblüten, für Topfkultur, 70–90 cm hoch. 'Mona Lisa', weiß mit rotem Rand, 70–90 cm hoch. 'Primeur', reinweiß, stark duftend, 120 cm hoch. 'Red Band', weiß mit ausdrucksvollen tiefrosa Schlundstreifen, 150 cm hoch. 'Red Champion', dunkelrosa, rot punktiert, türkenbundförmig. 'Star Drift', rosa mit weißem Rand, 90–100 cm hoch, für Schnitt gut geeignet. 'Star Gazer', Standardsorte, karminrot mit weißem Rand, aufrechte Blüten, gut zum Schnitt, 70–90 cm. 'Sunday Best', weiß, purpurn gestreift, flache Blütenform.

Abbildung 334: Lilium-Orientalische-Hybriden 'Imperial Silver'

Limnanthes douglasii

Abb. 335

Sumpfblume, Sumpfschnabel, Spiegelei.

Familie: Limnanthaceae – Sumpfblumengewächse.
Herkunft: Kalifornien. Etwa 7 Arten in Nord- und Westamerika.
Wuchs: 15–30 cm, flachwachsend, ausgebreitete Stengel.
Blatt: hellgrün, gefiedert, zerschlitzt, wechselständig.
Blüte: weiß oder rosa mit gelber Mitte oder gelb mit weißem Rand, 2–3 cm ∅, duftend.
Blütezeit: VI–VII.
Standort: sonnige, geschützte Lage, blüht nicht im Schatten.
Erde: feucht, humos, gedeiht auch auf relativ trockenen Gartenböden noch gut.
Kultur: Freilandaussaat von März–April an Ort und Stelle. Folgesaaten bis Juni möglich oder im September, dann Blüte im April–Mitte Mai. Selbstaussaat ist möglich nach Einbürgerung. Man sät breitwürfig oder in Reihen von 10 cm Abstand.
Verwendung: einjährige Steingarten- und Beetpflanze, Liebhaberpflanze, auch als Bienenfutter wertvoll. Paßt gut in die Sumpf- oder Randzone des Gartenteichs.
Sorten: 'Grandiflorum', besitzt größere Blüten, 3–4 cm ∅.

Abbildung 335: *Limnanthes douglasii*

Limonium perezii

Abb. 336

Riesen-Meerlavendel.

Familie: Plumbaginaceae – Bleiwurzgewächse.
Wuchs: üppig, breitausladend, 100 cm hoch.
Blatt: groß, ganzrandig, leicht gebuchtet, leicht gewölbt.
Blüte: leuchtend blaue Blütenstände, auffällige Erscheinung.
Blütezeit: VII–X.
Standort: sonnig, geschützt, vor Frost gut schützen.
Erde: sandig-lehmig, durchlässig und eher mineralisch.
Kultur: Aussaat im Dezember–Januar für eine Blüte im ersten Jahr, Keimdauer 15–20 Tage bei 18–22 Grad, nach 4 Wochen erstmals pikieren, Weiterkultur bei 15–18 Grad. Auspflanzen ins Freie erst Mitte–Ende Mai, Abstand 60 x 80 cm.
Verwendung: mehrjährige, auffällige, schöne Kübelpflanze, für Rabatten mit Mittelmeeratmosphäre, zum Trocknen und zum Schnitt.

Abbildung 336: *Limonium perezii*

Limonium sinuatum

Abb. 337

Meerlavendel, Strandflieder, Statice.

Familie: Plumbaginaceae – Bleiwurzgewächse.
Herkunft: Südportugal, Mittelmeergebiet. Etwa 300 Arten in allen Erdteilen.
Wuchs: 50–90 cm, krautartig, scharf rauhhaarig, Stengel 3–5flügelig, reichverzweigt.
Blatt: Blattrosette am Grund, Blätter lang, gelappt, fiederspaltig, fein behaart.
Blüte: weiß, rosa, rot, gelb, orange, blau bis violett, Stengel mehrfach verzweigt, mit einer Vielzahl von kleinen Blüten.
Blütezeit: VII–IX.
Standort: warme, sonnige Standorte, ideale Klimabedingungen in Meeresnähe.
Erde: leichte, durchlässige Böden, salzliebende Pflanze.
Kultur: Aussaat März–April in mäßig warmen Kästen, an-

schließend pikieren, ab Mitte Mai ins Freiland, Abstand 30 cm. Keimzeit 1-2 Wochen bei etwa 15 °C. Direktsaat ins Freiland in Reihen von 30 cm ist möglich im April, Blüte dann ab August. Speziell behandelte Samen, d. h. durch den Züchterbetrieb aus dem Samenknäuel gelöste Samen, bringen die besten Keimergebnisse.
Pflanzung: im Mai auf 30 x 30 cm.
Verwendung: einjährig, vor allem Trockenblume, dafür voll entfaltete Blüten schneiden und kopfunter trocknen und schattig aufhängen. Paßt auch gut in Rabatten oder zur Auflockerung in Sommerblumenbeete. Hervorragend zum Anlocken von Schmetterlingen.
Sorten: 'Pacific'-Serie: großblumige Blütenrispen in leuchtenden Farben: 'American Beauty', dunkelrosa. 'Candidissimum', weiß, 75 cm. 'Gold Coast', goldgelb. 'Heavenly Blue', himmelblau. 'Iceberg', weiß. 'Kampfs Verbesserte', leuchtend dunkelblau, langstielig, 90 cm. 'Midnight Blue', dunkelblau. 'Modra', dunkelblau, 40–50 cm, bringt hohe Erträge. 'Rosenschimmer', dunkelrosa, 60–70 cm. 'Fortress'-Serie: Für Schnitt und Trockenbinderei, Höhe 70 cm, schöne Schnittstiele in kräftigen Farben und Mischung. 'Soft Pastell Mischung', Höhe 70–80 cm, moderne, weiche Farben von lila bis hellviolett. 'Forever Gold', Fleuroselect-Goldmedaille, Höhe 60 cm, goldgelb, voller Blüten, für Schnitt und Beete. 'Forever Silver', silberweiß, sehr früh, sonst wie die vorige.
Niedrige Züchtungen für Töpfe und Beete: 'Petit Bouquet'-Serie: Buschige Pflanzen von ca. 30 cm Höhe. Blüte Juni–August, auch als Sommertopfpflanze zu verwenden. In Einzelfarben und Mischung.
Weitere Arten:
Limonium bonduellei: zweijähriger bis mehrjähriger Strandflieder, Heimat Spanien, Nordafrika, Äste zwei- bis dreifach geflügelt, Ähren zwei- bis dreiblütig, Blüten gelb. Ähnelt *Limonium sinuatum.*
Limonium bellidifolium: mehrjähriger Strandflieder ähnlich *L. tataricum,* aber feiner, blüht aus Samen noch im ersten Jahr. 80 cm hoch, gut verzweigt. Aussaat im Dezember-Januar. Sorte: 'Filigran', weiß.
Limonium gmelinii: mehrjährige Schnitt- und Trockenblume, blüht noch im ersten Jahr, 50 cm hoch, leuchtend lilablau. Aussaat Januar–April, Keimdauer 14–20 Tage bei 18–20 °C.
Limonium speciosum: einjährige Schnittblume mit buschigen, reich verzweigten Pflanzen und zierlichen cremeweißen Blumen. Höhe 60 cm. Aussaat ab Februar, Kultur wie *L. sinuatum.*

Abbildung 337: ***Limonium sinuatum***

Abb. 338

Limonium suworowii (Psylliostachys suworowii)
Meerlavendel.

Familie: Plumbaginaceae – Bleiwurzgewächse.
Herkunft: West-Turkestan.
Wuchs: Höhe der Blütenstände 50–60 cm, breit ausladende Blätter.
Blatt: ganzrandig, lang, weich, hellgrün.
Blüte: lange, aufrecht stehende, verzweigte Blütenstände, dicht besetzt mit leuchtend rosafarbigen kleinen Blüten.
Blütezeit: VI–VII.
Standort: sonnig-halbschattig.
Erde: sandig, humos, keine Staunässe.
Kultur: Aussaat im Februar-März unter Glas bei 18–21 °C, Keimdauer 14–21 Tage, danach bald pikieren und nach den Frösten auspflanzen ins Freie im Abstand von 20 x 30 cm.
Verwendung: Trockenblume, schöne Rabattenblume, die durch ihre intensive Farbe auffällt, gute Schnittblume.

Abbildung 338: ***Limonium suworowii***

Abb. 339

Linaria-Bipartita-Hybriden
Leinkraut, Frauenflachs.

Familie: Scrophulariaceae – Braunwurzgewächse.
Herkunft: Marokko. Etwa 150 Arten auf der nördlichen Halbkugel; Mittelmeergebiet bis Vorderasien. Durch Kreuzungen von *L. incarnata* × *L. maroccana* und *L. reticulata* entstanden.
Wuchs: 25–35 cm, aufrecht wachsend, dünnstielig.
Blatt: behaart, linealisch, wenig Blattwerk.
Blüte: weiß, gelb, rosa, rot, lila, violett, auch mehrfarbig, 1 cm ∅, Rachenblüten einzeln oder als endständige, dichte Trauben.
Blütezeit: VI–VII; kurz, 2–3 Wochen.
Standort: sonnig-halbschattig.
Erde: anspruchslos, gedeiht auf jedem Gartenboden.
Kultur: Freilandaussaat April-

Mai an Ort und Stelle, sobald der Boden frostfrei ist. Abstand 15–20 cm. Samen nicht überdecken, nur leicht andrükken. Folgesaaten alle 4 Wochen.
Verwendung: einjährig, für Steingarten, Beeteinfassung, Schnittblume, die lange hält. Schnell und sicher blühende Sommerblume. Gut geeignet für niedrige Sommerblumenmischungen, Wildblumencharakter.
Sorten: 'Feenmischung', intensives Farbenspiel, Höhe 25 cm, kompakter Wuchs.

Abbildung 339: Linaria-Bipartita-Hybride

Abb. 340

Linum grandiflorum
Lein, Blutlein, Roter Lein.

Familie: Linaceae – Leingewächse.
Herkunft: Nordwestafrika, Algerien. Etwa 200 Arten in allen subtropischen Gebieten der Erde, darunter viele ausdauernde Arten.
Wuchs: 30–50 cm hoch, reichverzweigt, lockerer Wuchs.
Blatt: schmal, grasähnlich, graugrün, wechselständig.
Blüte: leuchtend blutrot in Doldenrispen, 3 cm Ø, unermüdlich blühend.
Blütezeit: VI–IX.
Standort: sonnige, warme Lage.
Erde: lockere, durchlässige Gartenböden.
Kultur: Freilandaussaat April–Mai an Ort und Stelle, Abstand 10–20 cm, Saatgut leicht andrücken. Keimzeit 2 Wochen bei 15 °C. Sämlinge lassen sich sehr schlecht verpflanzen, daher Direktsaat.
Verwendung: einjährige Rabattenpflanze, sehr schön zwischen Blumenzwiebeln oder Stauden, Schnittblume mit Wildblumencharakter. Paßt gut zu Gräsern.
Sorten: 'Rubrum', leuchtend blutrot, besonders reichblühend, 40 cm hoch.
Weitere Arten: mehrjährig, *Linum flavum*: Heimat Südeuropa, gelber Flachs, 40 cm hoch, goldgelb. Schnittblume, paßt zu Gräsern.
Linum usitatissimum: Flachs, Blauer Lein, einjährige Kulturpflanze, die auch im Steingarten oder Bauerngarten geschätzt wird. Höhe 60 cm, himmelblau, Blüte VI–VII. Trokkenblume.

Abbildung 340: *Linum grandiflorum* 'Rubrum'

Abb. 341 - 343

Lobelia erinus
Männertreu, Blaue Lobelie.

Familie: Campanulaceae – Glockenblumengewächse.
Herkunft: Südafrika. Vor fast 300 Jahren aus dem Gebiet „Kap der guten Hoffnung" eingeführt. Etwa 380 Arten in tropischen und subtropischen Gebieten.
Wuchs: 10–30 cm, niederliegend, dünntriebig, in der Heimat mehrjährig, bei uns einjährig gezogen.
Blatt: Stengelblätter lanzettlich, sitzend, wechselständig.
Blüte: weiß, rosa, rot oder blau, 1–1,5 cm Ø, großer Blütenreichtum.
Blütezeit: VI–X.
Standort: sonnige bis halbschattige Standorte.
Erde: durchlässige, nährstoffreiche, gleichmäßig feuchte Gartenböden, trockene Standorte ungeeignet.
Kultur: Ende Februar–April ins Warmhaus dicht aussäen oder granuliertes Saatgut verwenden. Das feine Saatgut nur andrücken, nicht bedekken. Bald pikieren auf 5 x 5 cm Abstand, jeweils 4–5 Pflanzen pro Stelle. Freilandaussaat ab Mitte April. Keimzeit 1–2 Wochen bei 18 °C. Auspflanzen Mitte Mai nach der Frostgefahr, Abstand 15–20 cm.
Verwendung: einjährig. Für Balkonkästen, Einfassungen, Beete, Steingärten und Friedhof. Hängende Sorten eignen sich besonders für Ampeln, Schalen und Balkonkästen.
Sorten: Niedrige (Compacta)-Sorten: 'Blaue Perle', enzianblau, frühblühend, Laub dunkelgrün, kompakt, 10 cm. 'Kaiser Wilhelm', kornblumenblau, hellaubig, 10 cm. 'Kristallpalast', dunkelblau, Laub dunkel, 10 cm. 'Kristallperle', enzianblau, Laub bronzegrün, kompakt. 'Cambridge Blue', verwaschenes Hellblau, sehr kompakt und üppig blühend, hell-

Abbildung 341: *Lobelia erinus* 'Compacta-Mischung'

grünes Laub, das einen guten Kontrast ergibt. 'Rosamunde', magentarot mit weißem Auge, 10 cm. 'Schneeball', reinweiß. großblumig, 10 cm. 'Schwabenmädchen', kornblumenblau mit weißem Auge, kompakt, 10 cm. 'Moon'-Serie, sehr früh, ansprechende Farben, üppig blühend. 'Paper Moon', reinweiß. 'Blue Moon', leuchtend blau. 'Midnight Moon', tiefblau mit dunklem Laub. 'Half Moon', tiefblau mit weißem Ring.
Hängende Sorten: *(Pendula-Sorten):* 'Saphir', tiefblau mit weißem Auge, hervorragende Ampel- und Balkonsorte, mit langen kräftigen Ranken, 30 cm. 'Hamburgia', ähnlich wie vorige. Farbsorten: hellblau, hellila, karminrosa, weiß, Mischung. 'Fontäne'-Serie: kräftiger, hängender Wuchs, früh.
Weitere Arten: *Lobelia tenuior:* Heimat Australien, großblumig, enzianblau, 20 cm, bereits im Januar aussäen, kräftig wachsende Ampelpflanze, für Balkone und Freilandbeete. Sorten: 'Blue Wings', 30 cm, Blüten enzianblau, weißes Auge, Blüten 3mal so groß wie *Lobelia erinus.*
Rabatten und zum Schnitt. Nur in milden Gebieten winterhart. Sorten: 'Königin Viktoria', dunkellaubig, 120 cm. 'Illumination', 100 cm, 'Blinkfüer', leuchtend rot, dunkles Laub, 70 cm. 'Montana Violett' F1-Hybride, 'Montana Rosarot' F1-Hybride, sehr große Blüten auf straffen Stielen, 5 cm Ø.
Lobelia × gerardiii (*L. cardinalis × L. siphilithica, L. vedrariensis*): einjährig, in geschützter Lage winterhart, Höhe 90 cm, Blüte VIII–X. 'Blauzauber', 'Rosazauber', 'Diva'-Serie in Blau, Weinrot, Rosa und Mischung.
Lobelia siphilithica: Heimat mittleres Nordamerika, Staude, die bereits einjährig zur Blüte kommt, überwintert ziemlich sicher. 60–80 cm, Blütenrispen dicht besetzt, blüht lange im Juli–August.
Lobelia valida: Heimat Südafrika, Höhe 30–40 cm, straff aufrecht stehende, dicht mit Blüten besetzte Triebe. Zart duftend, intensiv blaue Blüten mit weißer Mitte, 2 cm Ø, haltbar und lange blühend von Mai–Oktober. Geeignet für Rabatten, Balkone, Töpfe und Kübel, besonders auch für windige Lagen.

Abbildung 342: *Lobelia erinus* 'Saphir'

Abbildung 343: *Lobelia erinus* 'Schwabenmädchen'

Abb. 344

Lobelia × speciosa
Lobelie.

Familie: Campanulaceae – Glockenblumengewächse.
Herkunft: Nordamerika, viele Kreuzungen, die zu völlig neuen Gruppenpflanzen führten.
Wuchs: Höhe 60 cm, wenig verzweigt, lange, dicht mit Blüten besetzte Rispen.
Blatt: lanzettlich, glänzend bis behaart.
Blüte: mit typischen 3 breiteren unteren Petalen, oben 2 kleine Petalen, dicht besetzte, langsam von unten nach oben aufblühende Rispen.
Blütezeit: VI–VIII.
Standort: sonnig und halbschattig.
Erde: humos, feucht, durchlässig.
Kultur: Aussaat Januar–Februar, Lichtkeimer, den feinen Samen nicht bedecken, sondern nur andrücken. Keimdauer 14–20 Tage bei 18 °C. Nach 4–6 Wochen bei 10–16 °C pikieren, ab April Pflanzung ins Freiland möglich. Verträgt leichte Fröste und kann im Freiland mit Schutz überdauern.
Pflanzung: ab Mitte April im Abstand 30 x 30 cm.
Verwendung: mehrjährig, oft einjährig kultiviert, ausgezeichnete, lange haltbare und edel wirkende Schnittblume, mit straffen Stielen für den Sommer- und Herbstschnitt. Auffällige, robuste Gruppenpflanze für Rabatten und Staudenpflanzungen.
Sorten: F1-Hybriden 'Kompliment Scharlach', Fleuroselect-Goldmedaille, 75 cm hoch, blüht über Wochen in leuchtendem Rot, Blütendurchmesser 3–4 cm. 'Kompliment Blau', 70 cm hoch, blauviolett, Fleuroselect-Quality. 'Kompliment Tiefrot', 70 cm, waagerechte Blütenstellung, Fleuroselect-Quality. 'Fan Tiefrot', 60 cm, buschiger, stark verzweigter Wuchs, Fleuroselect-Quality, 'Fan Zinnoberrosa', 60 cm hoch, von unten her stark verzweigt, Fleuroselect-Quality.
Weitere Arten:
Lobelia fulgens, Kardinalslobelie, Heimat mittleres und südliches Nordamerika, Höhe 120 cm, sehr attraktive Erscheinung mit straff aufrecht stehenden Rispen und leuchtend roten Blüten. Blätter glänzend, dunkel-braun-grün. Sumpfpflanze, die auch in trockeneren Verhältnissen gedeiht. Für

Abbildung 344: *Lobelia × speciosa* 'Kompliment Scharlach' F1-Hybride (Foto Fleuroselect)

Abb. 345 - 347

Lobularia maritima var. *benthamii (Alyssum maritimum)*
Duftsteinrich, Steinkraut, Strandsilberkraut, Meerstrand-Steinkraut.

Familie: Cruciferae – Kreuzblütengewächse.
Herkunft: Mittelmeerraum, Südeuropa, Zentralasien. Wildform weißblühend.
Wuchs: 8–40 cm hoch, dünnastig, kriechende bis aufstrebende Stengel, reichverzweigt.
Blatt: etwas graufilzig, schmal, spatelig, länglich, lanzettlich.
Blüte: weiß, rosa, aprikotfarben bis dunkelviolett, süßlich duftend, traubenartig, mit vielen kleinen Blüten besetzter Blütenstand. Rückschnitt nach der Blüte ergibt 2. Flor.
Blütezeit: Hauptblütezeit IV–IX (III–X)
Standort: warm, sonnig.
Erde: anspruchslos, trockene Böden noch geeignet, kalkhaltige, nicht zu nährstoffreiche Böden vorteilhaft.
Kultur: Aussaat Februar–April im Haus bzw. Frühbeet, ab April–Mai ins Freiland an Ort und Stelle, Keimzeit 1 Woche bei 18 °C. Abstand 15–25 cm.

Abbildung 345: ***Lobularia maritima*** **'Königsteppich'**

Abbildung 346: ***Lobularia maritima*** **'Schneeteppich'**

Verwendung: einjährig, für Gruppen- und Unterpflanzung, z. B. mit Dahlien, Ricinus oder Blumenzwiebeln; für Steingärten, Friedhof, Beete, Einfassungen und Balkonkästen. Bildet dichte Farbpolster, Bienenweide. Duftpflanze.
Sorten: 'Snow Crystals', Fleuroselect-Medaille, weiß, gedrungener Wuchs, 10 cm, größere Blüte als Einzelsorten. 'Snowdrift', reinweiß, früh- und reichblühend, bewährte Sorte, 10 cm. 'Schneeteppich', ältere, wüchsige Sorte, 15 cm. 'Schneedecke', weiß, gut Kissen bildend, 8 cm. 'Königsteppich', tiefviolette Polster, 6–10 cm. 'Midnight', dunkelviolett, intensiver als 'Königsteppich', kompakter Wuchs, 6 cm. 'Orientalische Nächte', purpurviolett, dunkelste Sorte, flacher Wuchs, beliebte Beetsorte, 8 cm. 'Rosie O'Day', kräftig rosa, flach ausgebreitet, 8 cm. 'Violettkönigin', dunkelviolett, kompakt, 12 cm. 'Wunderland', Fleuroselect-Medaille, leuchtend rosarot, Farbton intensiver als 'Rosie O'Day', kompakter aber etwas schwächerer Wuchs, 8 cm hoch, 20 cm breit. 'Apricot Shades', aprikosenartiger, interessanter Farbton, 15 cm. Mischungen: 'Pastell-Mischung' aus verschiedenen Farbtönen. Die Pflanzen haben den gleichen Wuchscharakter. Damit die Farbkontraste wie gewünscht ausfallen, muß einzeln pikiert werden. 'Easter Bonnet'-Serie, dunkelrosa und violett (Fleuroselect-Quality), außerdem eine Pastellmischung mit hellrosa und weiß zusätzlich. Bei Direktsaat höchstens 3 Korn pro Topf.

Abbildung 347: ***Lobularia maritima*** **'Snow Crystals' F1-Hybride**
(Foto Fleuroselect)

Abb. 348

Lonas annua (L. inodora, Athanasia annua)

Gelbes Ageratum, Ruhrkraut.

Familie: Compositae – Korbblütengewächse.
Herkunft: Nordwestafrika, Süditalien.
Wuchs: etwa 35 cm hoch, breitverzweigt, aufrecht wachsend.
Blatt: lappig, langgezogen.
Blüte: goldgelbe Trugdolden, kleine Blütenkörbchen aus Röhrenblüten zusammengesetzt.
Blütezeit: VIII–X.
Standort: sonnige, warme Standorte.
Erde: wächst auf jedem durchlässigen Gartenboden.
Kultur: März–April im Kasten oder Treibhaus, Keimzeit 1–2 Wochen bei 18 °C. Möglichst bald pikieren. Pflanzabstand 20–25 cm. Auspflanzen im Mai nach der Frostgefahr.
Verwendung: einjährige, sehr lange haltbare, schöne Trokkenblume, auch für Beet- und Gruppenpflanzung geeignet.
Sorten: 'Gelbes Köpfchen', 30 cm hoch. 'Goldrush', Fleuroselect-Quality, 20 cm hoch, sehr kompakt, für Beete und Rabatten.

Abbildung 348: ***Lonas annua***

Abb. 349

Lotus berthelotii (L. peliorhynchus)

Hornklee.

Familie: Leguminosae – Schmetterlingsblütengewächse.
Herkunft: Kapverdische und Kanarische Inseln.
Wuchs: hängend, fächerartig ausladend, Triebe bis 60 cm lang.
Blatt: feinnadelig, graugrün, dicht besetzt.
Blüte: honiggelb, exotisch geformt, Länge 2,5 cm.
Blütezeit: VI–VIII, bei niedrigen Temperaturen erneuter Blühbeginn.
Standort: vollsonnig.
Erde: locker, durchlässig, luftig, humos.
Vermehrung: durch Stecklinge.
Kultur: Stecklinge im Spätsommer zur Bewurzelung bringen, Eintopfen Mitte Oktober–Anfang Dezember für Schalen, Dezember–Januar in 11–12 cm-Töpfe. Beim Topfen schon entspitzen, danach

zunächst bei 18–20 Grad kühl weiterkultivieren, anschließend 4–6 Wochen lang bei ca.

Abb. 349: *Lotus berthelotii*

5 °C kühlen, um die Blüteninduktion auszulösen. Immer gleichmäßig und vorsichtig gießen, Staunässe wird nicht vertragen, Ballentrockenheit jedoch führt sehr schnell zum Eingehen der Pflanze.
Verwendung: mehrjährige Ampel- und Balkonkastenpflanze, schöne exotisch aussehende Kübelpflanze. Nicht winterhart.
Weitere Arten: *Lotus maculatus,* Sorte 'Gold Flash', gedrungener und blühwilliger als *L. berthelothii,* Farbe lebhaft orangegelb mit braunem Rücken.

Abb. 350

Lunaria annua (L. biennis)
Judassilberling, Mondviole.

Familie: Cruciferae – Kreuzblütengewächse.
Herkunft: Italien, Südosteuropa. Bei uns seit dem Mittelalter in Kultur.
Wuchs: 60–80 cm hoch, ein- bis zweijährig, verästelt, krautartig.
Blatt: herzförmig bis länglich, unregelmäßig, gezähnt.
Blüte: weiß, karminrot oder purpurviolett, in endständigen Trauben, duftend. Fruchtstände (Schoten) besitzen silberweiße Zwischenstände.
Blütezeit: V–VI.
Standort: sonnige bis halbschattige Lage.
Erde: wächst auf jedem humusreichen Gartenboden.
Kultur: April–Juli Aussaat ins Freiland, danach an den endgültigen Standort verpflanzen, oder Anfang März Aussaat ins Kalthaus, dann schon im ersten Jahr eine schwächere Blüte. Keimzeit 2–3 Wochen bei 15 °C.
Pflanzung: im Mai oder im September auf 20 x 20 cm.
Verwendung: ein- bis zweijährig, die schillernden Fruchtstände finden sehr viel Verwendung in der Trockenbinderei. Aber auch als Beetpflanze in Gruppen geeignet.
Sorten: meist werden Mischungen oder rotblühende Sorten angeboten, Höhe 100–120 cm.

Abbildung 350: *Lunaria annua*

Abb. 351

Lupinus nanus
Zwerg-Lupine, Wolfsbohne.

Familie: Leguminosae – Schmetterlingsblütengewächse.
Herkunft: Kalifornien. Neben den einjährigen Arten *Lupinus hartwegii* und *L. luteus* ist vor allem die mehrjährige Staude *L. polyphyllus* mit den schönen Russell-Hybriden bekannt.
Wuchs: 20–30 cm hoch, Stengel ausgebreitet.
Blatt: mit 5–7 Blättchen, gefingert.
Blüte: blau, rosa, rot, violett; endständige, langgestielte Traube, weich behaart.
Blütezeit: VI–VII.
Standort: sonniger, warmer Standort.
Erde: kalkarme, nährstoffreiche Gartenböden.
Kultur: Aussaat im April–Mai an Ort und Stelle, dünn verteilt in Reihen von 25–30 cm Abstand, evtl. später vereinzeln auf 15 cm Abstand.
Verwendung: einjährig, für Gruppen- und Massenpflanzungen, auch als Schnittblume verwendbar, dabei schneiden, bevor sich die oberen Knospen öffnen. Ebenso wie die andern Lupinenarten eignen sie sich zur Begrünung von Erdwällen und Humushalden und wirken als Stickstoffsammler im Boden. Für Naturgärten.
Sorten: 'Albus', weiß, violett überlaufen. 'Albo-Coccineus', scharlachrot mit weiß. 'Pixie Delight', leuchtende Farbmischung, hellrosa, weiß, blau. 'Schneekönigin', reinweiß.
Weitere Arten: *Lupinus hartwegii*: 75 cm hoch, als riesenblumige Mischungen angeboten, weiß, rosa, blau. Für kalkfreie Böden, in Staudenbeeten oder auch zum Schnitt geeignet. Schön in Naturgärten und bei flächiger Aussaat.
Lupinus luteus: 60 cm hoch, goldgelbe, duftende Blüten. Vor allem als Gründüngerpflanze angebaut.

Abbildung 351: *Lupinus nanus* 'Pixie Delight'

Abb. 352

Lychnis-Haageana-Hybriden
Lichtnelke, Brennende Liebe.

Abbildung 352: Lychnis-Haageana-Hybride 'Malteser Kreuz'

Familie: Caryophyllaceae – Nelkengewächse.
Herkunft: Pyrenäen, Südeuropa.
Wuchs: buschig, Höhe 40–50 cm, wenig verzweigt.
Blatt: lanzettlich, leicht behaart, bronzefarbig.
Blüte: in Dolden, leuchtendrot, 2–2,5 cm ∅.
Blütezeit: VI–X.
Standort: vollsonnig.
Erde: humoser, nährstoffreicher Gartenboden, feucht.
Kultur: Aussaat Januar–März im Gewächshaus oder ab April in einem Saatbeet im Freien, Keimdauer 20–30 Tage bei 16–18 °C, pikieren im März–April, Weiterkultur bei 10–12 °C. Nach dem Frost auspflanzen im Abstand von 25 x 25 cm oder später im Sommer oder Herbst.
Verwendung: mehrjährig. Interessante Topfblume und Schnittstaude, für Rabatten und Staudenpflanzungen, blüht nach 12–13 Wochen Kulturzeit schon im ersten Jahr, winterhart.
Weitere Arten: *Lychnis chalcedonica* – Brennende Liebe: Heimat Südrußland, 120 cm hoch, leuchtend rote Blüte, VI–X, lang- und reichblühend. Beetstaude, Bauerngartenblume, schon im Mittelalter in den Gärten zu finden.

Lycoris squamigera (Amaryllis hallii)
Lycoris.

Familie: Amaryllidaceae – Amaryllisgewächse.
Herkunft: Japan, etwa 7 Arten.
Wuchs: 50–80 cm hoch; rundliche Zwiebel mit kurzem Hals, trockene Schale.
Blatt: riemenförmig, bis 30 cm lang, etwa 3 cm breit. Im Frühjahr erscheinend.
Blüte: rosalila, sternförmig. Angenehm duftend. 4–7 Blüten je Dolde.
Blütezeit: VII–VIII.
Standort: sonnig, sehr geschützt, warm. Benötigt dikken Winterschutz mit trockenem Torf.
Erde: 1/3 Torf, 1/3 Sand und 1/3 Blumenerde mit organischem Dünger. Gute Drainage wichtig.
Vermehrung: durch Aussaat der Samen oder Brutzwiebeln, die beim Umtopfen abgenommen werden.
Pflanzung: im Spätherbst in Töpfe pflanzen, dabei muß die Zwiebelspitze noch sichtbar sein. Töpfe im Kalthaus oder in luftigen, temperierten Räumen aufstellen, ins Freiland erst nach dem 20. Mai.
Pflege: bis zur Laubwelke regelmäßig wässern, alle 2 Wochen Blumendüngergaben. Bei Topfkultur alle 2–3 Jahre im Herbst umtopfen. In der Ruhezeit mäßig wässern und bei etwa 6 °C halten.
Verwendung: mehrjähriges Zwiebelgewächs, sehr hübsche Liebhaberpflanze, die in milden Klimagebieten im Freiland gepflanzt werden kann.
Sorten: 'Purpurea', mit intensiver Blütenfarbe.
Weitere Arten: *Lycoris africana* (*L. aurea, Amaryllis aurea*): in Japan und China beheimatet. 30–50 cm hoch. Blätter blaugrün, schwertförmig, 2 cm breit. Blüte gelb, trompetenförmig, 7–10 cm groß, bis 10 Blüten je Dolde, duftend. Blütezeit Mai–August. Warm- und Kalthausgewächs; nicht winterhart.
Lycoris incarnata: Mittelchina. 30–40 cm hoch. Blüte fleischfarben, bis 10 cm ∅. Blütezeit Juli–August. Benötigt Winterschutz.
Lycoris sanguinea: Japan, China. Etwa 40 cm hoch. Zwiebel etwa 5 cm ∅, mit langem Hals. Blüte rot, 10 cm ∅. Blütezeit Juli–August. Nur als Warm- oder Kalthauspflanze geeignet.

Lysimachia congestiflora
Abb. 353

Felberich, Lyssi, Sonnengold.

Familie: Primulaceae – Primelgewächse. Heimat China.
Wuchs: leicht überhängend, 30–40 cm hoch, ebenso lang.
Blatt: eiförmig, spitz.
Blüte: goldgelb mit orangerotem Auge, becherförmig, in Büscheln am Ende des Triebes.
Blütezeit: V–X.
Standort: sonnig bis halbschattig, als Bodendecker in Rabatten oder in Pflanzgefäßen.
Erde: locker, humos, nährstoffreich.
Vermehrung: durch Stecklinge.
Kultur: Kopfstecklinge im Spätsommer bewurzeln und kühl überwintern, 3–5 Stück pro Topf oder Ampel, ab Februar Temperatur erhöhen auf 15–18 Grad, hell aber nicht prallsonnig kultivieren, auspflanzen nach den Frösten Mitte–Ende Mai im Abstand von 30 x 30 cm.
Verwendung: mehrjährige, nicht winterharte, reichblühende Rabattenpflanze, bodendeckend, hervorragend geeignet für Balkonkästen, Kübel, Ampeln.

Abbildung 353: ***Lysimachia congestiflora***

Malcolmia maritima (Cheiranthus maritimus)
Abb. 354

Strandlevkoje, Gewöhnliche Meerviole.

Familie: Cruciferae – Kreuzblütengewächse.
Herkunft: Mittelmeergebiet, Südgriechenland. Etwa 25 Arten im Mittelmeerraum.
Wuchs: 15–25 cm hoch, krautartig, flaumig behaart.
Blatt: fiederspaltig, ungestielt, verkehrt eiförmig, länglich.
Blüte: weiß, gelb, rosa, rotviolett, 2 cm ∅, in lockeren Trauben, duftend. 4 Blütenblätter und 4 Kelchblätter.
Blütezeit: VI–IX.
Standort: sonnige bis halbschattige Lage.
Erde: gering, durchlässige Gartenböden.
Kultur: Direktsaat im April ins Freiland oder bereits im September, dabei über den Winter mit Fichtenreisig abdecken. Selbstaussaat möglich.
Verwendung: ein- oder zweijährige Sommerblume für Rabatten, Einfassungen Steingarten. Kombiniert mit Blumenzwiebeln in Beeten.
Sorten: 'Alba', weiß. 'Compacta', sehr gedrungener Wuchs. 'Crimson King', karmesin. 'Lutea', gelb.

Abbildung 354: ***Malcolmia maritima***

Abb. 355

Malope trifida
Malope, Trichtermalve.

Familie: Malvaceae - Malvengewächse.
Herkunft: Nordwestafrika, Südwestspanien, Südportugal.
Wuchs: 70–120 cm hoch, buschig, langstielig.
Blatt: 3–5teilig, gelappt.
Blüte: hellpurpur (Wildform), weiß, rosa, rot, dunkel geadert. 5–8 cm ∅, trichterförmig.
Blütezeit: VI–X.
Standort: vollsonnige, warme Lage.
Erde: leichte, sandige Lehmböden.
Kultur: Aussaat März–April, am besten im Frühbeet, aber auch Direktsaat möglich. Keimtemperatur 12–15 °C, Pflanzabstand 30–40 cm.
Verwendung: einjährige, hervorragende Schnittblume, hält lange in der Vase, Beetpflanze.
Sorten: 'Alba', reinweiß, 100 cm. 'Brillantrosa', leuchtend rosa, dunkel geadert, 100 cm. 'Tetra Roter Kaiser', großblumig, leuchtend rot, 100 cm.

Abbildung 355: ***Malope trifida***

Abbildung 356: ***Malva moschata***

Abb. 356

Malva moschata
Moschusmalve.

Familie: Malvaceae - Malvengewächse.
Herkunft: Mitteleuropa.
Wuchs: bis 100 cm hoch, reich verzweigt.
Blatt: tief gebuchtet, rauh behaart.
Blüte: leuchtend rosa Blütenkelche, zahlreich erscheinend.
Blütezeit: VI–IX.
Standort: sonnig-halbschattig, in Naturgärten oder auf Trokkenmauern.
Erde: sandig, durchlässig, wenig nährstoffreich.
Kultur: Aussaat März–Juni in Saatschalen oder auf ein Saatbett im Freien. Keimdauer 14–16 Tage bei 18–20 Grad. Danach 1mal pikieren und auspflanzen ins Freie im Abstand von 30 x 30 cm.
Verwendung: mehrjährige, reichblühende Schnittblume, für Rabatten, Naturgärten, Vorgärten, lockere Pflanzung von Sommerblumen.

Abb. 357/358

Matthiola incana
Gartenlevkoje.

Familie: Cruciferae - Kreuzblütengewächse.
Herkunft: Südeuropa, Nordafrika und Kleinasien. Seit dem 16. Jahrhundert als Gartenblume bekannt. Etwa 50 Arten im Mittelmeergebiet, Mittelasien, Südafrika.
Wuchs: 30–90 cm je nach Sorte, kräftiger Mitteltrieb und verzweigte Äste.
Blatt: länglich, graugrün, unterseits filzig behaart.
Blüte: weiß, gelb, rosa, rot, blau, gefüllt- und einfachblühende Sorten, 4 cm breit, sitzen in lockeren Trauben zusammen.
Blütezeit: V–VIII.
Standort: sonnige, warme Lage.
Erde: relativ anspruchsvoll, verlangt nahrhafte, durchlässige sandige Lehmböden mit hohem pH-Wert, sonst gefährdet durch Kohlhernie.
Kultur: Sommerlevkojen: Februar–März Aussaat in den Kasten. Ab Ende April, nach dem Abhärten, die getopften Jungpflanzen auspflanzen. Einmal in 7er-Topf pikieren. Keimdauer 1–2 Wochen bei 12 °C. Pflanzabstand 20–30 cm. Treiblevkojen für den Schnitt im April–Mai: Aussaat im November, Lichtkeimer, Keimdauer bei 18 °C 10–14 Tage, nach der Keimung bis zur vollen Ausbildung der Keimblätter bei 18–20 °C kultivieren, danach 8–10 Tage lang kühl stellen bei 5–12 °C. Dabei werden durch dunkle Keimblattfarbe nicht gefüllte Pflanzen sichtbar. Nur hellblättrige Pflänzchen pikieren. So werden 100 % gefüllt blühende Pflanzen erreicht. Aussaat möglich bis Mitte April, dann Blüte im Juli. Topflevkojen: Aussaat Mitte Januar–Mai in Folgesätzen, Blüte Mitte Mai–Juli, pikieren nach ca. 3 Wochen, jeweils 3 Pflanzen pro Topf.
Pflanzung: ab Mitte April im Abstand 15 x 15 cm.
Verwendung: ein- oder zweijährig kultivierte, wertvolle Schnittblume für Treiberei und Freiland, für Beete, und Rabatten geeignet, einige Sorten werden als Topfpflanzen verwendet. Stark duftend. Bauerngartenblume.
Sorten: Für den Schnitt im Frühjahr und Sommer: 'Excelsior Riesen', Frühstamm: gefüllt- und frühblühend, verschiedene Farbsorten, sehr gute Treibsorte, 60–70 cm. 'Mammut Excelsior', 50–60 cm.

'Super-Gigant'-Serie: 100 cm hoch, Verbesserung im Typ der 'Excelsior', lange, feste Stiele, große Blüten. 'Treibwunder'-Serie, 50 cm, dicht gefüllt, 'Schnittgold'-Serie, etwas später blühend, für den Anbau im Freiland. 'Allgefüllte' Stangenlevkojen, 50–60 cm, stark duftend. 'Hansens Treiblevkojen', nach wie vor bewährte Qualität mit sehr langen, dicht gefüllten Blütenständen. 'Royal'-Serie, 50 cm, zum Treiben, in Farben, 'Climax'-Serie, 65 cm, mittelfrüh, von sehr guter Qualität.
Für den Freilandanbau im Sommer: 'Großblumige Erfurter Prachtmischung', 35 cm, buschig wachsend. 'Dresdner Sommermischung' 60 cm hoch, für den Freilandschnitt und Pflanzenverkauf.

Sorten für den Topfverkauf: 'Cinderella'-Serie, 20–25 cm, buschig, stämmige, gut gefüllte Qualität, von der Saat bis zur Blüte in 90 Tagen, 'Jackpot'-Serie, 20–25 cm, kompakt, schnellwüchsig, in Farben und Mischung.
Winterlevkojen für die 2jährige Kultur: Aussaat April–Juli, August–Oktober pflanzen, kühl überwintern. Blüte im April–Mai. Wird kaum noch vorgenommen. 'Nizzaer Prachtmischung', großblumig, frühblühend, 70 cm hoch.
Weitere Arten: *Matthiola longipetala* ssp. *bicornis* – Abendlevkoje: Griechenland, einjährig, 50 cm hoch, Blüte sitzt in lokkeren Trauben, rosiglavendel, starker Vanilleduft. Freilandaussaat März–April. Für Duftgärten und Naturgärten.

Abbildung 357: ***Matthiola incana*** **'Excelsior'**

Abbildung 358: ***Matthiola longipetala*** **ssp.** ***bicornis***

Abb. 359

Melampodium paludosum
Sterntalerblume.

Familie: Compositae – Korbblütengewächse.
Wuchs: buschig verzweigt, Höhe 20 cm, kissenartig sich ausbreitend.
Blatt: herzförmig, leicht gesägt, rauhe Oberfläche.
Blüte: leuchtend gelb, 3–4 cm ∅.
Blütezeit: V–X.
Standort: halbschattig–sonnig.
Erde: humos, feucht, nährstoffreich, durchlässig.
Kultur: Aussaat Januar–März bei 20–22 °C, Keimdauer 7–10 Tage, immer warm kultivieren, hoher Düngerbedarf, pikieren nach ca. 5 Wochen in 7-8-cm-Töpfe.
Pflanzung: Mitte Mai–Anfang Juni, Abstand 30 x 30 cm.

Abbildung 359: ***Melampodium paludosum***

Verwendung: einjährig. Reichblühender Dauerblüher für feuchte, nicht vollsonnige Standorte, in Teichnähe, für Rabatten, Schalen und Balkonkästen, für Naturgärten, als Sommertopfpflanze.
Sorten: 'Showstar', 25 cm hoch, goldgelbe margaritenähnliche Blüte von 4 cm ∅, breitbuschig wachsend. 'Medaillon', Höhe 30 cm, orangefarben, Blüten ca. 3 cm ∅.

Abb. 360

Mentzelia lindleyi (Bartonia aurea, M. aurea)
Mentzelie.

Familie: Loasaceae – Brennwindengewächse.
Herkunft: Kalifornien. Etwa 60 Arten in warmen Gebieten Nordamerikas.
Wuchs: 50–70 cm hoch, reich verzweigt.
Blatt: leicht behaart bis zottig, gegenständig, lanzettlich, halbgefiedert.
Blüte: goldgelb, groß, langgestielt, stark duftend, Blütenkrone fünflappig; feine, lange Staubgefäße.
Blütezeit: VII–VIII.
Standort: sonniger, warmer Standort, sehr empfindlich bei naßkaltem Sommer.
Erde: anspruchslos, gut durchlässige Gartenböden.
Kultur: Freilandaussaat Anfang April an Ort und Stelle. Abstand 25–30 cm. Reagiert auf Verpflanzen empfindlich.
Verwendung: einjährige Sommerblume für Rabatten, bunte Blumenbeete. Sehr reizvolle, selten. Für niedrige Sommerblumenmischungen, für Naturgärten, Bienenfutterpflanze.

Abbildung 360: ***Mentzelia lindleyi***

Milla biflora
Mexikostern.

Familie: Liliaceae – Liliengewächse.
Herkunft: Mexiko, Guatemala. In vulkanischen Gegenden auf Lavahängen wachsend. 1793 nach dem spanischen Hofgärtner Jul. Milla benannt.
Wuchs: 30–50 cm hoch; kleine Knollen mit fleischigen Wurzeln.
Blatt: grasähnlich. Das Laub stirbt nach der Blüte ab.
Blüte: reinweiß, süß duftende Blütensterne, mit 6 Blütenblättern, 6 cm ∅. Je Stengel 6 Blüten.
Blütezeit: VII–VIII, je nach Kulturverfahren Frühjahr–Herbst.
Standort: vollsonnige, geschützte Standorte, verlangt ganz mildes Klima, nicht frosthart. Als Zimmerpflanze täglich mindestens 4 Stunden direkte Sonne. Tagestemperaturen über 20 °C, Nachttemperaturen 13–18 °C.
Erde: sandige, nahrhafte, durchlässige Böden.
Vermehrung: durch kleine Brutzwiebeln, die beim Umtopfen abgenommen werden

oder durch Aussaat der Samen. **Pflanzung:** im März in Töpfe mit 7 cm Erdabdeckung pflanzen, ins Freiland erst nach dem 20. Mai.
Pflege: Substrat feucht halten, alle 4 Wochen Blumendüngergaben. Nicht mehr wässern und düngen, wenn die Blüten verwelkt sind. Trocken und mäßig warm überwintern. Bei Topfkultur nur alle 2–3 Jahre im Herbst umtopfen.
Verwendung: mehrjährig, nicht winterhart. Für Steingarten, Einfassungsblume für Rabatten und Wege. Schnittblume, aber auch als Zimmerpflanze.

Mimulus-Hybriden *(M. × tigrinus)*

Abb. 361

Gauklerblume, Affenblume.

Familie: Scrophulariaceae – Braunwurzgewächse.
Herkunft: Chile und westliches Nordamerika. Viele Züchtungen und Kreuzungen. Etwa 150 Arten in Amerika, auch in tropischen und subtropischen Gebieten der alten Welt.
Wuchs: je nach Sortengruppe 15–30 cm, bis 100 cm. Vieltriebig, Stengel oval.
Blatt: oval zugespitzt, gezähnt, gesägt, gegenständig.
Blüte: rot bis rotgefleckt, gelb, creme, sehr farbenprächtig, groß, 5 cm ∅, gloxinienähnlich, Schlund trichterförmig, einzeln oder in endständigen Trauben.
Blütezeit: VI–X.
Standort: halbschattige Lage.
Erde: feuchte, humose Gartenböden, wobei der Boden im Sommer nicht trocken werden darf; verträgt keine stauende Nässe.
Kultur: Februar–April Aussaat ins Gewächshaus oder Frühbeet-Kasten, Keimzeit 1–2 Wochen bei 15 °C. Auspflanzen nach Mitte Mai ohne Frostgefahr ins Freiland, Abstand 20–30 cm. Direktsaat ist möglich Anfang Mai, dünn verteilt in Reihen von 25 cm Abstand, später Verziehen auf 20 cm. Zur Förderung der Verzweigung Triebspitze einkürzen.
Pflege: verblühte Teile ausschneiden, Rückschnitt bringt bald einen erneuten Flor.
Verwendung: einjährige Beet-Rabatten- und Gruppenpflanze, für Blumenkästen und Schalen auf Terrassen, in Teichnähe und auf feuchtem Boden, exotisches Aussehen.
Sorten: 'Malibu Orange', F1-Hybride, leuchtend orange, Laub dunkelgrün, kompakter Wuchs, flach, 10–15 cm hoch; hervorragende Topf- und Ampelpflanze, auch für Beetpflanzung geeignet. 'Red Emperor', kupferscharlach, reichblühend, kompakt und buschig, 20 cm. 'Royal Velvet', braunrot mit leuchtend gelbem, gesprenkelten Schlund, sehr kompakt, 25–30 cm. 'Tigrinus Grandiflorus', großblumig, getigerte und gefleckte Spielarten, lokkerer Aufbau, 30 cm. 'Viva', leuchtend gelb mit großen, braunroten Flecken, schön getigert, Höhe 20 cm. 'Yellow Velvet', leuchtend goldgelb mit unregelmäßigen, braunroten Flecken, sehr kompakt, 25–30 cm. 'Mystic' F1-Hybriden-Serie, kompakte Rasse mit buschigem Wuchs und klaren, kaum gefleckten Farben, in Scharlach, Orange und Gelb sowie Mischung. 'Magic' F1-Hybriden-Serie, niedrige, sehr kompakte Rasse in klaren Farben und Mischung.

Mirabilis jalapa

Abb. 362

Wunderblume, Mendels Wunderblume.

Familie: Nyctaginaceae – Nachtblütengewächse.
Herkunft: westl., tropisches Amerika, Mexiko, Peru. Etwa 60 Arten in Amerika, eine Art im Westhimalaya und Südwestchina.
Wuchs: 60–100 cm hoch, gabelig verzweigt, Stengel oft rötlich, knollige Wurzel. In der Heimat ausdauernde Staude, bei uns einjährig durch geringe Winterhärte.
Blatt: herzförmig, Blattrand gewimpert, gegen- und wechselständig.
Blüte: weiß, rosa, rot, gelb und violett; trichterförmig, 3 cm ∅ und bis 2,5 cm lang, in endständigen Büscheln. Blüte öffnet sich am späten Nachmittag und schließt sich am nächsten Morgen.
Blütezeit: VI–X.
Standort: sonnige, warme Standorte.
Erde: tiefgründiger, nahrhafter, warmer Gartenboden.
Kultur: Aussaat März–April unter Glas. Keimdauer 5–8 bei 18–20 °C. Mitte Mai ins Freiland nach der Frostgefahr pflanzen, Abstand etwa 40 cm.
Verwendung: mehrjährig, interessante Sommerblume für Blumenbeete, als Hintergrundpflanze; für große Schalen auf Terrassen oder als Solitärpflanze.
Sorten: in leuchtenden Farbmischungen angeboten, vermehrt sich auch über Knollen.

Abbildung 361: Mimulus-Hybriden

Abbildung 362: ***Mirabilis jalapa***

Abb. 363

Moluccella laevis

Muschelblume, Trichtermelisse, Glocken von Irland.

Familie: Labiatae – Lippenblütengewächse.
Herkunft: Westasien, es gibt 2 Arten.
Wuchs: 60–100 cm hoch, Stengel meist verzweigt.
Blatt: rundlich, langgestielt.
Blüte: weiß, Lippenblüten sind unscheinbar, auffällig sind die trichterförmigen Kelche, die dicht an den Stengeln in sechsblütigen Quirlen stehen.
Blütezeit: VII–VIII.
Standort: sonnige, warme Lage.
Erde: gute, nahrhafte Gartenböden.
Kultur: Februar–April Aussaat unter Glas. Keimtemperatur 10–20 °C Wechseltemperatur, Keimdauer 14–30 Tage. Lichtkeimer, den Samen höchstens leicht bedecken. Einmal pikieren. Auspflanzen Ende Mai, Abstand 20–30 cm. Direktsaat ist möglich ab Ende April, Samen kühl vorquellen, später vereinzeln.
Verwendung: als interessante Trockenblume, früher als Gemüse verwendet. Einjährig.

Abbildung 363: ***Moluccella laevis***

Momordica balsamina

Balsamapfel.

Familie: Cucurbitaceae – Kürbisgewächse.
Herkunft: Afrika bis Nordwestindien.
Wuchs: rasch wachsend, Stengel mit Ranken besetzt. Ziernder Fruchtschmuck, Früchte etwa 6 cm lang, orange, etwas warzig, eiförmig.
Blatt: dunkelgrün, tief gelappt, 5–10 cm breit, langgestielt.
Blüte: gelb, glockenförmig, 2–3 cm ∅.
Blütezeit: VI–VIII.
Standort: volle Sonne; geschützt. Benötigt langen, heißen Sommer um die Früchte zu entwickeln.
Erde: nährstoffreiche, feuchte Gartenböden.
Kultur: Einzelaussaat im April in 8er-Töpfe, Keimdauer 14 Tage bei 18–20 °C. Rechtzeitig stäben. Auspflanzen ab Mitte Mai ohne Frostgefahr, Abstand 20–30 cm.
Verwendung: einjährige Spalier- und Kletterpflanze für entsprechend warmen Standort.
Weitere Arten: *Momordica charantia*-Balsambirne: ebenfalls eine Kletterpflanze für geschützte Lage, die Früchte sind etwa 12 cm groß, gelb und tief gefurcht.

Monopsis lutea (Dobrowskya lutea)

Gelbe Lobelie.

Familie: Campanulaceae – Glockenblumengewächse.
Herkunft: Südafrika.
Wuchs: üppig, überhängend, kriechend
Blatt: länglich, gebuchtet.
Blütezeit: VI–X.
Standort: vollsonnig.
Erde: lehmhaltig, nährstoffreich mit gutem Wasserabzug.
Vermehrung: durch Stecklinge.
Kultur: Stecklingsvermehrung im Spätsommer mit Bewurzelung im Herbst, eintopfen in Schalen oder Töpfe Anfang Oktober bis November, nach dem Topfen ca. 18–20 Grad, danach bei 16–18 Grad weiterkultivieren, bis die Pflanzen sich bestockt haben. Danach Kühlphase, 4–6 Wochen lang frostfrei halten. Anschließend Langtagbehandlung und bei 14–16 °C weiterkultivieren. Mittlerer Nährstoffbedarf, Blütenbeginn Mitte April nach Kühlbehandlung, sonst Anfang Juni.
Pflege: regelmäßig gießen, verträgt Trockenheit schlecht.
Verwendung: mehrjährige, nicht frostbeständige, reichblühende Ampel- und Balkonkastenpflanze, für Töpfe, im Freiland und im Zimmer oder Wintergarten.

Moraea spathulata (M. spathaceae, Iris spathulata)

Kap-Iris.

Familie: Iridaceae – Schwertliliengewächse.
Herkunft: Südafrika, Kapprovinz, Natal. Es gibt etwa 60 Arten.
Wuchs: etwa 60 cm hoch; zwiebelförmige Knollen.
Blatt: bis 1 m lang, 1 cm breit, überhängend; die Blätter wachsen nach der Blüte noch weiter.
Blüte: gelb, irisähnlich, duftend, 2–4 Blüten an einem Stengel.
Blütezeit: III–IV in Südeuropa, bei uns VI.
Standort: sonnige, geschützte Standorte, mit ausreichendem Schutz winterhart.
Erde: durchlässige, lehmige Sandböden.
Vermehrung: durch Samenaussaat, Brutknollen und durch Teilung.
Pflanzung: im Frühjahr, 20 cm tief.
Pflege: möglichst ungestört mehrere Jahre am Standort belassen.
Verwendung: mehrjährige Liebhaberpflanze, die als einzige Art der Gattung bei uns auch im Freiland gedeiht.
Weitere Arten: *Moraea polyanthos*: Südafrika. Blüte lila, bis zu 20, in Büscheln. Blütezeit Juni–Juli. Kalthauspflanze.
Moraea tricuspidata (*M. tricuspis, Iris tricuspidata*): Südafrika, Kapprovinz. 20–30 cm hoch. Blüte weiß, im Zentrum hellblau gefleckt, 6 cm ∅. Blütezeit Mai–Juni. Kalthauspflanze.

Abb. 364

Muscari armeniacum

Armenische Traubenhyazinthe, Perlhyazinthe, Träubel.

Familie: Liliaceae – Liliengewächse.
Herkunft: Jugoslawien, Griechenland, Kleinasien, Kaukasus. Es gibt etwa 50 Arten.
Wuchs: 15–20 cm hoch; eirunde Zwiebel.
Blatt: grasähnlich, riemchenförmig. Sie erscheinen manchmal schon im Herbst oder Winter.
Blüte: tief kobaltblau mit weißlichen Spitzen; kurzstielige, fäßchenförmige Blüten stehen in einer dichten, etwa 10 cm langen Traube.
Blütezeit: IV–V.
Standort: sonnige–halbschattige, warme Standorte; winterhart.
Erde: lockere, nährstoffreiche, nicht zu feuchte Böden.
Vermehrung: vor allem durch Tochterzwiebeln, die im Juli ausgegraben und geerntet werden.

Pflanzung: im September-Oktober, etwa 12 cm tief.
Pflege: ungestört am Standort belassen. Zum Vortreiben: 20 °C am Tag, 4–7 °C nachts, direkte Sonne, ausreichend wässern.
Verwendung: mehrjährige Zwiebelblume, für Einfassungen, Steingärten, zum Verwildern bei Gehölzvorflächen als Blütenteppich. Als kleine Schnittblume oder zum Vortreiben.
Sorten: 'Blue Spike', schön zartblau, frühblühend, 20 cm hoch. 'Cantab', rein hellblau, reichblühend, duftend; kurze, kräftige Stiele, 15 cm hoch.
Weitere Arten: *Muscari aucheri (M. tubergenianum):* stammt aus Nordanatolien. 12–15 cm hoch. Die oberen Blüten sind hellblau mit weißen Spitzen, die unteren dunkler, die Blütentrauben sind etwa 7 cm lang. Blütezeit April.

Abbildung 365: ***Muscari azureum***

Abbildung 366: ***Muscari azureum*** **'Album'**

Abbildung 364: ***Muscari armeniacum***

Muscari comosum 'Plumosum'

Abb. 367

Feder-Hyazinthe, Schopf-Traubenhyazinthe.

Familie: Liliaceae – Liliengewächse.
Herkunft: Mitteleuropa, Südrußland, Mittelmeergebiet, Vorderasien.
Wuchs: 20–30 cm hoch; große, eirunde Zwiebel.
Blatt: grasähnlich, etwa 2 cm breit.
Blüte: violettblaue Blütenstielchen, gefederte Büschel (es sind keine Blüten).
Blütezeit: V–VI.
Standort: sonnige–halbschattige, warme Standorte; winterhart.
Erde: lockere, nährstoffreiche, nicht zu feuchte Böden.
Vermehrung: durch Tochterzwiebeln, die im Juli geerntet werden.
Pflanzung: im September-Oktober, 8–12 cm tief.
Pflege: möglichst ungestört am Standort belassen.
Verwendung: mehrjährige Zwiebelblume, eigenartige Liebhaberpflanze, für Steingärten oder Einfassungen.

Abbildung 367: ***Muscari comosum*** **'Plumosum'**

Muscari azureum (Hyacinthus azureus)

Abb. 365 / 366

Hyazinthchen.

Familie: Liliaceae – Liliengewächse.
Herkunft: Kleinasien.
Wuchs: 15–20 cm hoch; eirunde, braunschalige Zwiebel.
Blatt: linealisch, mit starkem Mittelnerv.
Blüte: himmelblau, becher- bis glockenförmig, in dichten Trauben.
Blütezeit: III–IV.
Standort: vollsonnige Standorte, winterhart.
Erde: gute, durchlässige Gartenböden.
Vermehrung: durch Aussaat oder Tochterzwiebeln.
Pflanzung: im September-Oktober, 6–12 cm tief.
Pflege: mehrere Jahre ungestört am Standort belassen.
Verwendung: zum Verwildern bei Gehölzvorflächen oder zusammen mit anderen frühblühenden Zwiebelgewächsen, z. B. Krokus.
Sorten: 'Alba', weißblühende Sorte. 'Amphibolis', lichtblau, großblumig.
Weitere Arten: *Muscari botryoides* – Straußhyazinthe, Bisamhyazinthe: Mittel-, Südeuropa bis Kleinasien. **Steht in Deutschland unter Naturschutz.** 15 cm hoch. Blüte violett mit weißen Spitzen, fast kugelige Blüten in dichten, zylindrischen Trauben. Blütezeit März–April. Es gibt auch eine weißblühende Sorte.

Muscari latifolium

Abb. 368

Traubenhyazinthe.

Familie: Liliaceae – Liliengewächse.
Herkunft: westliches Kleinasien.
Wuchs: 15–20 cm hoch; eiförmige Zwiebel.
Blatt: meist nur ein etwa 3 cm breites Blatt.
Blüte: oberer Teil der Blütentraube hellblau, unterer dunkelblau.
Blütezeit: IV–V.
Standort: sonnige, warme Standorte; winterhart.
Erde: lockere, nährstoffreiche Gartenerde.

Vermehrung: durch Tochterzwiebeln.
Pflanzung: im September-Oktober, 12 cm tief.
Pflege: möglichst mehrere Jahre ungestört am Standort belassen.
Verwendung: mehrjährige Zwiebelblume, für Einfassungen, Steingärten.
Weitere Arten: *Muscari macrocarpum*: Ägäische Inseln, Kleinasien. Etwa 25 cm hoch. Blüte zuerst violett, dann reingelb, duftend. Blütezeit April-Mai. Winterschutz ist erforderlich.
Muscari neglectum (*M. atlanticum, M. racemosum*): Südwest-, Mitteleuropa, Nordafrika bis Vorderasien. **Steht in Deutschland unter Naturschutz.** Etwa 20 cm hoch. Blüte dunkel- bis schwarzblau, mit auffälligem weißen Rand, dichte Blütentrauben, duftend. Blütezeit Mai-Juni. Neigt zum Verwildern.
Muscari pallens: wurde erst 1969 im Kaukasus in etwa 1000 m Höhe entdeckt. 10-20 cm hoch, später Austrieb im Frühjahr. Blütezeit April-Mai. Folgende Sorten werden angeboten; 'Dark Eyes', blau mit dunkleren Staubfäden. 'Sky Blue', transparent hellblau. 'White Beauty', reinweiß, manchmal rosa angehauchte Blüten.

Abbildung 368: ***Muscari latifolium***

Abbildung 369: Myosotis-Hybriden

Abbildung 370: ***Myosotis sylvatica*** **'Indigo Compacta'**

Myosotis-Hybriden (*Myosotis sylvatica, M. alpestris*)

Abb. 369 / 370

Vergißmeinnicht.

Familie: Boraginaceae – Borretschgewächse.
Herkunft: Europa, Asien. Etwa 80 Arten vom tropischen Afrika bis Kapland, Neuguinea, Australien in Gebirgslagen.
Wuchs: je nach Sorte 10-35 cm hoch, buschig bis säulenförmig, meist zwei- oder mehrjährig.
Blatt: länglich, beflaumt.
Blüte: je nach Sorte blau, weiß, rosa. Viele kleine Einzelblüten.
Blütezeit: IV-VI im Jahr nach der Aussaat.
Standort: Sonne bis Halbschatten, kühle Temperaturen und Standorte bringen den schönsten Flor.
Erde: gut gelockerte, nahrhafte, humose Böden bevorzugt.
Kultur: Aussaat ins Freiland Juni-Juli, leicht abdecken. Februar-März Aussaat unter Glas, Keimzeit 2-3 Wochen bei 18 °C. Während der Keimung schattig und feucht halten. Vermehrung im Hausgarten auch durch Selbstaussaat. Pflanzabstand etwa 20 cm.
Verwendung: ein- bis zweijährige Beetpflanze für Einfassungen, Gräber, Blumenkästen, auch zum Schnitt für kleine Blumensträuße geeignet. Besonders geeignet für Beetpflanzungen, zusammen mit Tulpen und Narzissen.
Sorten: Myosotis-Hybriden 'Annemarie Fischer', tiefdunkelblau, kompakt, 15 cm. 'Liebesstern', himmelblau, sehr gleichmäßig, großblumig, 15 cm, *Myosotis sylvatica (alpestris):* 'Indigo Compacta', 20 cm hoch, dunkelblau. 'Compindi', 15 cm hoch, besonders gleichmäßig, tiefdunkelblau, 'Ultramarine Zwerg', 15 cm, gleichmäßig und kompakt, 'Miro', 20 cm hoch, buschig und breit wachsend. 'Blauer Strauß', 30 cm hoch, tiefblau, zum Schnitt. 'Wallufer Schnitt', Höhe 50 cm, für Sommer- und Herbstschnitt, auch für August-Aussaat und Überwinterung. 'Rosa', 15 cm, rosa, kompakt. 'Viktoria Weiß', 20 cm hoch.
Weitere Arten: *Myosotis dissitiflora oblongata:* für Treibkultur, Aussaat ab September ins Kalthaus, frostfreie Weiterkultur. Ab Dezember, bei 8 °C luftig bis zur Blüte kultivieren. 'Blaue Grasmücke Spezialzucht', tiefblau, langstielig, guter Winterblüher, 30 cm.

Narcissus

Narzisse, Osterglocke.

Familie: Amaryllidaceae – Amaryllisgewächse.
Herkunft: Mitteleuropa und Mittelmeergebiet, überwiegend auf feuchten Wiesen, auch in Gebirgsgegenden. Es gibt etwa 30 Arten und tausende Sorten, die vor allem in England und Holland entstanden sind. Zur Zeit werden etwa 200 Sorten angeboten. **Alle in Deutschland vorkommenden Arten stehen unter Naturschutz. Artenschutzregelung beachten!**
Wuchs: 7-60 cm hoch; am Grund der Zwiebel bilden sich Brutzwiebeln.
Blatt: linealisch, grün oder blaugrün, je nach Sorte unterschiedlich lang.
Blüte: gelb, weiß, gelbbraun, orange, rosa, ein- oder zweifarbig, häufig duftende Sorten. Blütengröße 2-8 cm, Blütenblätter verwachsen (Krone), auch gefülltblühende Sorten. Unterschiedliche Blütenformen. Der hohle Schaft trägt eine oder mehrere Blüten.
Blütezeit: III-V.
Standort: sonnige bis halbschattige Standorte; winterhart.
Erde: feuchte, durchlässige, nährstoffreiche Gartenböden. Keine stauende Nässe! Vorzugsweise lehmige bis sandige Böden, pH-Wert 6,0-7,0.
Vermehrung: durch Tochterzwiebeln, die im Juli abgenommen werden.
Pflanzung: vorzugsweise im September, 12-18 cm tief. *Narcissus poeticus* bereits im August.
Pflege: mit Wachstumsbeginn organische Düngergabe. Etwa alle 3 Jahre ausgraben, sortieren und neu einpflanzen, dabei noch verwachsene Tochterzwiebeln nicht abtrennen.
Verwendung: mehrjähriges Zwiebelgewächs, mit vielseitiger Nutzung, als Beetpflanzen, zwischen Rosen, in Staudenbeeten, in Wiesen, die möglichst spät gemäht werden. Als Schnittblume und als Topfpflanze zur Treiberei, in Schalen oder für Tröge.

Gezüchtete Narzissen

Gruppe 1: Trompetennarzissen

Abb. 371

Narcissus pseudonarcissus

Familie: Amaryllidaceae – Amaryllisgewächse.
Herkunft: Westeuropa, Schweiz, Italien, Eifel, Hunsrück, Hohes Venn. **Steht in Deutschland unter Naturschutz.** Es gibt viele Gartenformen.
Blüte: je Stiel eine Blüte, mit langer Trompete (Krone), etwa ebenso lang wie die Blütenblätter des Kranzes. Der Trompetenrand ist glatt oder leicht gewellt.
Sorten: 'Beersheba', reinweiß, wohlgeformte Blüte, mittelfrühblühend. 'Cantatrice', reinweiß, besonders schöne Sorte, mittelfrühblühend, 45 cm. 'Dutch Master', goldgelb, großblumig, spätblühend, 40 cm. 'Exception', reingelb, starker Stiel, auch zum Verwildern geeignet. 'Golden Harvest', goldgelb, großblumig, frühblühend, bewährte Spitzensorte, 40 cm hoch. 'Gold Medal', goldgelb, großblumig, spätblühend, 30 cm hoch, für Schalen und Töpfe geeignet. 'King Alfred', dunkelgelb, sehr gut geformte Blüte, mittelfrühblühend, 40 cm hoch. 'Kingscourt', tiefgoldgelb, großblumig, wohlgeformte Blüte, mittelfrühblühend, 40 cm hoch. 'Mount Hood', rahmweiß, großblumig, mittelfrühblühend, 40 cm hoch. 'Queen of the Bicolors', Trompete kanariengelb, Kranz rahmweiß, reichblühend, gut zum Treiben geeignet. 'Rembrandt', goldgelb, großblumig, mittelfrühblühend. 'Royal Gold', goldgelb, große Trompete. 'Standard Value', goldgelb, für Töpfe gut geeignet. 'Unsurpassable', kanariengelb, gut zum Treiben geeignet. Bicolor-Trompeten: 'Goblet', weißer Kranz, gelbe Trompete, für Topfkultur. 'Las Vegas', weißer Kranz, gelbe Trompete, 40 cm hoch. 'Magnet', weißer Kranz, tiefgelbe Trompete, 35 cm hoch. 'Spellbinder', schwefelgelbe Trompete, gelblich-weißer Kranz, 40 cm hoch.

Abbildung 371: ***Narcissus pseudonarcissus*** **'Golden Harvest'**

Gruppe 2: Großkronige Narzissen

Abb. 372

Narcissus × *incomparabilis*

Familie: Amaryllidaceae – Amaryllisgewächse.
Herkunft: entstanden durch Kreuzung von *Narcissus pseudonarcissus* und *N. poeticus*.
Blüte: je Stiel eine Blüte, die Krone ist etwa ein Drittel bis halb so lang wie die Blütenblätter des Kranzes.
Sorten: 'Carlton', zartes Gelb, reichblühend, sehr frühblühend, 40 cm. 'Ceylon', goldgelber Kranz, Krone im Zentrum gelb, nach außen dunkelorangerot, mittelfrühblühend, sehr hübsche gute Gartensorte, 40 cm. 'Flower Record', weißer Kranz, Krone im Zentrum orange, nach außen rot, mittelfrühblühend, 50 cm. 'Fortune', hellgelber Kranz, Krone gelborange, 45 cm. 'Gigantic Star', tiefgoldgelb, sehr großblumig, frühblühend, 50 cm, gute Sorte zum Treiben. 'Ice Follies', cremeweißer Kranz, gelbliche Krone mit grünlicher Mitte, großblumig, reich- und mittelfrühblühend, 40 cm. 'Johann Strauss' weißer, flacher Kranz, Krone orangerot, 50 cm, hervorragende Sorte. 'Passionale', reinweißer Kranz, leuchtend rosafarbene Krone, mittelfrühblühend, 45 cm, Spitzensorte. 'Professor Einstein', weißer Kranz, orangerote, flache Krone, 40 cm. 'Quirinus', hellgelber Kranz, orangerote Krone, im Zentrum orangegelb. 'Red Rascal', tiefgelber Kranz, kräftig rote Krone, lange- und mittelfrühblühend, 40 cm. 'Rosy Sunrise', cremeweiß mit lachsrosa Krone. 'Salome', weißer Kranz, Krone reinrosa. 'Satin Pink', reinweißer Kranz, kräftig rosafarbene Krone, 40 cm hoch. 'Scarlett O'Hara', goldgelb mit langer, intensivroter Krone, frühblühend, 40 cm hoch. 'Semper Avanti', weiß mit helloranger Krone. 'Stainless', einfarbig reinweiß, mittelfrühblühend, 45 cm hoch. 'Sun Chariot', goldgelb mit oranger Krone, langblühend. 'Yellow Sun', gelb, großblumig, reich- und mittelfrühblühend, 40 cm hoch.

Abbildung 372: ***Narcissus*** **×** ***incomparabilis*** **'Carlton'**

Abb. 373 / 374

Gruppe 3: Kleinkronige Narzissen, Tellernarzissen

Familie: Amaryllidaceae – Amaryllisgewächse.
Herkunft: entstanden durch Rückkreuzungen von großkronigen Narzissen und *Narcissus poeticus*.
Blüte: je Stiel eine Blüte, die Krone ist höchstens ein Drittel so lang wie die Blütenblätter des Kranzes.
Sorten: 'Barret Browning', rahmweiß, Krone flach, groß, reinorange, frühblühend, 35 cm hoch, ausgezeichnete Schnittsorte. 'Birma', zartgelb, Krone rotorange, mittelfrühblühend, sehr haltbar, 35 cm hoch. 'Edward Buxton', primelgelb mit orangefarbener Krone. 'La Riante', weiß mit dunkeloranger Krone, mittelfrühblühend, 30 cm hoch. 'Mary Housley', weiß mit gelber, orangegerandeter Krone. 'Pomona', schneeweiß, Krone gelborange mit orangerotem Saum. 'Verger', weiß mit orangeroter Krone.

Abbildung 373: Kleinkronige Narzissen 'Pomona'

Abbildung 374: Kleinkronige Narzissen 'Edward Buxton'

Abb. 375

Gruppe 4: Gefüllte Narzissen

Familie: Amaryllidaceae – Amaryllisgewächse.
Herkunft: die Sorte 'Van Sion' ist bereits seit 1629 bekannt, die meisten Sorten sind Abkömmlinge von Trompeten- oder großkronigen Narzissen.
Blüte: gefüllte Blüte, je Stiel eine Blüte.
Standort: weniger gut für Freilandpflanzung, als zum Treiben geeignet.
Sorten: 'Golden Ducat (Golddukat)', leuchtend gelb. 'Ice King', weiß, gut für dunkle Gartenplätze, 40 cm. 'Irene Copeland', cremeweiß mit einigen gelben Blütenblättern. 'Petite Four', weiß mit rosa, spät, 45 cm. 'Tahiti', orangerot, innen gelb, 45 cm. 'Texas', goldgelb, orangerote Blütenblättern, 30 cm. 'Van Sion', reingelb, 30 cm; für Schalen, zum Treiben und auch für Freiland zum Verwildern geeignet – bekannteste Sorte. 'White Lion', schwefelweiß mit gelb, 50 cm.

Abbildung 375: Gefüllte Narzissen 'Irene Copeland'

Gruppe 5: Triandrus – Narzissen, Engelstränennarzisse

Abb. 376

Narcissus triandrus

Familie: Amaryllidaceae – Amaryllisgewächse.
Herkunft: die Art ist in Spanien und Portugal beheimatet. Es gibt viele Subspezies und Sorten.
Blüte: mehrere Blüten je Stiel. Die äußeren Blütenblätter sind häufig zurückgeschlagen.
Standort: für Freilandpflanzung wegen geringer Winterhärte weniger geeignet.
Verwendung: Vor allem für Schnitt und Treiberei.
Sorten: 'Albus', rahmweiß, zurückgebogene Hüllblätter, 15 cm hoch. 'Hawera', kanariengelb, 2–4 Blüten je Stiel, duftend, 20 cm hoch, gefragte Sorte. 'Liberty Bells', reingelb, 3–4 Blüten je Stiel, duftend, 40 cm hoch. 'Terell', rahmweiß, 3–5 Blüten pro Stiel. 'Rippling Waters', 3–4 reinweiße Blüten, für Steingarten und zum Schnitt gut geeignet, 25 cm hoch. 'Silver Chimes', reinweiß mit kleiner, gelber Krone, sehr spät, Höhe 35 cm. 'Thalia', reinweiß, duftend, hängende Blüten, spätblühend, 45 cm hoch. 'Tresamble', reinweiß, duftend, großblumig, 40 cm hoch. 'White Marvel', reinweiß, gefüllt, 3–4 Blüten pro Stiel, 35 cm hoch.

Abbildung 376: *Narcissus triandrus* 'Hawera'

Gruppe 6: Cyclamenblütige Narzissen

Abb. 377/378

Narcissus cyclamineus

Familie: Amaryllidaceae – Amaryllisgewächse.
Herkunft: Spanien, Portugal. Durch Kreuzungen ist eine Vielzahl von Hybrid-Sorten entstanden.
Blüte: meist je Stiel eine nickende Blüte, mit trompetenförmiger Krone und stark zurückgeschlagenem Blütenblätterkranz.
Standort: Vor allem in Steingärten mit sauren Böden und etwas Winterschutz verwendet.
Sorten: 'Dove Wings', weiß, Trompete primelgelb, reich- und frühblühend, 30 cm. 'February Gold', goldgelb, Trompete gelborange, sehr haltbar, frühblühend, 30 cm, gefragte Sorte. 'February Silver', cremeweiß, Trompete goldgelb, sehr haltbar, frühblühend, 30 cm. 'Itzim', goldgelb mit oranger Krone, 25 cm. 'Jack Snipe', cremeweiß, Trompete klein, primelgelb, reich- und frühblühend, 25 cm. 'Jumblie', tief goldgelb, Blütenkranz zurückgebogen, 2–3 Blüten je Stiel, frühblühend, 20 cm. 'Peeping Tom', goldgelbe Blüte, wertvolle Sorte, mittelfrühblühend, 30 cm. 'Quince', reingelb, mehrblütig, für spätere Treiberei geeignet, bleibt auch dann noch kurz, 15 cm. 'Tête-à-Tête', hellgelb, Trompete dunkelgelb, mehrere Blüten je Stiel, sehr hübsche Sorte, gut geeignet für Topfkultur, frühblühend, 30 cm. Hauptsorte.

Abbildung 377: *Narcissus cyclamineus* 'Dove Wings'

Abbildung 378: *Narcissus cyclamineus* 'Tête-à-Tête'

Gruppe 7: Jonquillen – Narzissen

Abb. 379

Narcissus jonquilla

Familie: Amaryllidaceae – Amaryllisgewächse.
Herkunft: Südeuropa, Vorderasien, Algerien.
Blüte: meist je Stiel 2–6 Blüten. Krone tassenförmig, Blütenblätter des Kranzes überlappen sich kaum.
Sorten: 'Baby Moon', kräftig gelb, duftend, eine sehr reichblühende Verbesserung der Stammart, späte Blütezeit, 30 cm. 'Suzy', hellgelb, Krone orangerot, 2–4 Blüten je Stiel, mittelspätblühend, 30 cm. 'Sweetness', dunkelgelb, duftend, häufig nur eine Blüte je Stiel, sehr haltbar, mittelspätblühend, 30 cm. 'Tittle-Tattle', hellgelb, duftend, sehr gute Sorte mit stabilem Stiel, spätblühend, 45 cm. 'Trevithian', zartgelb, schön geformt, duftend, 2–3 Blüten je Stiel, auch zum Schnitt gut geeignet, 35 cm. 'Waterperry', elfenbeinfarbig, gelbgerandeter Kranz, lange Krone, 40 cm.

Abbildung 379: *Narcissus jonquilla* 'Suzy'

Gruppe 8: Tazetten-Narzissen, Poetaz-Narzissen

Abb. 380 + 384

Narcissus × medioluteus

Familie: Amaryllidaceae – Amaryllisgewächse.
Herkunft: entstanden aus Kreuzungen von *Narzissus tazetta* und *N. poeticus*. Die Gruppe wird häufig auch als „Poetaz-Narzissen" bezeichnet.

Abbildung 380: ***Narcissus × medioluteus*** **'Cheerfulness'**

Blüte: einfache oder gefüllte Blüten, 4 und mehr Blüten an einem Stiel.
Verwendung: meist als Schnittblume oder zum Treiben verwendet.
Sorten: 'Cragford', weiß mit kleiner orangeroter Krone. 'Cheerfulness', gefüllt, rahmweiß, spätblühend, 35 cm hoch. 'Gelbe Cheerfulness', gefüllt, gelb, spätblühend, 35 cm hoch. 'Geranium', weiß mit oranger Krone, spätblühend, 35 cm hoch. 'Laurens Koster', weiß mit gelber Krone, 35 cm hoch. 'Scarlet Gem', goldgelb, leuchtend rote Krone, vermehrt sich gut, 35 cm hoch.

Gruppe 9: Poeticus – Narzissen, Dichternarzissen

Abb. 381

Narcissus poeticus

Familie: Amaryllidaceae – Amaryllisgewächse.
Herkunft: südliches Mitteleuropa, Westbalkan, Südeuropa. Diese Gruppe enthält eine Vielzahl von Spezies und daraus entstandene Sorten.
Blüte: je Stiel eine Blüte mit sehr kleiner, kurzer Krone (Auge).
Verwendung: für Freilandanbau, Treiberei und Schnitt geeignet.
Sorten: 'Actaea', reinweiß, Auge gelb mit rotem Rand, im Mai blühend, neigt zum Verwildern, 40 cm hoch, stark duftend. 'Queen of Narcissi', reinweiß, gelbe, relativ große Krone mit rotem Rand. 'Red Rim', grünlichgelb, Krone mit rotem Rand, großblumig. 'Recurvus', reinweiß mit rötlichem Auge, wächst langsam, duftet.

Abbildung 381: ***Narcissus poeticus*** **'Actaea'**

Abb. 382

Gruppe 10: Verschiedene Narzissen, Schmetterlingsnarzissen, Split-Corona-Narzissen, Orchideenblütige Narzissen

Familie: Amaryllidaceae – Amaryllisgewächse.
Herkunft: durch verschiedene Kreuzungen mit Bestrahlungen entstanden. Neuzüchtungen entstehen überwiegend in Holland. Der Name 'Split' weist auf die gespaltene Krone hin.

Abbildung 382: ***Narcissus*** **'Orchideenblütige Mischung'**

Blüte: die Krone ist geschlitzt oder kragenförmig, teilweise gefleckte oder gestreifte Sorten.
Sorten: 'Baccarat', äußere Blütenblätter gelblich-weiß, die inneren goldgelb. 'Cassata', weiß mit elfenbeinfarbener Krone. 'Golden Collar', reingoldgelb. 'Orangery', rahmgelber Kranz, gespaltene orange Krone. 'Tiritomba', hellgelb, die geschlitzte Krone ist orangerot.

Gruppe 11: Tazetten, Weihnachts- oder Wassernarzissen, Paperwhite-Narzissen

Abb. 383

Narcissus tazetta ssp. *papyraceus* (*N. papyraceus, N.* 'Totus Albus Grandiflorus')

Familie: Amaryllidaceae – Amaryllisgewächse.
Herkunft: Südfrankreich bis Dalmatien. Gruppenmerkmale: Bringt zahlreiche weiße, sternförmige Blüten an einem Stiel. Starker Duft. Sehr früh blühend. Nach Präparation zum Treiben geeignet, ab Oktober sogar ohne Erde bei Licht.
Sorten: 'Totus Albus Grandiflorus', zum Treiben auf Gläsern oder in Kies zu Weihnachten geeignet, Lagertemperatur bis zum Pflanzen 17 °C. Höhe 35 cm. Treibzeit: ca. 4 Wochen.

Abbildung 383: ***Narcissus*** **'Paperwhite'**

Abbildung 384: ***Narcissus × medioluteus*** **'Cragford'**

Wildnarzissen

Narcissus asturiensis (N. minimus)

Abb. 385

Wildnarzisse.

Familie: Amaryllidaceae – Amaryllisgewächse.
Herkunft: Nordportugal, nördliches Spanien. Kleinste gelbe Trompetennarzisse.
Wuchs: 10–12 cm hoch.
Blatt: glänzend, schmal, rinnig, aufrecht stehend oder niederliegend.
Blüte: goldgelb, trompetenförmig, schwach duftend.
Blütezeit: III–IV.
Standort: sonniger bis halbschattiger, warmer Standort, verlangt Winterschutz.
Erde: feuchte, durchlässige, nährstoffreiche Gartenböden.
Vermehrung: durch Tochterzwiebeln.
Pflanzung: im September, etwa 12 cm tief.
Pflege: im Herbst mit Düngetorf abdecken.
Verwendung: diese kleine Trompetennarzisse wird von Pflanzenliebhabern gerne im Steingarten verwendet.
Weitere Arten: *Narcissus caniculatus*: Miniatur-Tazette, Büschel kleiner weißer Blütchen, hellgoldgelbe Krone, 20 cm, sehr reichblühend.
Narcissus assoanus: in den Pyrenäen beheimatet, 10–15 cm hoch. Blätter binsenartig. Blüte gelb, bis 2 cm breit, mehrere je Stiel, Blütezeit März–April. Benötigt Winterschutz. Liebhaberpflanze für Steingärten.
Narcissus minor var. conspicuus (*N. nanus, N. lobularis*): in Spanien und Portugal heimisch. 15 cm hoch. Blätter 10 cm lang, 0,5 cm breit. Blüte gelblich-weiß, mit kleinem schwefelgelbem Kranz, Trompete etwas dunkler. Blütezeit März–April. Benötigt starken Winterschutz. In Steingärten.
Narcissus minor var. *pumilus plenus*: Sorte 'Rip van Winkle', historische Gartensorte (vor 1850). Gefüllt, hellgelb, Mitte dunkelgelb, 20 cm hoch.
Narcissus obvallaris (Tenby-Narzisse): Goldgelbe, elegante Trompete, zum Verwildern geeignet, 20 cm.
Narcissus odorus var. *rugulosus* (*N. campernelle*): leuchtend gelbe Blüten, Büschel von 3–5 Blüten, Höhe 30–40 cm. Einfachblühend.
Narcissus × odorus rugulosus plenus: gefüllte Campernelle, sonst wie vorige.
Narcissus scaberulus: Heimat Portugal, zierliche, anmutige Blütchen, goldgelb, duftend, grasartiges Laub.

Abbildung 385: ***Narcissus asturiensis***

Narcissus bulbocodium (Corbularia b.)

Abb. 386

Reifrocknarzisse

Herkunft: Spanien, Portugal, Südwestfrankreich.
Wuchs: 15–25 cm hoch.
Blatt: fast stielrund, grasartig, bis 30 cm lang.
Blüte: gelb, bis 4cm lang, sie stehen einzeln als glockiges Krönchen, die Blütenblätter des Kranzes sind zu schmalen Zipfeln reduziert.
Blütezeit: IV–V.
Standort: sonnig, warm; benötigt Winterschutz oder Kultur im Alpinenhaus.
Erde: gut durchlässige, nährstoffreiche Gartenböden, die im Frühjahr feucht und im Sommer trocken sein müssen.
Vermehrung: durch Tochterzwiebeln oder durch Aussaat der Samen.
Pflanzung: im September, 5–7 cm tief.
Pflege: nach dem Vergilben der Blätter Pflanzstelle mit trockenem Torf oder Folie abdecken.
Verwendung: in Steingärten.
Sorten: es gibt weiße, zitronen- und hellgelbe Varietäten.

Abbildung 386: ***Narcissus bulbocodium***

Nemesia-Hybriden

Abb. 387

Nemesie, Elfenspiegel.

Familie: Scrophulariaceae – Braunwurzgewächse.
Herkunft: Südafrika. Die Hybriden stammen von *N. strumosa* und *N. versicolor* ab. Etwa 50 Arten in Südafrika und im tropischen Amerika.
Wuchs: 15–35 cm hoch, vieltriebig, buschig wachsend.
Blatt: länglich, lanzettlich, gesägt, gegenständig.
Blüte: weiß, orange, gelb, bronze, rot, blau-lackartig, becherförmig, 2 cm ⌀, sitzen in doldenartigen Trauben zusammen, reichblühend. Nach der Blüte zurückschneiden.
Blütezeit: V–IX.
Standort: vertragen große Hitze schlecht, am besten kühleres Gebirgs- oder Küstenklima bei sonniger Lage. Viel Licht fördert die Blühwilligkeit.
Erde: nährstoffarmer, durchlässiger, feuchter, mit Kompost vermischter Boden.
Kultur: Aussaat Ende März – Anfang April unter Glas, Keimzeit 2–3 Wochen bei 12 °C. Einmal in Büscheln (3–5 Sämlinge) pikieren. Auspflanzen in der 2. Maihälfte ohne Frostgefahr, Abstand 15–20 cm. Auch Direktsaat ist möglich, ab Mitte April–Anfang Juni dünn verteilt in Reihen von 15–20 cm Abstand.
Pflege: Rückschnitt sofort nach der Blüte verhindert Samenansatz und bewirkt eine zweite Blüte.
Verwendung: einjährig, für

Rabatten, Einfassungen, Blumenkästen, wird auch als Topfpflanze angeboten. Sehr schöne Schnittblume für kurze Sträuße in exotischen Farben.
Sorten: 'Blauer Vogel', großblumig, himmelblau. 'Karneval'-Mischung, herrliche, lebhafte Farben, großblumig, 25 cm. 'Triumph-Prachtmischung', leuchtende Farben, etwas kleinblumiger, niedrig, 20 cm. 'Feuerkönig', leuchtend scharlachrot. 'Orangeprinz', leuchtend orange. 'Helvetia', rotweiß, eine außergewöhnliche und sehr attraktive Farbenkombination. 'Tetra-Märchenzauber', Mischung besonders großblumiger Typen, 20 cm, kompakt.

Abbildung 387: Nemesia-Hybriden

Nemophila maculata

Abb. 388

Liebeshainblume.

Familie: Hydrophyllaceae – Wasserblattgewächse.
Herkunft: Nevada, südwestliche Staaten der USA.
Wuchs: 15–20 cm hoch, polsterartig, schnellwachsend.
Blatt: rauhaarig, fiederartig geteilt, länglich, gegenständig.
Blüte: weiß, an der Spitze der Kronlappen dunkelviolett gefleckt, 3 cm ∅, schalenartig, zart.
Blütezeit: VI–VIII, nur wenige Wochen.
Standort: sonnig bis halbschattig, vorteilhaft sind kühlere Nachttemperaturen, wie sie in Gebirgsregionen vorkommen.
Erde: locker, humusreich, geringer Nährstoffbedarf.
Kultur: Aussaat direkt im Freiland ab April–Juni, entweder breitwürfig oder in Reihen von 15–20 cm Abstand, Pflanzenanzucht lohnt sich nicht wegen des schnellen, unkomplizierten Wachstums.
Verwendung: einjährige, niedrige Beetpflanze, die sich insbesondere in Naturgärten, Steingärten, Einfassungen gut integriert. Wildblumencharakter, Bienenfutterpflanze, für Sommerblumenmischungen beliebt.

Abbildung 388: ***Nemophila maculata***

Nemophila menziesii (N. insignis)

Abb. 389

Hainblume, Liebeshainblume.

Familie: Hydrophyllaceae – Wasserblattgewächse.
Herkunft: westl. Nordamerika, Kalifornien bis Oregon. 11 Arten in Nordamerika.
Wuchs: 15–20 cm, polsterartig, 30 cm ∅, rauhhaarig.
Blatt: fiederartig geteilt, länglich, gegenständig.
Blüte: dunkel- bis himmelblau mit weißer Mitte oder umgekehrt, reinweiß, 3 cm ∅; flache radförmige Kronenblüten-Schalen mit kleinem, glockenförmigen Schlund.
Blütezeit: kurz, VI–VIII.
Standort: sonnige bis halbschattige Lage, vorteilhaft sind kühlere Nachttemperaturen, wie in Gebirgsregionen und Küstengebieten.
Erde: anspruchslos, gedeiht auf jedem Gartenboden.
Kultur: Freilandaussaat von März–Juni bei frostfreiem Boden, breitwürfig oder in Reihen im Abstand von etwa 15 cm, Sämlinge lassen sich sehr schlecht verpflanzen.
Verwendung: einjährige, niedrige Beetpflanze, Einfassungen, Steingarten, als Schnittblume nur sehr kurz haltbar. Für Naturgärten, Steppengärten, Sommerblumenmischungen. Kurz- und reichblühende Liebhabersorte.
Sorten: 'Alba', reinweiß. 'Grandiflora', hellblau, großblumig. 'Marginata', blau-weiß gerandet.

Abbildung 389: ***Nemophila menziesii***

Nerine bowdenii

Abb. 390

Guernseylilie.

Familie: Amaryllidaceae – Amaryllisgewächse.
Herkunft: Südafrika, Kapprovinz. Seit vielen Jahren auf der Kanalinsel Guernsey in Kultur. Es gibt 15 Arten.
Wuchs: 30–60 cm hoch, blattlose, runde Stengel; Zwiebel etwa 4 cm ∅, gelblich-grau, flaschenförmiger Hals.
Blatt: glänzend grün, riemenförmig, etwa 30 cm lang, 3 cm breit, ab Herbst–Frühjahr wachsend, im Hochsommer blattlos.
Blüte: rosa, 6–8 cm lang; 8–12 Blüten je Dolde, die Blüte erscheint vor dem Blattaustrieb.
Blütezeit: IX.
Standort: verlangt hellen, warmen Standort, für das Freiland nur während des Sommers geeignet; nicht winterhart, Kalthauspflanze.
Erde: durchlässige, nahrhafte, gute Gartenböden. Topfkultur mit 1/3 Torf, 1/3 Sand und 1/3 Blumenerde und organischem Dünger.
Vermehrung: durch Brutzwiebeln, die an der Zwiebel entstehen; auch Samenanzucht möglich, mit 4–5 Jahren Kulturzeit bis zur blühfähigen Pflanze.
Pflanzung: Juli–August, 7–15 cm tief. Bei Topfpflanzung müssen die Zwiebeln zur Hälfte herausragen.
Pflege: nach dem Vergilben des Laubes bis zum Ende des Hochsommers nicht düngen und wässern, während des Wachstums monatliche Düngergaben und reichlich gießen. Im Kalthaus bei 8–10 °C hell überwintern. Verpflanzen bzw. umtopfen alle 4–5 Jahre.

Verwendung: als Schnittblume, bis zu 3 Wochen haltbar. Topf- und Kübelpflanze, im Sommer auch im Freiland.
Sorten: es gibt mehrere mit unterschiedlichen, rosafarbenen Blüten, z. B. 'Pink Triumph', silbrig-rosafarben, großblumig.
Weitere Arten: *Nerine sarniensis*: Kapprovinz. 35–75 cm hoch; Zwiebel 5 cm ∅, hellbraune Schale. Blüte rosa, je Dolde bis 20 Einzelblüten. Blütezeit September–Oktober. Kalthauspflanze. Es gibt einige Varietäten und Sorten mit rosa, roten und braunroten Blüten. Schnittblume.
Nerine undulata: ebenfalls aus der Kapprovinz. 25–35 cm hoch; Zwiebel 3 cm ∅. Blätter linealisch. Zierliche, zartrosafarbene Blüten, etwa 3 cm breit, bis 10 Blüten je Dolde. Blütezeit September–Oktober. Kalthauspflanze, zum Schnitt geeignet.

Abbildung 390: ***Nerine bowdenii***

Abb. 391

Nicandra physalodes
Nicandra, Peruanische Erdkirsche.

Abbildung 391: ***Nicandra physalodes***

Familie: Solanaceae – Nachtschattengewächse.
Herkunft: Peru, in Mittel- und Südosteuropa stellenweise eingebürgert. Seit 1759 in Europa bekannt.
Wuchs: bis 100 cm hoch, stark verzweigt.
Blüte: weiß mit blauem bis violettblauem Rand, glockenförmig. Die herzförmigen Kelchblätter wachsen mit der Frucht mit, diese trockenen Fruchtkapseln sind der langanhaltende Zierwert diese Pflanze.
Blütezeit: VII–IX.
Standort: sonnige Lage.
Erde: gute, nährstoffreiche Gartenböden.
Kultur: Für die Anzucht in Töpfen oder als Kübelpflanze Aussaat Februar–März bei 15–18 °C, Keimdauer 10–14 Tage. Sehr bald pikieren, die Pflanzen wachsen schnell heran. Endtopfgröße 14–18 cm ∅. Freilandaussaat im April an Ort und Stelle, auf 50–60 cm Abstand vereinzeln.
Verwendung: einjährige, hochwachsende Hintergrundpflanze bei Rabattenpflanzungen. Wird gern als Kübelpflanze verwendet wegen der interessanten Blüten und Fruchtstände. Trockenblume. Köderpflanze in Gewächshauskulturen gegen Weiße Fliege, wirkt vor allem zur Zeit der Blüte. Heilpflanze (leicht giftig)
Besonderheiten: Sät sich leicht selbst aus. Daher Früchte nicht ausreifen lassen im Gewächshaus, sondern rechtzeitig entfernen.
Sorten: 'Blaue Glocke', 80 cm hoch, buschiger Wuchs.

Abb. 392

Nicotiana sylvestris
Dufttabak.

Familie: Solanaceae – Nachtschattengewächse.
Herkunft: Argentinien.
Wuchs: 150–180 cm hoch, stattliche Erscheinung, Solitär.
Blatt: elliptisch, 30–35 cm lang, ganzrandig.
Blüte: reinweiß, röhrenförmig, hängend, duftend.
Blütezeit: VII–X.
Standort: sonnig-halbschattig.
Kultur: Aussaat Februar–März den sehr feinen Samen ohne Abdeckung auf fein gesiebtes Substrat ausbringen. Keimdauer 10–14 Tage bei 18–20 °C. zweimal pikieren, Endtopf vor dem Auspflanzen 7–8 cm. Lockeres, humoses Substrat. Auspflanzen nach Mitte Mai an eine sonnige Stelle im Abstand von 40 x 50 cm.
Verwendung: einjährig, als hohe Rabattenpflanze, für Gruppen und als Solitär, paßt gut zu *Canna,* Neu-Guinea-Impatiens und anderen Tropenpflanzen.

Abbildung 392: ***Nicotiana sylvestris***

Nicotiana × sanderae (N. affinis)

Abb. 393

Ziertabak.

Familie: Solanaceae – Nachtschattengewächse.
Herkunft: Südamerika. Aus *N. alata × N. forgetiana* entstanden.
Wuchs: 30–100 cm.
Blatt: elliptisch, ganzrandig, flaumhaarig. Dekorative, große Belaubung.
Blüte: rot, weiß, gelb, rosa mit Auge, bis 5 cm ∅, röhrenförmig mit fünfzipfeliger Krone, reichblühend. Duftend.
Blütezeit: lange anhaltend, VII–IX.
Standort: sonniger, warmer Standort. Bei ausreichend hohen Temperaturen auch Halbschatten verträglich.
Erde: humoser Lehmboden.
Kultur: Februar–März Aussaat unter Glas. Keimzeit 2–3 Wochen bei 18 °C. Den sehr feinen Samen nicht bedecken. 2 x pikieren, zum Schluß in 10er-Topf. Auspflanzen ab Mitte Mai nach der Frostgefahr, Abstand 25–30 cm bis 50 cm.
Verwendung: einjährig, in kleinen oder größeren Gruppen für Rabatten- und Beetpflanzungen. Balkon- und Schalenpflanze. Duftpflanze. Wird häufig von Schmetterlingen besucht.
Sorten: 'Starship' F1-Hybriden-Serie: sehr früh und kompakt wachsend, einheitlich in Wuchs und Frühzeitigkeit, Farben sind rot, weiß, rosa, cremegelb und Mischung. 'Domino'-F1-Hybriden-Serie: Höhe 25–30 cm, sehr gut auch für Topfkultur geeignet, in Farben und Mischung. 'Gnom' F1-Hybriden-Serie: Höhe 25 cm, sehr kompakt und einheitlich, in Farben und Mischung.
Weitere Arten: *Nicotiana alata* (*N. affinis*): stark duftende, nickende Blüten. Viele Sorten mit nur nachts geöffneten Blüten.
'Crimson Rock' F1-Hybride, leuchtend karminrot, kräftiger buschiger Wuchs, sehr reichblühend, 45–60 cm; Fleuroselect-Bronzemedaille.
'Nicki' F1-Hybride, großes Farbsortiment von weiß, grüngelb, rosa bis zu verschiedenen Rottönen, kompakter Wuchs, für Sonne und Halbschatten geeignet, 40 cm.

Abbildung 393: ***Nicotiana × sanderae***

Nierembergia hippomanica (N. caerulea)

Abb. 394

Becherblume, Schalenblume, Nierembergie.

Familie: Solanaceae – Nachtschattengewächse.
Herkunft: Argentinien.
Wuchs: 15–30 cm, polsterartig, flaumig behaart, bei uns einjährig.
Blatt: linealisch, spaltig, kurzgestielt.
Blüte: weißrosa, purpur bis dunkelblau, in großer Menge, 2–3 cm ∅, becherförmig.
Blütezeit: VII–IX.
Standort: sonnige bis halbschattige Lage.
Erde: feuchter, durchlässiger, nährstoffreicher Gartenboden.
Kultur: Aussaat unter Glas von Dezember–März, Keimzeit 1–2 Wochen bei 18–20 °C. In 10er-Topf pikieren. Ins Freiland Mitte Mai nach der Frostgefahr pflanzen, Abstand 20–25 cm. Auch Direktsaat ins Freie ist möglich Anfang April. Zur Überwinterung mit besonders früher Blüte im Mai schon im September säen und kühl überwintern.
Verwendung: einjährig. Gefällig blühende Sommerblume für Rabatten, Beete, Steingärten, Gräber, Schalen, Ampeln und Blumenkästen. Auch als Topfpflanze ansprechend.
Sorten: 'Mont Blanc', Fleuroselect-Medaillengewinner, sehr kompakt wachsend mit weißen, glockenförmigen Blüten, üppige Blüte und kräftiger, kissenförmiger Wuchs, ideal für Ampeln. 'Königsmantel', purpur-violettblaue Blüten, 20 cm hoch. 'Purple Robe', weinrot, 15 cm. 'Regal Robe', leuchtend violett, 15 cm. 'White Robe', reinweiß.

Abbildung 394: ***Nierembergia hippomanica* 'Mont Blanc'**
(Foto Fleuroselect)

Nigella damascena

Abb. 395 / 396

Schwarzkümmel, Jungfer im Grünen, Gretel im Busch, Braut in Haaren.

Familie: Ranunculaceae – Hahnenfußgewächse.
Herkunft: Mittelmeergebiet, vor allem Südfrankreich. Seit 1500 in Kultur, ca. 20 Arten.
Wuchs: 30–50 cm, krautartig, stark verästelt.
Blatt: fein zerteilt, 3fach fiederteilig.
Blüte: reinweiß, rosa, purpur, himmelblau, 4 cm ∅, ähnlich der Kornblume, einzelstehend. Fruchtstände aus aufgeblasenen Balgkapseln zusammengesetzt, sehr dekorativ.
Blütezeit: relativ kurz, VI–IX.
Standort: sonnige, warme Lage.
Erde: anspruchslos.
Kultur: Aussaat Ende März–Mai ins Freiland auf frostfreien Boden, Keimzeit 2–3 Wochen bei 18 °C, auf 15–20 cm vereinzeln. Durch Aussaaten alle 4 Wochen kann die Blütezeit verlängert werden.
Verwendung: einjährige, schöne Rabattenpflanze für großflächige Pflanzung, Schnittblume. Fruchtstände für Trocken-

Abbildung 395: ***Nigella damascena* 'Persian Jewels'**

Abbildung 396: ***Nigella damascena* 'Miss Jeckyll'**

sträuße, dafür erst bei Vollreife schneiden und kopfunter zum Trocknen aufhängen.
Sorten: 'Blue Midget', himmelblau, kompakter Wuchs, je nach Standort 20–30 cm hoch, auch zur Anzucht von blühenden Topfpflanzen geeignet. 'Miss Jekyll', himmelblau, 45 cm. 'Miss Jekyll White', reinweiß, 45 cm. 'Persische Juwelen', verbesserte Mischung aus rosa und blauen Farbtönen.
Weitere Arten: *Nigella orientalis*: 'Gelbkrone', ca. 50 cm hoch wachsende Trockenblume mit gelben Blüten, originell geformte Samenstände. 'Transformer', 40 cm hoch, Blüten unscheinbar und wenig haltbar, aber krallenförmiger Fruchtstand, interessant für die Trockenbinderei.
Nigella hispanica: heimisch in Portugal, Spanien, intensiv blaue Blüten, interessant geformte Staubbeutel und Fruchtblätter - sie vermitteln den Eindruck einer Spinne.
Nigella sativa: Kreuzkümmel, Heimat Mittelmeerraum, Westasien, Blüte weniger auffällig, aber Verwendung des Samens wie Kümmel, mandarinenartiges Aroma, Aussaat März–April an Ort und Stelle.

Abb. 397

Nolana paradoxa (N. atriplicifolia, N. grandiflora)

Glockenwinde, Blautöpfchen.

Familie: Nolanaceae – Glockenwindengewächse.
Herkunft: Chile.
Wuchs: teppichartig den Boden bedeckend, kriechend, 10–15 cm hoch.
Blüte: himmelblau mit weißgelbem Schlund, ca. 5 cm Ø.
Blütezeit: VI–IX.
Standort: vollsonnig bis halbschattig, Steingärten, Mauern überdeckend.
Erde: sandig-humose Gartenböden, nicht zu nährstoffreich.
Kultur: Aussaat im Gewächshaus Februar–März, Keimzeit 10–14 Tage bei 18–20 °C. In 10-cm-Töpfe pikieren oder sofort in Ampeln. Direktssaat im Freien ist möglich ab Ende April.
Pflanzung: nach Mitte Mai im Abstand von 25 x 30 cm.
Verwendung: einjährig. Als Bodendecker an sonnigen Stellen, schön in Steingärten und auf Rabatten. Für Ampeln, Balkonkästen, größere Schalen.
Sorten: 'Blauer Vogel', marineblau, kompakter Wuchs, 15–20 cm hoch. 'Sky Blue', 20 cm hoch, blaue Blüten mit weißer Mitte.

Abbildung 397: *Nolana paradoxa*

Abb. 398

Ocimum basilicum

Zier-Basilikum, Basilienkraut.

Familie: Labiatae – Lippenblütengewächse.
Herkunft: unklar, grünblättrige Sorten bereits seit Jahrhunderten als Küchenkraut verwendet, viele Kreuzungen, davon einige als Zierpflanzen in Mode gekommen.
Wuchs: 30–50 cm hoch, etwa 30 cm breit, buschig.
Blatt: groß, grün oder bräunlich-purpurrot, sehr dekorativ.
Blüte: klein, weiß oder purpur, Blütenstände 5 cm lang, unbedeutend.
Blütezeit: VI–VIII.
Standort: sonnige, warme Lage.
Erde: sandiger, nährstoffreicher Gartenboden.
Kultur: Aussaat März–April unter Glas. Keimung bei 18–22 °C innerhalb von 10–14 Tagen. Auspflanzen Mitte–Ende Mai nach der Frostgefahr, Abstand 30 x 25 cm. Direktsaat ins Freiland ab Anfang Mai nach der Frostgefahr möglich, dünn verteilt in Reihen von 25–30 cm Abstand, auf 10–15 cm Abstand vereinzeln.
Verwendung: einjährig. Neben der Bedeutung der grünblättrigen Sorten als Küchenkräuter wirken die Sorten 'Dark Opal' und 'Rothaut' sowie kleinblättrige Züchtungen durch das rote Laub sehr gut in Beet- und Rabattenpflanzungen, z. B. mit orangefarbenen Tagetes oder als Auflockerung in Blumenbeeten. Als solche werden auch grünblättrige Sorten benutzt. Duftpflanze! Auch als Zimmerpflanze verwendet.
Sorten: Rotblättrig: 'Dark Opal', Höhe 30 cm, buschiger Wuchs, dunkelbraunrot. 'Rothaut', Höhe 25 cm, glattblättrig, braunrot. Grünblättrig: 'Green Ruffles', Höhe 25 cm, mit stark strukturierten Blättern. 'Lemon', glatte, leicht violett angehauchte Blätter, zartviolette Blüten. 'Genoveser', mittelgroße Blätter, grüne Blüten. 'Feinblättriges', Höhe ca. 35 cm, Blätter von ca. 2 cm Ø. 'Balkonstar', kompakter Wuchs von 15–20 cm Höhe, buschig, auch für Rabatten, Einfassungen und Töpfe gut geeignet.

Abbildung 398: *Ocimum basilicum* **'Dark Opal'**

Abb. 399

Oenothera-Hybriden

Nachtkerze.

Familie: Onagraceae – Nachtkerzengewächse.
Herkunft: Nordamerika. Etwa 100 Arten, die meisten sind mehrjährige Stauden, einige zweijährig und bringen bei früher Kultur bereits im ersten Jahr Blüten.
Wuchs: 30–120 cm hoch, werden als Sommerblume kultiviert.
Blatt: lanzettlich, gezähnt, graugrün.
Blüte: flach, becherförmig, 6 cm Ø, süß duftend, gelb, weiß bis weißlich-rosa.
Blütezeit: VI–IX.
Standort: sonnig–halbschattig.
Erde: liebt sandigen, kalkhaltigen, warmen Boden.
Kultur: März-Aussaat im Haus, Keimdauer 14–20 Tage bei 18 °C. Auspflanzen ab Mitte Mai. Freiland-Aussaat nach der Frostgefahr April–Mai oder im Juli–August zur Überwinterung.
Verwendung: zweijährig oder ausdauernd als Stauden in Steingärten, Trögen, sehr effektvoll. Beet- und Rabattenpflanzen, insbesondere für sonnige Hänge oder Staudenbeete. Duftend.

Sorten: 'Gigantea', 120 cm hoch, für den Schnitt und für Gruppenpflanzungen, gelb, großblumig.
Weitere Arten: *Oenothera biennis* (Schinkenkraut, Rapontikawurzel): Heimat Nordamerika bis Mexiko. Aufrechtwachsend bis 1 m. Große, gelbe Blüten in endständigen Ähren, Juni-Juli. Je nach Aussaattermin ein- oder zweijährig, entweder April- oder Juli-Aussaat. Interessante Sommerblume, vor allem wegen des Wildpflanzencharakters. Duftend. Blüten öffnen nachmittags und blühen über Nacht. Futterpflanze für Nachtfalter.
Oenothera tetragena: großblumig, gelb, Höhe 50 cm, Blüte VI-VII.
Oenothera missouriensis: Heimat Nordamerika, kriechender Wuchs, Höhe 20–30 cm, Blüte VII–X, mehrjährig.

Abbildung 399: Oenothera-Hybriden

Abb. 400

Onopordum acanthium
Eselsdistel.

Familie: Compositae – Korbblütengewächse.
Herkunft: Mittel-, Südeuropa bis Iran. Etwa 20 Arten.
Wuchs: etwa 2 m hoch, von weißen, spinnenwebartigen Fäden überzogen, Stiele geflügelt.
Blatt: fiederteilig oder groß gelappt, stark bestachelt.
Blüte: purpurrot, Blütenköpfchen 4 cm ∅, sind aufrecht in unregelmäßigen Trauben angeordnet.
Blütezeit: VII–IX.
Standort: sonnige Lage.
Erde: nährstoffreicher, gut durchlässiger Boden; feuchte Standorte weniger geeignet.
Kultur: Aussaat im Juli ins Freiland, über den Winter eventuell etwas abdecken. Pflanzabstand 1 m.
Verwendung: zweijährig, für Solitärstellung, durch die Wuchsgröße auch attraktiv in Rabatten oder Blumenbeeten.

Abbildung 400: *Onopordum acanthium*

Abb. 401

Ophiopogon jaburan
Schlangenbart.

Familie: Liliaceae – Liliengewächse.
Herkunft: Japan. Etwa 10 Arten von Indien bis Korea und Japan.
Wuchs: 40–80 cm, staudenartig.
Blatt: immergrün, 40–80 cm lang, 6–12 mm breit, grasähnlich, aufrecht.
Blüte: Blütenschaft mit 7–15 cm langen Blütentrauben, weiß bis violett, in den Achseln der Hochblätter.
Frucht: der Fruchtknoten ist halbunterständig.
Vermehrung: beim Umpflanzen teilen.
Kultur: Einheits- oder Fertigerde, pH um 6. Vertragen im Sommer kühlen Freilandplatz, Zimmertemperatur um 18 °C, nachts um 15 °C. Im Winter frostfrei, nicht über 10–15 °C. Kalthausgewächs. Hell bis schattig, keine direkte Sonne.
Verwendung: ausdauernd. Wertvolle Zimmerpflanze für Wintergärten, für Tröge, als Bodendecker.
Pflege: Substrat ganzjährig mäßig feucht halten. Düngen von Frühjahr–Herbst alle 2 Wochen mit Blumendünger nach Angabe, im Winter alle 4 Wochen. Umtopfen alle 1–2 Jahre von Frühjahr–Herbst möglich.

Abbildung 401: *Ophiopogon jaburan*

Abb. 402

Ornithogalum arabicum (O. corymbosum)
Milchstern, Vogelmilch.

Familie: Liliaceae – Liliengewächse.
Herkunft: Mittelmeergebiet, Portugal. Es gibt ca. 100 Arten.
Wuchs: 30–60 cm hoch; Zwiebel eiförmig, etwa 4 cm groß.
Blatt: linealisch, rinnig, fleischig.
Blüte: perlweiß, Fruchtknoten schwarz, sternförmig, Blütendurchmesser etwa 5 cm. Je Dolde bis zu 20 Blüten.
Blütezeit: V, je nach Kultur und Pflanztermin auch später.
Standort: sonnig, halbschattig, vor allem warm, nicht winterhart, Kalthauspflanze.
Erde: normaler Gartenboden.
Vermehrung: durch Brutzwiebeln, die im Herbst abgenommen werden können.
Pflanzung: im Mai auspflanzen, je nach Zwiebelgröße 5–15 cm tief. Als Topfpflanze von Juli–September.
Pflege: Pflanzen brauchen, solange die Blätter grün sind,

Abbildung 402: *Ornithogalum arabicum*

viel Wasser und vor der Blüte eine Blumendüngergabe. In der Ruhepause weder Wasser noch Dünger.

Verwendung: ausdauerndes Zwiebelgewächs, als sehr haltbare Schnittblume und als Topfpflanze.

Abb. 403 + 405

Ornithogalum nutans
Nickender Milchstern.

Herkunft: Südosteuropa, Vorderasien, in Mitteleuropa teilweise eingebürgert.
Wuchs: 25–50 cm hoch; weißliche Zwiebel.
Blatt: breitlanzettlich, schwach gerinnt.
Blüte: weiß mit grünen Streifen, 5 cm breit, sternförmig, bis 12 nickende Blüten je Traube.
Blütezeit: IV–V.
Standort: sonnige bis leicht halbschattige Lage; winterhart.
Erde: gering, normale Gartenböden.
Vermehrung: neigt zum Verwildern durch Selbstaussaat; bildet viele Brutzwiebeln, die im August gewonnen werden können.
Pflanzung: im September, 6–8 cm tief.
Pflege: keine.
Verwendung: ausdauerndes Zwiebelgewächs, unter Ziergehölzen, in Wildstaudenpflanzungen.
Weitere Arten: *Ornithogalum umbellatum* – Stern von Bethlehem: Europa, Kleinasien und Nordafrika. 15–30 cm hoch; Zwiebel birnenförmig. Blätter linealisch, grün mit weißen Streifen. Blüte weiß, außen grün gestreift, sternförmig, 3 cm ∅, bis zu 20 Blüten je Traube. Die Blüten öffnen sich bei Sonne zwischen 11 und 15 Uhr. Blütezeit April–Mai. Winterhart. Geeignet für Steingärten, Beeteinfassungen und zum Verwildern unter Ziergehölzen.

Abbildung 403: ***Ornithogalum nutans***

Abb. 404

Ornithogalum thyrsoides
Milchstern, Chincherinchee.

Familie: Liliaceae – Liliengewächse.
Herkunft: Südafrika, Kapprovinz.
Wuchs: 15–45 cm hoch; Zwiebel eirund, 5 cm ∅.
Blatt: lanzettlich, etwas fleischig.
Blüte: weiß, im Zentrum dunkelgrün, sternförmig, 5 cm ∅, pyramidenförmige Blütenstände mit über 30 Blüten.
Blütezeit: VII–VIII.
Standort: sonnige, warme Standorte; nicht winterhart, Kalthauspflanze.
Erde: normaler Gartenboden.
Vermehrung: durch Brutzwiebeln, die im Herbst abgenommen werden können.

Abbildung 404: ***Ornithogalum thyrsoides***

Abbildung 405: ***Ornithogalum umbellatum***

Pflanzung: März–Mai, ab Ende Mai im Freiland möglich, ca. 10 cm tief, Abstand 15–20 cm.
Pflege: Pflanzen brauchen solange die Blätter grün sind viel Wasser und vor der Blüte eine Blumendüngergabe. Während der Ruheperiode weder Wasser noch Dünger geben.
Verwendung: ausdauerndes Zwiebelgewächs, hervorragende, lange haltbare Schnittblume, auch als Topfpflanze geeignet.

Abb. 406

Osteospermum ecklonis (Dimorphotheca ecklonis)
Kapmargerite, Kapkörbchen.

Familie: Compositae – Korbblütengewächse.
Herkunft: Südafrika, inzwischen viele Züchtungen, die purpurvioletten oder blau-weißen Hybriden entstammen meistens *O. fruticosum*. Die wesentlich höheren (ca. 60–80 cm) Hybriden mit purpurvioletten, gelben, weißen und rosa Farben entstanden aus *O. ecklonis* und *O. jucundum*.
Wuchs: 20–80 cm hoch, stark verästelte Triebe, kissenartig sich ausbreitend oder als Stämmchen gezogen.
Blatt: länglich, lanzettlich.
Blüte: margeritenähnlich, weiß, rosa, violett oder mit Auge. 5–8 cm ∅. Die Blüten schließen sich nachts oder bei trüber Witterung.
Blütezeit: V–X.
Standort: volle Sonne, geschützt.
Erde: nährstoffreicher, sehr durchlässiger Gartenboden. Anzuchtsubstrate möglichst tonhaltig wählen.
Kultur: Stecklingsvermehrung von Januar–Februar bei 18–20 °C. Eintopfen Ende Februar–März in 10–11-cm-Töpfe. Weiterkultur bei 16 °C anfangs, später absenken auf 12–15 °C. Mehrfach entspitzen bis spätestens Mitte März, um bessere Verzweigung zu erreichen. Die nahe verwandte *Dimorphotheca pluvialis* 'Polarstern' läßt

Abbildung 406: ***Osteospermum ecklonis***

sich auch durch Aussaat vermehren.
Verwendung: mehrjährige, nicht winterharte Balkon-, Beet-, Kübel- und Gruppenpflanze für sonnige Standorte. Auch gerne als Stämmchen kultiviert.
Sorten: 'Buttermilk', gelb. 'Candy Pink', rosa. 'Moonbeam', cremegelb. 'Starry Eyes', reinweiß, löffelförmige Zungenblüten. 'Sparkler', weiß.

Ostrowskia magnifica
Prachtglocke, Riesenglockenblume.

Familie: Campanulaceae – Glockenblumengewächse.
Herkunft: Zentralasien, Turkestan, in Steppengebieten.
Wuchs: etwa 1 m hoher unverzweigter Stengel; fleischige Knolle mit dicken Seitenwurzeln.
Blatt: oval, schwach gezähnt, quirlig angeordnet.
Blüte: zart satin-lilafarben, offene Glocke, glockenblumenförmig. In einer losen Traube angeordnet.
Blütezeit: VII–VIII.
Standort: sonnige, trockene Standorte, z. B. am Fuße einer Südwand; benötigt Winterschutzdecke gegen Frost und vor allem gegen Feuchtigkeit. Spätfrostempfindlich.
Erde: durchlässige, tiefgründige Humusböden.
Vermehrung: durch Aussaat der Samen, sind nach 4–5 Jahren blühfähig. Auch Teilung der Knolle im Frühjahr vor dem Auspflanzen möglich.
Pflanzung: im Frühjahr nach der Frostgefahr, 20 cm tief.
Pflege: nur während der Blüte wässern. Zum sicheren Überwintern im Herbst ausgraben und trocken, in Torf bis Ende April frostfrei lagern.
Verwendung: ausdauernd, in Steingärten, für Staudenrabatten, als Schnittblume.

Abb. 407

Oxalis adenophylla
Sauerklee.

Familie: Oxalidaceae – Sauerkleegewächse.
Herkunft: Chile, Westargentinien, bis in Höhen von 2000 m. Es gibt etwa 800 Arten.
Wuchs: 10 cm hoch; kleine, schuppige Knollen.
Blatt: silbrig glänzend, verkehrt eirund, 2lappig.
Blüte: rosa mit weißem Schlund, 3 cm ∅, tellerförmig.
Blütezeit: IV–VI.
Standort: sonnige, warme Standorte; winterhart. Schutz gegen Feuchtigkeit mit trockenem Torf oder Folie.
Erde: kalkfreie, gut drainierte Humusböden.
Vermehrung: vor allem durch Brutknollen.
Pflanzung: im Herbst, 5 cm tief.
Pflege: nicht sehr lange haltbar. Schutz gegen Nässe, besonders im Winter nötig.
Verwendung: ausdauerndes Knollengewächs, für Steingärten; schöner, niedriger Bodenbedecker.
Weitere Arten: *Oxalis enneaphylla:* Falkland-Inseln, Patagonien. 15 cm hoch. Blüte weißlichlila mit dunklen Adern, 2 cm ∅, duftend. Blütezeit April. Mit Schutz winterhart. Für Steingärten geeignet.

Abbildung 407: ***Oxalis adenophylla***

Abb. 408

Oxalis deppei
Glücksklee.

Familie: Oxalidaceae – Sauerkleegewächse.
Herkunft: Mexiko.
Wuchs: etwa 25 cm hoch; kleine, runde Zwiebeln mit fleischiger Wurzel, eßbar.
Blatt: grün mit rötlich-braunem Ring, groß, 4zählig, auf langem Stiel, abends schirmartig zusammengeklebt; polsterbildend, 10–30 cm ∅.
Blüte: dunkelrosa.
Blütezeit: VIII–X, je nach Kulturverfahren auch andere Blütezeit.
Standort: sonnige, höchstens leicht halbschattige, warme Standorte; nicht winterhart. Freilandpflanzung nur von Mai–Ende September. Kalthauspflanze.
Erde: kalkarme, sandige Böden.
Vermehrung: ausdauernd, durch Aussaat der Samen im Mai oder durch Abnehmen der zahlreichen Brutknollen.
Pflanzung: im Freiland im Mai mit 5 cm Erdabdeckung, Abstand 10–15 cm. Topfkultur Anfang Oktober mit 1 cm Erdabdeckung, ergibt zu Neujahr verkaufsfertige Pflanzen.
Pflege: als Topfpflanze während der Wachstumszeit feucht halten und monatliche Blumendüngergaben. Zur Frühjahrspflanzung Knollen im September ausgraben und trocken bei 3 °C lagern.
Verwendung: vor allem Topfpflanze für Neujahr als Glücksbringer.
Weitere Arten: *Oxalis bowiei* (*O. purpurea*): Kapprovinz. 25 cm hoch, kleine Knollen. Blätter 3zählig, flach ausgebreitet. Blüte purpurrosa mit gelbem Auge. Blütezeit Juli–September. Kalthauspflanze. Als Zimmerpflanze verwendet.

Abbildung 408: ***Oxalis deppei***

Oxalis megalorrhiza (Oxalis carnosa)
Sauerklee.

Familie: Oxalidaceae – Sauerkleegewächse.
Herkunft: Chile, Bolivien. Etwa 25 Arten dieser Gattung.
Blüte: gelb.
Blütezeit: fast immer, außer der kurzen Ruhezeit im Spätsommer.
Standort: in der Wachstumszeit sonnig, luftig, freistehend. In der Ruhezeit 8–15 °C mit hellem Stand.
Erde: Substratmischung anteilig aus Kompost, Lauberde, Lehm, Sand, Torf und Kalkmehl oder fertige Kakteenerde.
Vermehrung: im Frühjahr durch Aussaat, Teilung oder Stecklinge.
Pflege: während der Ruhezeit nicht gießen; in der Wachstumszeit mit der Blattentfaltung feucht halten.

Oxypetalum caeruleum (Tweedia caerulea)

Abb. 409

Oxypetalum.

Familie: Asclepiadaceae – Seidenpflanzengewächse.
Herkunft: Südbrasilien, Uruguay.
Wuchs: 40–50 cm, aufrecht.
Blatt: ca. 10 cm lang, lanzettlich, gegenständig.
Blüte: hellblau, in lockeren Trauben.
Blütezeit: VI–VIII.
Standort: geschützt, sonnig, ideal im Gewächshaus.
Erde: lehmig-sandiger, nährstoffreicher Boden.
Kultur: Aussaat Februar–März im Gewächshaus bei 20–22 °C. Pikieren in Multitopfplatten, auspflanzen im Gewächshaus im Abstand von 10 x 10 oder 15 x 10 cm. Halt an Gittern oder Stäben notwendig. Wärmebedürftig, 18–22 °C sind optimal. Die Schnittstellen scheiden Milchsaft aus.
Verwendung: als haltbare Schnittblume mit ungewöhnlicher Farbe, für geschützte Stellen oder im Gewächshaus.
Sorten: 'Himmelblau', ca. 40 cm hoch.

Abbildung 409: ***Oxypetalum caeruleum***

Pancratium illyricum

Pankrazlilie.

Familie: Amaryllidaceae – Amaryllisgewächse.
Herkunft: Capri, Korsika, Sardinien. Etwa 13 Arten.
Wuchs: etwa 60 cm hoch; große, schwarzhäutige Zwiebel mit langem Hals.
Blatt: graugrün, riemenförmig.
Blüte: weiß, Schlund grünlich, 7 cm groß, duftend. Bis 12 Blüten je Dolde.
Blütezeit: V–VII.
Standort: sonniger, sehr warmer, geschützter Standort; nur im Weinbauklima mit entsprechendem Schutz winterhart.
Erde: gut drainierte, nährstoffreiche Gartenböden. Bei Topfkultur 1/3 Torf, 1/3 Sand und 1/3 Blumenerde mit organischem Dünger.
Vermehrung: durch Abnahme der Brutzwiebeln im Frühjahr oder durch Samenaussaat.
Pflanzung: im Mai, Abstand 20–25 cm, 10 cm tief, dabei muß der Zwiebelhals gerade noch herausragen. Topfpflanzen können schon früher gepflanzt werden.
Pflege: während des Wachstums organische Düngergaben und feucht halten. In den ersten beiden Jahren im Winter durchkultivieren. Bei uns am sichersten als Kübelpflanze zu überwintern, frostfrei mit vorsichtigem Wässern.
Verwendung: als Topf- und Kübelpflanze. Im Freiland nur in milden Gegenden bei südseitigem Standort und mit Winterschutz geeignet.
Weitere Arten: *Pancratium maritimum:* Mittelmeerraum. Ca. 50 cm, Zwiebel 6 cm ∅, birnenförmig. Blätter linealisch-lanzettlich, graugrün, treiben erst nach der Blüte aus. Blüte weiß, ungespaltene Nebenkrone, bis 10 cm ∅, wohlriechend. Blütezeit Juli–September. Kalthauspflanze. Nur als Kübel- oder Topfpflanze geeignet.

Panicum violaceum

Abb. 410

Rispenhirse, Fennichgras.

Familie: Gramineae – Süßgräser.
Herkunft: Nordamerika.
Wuchs: 70 cm, wüchsige, aufrecht stehende Pflanzen mit leicht überhängenden Rispen.
Blatt: lang, lanzettlich, blau bereift.
Blüte: in lockeren Rispen, unscheinbar. Zierend sind die Samenstände, die sich bei beginnender Reife violett ausfärben.
Blütezeit: VII–IX.
Standort: sonnig–halbschattig.
Erde: sandig, humos, auch lehmig.
Kultur: Direktsaat ins Freie möglich von April bis Mai in Reihen von 50–60 cm Abstand, in der Reihe dünn verteilt. Vereinzeln auf ca. 10 cm Abstand. Vorkultur möglich mit Aussaat Anfang März und auspflanzen im Mai.
Verwendung: für Sträuße, zum Trocknen, als Vogelfutter.
Weitere Arten: *Panicum capillare* (*Eragrostis elegans*): Heimat Nordamerika, steife Rispen mit haardünnen Ästen und 2 mm kleinen Ährchen, Höhe 30–60 cm Blätter rauh behaart, für Binderei und floristisches Beiwerk gebraucht.

Abbildung 410: ***Panicum violaceum***

Papaver nudicaule

Abb. 411

Islandmohn.

Familie: Papaveraceae – Mohngewächse.
Herkunft: Arktis, Subarktis bis zu den Rocky Mountains.
Wuchs: 40–60 cm, rauh behaart, Stengel unbeblättert, bodennahe Blattrosette bis 30 cm ∅, milchsaftführendes Gewebe.
Blatt: buschige, gefiederte Blätter.
Blüte: weiß, rosa, rot, orange, gelb – herrliche Pastelltöne, breitschalenförmig, 5–10 cm ∅, duftend.
Blütezeit: V–IX.

Abbildung 411: ***Papaver nudicaule***

Standort: etwas geschützt überwintern, sonnig.
Erde: anspruchslos, braucht aber durchlässigen Boden.
Kultur: Aussaat Anfang Juni ins Frühbeet, breitwürfig säen, einmal pikieren und anschließend im 8er-Topf anziehen oder im Freien an die beabsichtigte Stelle pflanzen. Topfware für frühe Blüte im April auspflanzen, im Frühjahr des Folgejahres im Abstand von 25 x 25 cm. Einjährige Kultur: Aussaat November–Januar im Gewächshaus für Blüte ab Mai bei 12–14 °C, Keimdauer 14–20 Tage. Kulturdauer für blühende Pflanzen im 10er-Topf 4–5 Monate, 3 Pflanzen in einen Topf pikieren.
Verwendung: in Steingärten, bunten Rabatten, Steppengärten, Trögen. Paßt zu Schwertlilien und füllt die Lücke nach dem Tulpenflor. Schöne haltbare Schnittblume, muß knospig geschnitten werden.
Sorten: 'Giganteum Prachtmischung', riesenblumige Mischung in leuchtenden Farben, 50 cm. 'Zauberspiel'-Prachtmischung, 30–40 cm. 'Wunderland'-Serie: großblumig und kompakt wachsend, für Töpfe und Beete, 30 cm, in Farben Rosa, Orange, Gelb, Weiß. 'Gartenzwerg'-Serie, 30 cm, standfest, großblumig. 'Illumination'-Serie: 50 cm, großblumig, für Beete und zum Schnitt. Papaver-Hybriden: niedrige Beetsorten, die einjährig gezogen werden, für Steingärten und Tröge. Aussaat Januar–Februar. 'Sommerwind' in Goldgelb und Orange, 15 cm.
Weitere Arten: *Papaver nudicaule* ssp. *xanthopetalum*, Zwergmohn, hellgelbe Schalenblüten, 5–6 cm ∅, Höhe 15–20 cm, lange blühend VI–IX.
Papaver rhaeticum (*P. alpinum*), Alpenmohn: 15–25 cm hoch, zwei- bis mehrjährig, Blüte weiß, gelb bis rot, duftend, 3–5 cm ∅. Für Steingärten, auf gut drainierten Boden, in volle Sonne.

Abb. 412 / 413

Papaver rhoeas

Klatschmohn (Wildform und Kulturformen), Shirley- oder Seidenmohn.

Familie: Papaveraceae – Mohngewächse
Herkunft: Europa, Nordafrika, gemäßigte Zonen Asiens. Es gibt vielfältige, züchterisch bearbeitete Sortengruppen, z. B. Japanischer Mohn, Pompon-, Ranunkel-, Shirley- oder Seidenmohn. Die Wildform, der rote Klatschmohn, ist bei uns heimisch. Sehr ähnlich ist der einjährige heimische Saatmohn (*P. dubium*) mit etwas kleinerer Blüte und hellerer Blütenfarbe ohne schwarzes Zentrum.
Wuchs: 30–80 cm hoch, gering verzweigte Stengel, borstig behaart, milchsaftführendes Gewebe.
Blatt: tief fiederspaltig, gezähnt.
Blüte: weiß, rosa, rot bis purpur, einfach und gefüllt. Die Stammform ist scharlach mit schwarzem Fleck am Grund.
Blütezeit: relativ kurz, V–VII.
Standort: sonnige Lage.
Erde: durchlässige, nahrhafte Gartenböden.
Kultur: Direktsaat im April ins Freiland. Rechtzeitig auf 20–25 cm vereinzeln. Die Wildform sät man entweder im März–Mai oder bereits im Herbst (September–Oktober) zur Überwinterung.
Verwendung: ein- oder zweijährig. Die Wildform paßt als kräftiger Farbfleck in Naturgärten, zur Ackerrandgestaltung, in Wildblumenmischungen, Mischungen für Nützlinge. Die Kulturformen bringen Charme in Sommerblumenbeete, Bauerngärten und naturnah angelegte Gärten.
Sorten: meist als Mischung angeboten.
Weitere Arten: *Papaver glaucum,* Tulpenmohn (Feuermohn): stammt aus Kleinasien, einjährig, 50 cm hoch, Blätter blaugrün, fiedrig zerteilt, die beiden äußeren Blütenblätter sind groß und abstehend, die zwei inneren sind kleiner und aufgerichtet. Blütendurchmesser 10 cm. Großer, schwarzer Fleck am Grunde der Blütenblätter. Freilandaussaat im Herbst oder Frühjahr.

Abb. 412: ***P. rhoeas* 'Shirley'**

Abbildung 413: *Papaver rhoeas*

Abb. 414

Papaver somniferum ssp. *somniferum*

Gartenmohn, Bastelmohn, Schlafmohn.

Familie: Papaveraceae – Mohngewächse.
Herkunft: westl. Mittelmeergebiet, Kanarische Inseln, weltweit verbreitet als Kulturpflanze, in vielen Formen gezüchtet oder verwildert.
Wuchs: 30–100 cm hoch, gering verzweigte Stengel, milchsaftführendes Gewebe.
Blatt: blaugrün, unbehaart.
Blüte: weiß, rosa, rot bis purpur, meist dicht gefüllt. Blüte groß, Blütenblätter stark gefranst.
Blütezeit: VI–VIII, je nach Aussaattermin.
Standort: sonnige Lage.
Erde: durchlässige, nahrhafte Gartenböden.
Kultur: Freilandaussaat von März–April an Ort und Stelle in frostfreien Boden, vereinzeln auf 25–30 cm.
Verwendung: einjährig, für Beete in größeren und auch kleinen Gruppen. Samenkapseln für Trockenbinderei. **Der Anbau von *Papaver somniferum* ist in Deutschland genehmigungspflichtig!**
Sorten: meist als Mischungen angeboten. Besonders schön sind die paeonienblütigen, dicht gefüllten Sorten wie 'Bombast Rosa', 'Bombast Rot', 120 cm hoch, mit starken Stielen und großer Blüte. 'Danebrog' blüht einfach, mit einer auffälligen, kontrastreichen kreuzförmigen Zeichnung in rot und weiß entsprechend der dänischen Flagge.

Abbildung 414: *Papaver somniferum*

Pelargonium-Peltatum-Hybriden

Abb. 415/416

Efeupelargonie, Hängepelargonie.

Familie: Geraniaceae - Storchschnabelgewächse.
Herkunft: Südafrika. Sehr viele Züchtungen weltweit verbreitet.
Wuchs: halbhängend oder hängend, stark verzweigend, dünne, niederliegende, schwachkantige Stengel.
Blatt: glatte Oberfläche, oft löffel- oder spatelförmig gefaltet, tief gebuchtet, ganzrandig.
Blüte: doldenartige Blütenstände, einfach oder gefüllt, teils selbstreinigend, in rosa, rot, purpur oder weißer Farbe.
Blütezeit: V–X.
Standort: sonnig-halbschattig.
Erde: nährstoffreich, humos, locker, von guter Struktur.
Vermehrung: durch Aussaat oder Triebstecklinge.
Kultur: *Aussaat*: bislang nur mit einer Sorte möglich, der Mischung 'Summer Showers' F1-Hybride und deren Einzelfarben, enthält Rosa, Karminrot, Purpur und Übergänge: angeritztes, vorbehandeltes Saatgut im Dezember bis spätestens Ende Januar aussäen bei 20–22 °C, Keimdauer 15 Tage. In 6-cm-Töpfe pikieren sobald 1–2 Laubblätter sichtbar werden, ein zweites Mal topfen in 10-cm-Topf. Auspflanzen nach Mitte Mai.
Stecklingsvermehrung: Im August-September Kopfstecklinge entnehmen und im Torf-Sand-Gemisch zur Bewurzelung bringen. Kühl überwintern bei 10–12 °C und ab Januar Wachstum forcieren bei 15–18 °C. Mehrfach flüssig düngen.
Verwendung: mehrjährige, Balkon- und Kübelpflanze mit hängendem oder überhängendem Wuchs. Oft einjährig genutzt. Nicht winterhart. Auch im Freiland als blühender Bodendecker.
Sorten: 'Cascade'-Serie in Feuerrot, Leuchtendrot, Lila. 'Mini-Cascade' mit kompaktem Wuchs in Lila, Rosa, Rot. 'Rigi', rosa-lila, gezontes laub. 'Roi de Balcon', in Rot, Rosa, Lila. 'Schneekönigin', weiß mit rot gestreift, gezontes Laub. 'Schöne von Grenchen', leuchtendrot, halbhängende, bewährte Sorte. 'Ville de Paris', sehr üppiger Wuchs und großer Blütenreichtum, in Rot, Rosa, Lila. 'Ville de Paris Mini', kleinblumiger und kompakter, in Rot und Rosa. 'Weißkönigin', cremefarben, frühblühend. 'Yale', karminrot, reichblühend. 'Mexikanerin', rot-weiß.

Abbildung 415: Pelargonium-Peltatum-Hybride 'Summer Showers' (Foto Fleuroselect)

Abbildung 416: Pelargonium-Peltatum-Hybride 'Mexikanerin'

Pelargonium-Zonale-Hybriden *(P. × hortorum, P. zonale hortorum)*

Abb. 417/418

Zonalpelargonie, Pelargonie.

Familie: Geraniaceae – Storchenschnabelgewächse.
Herkunft: Südafrika. Etwa 250 Arten, weltweit verbreitet.
Wuchs: 30–60 cm hoch, fleischige, im Alter verholzende Stengel.
Blatt: rauhbehaart; deutlicher, halbkreisförmiger, dunkler Streifen (Zone).
Blüte: weiß, rosa, rot bis lila, auch zweifarbig, einfach oder gefüllt. Doldenartige Blütenstände, 5–10 cm ⌀.
Blütezeit: Ende IV–X.
Standort: sonnige Lage, aber auch schattenverträglich, mit mindestens einem halben Tag Sonne. Sehr vorteilhaft sind Standorte mit Regenschutz, z. B. Vordächer bei Bauernhäusern.
Erde: nährstoffreiche, durchlässige Böden
Vermehrung: durch Aussaat: bringt gesündere, wüchsige Pflanzen, Sortiment ist begrenzt, spart die Überwinterung von Mutterpflanzen, Aussaat nicht später als Januar. Durch Stecklinge: bedingt gesunde Mutterpflanzen, Jungpflanzenzukauf oder Mutterpflanzen, große Auswahl an Sorten.
Kultur: Aussaat Anfang/Ende Dezember-Anfang Februar, Keimzeit 2 Wochen bei 20–21 °C. Saatgut nur leicht mit Substrat bedecken, die ersten 2–3 Tage mit Folie schützen. 1. Pikieren mit einem Laubblatt in 6er-Topf, 2. Pikieren in 10er-Topf. Ende Mai ins Freiland setzen. Abstand etwa 30 cm. Außerdem ist die Stecklingsvermehrung üblich, dabei werden die Stecklinge im August-September gewonnen und im Torf-Sandgemisch bewurzelt. Überwinterung in Multitopfplatten oder in Töpfchen, ab Januar in 10-cm-Töpfe verpflanzen um rechtzeitig große, verkaufsfähige Ware mit Blüte ab Ende April anbieten zu können.
Verwendung: mehrjährig, oft einjährig genutzt, sonst Überwinterung in kühlen, hellen Räumen. Die am meisten produzierte Topfpflanze in Deutschland, über 50 Mill. Stück. Hauptpflanze für Blumenkästen. Für Beet-, Trogpflanzungen und Rabatten an sonniger und an schattiger Stelle hervorragend geeignet. Auch als Zimmerpflanze oder Stämmchen begehrt.
Sorten: aus Samen gezogen: es gibt eine Vielzahl von Sortengruppen und Sorten. 'Compacta'-Sorten (alles F1-Hybriden): 'Red Elite', Fleuroselect-Medaillengewinner, leuchtend rot, dunkelgrünes Laub, besonders früh. 'Bright Eyes', leuchtend kirschrot mit weißer Mitte, kompakt. 'Cherry Glow', kirschrosa, früh- und reichblühend. 'Hollywood Star', rosa mit weißer Mitte, früh- und sehr reichblühend,

Abbildung 417: Pelargonium-Zonale-Hybride 'Cherry Diamond' (Foto Fleuroselect)

sehr kompakt. 'Orange Appeal', leuchtend orangefarben, Fleuroselect-Medaillengewinner. 'Multibloom'-Serie: extrem früh blühende Sorten mit gleichzeitig treibenden mittelgroßen Blütendolden, mittelgrünes Laub. 'Elite'-Serie: eine frühe Rasse mit dunkelgrünem Laub und schöner Blattzeichnung, in Farben. PAC-'Diamond'-Serie: sehr früh und gleichzeitig blühend, wetterfest, blüht im Freiland kräftig durch. 'Scarlet Diamond', leuchtend scharlach. 'Pink Diamond', leuchtend kirschrosa. 'Red-White Diamond', rot-weiß. 'Bright Diamond', weiß. 'Orbit'-Serie: dicht besetzte Blütendolden, kompakter, gut verzweigter Wuchs, mittelgroß, schöne gezeichnete Belaubung, in verschiedenen Farben. 'Ringo'-Serie: frühblühend, leuchtende Farben, deutlich gezeichnetes, schönes Laub, kompakter Wuchs. 'Pulsar'-Serie, einige Tage früher als 'Ringo', kompakt, kräftig wachsend mit typischer Blattzeichnung. 'Freckles': tetraploid, rosa mit kräftigem karminrosa Auge, dunkelgrüne Blätter. Topfpelargonie: 'Startel': sternförmige, ungewöhnliche Blüten in Leuchtendrot, Weiß, Rosa. Kleines, grünes, zugespitztes Laub.

Aus Stecklingen gezogen: Sehr großes Sortiment, das sich zudem schnell ändert. Beispielssorten verschiedener Züchter: 'Bolero', leuchtend rot, 'Blues', rosa mit weißem Auge, 'Cabaret', lachsorange. 'Fidelio', lachs. 'Fortuna', leuchtend rot. 'Tango', hellrot. 'Vulkan', leuchtend rot. 'Aphrodite', weiß. 'Bruni', blutrot. 'Dresdner Puppe' in Rosa, Scharlach, Weiß. 'Lachsball', lachs. 'Minipel' in Rosa und Orange. 'Perlenkette', weiß, alle mit grünem Laub und selbstreinigend. 'Isabell', leuchtend rot, 'Palais', dunkellachs. 'Polka', karminrot. 'Rio', kompakt, sehr aparte dunkelrosa Farbe, 'Schöne Helena', lachsrosa mit hellem Rand – alle gezont, 'Wiener Blut', orangelachs, dunkellaubig.

Weitere Arten: Pelargonium-Grandiflorum-Hybriden/Edelpelargonie: überwinternd als Topfpflanze verwendet. Heimat Südafrika. Aus Kreuzungen zwischen *P. grandiflorum* und *P. cordatum* entstanden. Großblütig, meist zweifarbig, selten im Freien ausgepflanzt.

Abb. 419/420

Pelargonium-Zonale-Hybriden mit buntem Laub
Zonalpelargonie, Pelargonie.

Familie: Geraniaceae – Storchschnabelgewächse.
Herkunft: Südafrika. Durch Züchtung entstand eine große Anzahl von Sorten, unter anderem die buntlaubigen Züchtungen mit besonderer Bedeutung in England u. Frankreich mit ornamentaler Wirkung.
Wuchs: 20–40 cm hoch, buschig, auch als Stämmchen und in Sonderformen kultivierbar.
Blatt: rauhbehaart, besonders auffällig gezont in weiß-grüner, gelb-grüner, rot-grüner Zeichnung.
Blüte: ist bei diesen Züchtungen von untergeordneter oder eher ergänzender Wirkung.
Blütezeit: V–X.
Standort: sonnig bis halbschattig, verträgt sogar Schatten,

Abbildung 419: Pelargonium-Zonale-Hybride 'Irene'

Abbildung 418: Pelargonium-Zonale-Hybride 'Red Elite' (Foto Fleuroselect)

wenn ansonsten gute Wachstumsbedingungen herrschen.
Erde: humos, durchlässig, nicht zu nährstoffreich, mit Sand vermischen.
Vermehrung: durch Stecklinge.
Kultur: im Gewächshaus ganzjährig möglich, für den Verkauf im Frühjahr August–September und Überwinterung der bewurzelten Pflanzen im Gewächshaus bei ca. 10 °C. Ab Februar eintopfen und weiter kultivieren bei viel Licht und ca. 15 °C Temperatur.
Pflanzung: ab Mitte Mai im Abstand von 25–30 cm.
Verwendung: als dekorative Zimmerpflanzen, für Wintergärten, für Töpfe und Kübel im Freien, als Rabattenpflanzen.
Sorten: 'Madame Salleron' ('Madame Sallerey'), weißgrün. 'Miss Parker', grün mit gelber Mitte, Blüte leuchtendrot. 'Black Vesuvius', dunkles Laub, dunkle Zone, Blüte dunkelrot. 'Friesdorf', schwarzgrüne Zone, Blüte dunkelrot. 'Goldpapa', braune Zone und gelbe Mitte, Blüte rosa. 'Gnom', wie 'Black Vesuvius', aber kleiner, Blüte dunkelrot.

Abbildung 420: Pelargonium-Zonale-Hybride 'Madame Salleron'

Pennisetum setaceum (P. macrostachyum, P. rueppelli)

Abb. 421

Federborstengras, Kleines Pampasgras.

Familie: Gramineae – Süßgräser.
Herkunft: Äthiopien, Nordafrika, Südwestasien. 50 Arten.

Abbildung 421: ***Pennisetum setaceum***

Wuchs: 90–120 cm hoch, lockere Büsche, horstartig. Bei uns meist einjährig gezogen.
Blatt: grünlich, lanzettlich, aufrecht, am Ende geneigt.
Blüte: purpur überlaufen, etwa 20 cm lange Blütenähren, von Hüllborsten umgeben, wie Federbüsche.
Blütezeit: VIII–X.
Standort: sonnig, warm. Für Überwinterung mit Laub abdecken, relativ trocken halten.
Erde: durchlässige, ausreichend feuchte, nährstoffreiche Böden.
Kultur: März-Aussaat im Haus. Auspflanzen April–Mai nach der Frostgefahr, Abstand 40–50 cm.
Verwendung: ausdauernd, meist einjährig kultiviert, an Teichrändern, Zäunen, für Rabatten, Steingärten, große Tröge. Für Trockengebinde in voller Blüte schneiden, kopfunter zum Trocknen aufhängen.
Weitere Arten: *Pennisetum villosum:* sehr ähnlich *P. setaceum.* 30–50 cm hoch, Blütenähren 5–10 cm lang, für Einzelstellung und Gruppen.

Abb. 422

Penstemon-Hybriden *(P. × hybridus, P. gloxinioides, P. hartwegii, P. gentianoides)*

Bartfaden, Fünffaden.

Familie: Scrophulariaceae – Braunwurzgewächse.
Herkunft: Mexiko; etwa 250 Arten in Nordamerika und Nordostasien.
Wuchs: 30–90 cm, buschig, aufrecht, Laubrosette dicht am Boden. Durch kühles Klima bei uns einjährig.
Blatt: dunkelgrün, länglich-eirund.
Blüte: rosa, rot, lila, auch zweifarbig; Schlund weiß, 5 cm ∅, glockenförmig. Jede Blüte hat 5 Staubblätter, eines ist ohne Staubbeutel, aber mit langen Haaren versehen, daher der Name Bartfaden.
Blütezeit: VI–IX.
Standort: sonniger, warmer Standort, lichter Schatten wird noch vertragen.
Erde: gut durchlässige Gartenböden.
Kultur: Aussaat Februar–März unter Glas, Keimzeit 2–3 Wochen bei 18 °C. Auspflanzen im April–Mai ohne Frostgefahr, Abstand 30–50 cm.
Verwendung: Gruppen- und Rabattenpflanze. Hervorragende Schnittblume, die lange hält. Bauerngartenblume, teils nostalgische Sorten.
Sorten: 'Hyazinthenblütige Mischung', sehr schönes Farbenspiel, 40 cm. 'Sonnerie', 60 cm, Mischung auffälliger und nostalgischer Farben. 'Giganteus Prachtmischung', riesenblumig, 75 cm. 'Scharlachkönigin', leuchtend rot mit getigertem Schlund, auch für schattige Lage, 75 cm. 'Skyline' F1-Prachtmischung, großblumig, schön gezeichnete Röhrenblüten, frühblühend, buschiger Pflanzenaufbau, 60 cm.
Weitere Arten: Penstemon-Barbatus-Hybriden: niedrige Mischung für Steingärten, 40 cm hoch, Blüte VI–IX, Aussaat Januar–März, Sorte: 'Rondo', Mischung.

Abbildung 422: Penstemon-Hybriden

Abb. 423

Pentas lanceolata (P. carnea)
Pentas.

Familie: Rubiaceae – Rötegewächse.
Herkunft: Arabien, tropisches Afrika, Madagaskar.
Wuchs: 60 cm hoch, buschig wachsend, nach Stutzen 25–30 cm hoch.
Blatt: oval, 10–15 cm lang, 2–5 cm breit, gegenständig, hellgrün.
Blüte: am Ende des Triebes in doldigen Büscheln, weiß, rosa oder karminrot, Einzelblüte mit ca. 2 cm langer, enger Röhre und sternförmigem Saum.
Blütezeit: VI–X.
Standort: halbschattig, auch sonnig und schattig.
Erde: humusreich, locker, organisch gedüngt, da salzempfindlich.
Vermehrung: durch Samen und Kopfstecklinge.
Kultur: Aussaat Januar–Februar im Gewächshaus bei 18–22 °C, Keimdauer 15–20 Tage, danach 2 x pikieren bis zum Endtopf in 9–10 cm ∅. Samenvermehrte Pentas fallen unterschiedlich aus, daher ist die Vermehrung über krautige Kopf- oder Teilstecklinge die übliche Methode. Stecklinge im Dezember–Februar bei ca. 20 °C zur Bewurzelung bringen. Nach ca. 25–30 Tagen jeweils 3–4 Jungpflanzen in 11–12 cm-Töpfe bringen oder einzeln für 9–10 cm-Töpfe. 1–2 x weich stutzen, um bessere Verzweigung zu erreichen. Auspflanzen nach Mitte Mai im Abstand von 25 x 25 cm.
Verwendung: mehrjährig, bei uns einjährig kultiviert als Topf- und Rabattenpflanzen, vorwiegend aber für Balkonkästen, Kübel, Schalen, Ampeln.
Sorten: 'Pink', rosa, weiß gesternt. 'Purple', lilarosa. Auch lachsfarbene, karminrote, blaßrosa und weiße Sorten im Handel.

Abbildung 423: *Pentas lanceolata*

Abbildung 424: ***Perilla frutescens***

Abb. 424

Perilla frutescens var. *crispa* 'Nankinensis'
Schwarznessel.

Familie: Labiatae – Lippenblütengewächse.
Herkunft: Himalaya, China, Japan. 3 Arten.
Wuchs: 50–100 cm, krautartig
Blatt: schwarzrot mit metallischem Schimmer, die großen, 5–8 cm langen Blätter sind grob gesägt. Zimtähnlicher, würziger Duft entsteht beim Reiben der Blätter. Es gibt auch grünblättrige *Perilla,* die als Würzkraut in Japan zum Fisch gegessen werden (Shiso).
Blüte: unscheinbar, lavendelrosa oder weiß.
Blütezeit: IX–X.
Standort: wächst auf jedem humosen Boden, verträgt Wind und starke Regenfälle; braucht sonnige Lage.
Erde: trockener bis mäßig feuchter Boden.
Kultur: Aussaat März–April in den Kasten, später pikieren. Ab Mitte Mai auspflanzen, Abstand 30–40 cm. Direktsaat ins Freie ist möglich, Aussaat im Mai, den feinen Samen dünn verteilt in Reihen säen von 30 cm Abstand. Vermehrung durch Grünstecklinge im August–September, diese Vermehrung wird bei der Verwendung als Zimmerpflanze angewendet.
Verwendung: einjährig, schöne Gruppenpflanze für Beete und Rabatten mit weißblühenden Nachbarpflanzen, einjährige Heckenpflanze. Paßt wegen der dunklen Blattfarbe in rosa Gärten. Zimmerpflanze. Die nußähnliche Frucht wird im Orient zur Perillaölgewinnung verwendet. Dient zur Herstellung des Firnisses für Farben. Grüne Perillablätter werden zum Fisch gegessen.
Sorten: es wird auch noch die Varietät *laciniata* mit dunkelbraunroten, tief geschlitzten Blättern angebaut.

Abb. 425-429

Petunia-Hybriden
Petunie.

Familie: Solanaceae – Nachtschattengewächse.
Herkunft: Argentinien, Brasilien. Seit 150 Jahren in Europa eingeführt und züchterisch bearbeitet. Hybridsorten überwiegend aus *P. axillaris* und *P. violacea* entstanden.
Wuchs: 15–70 cm je nach Sorte, aufrecht- oder überhängend wachsend.
Blatt: ganzrandig, achselständig, klebrig.
Blüte: alle Farben, auch gemischtfarbig. Überreiche Blüte, teller- oder trichterförmige Blütenkrone von unterschiedlicher Größe.
Blütezeit: V–IX.
Standort: sonniger Standort, verträgt aber auch noch Halbschatten. Je nach Sortengruppe mehr oder weniger wetterfest.
Erde: nährstoffarm, muß gut durchlässig sein, bei gleichzeitig guter Wasserversorgung und Düngung.
Kultur: Aussaat von Januar–März unter Glas. Keimzeit 2–3 Wochen bei 18–20 °C. Pikieren mit 3–4 Laubblättern im

Abbildung 425: Petunia-Hybriden

Abbildung 426: Petunia-Multiflora-Gruppe rot/weiß

5–8er-Topf. Auspflanzen im Mai ohne Frostgefahr, Pflanzabstand 20–30 cm.
Verwendung: einjährig kultivierte, sehr beliebte und häufige Beet- und Balkonkastenpflanze, für Rabatten, Kübel. Bedingt für Schnitt und sogar als Zimmerpflanze verwendet. Neue Verwendungsmöglichkeiten als Ampelpflanzen und Bodendecker mit vegetativ vermehrbaren, sehr üppig wachsenden Züchtungen wie 'Surfinia', violettrosa und 'Surfinia White'.
Sorten: Multiflora-Gruppe: niedrige, sehr reichblühende, gut verzweigte Pflanzen, die mittelgroße Blüten tragen: 'Polo' F1-Hybriden-Serie: AAS-Gewinner, reichblühende, kompakte Pflanzen, ideal als Gruppenpflanzen und für den Balkon, 12 Farben und Formelmischung. 'Prime Time' F1-Hybriden-Serie: klare oder gesternte Farben, kompakter Wuchs, gute Regenfestigkeit, 30 cm hoch, 8 Farben. 'Mirage' F1-Hybriden-Serie: großblumig mit zarter oder kräftiger Aderung in den Blüten, daher sehr aparte, edle Erscheinung, 7 Farben. 'Sonja' F1-Hybriden-Serie: besonders regenfest, wüchsig, für die Beetbepflanzung, 6 Farben und Mischung.

Abbildung 427: Petunia-Grandiflora-Gruppe

Grandiflora-Gruppe: kompakte, großblumige Hybriden, die sich besonders für Balkone und Schalen eignen, Blüten bis 10 cm Ø: 'Celebrity Pink Morn', Fleuroselect-Quality, zweifarbig, gelbe Mitte, rosa Saum. 'Red Morn', karminrosa, gelber Schlund. 'Marathon Rosa Flamme', lachsrosa, cremeweiße Mitte. 'Cascade Zartlila', ansprechende Farbe, riesige Blüten. 'Palette'-Mischung, ausgewogenes Farbenspiel, 30 cm. 'Yellow Magic', zitronengelb, 25 cm. 'Daddy'-Serie: große Blüten mit dunklen Adern auf hellem Grund, früh- und reichblühend, wettertolerant, in Pastell-Farben und Mischung. 'Hit-Parade'-Serie: sehr früh blühend, gedrungener Wuchs, kleines Laub, klare, edle Farben, teils gesternt. 'Electra'-Serie: große Blüten mit Aderung, leicht gewellter Rand. 'Flash'-Serie: klare Farben, gedrungener Aufbau, kleines Laub sind die Kennzeichen dieser Züchtungen. 'Ultra'-Serie: frühe Blüte, große, feste Blumen, gleichzeitiges Aufblühen sind die Vorzüge dieser Serie, viele Farben, auch gesternt. 'Flore Pleno' F1-Hybriden: gefüllte, mittelgroße Blüten, beginnen etwas später als die ungefüllten.

Abb. 430

Petunia-Hybriden

Hängepetunien.

Familie: Solanaceae – Nachtschattengewächse.
Herkunft: ursprünglich Brasilien, durch Kreuzungen verschiedener Arten entstanden in japanischen Gärtnereien.
Wuchs: sehr stark hängend oder sich auf dem Boden ausbreitend.
Blatt: hellgrün, eiförmig, stark behaart, duftend, achselständig, ganzrandig, klebrig.
Blüte: trichterförmig, in violettroten und weißen Farben, sehr üppig.
Blütezeit: V–XI.
Standort: vollsonnig bis halbschattig, vorzugsweise in Ampeln.
Erde: lehmig-sandig, humos, nährstoffreich.
Vermehrung: durch Stecklinge im Februar oder März.
Kultur: schnellwachsend. Eintopfen für Ampeln Mitte Februar bis Mitte März, für Töpfe Ende März bis Mitte April, in durchlässiger, leicht saurer Erde bei pH 5. 1 Woche nach dem Topfen entspitzen. Kühl kultivieren bei 14–16 °C und vollem Sonnenlicht. Hoher Düngerbedarf, wöchentlich flüssig düngen mit Volldünger (0,2–0,3 %). Blühbeginn ab April mit Beginn des Langtags.
Pflanzung: im Freien auf 40 x 40 cm Abstand.
Düngung: auch im Sommer laufend flüssig weiter düngen.
Verwendung: sehr üppig blühende Ampelpflanze mit bis zu 60 cm langen Trieben, auch geeignet für Balkonkästen und als Bodendecker an sonnigen Stellen.
Sorten: 'Surfinia'-Hybriden mit den Züchtungen 'Shihi Purple', großblumig, violettrosa, sehr üppiger Wuchs. 'Shihi Brilliant', sehr stark wachsend, etwas weich im Blatt, sehr große, duftende Blüten in seidig-lilarosanem Ton. 'Revolution', intensiv dunkelpurpurrosa, kleinblättrig, wüchsig, sehr wetterfest, besonders gut als Bodendecker geeignet. 'Surfinia White', das weiße Gegenstück zu den 'Shihi'-Sorten.

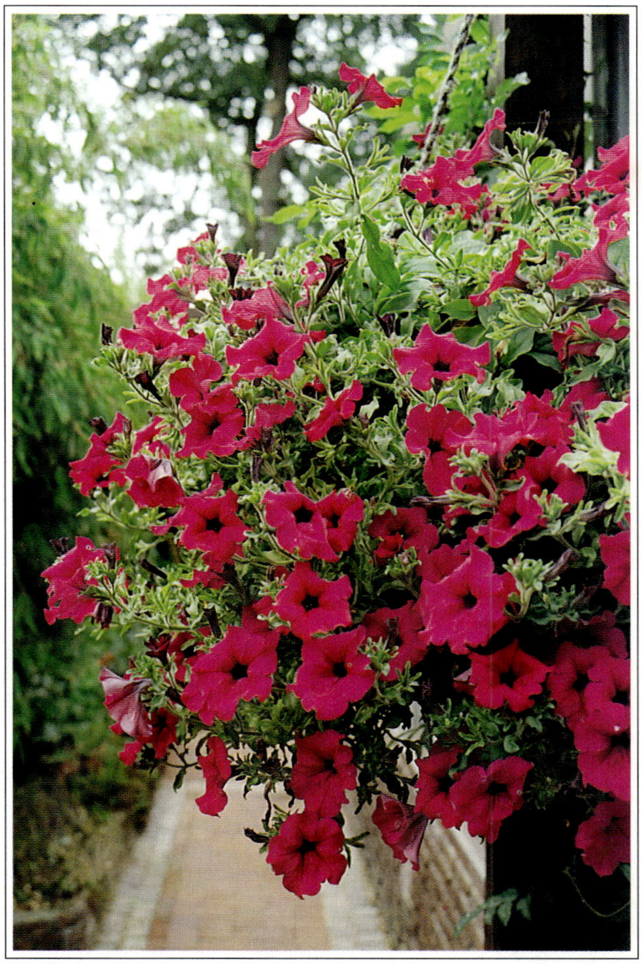

Abbildung 430: Petunia-Hybride 'Surfinia' (Foto Stein)

Abbildung 428: Petunia-Multiflora-Gruppe 'Marathon'

Abbildung 429: Petunia-Multiflora-Gruppe 'Double Bonanza'

Phacelia campanularia

Abb. 431

Bienenglück.

Familie: Hydrophyllaceae – Wasserblattgewächse.
Herkunft: Colorado, Kalifornien.
Wuchs: niedrig, nur 15–20 cm hoch, buschig, zart.
Blatt: rundlich, Rand gekerbt, behaart.
Blüte: glockenförmig, reinblau 2–3 cm ∅, sehr schnell blühend, aber auch kurze Blüte.
Blütezeit: VI–VII.
Standort: sonnig bis halbschattig.
Erde: gedeiht auf jedem Gartenboden, sehr anspruchslos.
Kultur: Aussaat ab April–August direkt ins Freie, entweder in Reihen von 20 cm Abstand dünn verteilt oder breitwürfig. Blüht schon nach 5–6 Wochen.
Verwendung: einjährige, schnellblühende Sommerblume für Einfassungen, Beete, Rabatten, Naturgärten und Blumeninseln, für Balkone in Wildblumenmischungen.

Abbildung 431: *Phacelia campanularia*

Phacelia tanacetifolia

Abb. 432

Phacelie, Bienenfreund, Büschelschön.

Familie: Hydrophyllaceae – Wasserblattgewächse.
Herkunft: südwestliches Nordamerika. Es gibt ungefähr 130 Arten.
Wuchs: bis 80 cm hoch, rauhhaarig.
Blatt: gefiedert, kerbzähnig, sieben- bis neunteilig.
Blüte: weiß, hell- bis blauviolett, in dichten, schneckenartigen Ähren.
Blütezeit: VI–VIII.
Standort: sonnige Lage, anspruchslos.
Erde: sandiger, nährstoffarmer Boden. Gedeihen auch auf Böschungen und Ödland.
Kultur: problemlose Direktsaat im Freiland April–Ende August. Keimzeit 10–14 Tage bei 10–15 °C. Reihenabstand 20–35 cm.
Verwendung: einjährige Gruppenpflanze für größere Flächen, Pionierpflanze auf Ödland und Böschungen. Hervorragende Bienenweide. Gründüngerpflanze. Empfindliche Menschen können allergische Hautentzündungen bekommen.

Abbildung 432: *Phacelia tanacetifolia*

Phalaris canariensis

Kanariengras, Spitzsamen.

Familie: Gramineae – Süßgräser.
Herkunft: Nordwestafrika, Mittelmeerraum, Kanarische Inseln.
Wuchs: straff aufrecht, 100 cm hoch.
Blatt: lang, lanzettlich.
Blüte: in kurzen, zapfenartigen, zylindrischen Ähren, weiß-grün gestreift.
Blütezeit: VI–VIII.
Standort: sonnig bis halbschattig, auch trocken und steinig.
Erde: durchlässig, nährstoffarm.
Kultur: Direktsaat in Reihen von 50 cm Abstand, fortlaufend dünn verteilt, April–Mai.
Verwendung: einjährig, vorwiegend als Vogelfutter, aber auch für Sträuße, zum Trocknen und zum Auflockern von Sommerblumenpflanzungen.

Pharbitis purpurea (Ipomoea purpurea, P. hispida)

Abb. 433

Trichterwinde.

Familie: Convolvulaceae – Windengewächse.
Herkunft: tropisches Amerika.
Wuchs: bis 3 m kletternd, an jeder Stütze. Dünne, feste am Boden verästelte Triebe.
Blatt: herzförmig zugespitzt, 10–12 cm lang, weichhaarig.
Blüte: weiß, rosa, rot, dunkelblau, gestreift, 10 cm ∅. Täglich kommen neue, trompetenförmige Blüten, die sich nur bei Sonne öffnen. 2–5 Blüten sitzen zusammen.
Blütezeit: VII–IX.
Standort: volle Sonne, warmer Standort.
Erde: gering, wenig nahrhafte Böden bringen mehr Blüten, kalkliebend, leicht alkalische Böden bevorzugt.
Kultur: Aussaat unter Glas in Töpfe im März–April. Keimzeit 2 Wochen bei 18 °C. Oder Freilandsaat im Mai an Ort und Stelle. Verpflanzen ohne Topf wird schlecht vertragen. Auspflanzen Mitte Mai ohne Frostgefahr.
Verwendung: einjährige Schlingpflanze für Lauben, Zäune, an Gittern und Spalieren.
Sorten: häufig als Prachtmischung angeboten.
Weitere Arten: *Pharbitis nil* (*Convolvulus nil, Ipomoea nil*): dreilappige Blätter, Blüte blau, violett, rosa, rot, bis 5 cm ∅. Es gibt zahlreiche Sorten, z. B. 'Japanische Kaiserwinde'. Nostalgische Kletterpflanze.

Abbildung 433: *Pharbitis purpurea*

Phaseolus coccineus (P. multiflorus) Abb. 434

Feuerbohne, Prunkbohne.

Familie: Leguminosae – Schmetterlingsblütengewächse (Hülsenfruchtgewächse)
Herkunft: Mittel-, Südamerika. Etwa 200 Arten.
Wuchs: 2–4 m kletternd, selbst-, linkswindende Triebe.
Blatt: 3zählig, groß, herzförmig, fein behaart.
Blüte: scharlachrot, weiß, auch zweifarbig, sehr dekorativ, 2 cm ∅, in achselständigen Trauben.
Blütezeit: VI–IX.
Standort: vollsonnige, warme Lage bringt besten Wuchs, verträgt auch kühle Temperaturen.
Erde: durchlässige, nährstoffreiche Böden, ausreichend wässern.
Kultur: Aussaat ab Mitte Mai, direkt am Standort, ohne Spätfrostgefahr. 5–6 Kerne alle 25–30 cm, 5 cm tief in den Boden stecken oder um eine Bohnenstange herum.
Verwendung: einjährige, sehr raschwüchsige Kletterpflanze für Zäune, Lauben, Balkon. Mit Spaliergerüst auch für Blumenkästen und Kübel. Durch dichte Belaubung gute Sichtschutzpflanze. Bohnen werden als Gemüse verwendet. Die großen, dekorativen Samen lassen sich als Trockenkochbohnen verwenden. Ideal für Kinder, die sich aus Prunkbohnen ein Zelt erstellen können.
Sorten: als Gemüsesamen werden viele Sorten angeboten. Sehr schöne rote Blüten hat die Sorte 'Preisgewinner' (mit Fäden). 'Butler' trägt Hülsen ohne Fäden, auch die weißblühende Sorte 'Desirée'. 'Weiße Riesen' blüht weiß, Hülsen jedoch mit Fäden.

Abbildung 434: *Phaseolus coccineus* 'Butler'

Phlox drummondii Abb. 435

Flammenblume, Sommerphlox.

Familie: Polemoniaceae – Himmelsleitergewächse.
Herkunft: Texas, Mexiko. Etwa 60 Arten in Nordamerika und östlichen Sibirien.
Wuchs: 15–60 cm hoch, rundliche Büsche, etwas steif, wenig verzweigt, drüsig behaart.
Blatt: gegenständig, zugespitzt, lanzettlich.
Blüte: weiß, rosa, rot, gelb, lila, 2 cm ∅, sitzen in Trugdolden zusammen.
Blütezeit: Ende VI–IX, lange blühend.
Standort: sonniger Standort, verträgt kühlen, regnerischen Sommer schlecht.
Erde: gut durchlässiger, nährstoffreicher, leichter Boden.
Kultur: März–Anfang April im halbwarmen Frühbeet oder Gewächshaus. Freilandaussaat Ende April–Mai möglich, wegen der hohen Keimtemperatur nicht zu früh säen. Keimzeit 1–2 Wochen bei 15 °C. Auspflanzen ab Mitte Mai, Abstand 15–20 cm. Bei etwa 7 cm Pflanzenhöhe entspitzen, um die Pflanzen zum Verzweigen anzuregen. Sämlinge in Töpfe pikieren.
Verwendung: üppig blühende Beet- und Gruppenpflanze, für Einfassungen, Blumenkästen, Steingärten. Einjährig.
Sorten: 'Paloma'-Serie: frühblühende, kompakte Pflanzen, 10 cm, üppiger Wuchs, ausdrucksvolle Blüten. 'Beauty'-Serie, niedrige Züchtung, 20 cm, große Blütendolden in klaren Farbsorten, auch als Mischung. 'Grandiflorum Prachtmischung', 40 cm, als Schnittsorte geeignet. 'Sternenzauber', vielfarbige Mischung, gezackte Blütenblätter, 20 cm. 'Petticoat-Mischung', Verbesserung von 'Sternenzauber', 15 cm, kissenförmiger Wuchs, 'Wagners Fantasiemischung', herrliches Farbenspiel, 20 cm. 'Promise Pink', hellrosa, halbgefüllt. 'Apple Blossom Pink', Fleuroselect-Medaille: gefüllt blühend, kompakt, neuartige Topf- und Beetpflanze. Hohe Sorten zum Schnitt: 40–50 cm. 'Weißer Schnitt'. 'Scharlach Schnitt', 'Rosa Schnitt'.

Abbildung 435: *Phlox drummondii* 'Sternenzauber'

Pilea microphylla (P. muscosa, P. callitrichoides)

Kanonierblume.

Familie: Urticaceae – Brennesselgewächse.
Herkunft: Tropische Länder Asiens.
Wuchs: 15–20 cm hoch, teppichbildend, sich reich verzweigend.
Blatt: hellgrün, filigran, vielfach verzweigt, zart.
Blüte: unscheinbar, windbestäubend.
Standort: halbschattig–schattig.
Erde: humos, nährstoffreich, mit Sand vermischen für bessere Drainage.
Vermehrung: durch Triebstecklinge.
Kultur: im Gewächshaus Triebspitzen in Vermehrungssubstrat bewurzeln lassen bei 18–25 Grad. Mehrfach entspitzen und Ende Mai auspflanzen ins Freie oder in Töpfchen im Abstand von 15 cm. Mehrfaches Stutzen ergibt den gewünschten teppichartigen Wuchs.
Verwendung: ausdauernd, als Zimmerpflanze für Wintergärten und Blumenfenster, für Arrangements. Im Freien beliebte Teppichbeetpflanze, die regelmäßig in Form geschnitten werden kann.

Pinellia ternata (P. tuberifera, Arum ternatum)
Pinellie.

Familie: Araceae – Aronstabgewächse.
Herkunft: Ostasien, Japan, Korea, China. Es gibt 6 Arten.
Wuchs: etwa 30 cm hoch; Knollen 2 cm ∅.
Blatt: hellgrün, dreispitzig, Brutknöllchen an den Blattstielen.
Blüte: grüne Blütentrichter, Kolbenfortsatz ist ebenfalls grün.
Blütezeit: V–VI.
Standort: schattige Standorte; winterhart.
Erde: frische, humusreiche Gartenböden.
Vermehrung: neigt bei geeignetem Standort zum Verwildern; die Brutzwiebeln, die in den Blattachseln sitzen, pflanzen.
Pflanzung: im Herbst, etwa 5 cm tief.
Pflege: keine.
Verwendung: interessante Liebhaberpflanze, geeignet für größere Gärten im Schatten von Laubgehölzen.

Abb. 436

Platycodon grandiflorus (Campanula grandiflora, Wahlenbergia grandiflora)
Ballonblume.

Familie: Campanulaceae – Glockenblumengewächse.
Herkunft: Japan, China, Mandschurei.
Wuchs: Höhe 40–60 cm, buschig, Triebe erscheinen im Freiland erst Mitte Mai, sondern beim Schneiden Milchsaft ab.
Blatt: gegenständig, länglicheiförmig, leicht gezähnter Blattrand.
Blüte: himmelblau, von edler, fester Struktur, glockenförmig, ca. 6 cm ∅.
Blütezeit: VII–VIII.
Standort: sonnig bis halbschattig.
Erde: lehmig-sandiger Gartenboden, durchlässig.
Kultur: Aussaat Januar–März im Gewächshaus bei 20 °C, keimt innerhalb von 14–20 Tagen, 1x pikieren in Topfplatten, Weiterkultur bei 10–12 °C, auspflanzen im Mai im Abstand von 30 x 30 cm.
Verwendung: mehrjährige Staude, die schon im ersten Jahr zur Blüte kommt, Schnittblume, Gruppenpflanze für Gräsergärten, Staudenbeete und Steingärten.
Sorten: 'Blaue Glocke', Höhe 60 cm, zum Schnitt, himmelblau. 'Blauer Stern', Beet- und Topfpflanze, ca. 15 cm hoch, Blüten 7–8 cm ∅. 'Farbenmischung', in Weiß, Rosa, Reinblau, ca. 25 cm hoch. 'Blaue Gefüllte', mit doppeltem Blütenkranz, zierlich, ca. 25 cm hoch, 'Sentimental Blue' F1-Hybriden, Höhe nur 15 cm, enzianblau, sehr reichblühend, Beet- und Topfpflanze. 'Albus', Höhe 60 cm, weiß.

Abbildung 436: ***Platycodon grandiflorus***

Abb. 437

Plectranthus coleoides 'Marginatus'
Harfenstrauch, Mottenkönig, Duftheinrich.

Familie: Labiatae – Lippenblütengewächse.
Herkunft: Südostindien.
Wuchs: hängend, mit bis zu 2 m langen, weich herabhängenden Trieben.
Blatt: weich behaart, gegenständig, herzförmig mit gekerbtem Rand.
Blüte: unscheinbar, weiß.

Abbildung 437: ***Plectranthus coleoides* 'Marginatus'**

Blütezeit: VIII–IX.
Standort: halbschattig bis schattig.
Erde: humos, locker, nährstoffreich.
Vermehrung: durch Stecklinge, die leicht bewurzeln.
Kultur: Februar–April Stecklinge zur Bewurzelung bringen, jeweils 2–3 in Ampeln oder Töpfe von 9–10 cm ∅, bei 15–18 °C kultivieren. Stutzen für verzweigten Aufbau.
Pflanzung: nach Mitte Mai im Abstand von 30–40 cm.
Verwendung: mehrjährige, nicht winterharte Ampel- und Balkonkastenpflanze mit dekorativer Wirkung. Entwickelt sich zu langen, prächtigen Schleppen. Auch als Bodendecker und Topfpflanze nutzbar. In Kultur ist nur die weißbunte Form 'Marginatus'.

Abb. 438

Pleione bulbocodioides (P. limprichtii, P. yunnanensis)
Tibet-Orchidee.

Familie: Orchidaceae – Orchideengewächse.
Herkunft: Tibet, Zentralchina, Taiwan. Es gibt etwa 15 Arten.
Wuchs: 10–15 cm hoch; grüne kugelige Knollen.
Blatt: lanzettlich, zart. In der Ruhezeit ohne Blätter.
Blüte: rosa mit weißer, rot gepunkteter Lippe, typische Orchideenform, 7 cm breit.
Blütezeit: V.
Standort: sonnig–halbschattig, im Sommer kühl, hohe Luftfeuchtigkeit; dicke Torfmulldecke als Winterschutz nötig, zusätzlich mit Folie abdecken.
Erde: gut drainierte, kalkarme Böden; bevorzugt mit *Sphagnum* durchmischte Moorerde oder Torfmull-Sandmischung.
Vermehrung: durch Abnehmen der Tochterknolle im Frühjahr.
Pflanzung: im Frühjahr, ohne Frostgefahr, 3–5 cm Erdabdeckung, dabei muß Oberteil der Knolle herausragen.
Pflege: durch Besprühen mit Regenwasser Luftfeuchtigkeit erhöhen. Im Freien guten Frost- und Winterschutz gewähren. Im Herbst und Winter wird Nässe nicht vertragen.
Verwendung: mehrjährig, im

Abbildung 438: ***Pleione formosana***

Steingarten in Nordostlagen, in Moorbeeten, auch als Zimmerpflanze.
Weitere Arten: *Pleione formosana:* Formosa, 15 cm hoch. Blüte magentarosa mit cremeweißer Lippe und hellrotbrauner Zeichnung. Blütezeit April–Juni. Kalthauspflanze, nicht winterhart. Sorte: 'Oriental Splendour', Blüte dunkellila, Lippe weiß mit brauner und gelber Zeichnung.
Pleione humilis: Nepal, Burma, Sikkim. 15 cm hoch. Blüte weiß mit bräunlichen Punkten auf der Lippe. Blütezeit August–Mai. Kalthauspflanze, nicht winterhart.
Pleione maculata: Thailand, Burma, Sikkim. 15 cm hoch. Blüte weiß, Lippe purpurn und rot gepunktet. Blütezeit August–Dezember. Kalthausgewächs, nicht winterhart.

Abb. 439

Polianthes tuberosa
Tuberose.

Familie: Agavaceae – Agavengewächse.
Herkunft: Anden, Südamerika?, Herkunft unklar. Es gibt 13 Arten, die überwiegend aus Mexiko stammen.
Wuchs: 60–120 cm hoch; fleischige Knolle.
Blatt: hellgrün, bandförmig.
Blüte: wachsig-weiß, 2–3 cm große Blütensterne in lockeren Ähren angeordnet. 2–5 Blütenstände. Aufdringlich süß duftend.
Blütezeit: VII–X.
Standort: sonnige Standorte, Kalthauspflanze, die etwa 14 °C zu Beginn der Kultur verlangt, nach 3–4 Wochen luftig weiterkultivieren.
Erde: 1/3 Torf, 1/3 Sand, 1/3 Blumenerde mit organischem Dünger.
Vermehrung: durch Nebenknollen, reicht meist nicht für geeignetes Vermehrungsmaterial. Abgeblühte Knollen sind wertlos. Importware aus subtropischen Gebieten zukaufen.
Pflanzung: Mitte April im Gewächshaus mit 2 cm Erdabdekkung, Abstand 30 cm. Bei Topfkultur mehrere Knollen in einen großen Topf pflanzen.
Pflege: wässern erst mit dem Einsetzen des Blattwuchses, sonst trocken halten.
Verwendung: ausdauernd, Schnittblume, zur Treiberei geeignet. Kübel- und Zimmerpflanze, wobei der Duft schwer verträglich ist. Im Freien an sonnige Stelle pflanzen.
Sorten: 'The Pearl', 40 cm hoch, Blüte weiß, gefüllt.

Abbildung 439: ***Polianthes tuberosa***

Abb. 440

Polygonum capitatum
Knöterich.

Familie: Polygonaceae – Knöterichgewächse.
Herkunft: Nordindien. Etwa 150 Arten, überwiegend in den nördlichen gemäßigten Zonen.
Wuchs: 15 cm hoch, polsterartig kriechend, überhängend. 1jährig kultiviert.
Blatt: dunkelgrün mit brauner Zeichnung.
Blüte: weißlich-rosa, übersät mit Blütentrauben.
Blütezeit: VII–IX.
Standort: sonnige bis halbschattige Lage. Ist im Mittelmeerraum mehrjährig.
Erde: normaler Gartenboden mit ausreichender Düngung und entsprechendem Wässern bei trockener Witterung.
Kultur: Februar–März Aussaat unter Glas. Auspflanzen Mitte Mai, Abstand etwa 30 cm. Ab April Freilandaussaat ohne Frostgefahr. Keimzeit 2–3 Wochen bei 18 °C.
Verwendung: einjähriger Bodendecker, auch für Böschungen. Durch sehr reiche Blüte auch gut für Balkonkästen geeignet.
Sorten: 'Afghan', noch reichlicher blühend als die Art.
Weitere Arten: *Polygonum orientale* (Orientknöterich): stammt aus Ostasien, Wildform 1–2 m, Züchtungen kleiner und kompakt. Blütentrauben rosa bis karminrot. Aussaat unter Glas oder auch Freilandaussaat ab Ende April. Abstand 30–40 cm. Sehr ähnlich der Art *P. capitatum*.

Abbildung 440: ***Polygonum capitatum***

Abb. 441

Polypogon monspeliensis
Bürstengras.

Familie: Gramineae – Süßgräser.

Abbildung 441: ***Polypogon monspeliensis***

Herkunft: Europa von England bis zum Mittelmeer.
Wuchs: straff aufrechtwachsend, 40–50 cm hoch.
Blatt: lanzettlich, blaugrün.
Blüte: dichtgedrängte Rispen, aufrechtstehend.
Blütezeit: VI–VIII.
Standort: sonnig–halbschattig.
Erde: sandig, auch lehmig, durchlässig, anspruchslos.
Kultur: Direktaussaat in Reihen von 30–40 cm Abstand, dünn verteilt, ab Mitte April.
Verwendung: einjährig, als floristisches Beiwerk, zum Auflockern von Sommerblumenpflanzungen, zum Trocknen.

Abb. 442

Portulaca grandiflora
Großblumiger Portulak.

Familie: Portulacaceae – Portulakgewächse.
Herkunft: Argentinien, Brasilien.
Wuchs: 10–15 cm, niederliegende, flache Triebe, saftig, dick.
Blatt: fleischig, schmal, stäbchenförmige Blätter, durch die Blüten fast verdeckt.
Blüte: weiß, gelb, rosa, rot,

violett, einfach und gefülltblühend, 3-4 cm ∅, rosenartig. Öffnen sich mit Sonnenaufgang.
Blütezeit: VI-X.
Standort: vollsonnige Lage, liebt heiße, trockene Plätze.
Erde: durchlässiger Boden, darf auch sehr karg sein.
Kultur: Aussaat im Februar-März im Kasten oder Kalthaus, gleich in Töpfe. Breitwürfige Freilandaussaat ab Anfang Mai, vereinzeln auf 12-15 cm. Keimzeit 1-2 Wochen bei 18 °C. Unter Glas vorkultivierte Pflanzen im Mai ohne Frostgefahr ins Freiland. Neigt zu Selbstaussaat.
Verwendung: einjährige Einfassungspflanze an Wegrändern, Beet- und Steingartenpflanze, Trockenmauern, Bodendecker. Für Blumenkästen, Kübel, Tröge. Schöne Balkon- und Ampelpflanze.
Sorten: 'Einfache Prachtmischung', 10-15 cm. 'Gefüllte Prachtmischung', 15 cm, bringt etwa 60 Prozent gefüllte Blüten. 'F2-Calypso Mischung', Auswahl spezieller Farben, eine strahlende Mischung, gefüllt, 10 cm. 'Sundance' F2-Hybriden, Formelmischung aus großen, halbgefüllten Sorten, 10 cm. 'Sunnyside Prachtmischung', verbesserte, gefülltblühende Prachtmischung, 15 cm. 'Cupido' F1-Hybriden-Serie: speziell für die Kultur von Sommertopfpflanzen, gut gefüllte Blüten von ca. 4 cm ∅, gut für Ampeln geeignet.

Abbildung 442: ***Portulaca grandiflora***

Primula vulgaris ssp. *vulgaris* (*P. acaulis*)

Abb. 442

Kissenprimel.

Familie: Primulaceae - Primelgewächse
Herkunft: ganz Europa bis Ukraine und Dänemark, Nordafrika. Aus der Wildform entstanden durch Kreuzung zahlreiche Naturhybriden, die als Stauden zum Verwildern genutzt werden (entstehen auch durch Bienenflug) und Kulturformen. Auch Übergänge zu *Primula elatior.*
Wuchs: kissenartig, 5-10 cm, sich durch Seitensprosse zu Horsten entwickelnd.
Blatt: länglich, eiförmig mit abgerundeter Spitze, ganzrandig bis leicht gekerbt, deutlich höckerig strukturiert, duftend.
Blüte: scheinbar einzeln auf dünnen Stengeln, zu 1-30 als Dolde auf kurzem Schaft abgeordnet, 5 Blütenblätter mit herausragender Narbe, 2-5 cm ∅, duftend, in Gelb, Weiß, Blau, Rosa, Braunrot, violett und in vielen Übergängen, teils mit gezonten Farben.
Blütezeit: im Freiland März-Anfang Mai, aus Gewächshauskultur November-April.
Standort: sonnig-halbschattig, leichter Schatten wird vertragen.
Erde: möglichst lehmig, nährstoffreich, feucht, locker strukturiert.
Vermehrung: durch Teilung, überwiegend durch Aussaat.
Kultur: Aussaat Normalsorten für die Treiberei schon April-Juni, F1-Hybriden Ende Mai-ca. 10. Juni, späte Sorten und Miniatur-Primeln ca. 20.-25. 6. im Gewächshaus in Kistchen, den feinen Samen nicht oder nur ganz leicht bedecken, nur andrücken und mit Papier, Styropor oder Glasscheibe abdekken. Keimdauer 18-25 Tage, 14 Tage lang bei 10 °C, später bei 15-20 °C aufstellen. Pikieren nach 4-6 Wochen in Topfplatten 3 x 3 cm, zwischen Juli und September eintopfen in 8-9 cm Töpfe mit schwach gedüngter Erde (günstig Einheitserde P mit Ton) oder in Spezialsubstrat, pH-Wert 5,8-6,5 einhalten, da sonst leicht Chlorosen auftreten. Mit Eisen ständig flüssig nachdüngen. Salzempfindlich. Kultur im Gewächshaus oder im Frühbeet bei 12-15 °C, im Spätherbst absenken für eine Kühlinduktion um 5 °C, danach 2-3 Wochen vor Blühbeginn wieder leicht anheizen auf 8-10 °C. Einfrieren lassen schadet bei den meisten Rassen nicht, verzögert aber die Blüte. Verkauf ab Dezember.
Pflanzung: im Freiland im Abstand 20 x 20 cm, ab März im blühenden Zustand.
Düngung: regelmäßig nach dem Eintopfen im Herbst alle 2-3 Wochen flüssig und mit Spurenelementen (Eisen)
Verwendung: mehrjährig, sehr beliebt als Topfpflanze für den kalten Wintergarten, für Schalen, für Beete und Blumenkästen im Freiland, zum Verwildern.
Sorten: <u>Sehr frühe Rassen und Miniatur-Primeln</u> mit kleiner Blattrosette für den Verkauf im Dezember und Anfang Januar zur Kultur im leicht geheizten Haus bei 4-6 °C. 'Julia'-Hybriden, sehr kompakt wachsende Miniprimel, Formelmischung. 'Minette', für kleine Töpfe von 6-7 cm ∅, Formelmischung. 'Julian Bicolor', zweifarbige Mischung, Miniprimel. 'Crown', großblumig, für 9-10-cm-Töpfe, Formelmischung. 'Fruelo', großblumig, robust, aus klaren und geränderten Farben zusammengesetzt. 'Holstenprinz', großblumig, mit hellem Rand, in 12 Farben und Formelmischung. 'Miranda', zarte Pastellfarben in Mischung. 'Frühe Auslese', kann ab November blühen, Formelmischung. 'Fama'-Mischung, blüht ab Spätherbst, klare, reine Farben. 'Lippeperle', teils mit geränderten Blüten, teils klare Farben.
<u>Frühe Sorten</u> für den Verkauf im Januar und Februar, Kultur im Gewächshaus bei 4-6 °C: 'El Apfelblüte', gefragte rosa verlaufende Farbtöne, mittelgroße Blüten. 'Eltangi', tagetesfarbene Töne, gelb mit rotem Innenring, blüht ab Februar. 'Ernst Benary', sehr große Blüten in klaren Einzel-Farben und Mischung. 'Joker-Mischung', enthält klare und gemischte Farben. 'Finesse'-Mischung für die Blüte im Februar. 'Apollo'-Serie, Farben in

Abbildung 443: ***Primula vulgaris***

Schattierungen, mittelgroße Blüten. 'Gessi', zweifarbige und klargefärbte Sorten, kurzes Laub, auch für ungeheizte Gewächshäuser. 'Lippestolz', teils klare Farben, teils gerändert. 'Tiara', großblumig, klare Farben, in Formelmischung und Gelb. 'Ulrike', Pastelltöne, auch für die ungeheizte, frostfreie Kultur. 'Salmone', großblumig, kurzes Laub, in Einzelfarben und Formelmischung.
Mittelfrühe Sorten für frostfreie Kultur (Haus oder Frühbeet), Blüte im März: 'Elcora', großblumig, verlaufende Farben, Einzelfarben und Mischung. 'Lippefrühling', Mischung zweifarbiger und geflammter Blüten. 'Finale', 2 Wochen später als 'Finesse', große Blüten, kurze, stämmige Stiele, Mischung. 'Komet', riesenblumige Rasse, kräftiger Wuchs, in Einzelfarben, Rosa Bicolor und Formelmischung. 'Merkur', kurzlaubige Rasse, klare Farben, auch mit Rand. 'Peer Gynt 2000', Formelmischung klarer Farben, teils leicht gerändert, auch für Freiland.
Späte Sorten für die Kultur im Kasten ohne Heizung und im Freiland, Blüte im März-April: 'Ulrike Pastell', kann schon im Februar blühen, Mischung von Pastelltönen, für 10-cm-Topf. 'Pastell'-Hybriden, große Blüten, in Mischung. 'Osterfreude', in Farbenmischung, großblütig.

Abb. 444

Primula-Elatior-Hybriden (P.-Polyantha-Hybriden)
Stengelprimel.

Familie: Primulaceae – Primelgewächse
Herkunft: Die Urform, *Primula elatior* ssp. *elatior,* kommt in Mitteleuropa häufig am Waldrand und an feuchten Stellen in Wiesen vor. Durch zahlreiche Kreuzungen, auch mit *P. vulgaris,* entstanden die heutigen Rassen. Sie sind gekennzeichnet durch stämmige, vielblütige Dolden, große Blüten, relativ späte Blütezeit.
Wuchs: bis 20 cm hoch, vieltriebig, bildet Horste.
Blatt: in Rosetten angeordnet, 15–20 cm lang, zungenförmig, länglich, abgerundete Spitze, ganzrandig, leicht gekerbt.
Blüte: auf stämmigem Stiel, der durch Züchtung gerne verkürzt wird. In vielen Farben, bis 6 cm ∅.
Blütezeit: im Freien April-Mai, aus Gewächshauskultur-März–Mai.
Standort: sonnig bis schattig, möglichst kühl und zwischen anderen Stauden, die im Sommer die leicht einziehenden Pflanzen bedecken.
Erde: lehmig, gut strukturiert, humos, nährstoffreich.
Vermehrung: Teilung/Aussaat.
Kultur: Aussaat April–Mai im Gewächshaus, für Schnittblumentreiberei im Winter bereits im Februar. Den feinen Samen nur andrücken und nicht oder nur ganz wenig mit Substrat bedecken. Keimdauer 20–28 Tage bei 15 °C. 2 x pikieren und im Frühherbst in 10–12 cm-Töpfe eintopfen, im Spätherbst für die Treiberei ins Kalthaus einräumen, antreiben bei 10–12 °C. Ansonsten im kalten Kasten belassen bis zur Blüte im März-Mai. Auspflanzen im Freiland im Abstand 20 x 20 cm.
Verwendung: wie Kissenprimeln zur Schalenbepflanzung, zum Schnitt, zur Bepflanzung von Beeten zeitig im Frühling, für Rabatten, Steingärten, Tröge, Balkonkästen und Kübel. Für dauerhafte Bepflanzung als Stauden in Gehölzzonen. Duftpflanze. Auch geeignet als Bienenfutterpflanze.
Sorten: 'Crescendo', Formelmischung für Schnittblumentreiberei und späte Topfsätze, Blüte Februar-April, großblütig. 'Herkules'-Mischung, kurze, kräftige Stengel, sehr große Blüten. 'Las Vegas', großblumig, beliebt als späte Topfprimel zur Kultur im Gewächshaus und im Kasten. 'Gessi Pazifik Gold', kurze kräftige Stiele, besonders zur Schalenbepflanzung geeignet. 'Grandiflora'-Mischung: für Kultur im Freien, zum Auspflanzen, für Pflanzenverkauf.

Abbildung 444: Primula-Elatior-Hybride

Abb. 445

Puschkinia scilloides var. *libanotica* (*P. libanotica*)
Puschkinie.

Familie: Liliaceae – Liliengewächse.
Herkunft: Libanon.
Wuchs: 10–20 cm hoch; kleine kugelige Zwiebel, 2 cm ∅.
Blatt: riemchenförmig, 1,5 cm breit, 10–15 cm lang. Laub stirbt im Frühsommer ab.
Blüte: porzellanblau, weißer Streifen, 2 cm groß, glockenförmig, 6–12 Blüten je Traube.
Blütezeit: IV–V.
Standort: sonnig bis halbschattig; winterhart.
Erde: normale, durchlässige, nährstoffreiche Gartenböden.
Vermehrung: durch Abnahme von Brutzwiebeln im Mittsommer oder durch Aussaat der Samen. Neigt bei geeignetem Standort durch Selbstaussaat zum Verwildern.
Pflanzung: im September, 6–10 cm tief, Abstand 7–10 cm.
Pflege: am Standort belassen.
Verwendung: ausdauernde Zwiebelpflanze, in Vorflächen von Gehölzen, Steingärten, in nicht zu dichten Rasenflächen.
Sorten: 'Alba', weißblühend.

Abbildung 445: *Puschkinia scilloides* var. *libanotica*

Quamoclit coccinea (Ipomoea coccinea)
Scharlachrote Sternwinde.

Familie: Convolvulaceae – Windengewächse.
Herkunft: Neumexiko, Arizona. Etwa 12 Arten.
Wuchs: 3 m hoch kletternd.
Blatt: dunkelgrün, herzförmig, zugespitzt.
Blüte: trichterförmig, 4 cm ∅, ähnlich der Prunkwinde. In vielen Farben: orange, rot, gelb, langröhrig mit scharlachrotem Saum, duftend.
Blütezeit: VII–X.
Standort: Sonne. Halbschatten nur in sehr warmem Klima.
Erde: durchlässige, nährstoffreiche, sandige Lehmböden.
Kultur: vorzugsweise unter Glas vorkultivieren, Aussaat im März–April. 4 Samenkörner pro Topf. Auspflanzen Ende Mai. Keimtemperatur 18–20 °C. Freilandaussaaten ab Mai. Zur schnelleren Keimung Samen in Wasser legen.
Verwendung: einjährige, langblühende Kletterpflanze, für Wände, Spaliere, Lauben.
Sorten: 'Luteola', orangegelb bis ockergelb.
Weitere Arten: *Quamoclit hederifolia* (*Ipomoea hederifolia*): einjährige Kletterpflanze, in allen tropischen Gebieten verbreitet. Blätter dreilappig, Blüte größer als bei *Qu. coccinea,* Blütezeit von Juli–September. *Quamoclit vulgaris* (*Ipomoea quamoclit, Qu. pinnata*): einjährige Kletterpflanze, Blatt gliedrig eingeschnitten, Blüte scharlachrot, karmin oder purpur.

Quamoclit lobata (Mina lobata)

Abb. 446

Sternwinde.

Familie: Convolvulaceae – Windengewächse.
Herkunft: Südmexiko.
Wuchs: Schlingpflanze mit starkem Wuchs, bis zu 6 Meter lange Triebe.
Blatt: gelappt, am Grunde handförmig.
Blütezeit: VI–X.
Standort: sonnig–halbschattig.
Erde: sandig, humos, nährstoffreich.
Kultur: Aussaat in Töpfe mit 3–5 Korn Ende März–Anfang Mai und späteres Auspflanzen an den vorgesehenen Standort im Abstand von 80–100 cm. Auch die Direktsaat ist möglich ab Anfang Mai, mehrere Körner zusammen aussäen im Abstand von jeweils 100 cm oder in Reihen zum Beranken von Mauern und Zäunen.
Verwendung: einjährige, reichblühende Schlingpflanze für sonnige Lagen, gedeiht und blüht leicht und unkompliziert.

Abbildung 446: *Quamoclit lobata*

Ranunculus asiaticus (R. hortensis, R. africanus)

Abb. 447

Gartenranunkel.

Familie: Ranunculaceae – Hahnenfußgewächse.
Herkunft: Kreta, Südwestafrika. Es gibt über 400 Arten, davon zahlreiche in der Arktis und im Hochgebirge.
Wuchs: 15–45 cm hoch; knollen-, klauenartige Wurzelknolle.
Blatt: grün, gekerbt, 3zählig, gestielt.
Blüte: weiß, gelb, rosa, rot je nach Sorte, 5–12 cm groß, mit zahlreichen Blütenblättern dichtgefüllte, fast kugelige Blütenköpfe auf mehreren Stielen, bis 75 Blüten je Pflanze.
Blütezeit: V–VI.
Standort: sonnige bis halbschattige, warme Standorte; nicht winterhart, Kalthauspflanze, bei etwa 3 °C überwintern.
Erde: guter, durchlässiger, feuchter, sandiger Gartenboden.
Vermehrung: durch Knolleneinteilung nach dem Absterben der Blätter im Herbst möglich. Bei vielen Sorten ist auch Aussaat der Samen oder Anzucht der Knollen möglich.
Kultur: Aussaat September–Oktober zur Frühjahrsblüte, Januar–Februar zur Blüte im Juni, Lichtkeimer, Samen nicht bedecken, pikieren im Stadium von 4–5 Blättern, Kultur nicht über 16 °C tagsüber und nachts 6–8 °C, topfen in 8-cm-Töpfe. Auspflanzen nach den Frösten an kühler, feuchter Stelle, Abstand ca. 20 cm.
Pflanzung: im März–April oder im Herbst in ein frostfreies Frühbeet, mit 4 cm Erdabdeckung. Die Klauenspitzen kommen nach unten. Vor dem Pflanzen 3–4 Stunden wässern.
Pflege: die Wurzelknollen nach dem Abblühen, wenn das Laub verwelkt ist, ausgraben und bei 10–13 °C in Torf trocken einlagern.
Verwendung: gute Schnittblume.
Sorten: es gibt mehrere Sortengruppen: Türkische Ranunkeln (Turban-Ranunkel): Seit dem 16. Jahrhundert in Europa eingebürgert. Blüte in vielen Farben, gut gefüllt, frühblühend.
Persische Ranunkeln: seit Anfang des 18. Jahrhunderts eingeführt. Stengel etwas schwächer. Blüte in vielen Farben, schwächer gefüllt, großblumig, später blühend.
Französische Ranunkeln: 1875 in Frankreich entstanden. Stengel mit weniger Blättern. Blüte in vielen Farben, großblumig. Päonenblütige Ranunkeln: 1920 in Italien entstanden, Blüte in vielen Farben, großblumig. Wertvolle Sortengruppe, häufig als Prachtmischung angeboten. Gigant-Ranunkeln: 'Tecelote', Neuheit. Riesenblumig, sehr gut gefüllt, langstielig. Als Prachtmischung oder in Farbsorten angeboten. 'Bloomingdale F1-Hybriden', zur Anzucht aus Samen, in weißen, roten, rosa, gelben Farben und Prachtmischung, päonienblütig.
Weitere Arten: *Ranunculus ficaria* – Scharbockskraut: ist ein zeitig im Frühjahr blühendes Wildkraut, das als Bodendekker kurzfristig Lücken schließt und mit leuchtend gelben Blüten aufwartet. Vermehrt sich an feuchten Stellen rasch durch Brutknöllchen. Für Naturgärten, Blumenwiesen, Feucht-Parkanlagen geeignet. Die Sorte 'Salmons White', blüht gelb und wird später weiß, sehr reichblühend. Blütezeit März–Mai. Völlig winterhart. Vermehrt sich rasch.

Abbildung 447: *Ranunculus asiaticus*

Rehmannia angulata

Abb. 448

Rehmannie.

Familie: Gesneriaceae – Gesneriengewächse.
Herkunft: China.
Wuchs: bis 100 cm, verzweigt.
Blatt: wechselständig angeordnet, oval-pfeilförmig, doppelt gekerbt.
Blüte: Glockenblüten, an Fingerhut erinnernd, dunkelrosa mit gelb punktiertem Schlund.
Blütezeit: V–VII.
Standort: sonnig–halbschattig, geschützt, auch in Töpfen vor Mauern.
Erde: locker, sandig-humos, gut strukturiert.
Kultur: Aussaat entweder im Januar–Februar für eine schwache Blüte im ersten Jahr oder im April–Mai, um starke Pflanzen nach Überwinterung im frostfrei gehaltenen Gewächshaus oder Frühbeet zu erhalten. Keimdauer 15–20 Tage bei 18–20 °C. Pikieren in Töpfen von 9–10 cm ∅, und nach dem Winter in Kübel oder im Abstand von 30 cm ins Freie nach Mitte Mai.
Verwendung: zweijährig bis ausdauernd, auffällige und schöne Kübel- und Rabattenpflanze, geeignet für Wintergärten, Innenhöfe.
Sorten: 'Popstar', kräftig rosa, für Kübel, Beete gut geeignet.

Abbildung 448: ***Rehmannia angulata*** (Foto Juliwa)

Abb. 450

Rhodochiton atrosanguineus
Rosenkleid, Purpurglocke.

Familie: Scrophulariaceae - Braunwurzgewächse.
Herkunft: Mexiko.
Wuchs: schlingend, zierlich, Höhe bis 150 cm.
Blatt: eiförmig-spitz.
Blüte: glockenförmige, purpurrote Hochblätter und darin dunkelviolette, röhrenförmige Blüten, zierlich.
Blütezeit: VI–X.
Standort: sonnig bis halbschattig, mit Klettermöglichkeit.
Erde: sandig-humose Gartenerde.
Kultur: Aussaat November–Juni im Gewächshaus bei 15–20 °C, Keimzeit 15–20 Tage, Kulturdauer bis zur Blüte 4–5 Monate, Samen leicht abdekken, Dunkelkeimer, pikieren zu je 3 Pflanzen in Topfplatten, auspflanzen nach den Frösten im Mai an windgeschütztem Platz.
Verwendung: reichblühende Schlingpflanze für Balkone und Innenhöfe, Topf- und Ampelpflanze.
Sorten: 'Purple Bells', intensiv violette Blüten, die rosa Kelchblätter bleiben monatelang erhalten.

Abbildung 450: ***Rhodochiton atrosanguineus***

Abb. 449

Reseda odorata
Gartenresede.

Familie: Resedaceae - Resedengewächse.
Herkunft: Nordafrika-Mittelmeerraum. Seit dem 18. Jahrhundert in Europa angebaut.
Wuchs: 20–60 cm hoch. Triebe verzweigt, fleischig, meist niederliegend.
Blatt: dunkelgrün, länglich bis keilförmig, gelappte oder fiederteilige Spitze.
Blüte: grünlichgelb, gelblichbraun, rötlich; kleine Einzelblüten sitzen in dichten, großen Rispen zusammen.
Blütezeit: VII–IX.
Standort: sonnige Lage, vertragen aber auch einige Stunden Schatten recht gut.
Erde: nährstoffreiche, kalkhaltige Böden mit Lehmanteil.
Kultur: April–Mai Freilandaussaat, März-Aussaaten unter Glas bringen kräftigere Pflanzen, diese einmal in 8er-Topf pikieren, 3 Sämlinge zusammen. Keimzeit 2–3 Wochen bei 10–15 °C. Auspflanzen Mitte–Ende Mai ohne Frostgefahr, Abstand etwa 25 cm. Von Jahr zu Jahr neuen Standort für die Aussaat wählen. Erdflöhe bekämpfen!
Verwendung: ausdauernd, meist einjährig gezogene Schnittblume, für Beete und Rabatten, vor allem wegen des herrlichen Duftes. Kann auch für Blumenkästen, Kübel, Tröge und als Topfpflanze für die Fensterbank verwendet werden.
Sorten: 'Grandiflora', lange, rötliche Blütenrispen, 40 cm hoch. 'Machet Riesen', orangerot, große Rispen, dunkellaubig, 40 cm. 'Machet Rubin', kupferrote Blüte, 30 cm hoch.

Abbildung 449: ***Reseda odorata* 'Machet'**

Rhynchelytrum repens (Tricholaena repens, T. rosea)
Haarmantelgras, Wollhaargras, Weingras, Rubingras.

Familie: Gramineae - Süßgräser.
Herkunft: tropisches Afrika.
Wuchs: 50–100 cm, wird bei uns nur einjährig kultiviert.
Blatt: linealisch.
Blüte: fleckige, bräunlich-rosa Blütenstände. Die Blütenrispen sind spitz-pyramidal verzweigt.
Blütezeit: VII–VIII.
Standort: sonnige, warme Lage.
Erde: durchlässige, lockere Gartenböden.
Kultur: März–April unter Glas aussäen. Freilandaussaat im Mai, Keimzeit 2–3 Wochen bei 18 °C. Auspflanzen im Mai ohne Frostgefahr.
Verwendung: einjährig, sehr dekorativ in Rabatten oder Sommerblumenbeeten. Geeignet für Trockenbinderei.

Abb. 451

Ricinus communis
Wunderbaum, Palma Christi.

Familie: Euphorbiaceae - Wolfsmilchgewächse.
Herkunft: tropische u. subtropische Gebiete. In Indien baum-, strauchartig, bis 8 m hoch.
Wuchs: 200–300 cm in einem Sommer. Ein Wuchsereignis! Leuchtend rote Fruchtstände, sie enthalten die hübsch gezeichneten, käferartigen Samenkörner, diese sind **sehr giftig,** wenn sie verzehrt werden, von Kindern fernhalten.
Blatt: junge Blätter dunkelrot mit rotem Stengel, 30–90 cm breit, 5–12fach gelappt, handförmig, sehr exotisch und dekorativ.
Blüte: rötlich-braun, bei den meisten Sorten wenig eindrucksvoll. Blüte sitzt an den Triebspitzen, getrennt nach männlich (gelbliche Quasten) und weiblich (stachelig, rötlich, ähnlich Eßkastanienfrüchten).
Blütezeit: VIII–X.
Standort: sonnige Lage, braucht viel Wärme.
Erde: durchlässige, nährstoffreiche Gartenböden.
Kultur: Aussaat unter Glas von März–April, am besten in 13er-Töpfe, eventuell Verpflanzung in größeren Topf nötig. Keimzeit 2–3 Wochen bei 18–20 °C. Ende Mai auspflan-

zen ohne Frostgefahr, Abstand 1–1,5 m.
Verwendung: einjährige, dekorative Blattschmuck-Solitärpflanze, gut geeignet, um Betonmauern oder sonstige unschöne Stellen abzudecken. Läßt sich in Kübel oder Schalen pflanzen. Wird in den Tropen erwerbsmäßig zur Rizinusölgewinnung angebaut.
Sorten: 'Gibsonii Impala', dunkelrotes Laub, rote Stengel und leuchtend rote Fruchtstände. 'Sanguineus', grünlaubig mit roten Stengeln und Blattnerven, Fruchtstände dunkelrot. 'Zanzibariensis-Mischung', riesige, grüne Blätter, bunte Samenkörner.

Abbildung 451: ***Ricinus communis***

Romulea bulbocodium
Romulie.

Familie: Iridaceae – Schwertliliengewächse.
Herkunft: Mittelmeergebiet. Es gibt etwa 70 Arten. Benannt wurde die Gattung nach 'Romulus', dem Gründer Roms.
Wuchs: bis 15 cm hoch; krokusähnliche Knolle.
Blatt: schmal, grasähnlich, derb.
Blüte: violettblau, auf der Außenseite gelblich, krokusähnlich.
Blütezeit: III–IV.
Standort: sonnige, südseitige, warme Standorte; bei uns nicht winterhart.
Erde: nährstoffreiche, durchlässige, sandige Böden.
Vermehrung: durch Brutzwiebeln.
Pflanzung: ab Mitte Mai, etwa 7 cm tief.
Pflege: im Herbst ausgraben und trocken bei etwa 15 °C lagern. Am sichersten in Töpfen kultivieren, dabei kühl, aber frostfrei, trocken und hell überwintern.
Verwendung: seltene Liebhaberpflanze.

Abb. 452

Rosa chinensis 'Minima' (*Rosa roulettii, Rosa* 'Pompon de Paris')
Topfrose, Bengalrose, Chinesische Rose.

Familie: Rosaceae – Rosengewächse.
Herkunft: China. Etwa 100 Gattungen und mehr als 3.000 Arten. Seit 1823 in Kultur.
Wuchs: strauchartig, 15–25 cm hoch. Wurzelecht oder auf einer Veredlungsunterlage. Dann stärkerer Wuchs, halbstrauchartig.
Blatt: grün, zierlich, oval, ganzrandig.
Blüte: rot.
Blütezeit: VI–IX.
Vermehrung: durch nicht verholzte Grünstecklinge im Juni, die sich im Torf-Sandsubstrat mit Wuchshormonen bewurzeln. Veredlung von Zwergsorten auf einer entsprechenden Veredlungsunterlage, z. B. *Rosa multiflora,* ist mehr eine gärtnerische-baumschulistische Vermehrungsmethode.
Kultur: Einheitserde oder Garten- u. Komposterde, pH-Wert um 6. Von Frühjahr–Herbst Zimmertemperatur. Im Winter kalt, bei 5 °C aufstellen. Ab März an die Zimmertemperatur gewöhnen. Kalthausgewächs. Hell, sonnig. Als Zimmerpflanze nur begrenzt verwendbar, wegen des hohen Kulturaufwandes für einige Blühmonate.
Pflege: Substrat ganzjährig mäßig feucht halten, in der blattlosen Zeit nur gießen, daß die Pflanze nicht schrumpft. Düngen in der Wachstumszeit, von März–August, einmal wöchentlich mit Blumendünger nach Angabe. Umtopfen alle 2–3 Jahre im Frühjahr vor dem Austrieb.
Verwendung: in Töpfen als Zimmerpflanzen, zum Auspflanzen in Rabatten und in Steingärten, für Balkonkästen und Gefäße.
Sorten: folgende Sorten aus Züchtungen sind noch als Zimmertopfpflanze geeignet: 'Vatertag', 'Muttertag'. Weitere Zwerg-Bengalrosensorten, die als Zimmer-Topfpflanzen geeignet sind, werden durch Baumschulen angeboten. Ständig Neuzüchtungen unterworfen, z. B. 'Sperling's Kissy' (aus Samen vermehrbar). 'Maidy', rot-weiß. 'Meillandina', 'Orange Meillandina', signalrot. 'Zwergkönig', dunkelrot, 'Zwergkönigin', reinrosa.

Abbildung 452: ***Rosa chinensis*** **'Minima'**

Abb. 453

Roscoea alpina
Scheinorchidee, Ingwerorchidee.

Familie: Zingiberaceae – Ingwergewächse.
Herkunft: Nepal, Tibet, Sikkim und Bhutan. Es gibt etwa 15 Arten, die bei uns nur mit Winterschutz im Freien überdauern.
Wuchs: 10–20 cm hoch; fleischige, tiefgehende Rhizomwurzel.
Blatt: lanzettlich, 12 cm lang, in einer Rosette angeordnet.
Blüte: dunkelpurpur oder weiß, 7 cm groß, in endständiger Ähre.
Blütezeit: VI–VIII.
Standort: bevorzugen absonnigen bis halbschattigen, warmen Standort; im Weinbauklima mit Schutzdecke sicher winterhart.
Erde: etwas feuchte, humose, lehmige Sandböden.
Vermehrung: durch Teilung der Rhizomwurzel, auch Anzucht aus Samen und Selbstaussaat möglich.
Pflanzung: im Frühjahr, mit 10 cm Erdabdeckung.
Pflege: bei rauhem Klima ausgraben und in Folienbeuteln überwintern.
Verwendung: ausdauernde Liebhaberpflanze, die auch in größeren Töpfen oder Kübeln kultiviert werden kann.
Weitere Arten: *Roscoea cautleoides*: China. 20–50 cm hoch.

Blätter lanzettlich, blaugrün. Blüte schwefelgelb, 5–7 cm lang. Blütezeit Juni–August. Benötigt Winterschutz.
Roscoea humeana: China. 20–30 cm hoch. Blätter lanzettlich, breit. Blüte lila-purpur, 7–10 cm lang, 4–8blütige, endständige Ähre. Blütezeit Juni–Juli. Benötigt Winterschutz.
Roscoea purpurea: Himalaja. 10–30 cm hoch. Blätter lanzettlich, schmal. Blüte dunkelpurpur, mit runder Lippe. Blütezeit August–September. Benötigt Winterschutz.

Abbildung 453: *Roscoea alpina* (Foto Stein)

Abb. 454

Rosmarinus officinalis
Rosmarin.

Familie: Labiatae – Lippenblütengewächse.
Herkunft: Mittelmeergebiet bis Portugal und Nordwestspanien. Nutzpflanze: Heilmittel, Küchengewürz (s. Band 3), für ätherische Öle.
Wuchs: strauchartig, bis 1 m, im Alter sparrig.
Blatt: immergrün, länglich-linealisch, bis 5 cm lang, oberseits grün, unterseits graufilzig, aromatisch duftend.
Blüte: blau bis hellblau, in achselständigen Trauben.

Abbildung 454: *Rosmarinus officinalis*

Blütezeit: V–VI.
Vermehrung: nur mäßig verholzte, halbreife Stecklinge im August–September abnehmen, die sich im Torf-Sandsubstrat bei mind. 18 °C Bodentemperatur bewurzeln.
Kultur: Einheitserde oder Substrat aus 1/3 lehmig-humoser Gartenerde, 1/3 Sand und 1/3 Torf, pH um 6. Mai–Oktober im Garten; im Winter luftig, kühl, 10–15 °C, nicht darüber. Nicht winterhart; verträgt nur kurzfristig (1–2 Wochen) Schnee und Frost bis –10 °C. Kalthausgewächs. Vollsonnig. Topf- und Kübelpflanze.
Pflege: Substrat von Frühjahr–Herbst mäßig feucht halten, verträgt viel Trockenheit. Düngen von Frühjahr–Herbst wöchentlich einmal mit Blumendünger nach Angabe. Umpflanzen alle 2–3 Jahre im Frühjahr.
Verwendung: mehrjährige, aromatische Kübelpflanze, im Weinbauklima auch als Hecke zur Beetumrandung. Heil- und Gewürzkraut.

Abb. 455

Rudbeckia hirta
Rauher Sonnenhut.

Familie: Compositae – Korbblütengewächse.
Herkunft: Nordamerika. Viele Züchtungen kommen aus den USA.
Wuchs: 50–90 cm hoch, verzweigte Stengel, flaumig behaart.
Blatt: spatelförmig bis lanzettlich, kurz behaart.
Blüte: orange, gelbe, rote und braune Randblüten, Zentrum auffällig gewölbt, braun, ∅ bis 15 cm, einfach oder gefüllt blühend.
Blütezeit: VII–IX.
Standort: sonniger Standort, lichter Halbschatten wird noch vertragen.
Erde: genügsam, schwere Böden bevorzugt.
Kultur: März-Aussaat unter Glas, anschließend in 8er-Topf pikieren und mit Topfballen Mitte Mai ins Freiland, Abstand 30–40 cm, Keimzeit 2 Wochen bei 18 °C. Direktsaat ins Freie ist möglich ab Mitte April in Reihen von 30–35 cm Abstand, nach dem Aufgang (der 3–4 Wochen dauern kann) vereinzeln auf 25 cm Abstand.
Verwendung: einjährige, vorzügliche, haltbare Schnittblume, dankbare Beet- und Gruppenpflanze. Auch Solitärpflanze und Bienenfutterpflanze. Niedrige Arten auch für Blumenkästen und Tröge geeignet.
Sorten: 'Gloriosa Daisies', goldgelb bis dunkelbraun, sehr großblumig, 100 cm hoch. 'Goldilocks', große, gefüllte und halbgefüllte, goldgelbe Blüten, Zentrum schwarz, guter Pflanzenaufbau, hervorragende Beet- und Schnittsorte, 50–60 cm hoch; Fleuroselect-Bronzemedaille. 'Herbstwald', gelb bis bronzebraun, Farbtöne des Herbstwaldes. 'Marmalade', leuchtend goldorange, schwarzbraune Mitte, breitbuschiger Wuchs, 50 cm hoch. 'Meine Freude', goldgelb, schwarzes Zentrum, sehr haltbar, 80 cm hoch. 'Rustic Colors', leuchtende Farbtöne von goldgelb bis braunrot, meist zweifarbig. 'Tetra Riesen-Goliath', goldgelb mit braunschwarzem Zentrum, 70 cm hoch. 'Sonora', Fleuroselect-Qualitäts-Marke, Höhe 35 cm, riesige, ausdrucksvolle Blüten, die lange im Flor anhalten, ideal für Rabatten und Töpfe, für Gefäße und Einfassungen.
Weitere Arten: *Rudbeckia amplexicaulis (Dracopis amplexicaulis):* Staude, Trokkenblume mit kardenähnlichen, großen, länglichen, braunschwarzen Butzen. 'Lampenputzer', Höhe 80–100 cm. Blüte ab VII–IX. *Rudbeckia fulgida* var. *sullivantii* 'Goldsturm': Staude, die bei früher Aussaat schon im ersten Jahr blüht. Sehr reichblühend, goldgelb mit schwarzer Mitte, Höhe 40 cm. 'Irish Eyes': reingoldgelb mit grünem Knopf. Höhe 80 cm, bei Februar-Aussaat Blüte im August. *Rudbekkia speciosa (newmannii):* gelb mit schwarzer Mitte, Höhe 60 cm, Blüte VII. Staude.

Abbildung 455: *Rudbeckia hirta* 'Goldilocks'

Salpiglossis sinuata (S. variabilis)

Abb. 456

Trompetenzunge.

Familie: Solanaceae – Nachtschattengewächse.
Herkunft: Chile, Südamerika.
Wuchs: 50–90 cm, verästelt oder kompakt.
Blatt: gestielt, länglich-elliptisch, flaumhaarig, am Rande gezähnt.
Blüte: trompetenförmig, petunienähnlich, 5–6 cm ∅, weiß, gelb, rosa, rot, purpur, braun oder violett, dunkel geadert, Kronenblätter samtig.
Blütezeit: VI – Anfang IX.
Standort: windgeschützter, sonniger Standort.
Erde: kalkhaltige, durchlässige, nährstoffreiche Böden.
Kultur: März-Aussaat in den kalten Kasten, in kleine Töpfe pikieren, auspflanzen im Mai nach der Frostgefahr, Abstand etwa 30 cm. Keimzeit 1–2 Wochen bei 18 °C.
Verwendung: einjährig, für Beete und Rabatten, gute Schnittpflanze, Kübel- und Hintergrundpflanze.
Sorten: 'Casino Mix'-F1-Hybriden, Farbmischung von sehr kompaktem Wuchs, nur 50 cm hoch, große Blüten in einem leuchtenden Farbspiel. 'Bolero F2', Prachtmischung neuer Hybriden, frühblühend, kompakt, 70 cm hoch. 'Grandiflora', Prachtmischung mit reichem Farbenspiel, 80 cm. 'Superbissima', herrliche Prachtmischung, 80 cm. 'Dunja', Höhe 60–70 cm, sehr hübsche, nostalgische Farben mit auffälliger Zeichnung, schön auch für Töpfe und Wintergärten.

Abbildung 456: ***Salpiglossis sinuata***

Salvia coccinea

Abb. 457

Salvie, Salbei.

Familie: Labiatae – Lippenblütengewächse.
Herkunft: westliches und südliches Nordamerika, Mexiko.
Wuchs: 50–60 cm, filigranes Aussehen, locker verzweigt.
Blatt: gegenständig, eiförmig, gekerbt.
Blüte: an locker aufgebautem Blütenstand, in Quirlen angeordnet, leuchtend rot oder lachsrosa, auch zweifarbig.
Blütezeit: V–XI.
Standort: sonnig-halbschattig.
Erde: humose, nährstoffreiche Gartenböden.
Kultur: Aussaat Februar–März im Gewächshaus, Lichtkeimer, Samen nur leicht oder gar nicht bedecken, Keimdauer 12–16 Tage bei 18–20 °C. 1–2mal pikieren. Nach den Frösten Mitte–Ende Mai auspflanzen im Abstand von 25–30 cm.
Verwendung: Gruppenpflanze, für Rabatten, Schalen, Balkonkästen, größere Töpfe. Dauerblüher, üppig und blühfreudig.
Sorten: 'Lady-in-Red', Fleuroselect-Medaillengewinner, wesentliche Verbesserung der Wildform, gedrungener Wuchs, Höhe 50–60 cm, 20–30 cm lange Blütenrispe, leuchtend rot. 'Coral Nymph', zweifarbig, lachsrot und zartrosa, sonst wie 'Lady-in-Red'.

Abbildung 457: ***Salvia coccinea* 'Lady-in-Red'**

Salvia farinacea

Abb. 458

Mehl-Salbei, Blauähre.

Familie: Labiatae – Lippenblütengewächse.
Herkunft: Texas, Neu-Mexiko. Etwa 500 Arten in wärmeren und gemäßigten Zonen.
Wuchs: 30–80 cm hoch, dichtbuschig; bei uns einjährig kultiviert.
Blatt: grauweißfilzig behaart, silbrige Laubpolster.
Blüte: dunkelblau bis violettblau. Lippenblütler mit großer

Abbildung 458: ***Salvia farinacea* 'Victoria'**

Unterlippe. Blütenquirle dicht, in langen, weißfilzigen Ähren. Blüte ist sehr widerstandsfähig, verträgt Frost bis –5 °C.
Blütezeit: VI–X.
Standort: sonnig, warm.
Erde: durchlässige, nährstoffreiche, kalkhaltige Böden.
Kultur: Februar – Anfang April Aussaat unter Glas in Schalen, Sämlinge früh pikieren, später in 8er-Töpfe setzen. Keimzeit 1–2 Wochen bei 18 °C. Nach dem Abhärten im Frühbeet ab Mitte Mai ins Freiland, Abstand 30–40 cm.
Verwendung: einjährige, wertvolle Beetpflanze mit Wildblumencharakter, für Pflanzung zusammen mit Rosen geeignet. Schnitt- und Trockenblume.
Sorten: 'Blauähre', dunkelblau, kompakter Wuchs, gleichmäßig und dichtblühend, auch Schnittsorte, 70 cm. 'Unschuld', silberweiße Blütenrispe, buschiger Wuchs, hervorragend für Gruppen und Schnitt, 40–60 cm. 'Victoria', dunkelblau, dicht besetzte Blütenrispe, geschlossener und buschiger Pflanzenaufbau, 30–50 cm. Hervorragende Beetsorte. Fleuroselect-Bronzemedaille.

Salvia involucrata

Abb. 459

Salbei.

Familie: Labiatae – Lippenblütler.
Herkunft: Mittelamerika, Mexiko.
Wuchs: Halbstrauch, der ca. 1 m hoch wird, wenig verzweigt.
Blatt: länglich-eiförmig, zugespitzt, ganzrandig, leicht gekerbt, 8 cm lang und 6 cm breit.
Blüte: in kompakten, ährenartigen Trauben angeordnet, kräftig rosa gefärbt.
Blütezeit: unter Glas ganzjährig, im Freien VI–XI.

Abbildung 459: ***Salvia involucrata***

Standort: sonnig bis halbschattig, windgeschützt wegen der leicht brechenden Triebe.
Vermehrung: durch krautige Kopf- oder Teilstecklinge, die leicht bewurzeln.
Kultur: Stecklingsvermehrung ganzjährig möglich, krautige Kopf- oder Teilstecklinge, die im Torf-Sand-Gemisch leicht bewurzeln innerhalb von 3–4 Wochen bei 18–22 °C. Kultur den Winter über bei 8–10 °C, danach Temperatur steigern auf 16–18 °C. Für einen Verkauf im Mai beginnt die Vermehrung im August–September. Auspflanzen nach Mitte Mai im Abstand von 100 x 100 cm.
Verwendung: mehrjährig, aber nicht frostbeständig. Eine auffällige und ununterbrochen blühende Kübelpflanze, die im Sommer auch in Beeten attraktive Blickpunkte bietet. Der Standort sollte windgeschützt sein.

Salvia patens

Abb. 460

Enziansalbei.

Familie: Labiatae – Lippenblütengewächse.
Herkunft: Mexiko. Es gibt etwa 700 Arten, wobei nur *Salvia patens* Knollen bildet.
Wuchs: 50–80 cm hoch; längliche Knollen.
Blatt: spießförmig oder zugespitzt-eirund, am Rand gekerbt, behaart.
Blüte: ultramarinblau, 6 cm lang, paarweise angeordnet, je Trieb bis 20 Blütenpaare.
Blütezeit: VI–IX.
Standort: sonnige, warme Standorte; kaum winterhart, auch nicht im Weinbauklima mit Schutz. Kalthauspflanze.
Erde: lehmige, kalkhaltige, gut drainierte Gartenböden.
Vermehrung: durch Rhizomteilung oder Aussaat der Samen im März im Warmhaus.
Pflanzung: im März in Töpfe pflanzen und im Kalthaus vorkultivieren, ab Mitte Mai ins Freiland.
Pflege: im Herbst vor Frostbeginn ausgraben, frostfrei, wie Dahlien, trocken in Torf, Sand oder Sägemehl einwintern.
Verwendung: Wildstaudenpflanzungen, mit Sommerblumen in Beeten oder Schalenpflanze. Mehrjährig.
Sorten: 'Cambridge Blue', mit himmelblauen Blüten. 'Marineblau', 75 cm hoch.

Abbildung 460: ***Salvia patens***

Salvia splendens

Abb. 461 – 464

Feuersalbei.

Familie: Labiatae – Lippenblütengewächse.
Herkunft: Brasilien. Zahlreiche Sorten durch Züchtung.
Wuchs: 15–50 cm hoch, aufrechte, verzweigte Stengel.
Blatt: gegenständig, herzförmig, Rand fein gezähnt.
Blüte: weiß, blauviolett, rosa, rot, lachsfarben. Die röhrenförmigen Lippenblüten stehen in Trauben.
Blütezeit: V–X.
Standort: sonnig, warm.
Erde: durchlässige, gute, nahrhafte kalkhaltige Gartenböden.
Kultur: Februar–März Aussaat unter Glas in Schalen. Sämlinge früh pikieren, später in 8er-Töpfe setzen, Keimzeit 1–2 Wochen bei 22 °C. Ins Freiland ab Mitte Mai, Abstand 20–35 cm, vorher abhärten. Um buschigen Aufbau zu erzielen, bei einer Pflanzenhöhe von etwa 7 cm etwas einkürzen. Dadurch wird jedoch der Blühbeginn etwas verzögert.
Verwendung: einjährig, für großflächige Pflanzungen in Parks, Einfassungen, Rabatten, Gräber. In Blumenkästen und Schalen.
Sorten: 'Fire Star', 25 cm, extrem früh, schnell verkäufliche Pflanzen. 'Fuego', früh und vielseitig zu verwenden, 20 cm. 'Flamex', früh-mittelfrüh, kräftig wachsend, 30 cm, leuchtend rot, besonders widerstandsfähig gegen Hitze

Abb. 461: ***Salvia splendens***

Abb. 462: Salvia-Hybriden

und schlechtes Wetter. 'Carabiniere', glühend scharlachrot, mittelfrüh, tetraploid, dicke Rispen, Laub dunkelgrün, 30 cm. 'Feuerzauber', leuchtend scharlachrot, starkwüchsig, für großflächige Pflanzungen, 30 cm. 'Fury', leuchtend scharlachrot, frühblühend, kompakter Wuchs, 20 cm. 'Juwafeuer', lange Blütenrispen, leuchtend rot, hervorragende Beetsorte, 30 cm. 'Rodeo', leuchtend scharlachrot, Laub dunkelgrün, kompakter Wuchs, 20 cm. 'Scarlet King', feurigrot, große dichte Blütenrispen, reich- und sehr frühblühend, 35 cm. 'Kleopatra-Mischung', verschiedene Farbtöne in dunkelviolett, lachsrot, creme, rot. 'Laser-Mischung', Höhe 20 cm, sehr kompakt und reichblühend. 'Laser Purple', dunkelviolett. 'Burgundy', weinrot, 30 cm hoch. 'Phoenix Purpur', blauviolett. 'Cleopatra', weiß. 'Cleopatra Salmon', lachsfarben. 'Melba', lachsrosa.

Weitere Arten: *Salvia sclarea* (Muskatellersalbei): zweijährig, Blätter weich behaart, 20–30 cm lang, lanzettlich.

Blüte: im Juni–August, hellrosa-weiß, in 130–160 cm hohen Blütenständen. Schöne Rabattenblume, für Wohngärten und als Solitär. Bienenfutter.

Salvia officinalis 'Tricolor': mehrjährig, weich behaarte Blätter, 10–15 cm lang, lanzettlich.

Blüte: unbedeutend. Blätter weißgrün panaschiert, violett überhaucht. Blattpflanze für Balkonkästen, Töpfe, Kräutergärten, zum Würzen, für Tees.

Abbildung 463: *Salvia officinalis* 'Tricolor'

Abbildung 464: *Salvia sclarea*

Abb. 465

Salvia viridis (S. horminum)
Buntschopf-Salbei.

Familie: Labiatae – Lippenblütengewächse.

Herkunft: Mittelmeerraum.

Wuchs: 45–75 cm hoch, krautig, weißgrau, zottig.

Blatt: oval-länglich bis herzförmig-eirund, oberste Hochblätter schopfig zusammengedrängt, grün, rotviolett, sehr attraktiv.

Blüte: weiß, rosa, blau, in sechsblütigen Scheinquirlen an langen Scheinähren, die Blüte selbst ist gegenüber den Hochblättern unscheinbar.

Blütezeit: VI–VIII.

Standort: sonniger, warmer Standort.

Erde: durchlässige, kalkhaltige, nährstoffreiche Böden.

Kultur: März-Aussaat unter Glas in Schalen, Sämlinge früh pikieren, später in 8er-Töpfe setzen, Keimzeit 1–3 Wochen bei 18 °C. Nach dem Abhärten im Frühbeet ab Mitte Mai ins Freiland, Abstand 25–35 cm. Auch Freilandaussaat von Ende April–Mai möglich.

Verwendung: einjährig, für Schnitt, Blumenbinderei, Beete und Gruppen. Wildblumencharakter, für Naturgärten und Schmetterlingsrefugien. Trockenblume.

Sorten: 'Blauer Vogel', violettblaue Hochblätter, 60 cm. 'Königsblau', blau gefärbte Hochblätter, 60 cm. 'Oxford Blau', violettblaue Hochblätter, 60 cm. 'Rosazauber', rötlich gefärbte Hochblätter, 50 cm. 'Weißer Schwan', weiße Hochblätter mit grünen Adern, 50 cm. 'Tricolor-Mischung', enthält die vorgenannten Farben.

Abbildung 465: *Salvia viridis*

Abb. 466

Santolina chamaecyparyssus ssp. *chamaecyparyssus*
Heiligenkraut.

Familie: Compositae – Korbblütengewächse.

Herkunft: Pyrenäen, Nordwestitalien.

Wuchs: steif aufrecht, verzweigt, für Schnitt geeignet, Halbstrauch.

Blatt: immergrün, silbergraufilzig, sehr fein gefiedert, aromatisch duftend.

Blüte: gelbe Blütenköpfchen, flachrund.

Blütezeit: VII–VIII.

Standort: sonnige Hänge, Steingärten, geschützte Innenhöfe, überwintert nur in milden Wintern oder im Weinbaugebiet.

Erde: durchlässig, sandig-lehmig-humos, nährstoffarm.

Vermehrung: durch Stecklinge.

Kultur: Kopfstecklinge oder Teilstecklinge werden von Mai–Juli in Torf-Sand-Gemisch zur Bewurzelung gebracht und anschließend in 7–8 cm-Töpfen frostfrei, aber kühl überwintert. Im Frühbeet oder mit geringem Energieeinsatz weiter kultivieren bis zum Verkauf. Auspflanzen im Abstand 20 x 20 cm.

Pflege: 1–2mal pro Jahr auf Form schneiden ähnlich Buchs.

Verwendung: mehrjährig, als Duftpflanze und wegen des silbrigen Laubes in Schalen, Trögen, Steingärten, für Beeteinfassungen.

Abbildung 466: *Santolina chamaecyparyssus*

Abb. 467

Sanvitalia procumbens
Zwergsonnenblume, Husarenknopf.

Familie: Compositae – Korbblütengewächse.

Herkunft: Mexiko, Guatemala. 8 Arten in Mittelamerika.

Wuchs: 10–25 cm, fast kriechend, Stengel niederliegend, reich verzweigt, behaart.

Blatt: eirund, länglich.

Blüte: goldgelb mit braunschwarzer Mitte, einfache und gefülltblühende Sorten. Zierliche Blütenköpfchen, 2–3 cm ∅, erinnert an sehr kleine Sonnenblumenblüten.

Blütezeit: VI–X.

Standort: sonniger, warmer Standort.

Erde: durchlässiger, normaler Gartenboden mit etwas Sand.

Kultur: Aussaat im März ins Frühbeet oder Gewächshaus, einmal pikieren. Keimzeit 1–2

Wochen bei 18 °C. Mitte Mai ins Freiland setzen, Abstand 20 cm. **Verwendung:** Bodendecker für sonnige Standorte, Einfassungen, Steingärten, Kübel, Balkonkästen, auch zum Schnitt für kleine Blumengebinde. **Sorten:** 'Plena', dicht gefüllte Blüten, etwa 15 cm. 'Goldteppich', goldgelb, schwarze Mitte, wüchsig. 'Mandarin Orange', AAS-Gewinner, orange.

Abbildung 467: ***Sanvitalia procumbens***

Abb. 468

Sauromatum venosum (S. guttatum, Arum cornutum)

Eidechsenwurz, Gehörnter Aronstab.

Familie: Araceae – Aronstabgewächse.
Herkunft: subtropisches Asien, Sudan bis Malawi.
Wuchs: im Nachwinter kommt ein 50 cm langer Trieb, röhrenförmig, der sich zur Blüte entfaltet; flachkugelige, faustgroße Knolle.
Blatt: grün, fußförmig geteilt, auf 50 cm langen Stielen. Das Laub erscheint erst nach der Blüte und stirbt im September ab.
Blüte: aronstabähnlich, außen olivgrün, innen weiße Niederblätter. Die Spatha, eine gebauchte Röhre mit langem, außen dunkel getupftem Schild. Der Kolben ist rotbraun. Bestialischer Geruch.
Blütezeit: II–III.
Standort: während des Sommers sonniger Standort im Garten, nicht winterhart. Ab Herbst trocken, bei etwa 3 °C aufbewahren.
Erde: gut durchlässige, feuchte Humusböden oder auf den Komposthaufen pflanzen.
Vermehrung: durch Brutknollen, die Samenvermehrung ist sehr langwierig.
Pflanzung: ab Anfang Mai im Freiland etwa 10 cm tief pflanzen, Abstand bis 20 cm.
Pflege: Oktober–Mai trocken halten, benötigt um zur Blüte zu kommen keine Erde und kein Wasser. Benötigt während des Sommers im Freiland Düngergaben, verrotteten Mist.
Verwendung: ausdauernd, Liebhaberpflanze, die wegen des üblen Geruches nur im Doppelfensterkasten oder unter einem Glassturz aufgestellt werden kann. Während des Sommers dekorative Blattpflanze im Freiland.

Abbildung 468: ***Sauromatum venosum***

Abb. 469 / 470

Scabiosa atropurpurea

Purpurskabiose, Gartenskabiose.

Familie: Dipsacaceae – Kardengewächse.
Herkunft: Südeuropa, Mittelmeergebiet. Etwa 80 Arten in der alten Welt.
Wuchs: 70–100 cm hoch, reichverzweigte Stengel, krautig, behaart.
Blatt: gegenständig, ungeteilt, Stengelblätter fiederteilig.
Blüte: dunkelpurpur, braunrot, kirschrot, rosa, lila, violett, dunkelblau oder weiß, dichtgefüllte, duftende Blütenbälle in Trugdolden auf drahtigen Stielen. Blütenköpfe 7 cm ∅.
Blütezeit: VII–IX.
Standort: sonnige, warme Lage.
Erde: nährstoffreiche, durchlässige Böden.
Kultur: März-Aussaat im Haus, Keimzeit 1–2 Wochen bei 18 °C. Auspflanzen im Mai nach der Frostgefahr, Abstand 25 cm. Freiland April–Mai, dabei 4 Wochen spätere Blüte.
Verwendung: wertvolle Schnittblume, Gruppen- und Rabattenpflanze. Schmetterlingsattraktion.
Sorten: 'Grandiflora Plena', gefüllte Mischung, 90 cm hoch. 'Olympia Prachtmischung', dicht gefüllte Blütenbälle auf drahtigen Stielen, 100 cm.
Weitere Arten: *Scabiosa stellata,* Sternscabiose, Blüte unscheinbar, gefragte Trockenblume, Höhe 40 cm, Blüte Juli–August.

Abbildung 469: ***Scabiosa atropurpurea***

Abbildung 470: ***Scabiosa stellata***

Abb. 471

Scaevola saligna (Scaevola aemula)

Blaue Fächerblume.

Familie: Govdeniaceae – Govdeniengewächse.
Herkunft: tropische u. subtropische Gebiete Australiens u. Polynesiens, Neukaledonien.
Wuchs: fächerförmig sich nach allen Seiten ausbreitend, leicht hängender Wuchs.
Blatt: länglich, glatt, Rand leicht gebuchtet.
Blüte: violettblau oder weißblau, je nach Sorte. Sehr zahlreich sich ununterbrochen regenerierend.
Blütezeit: Mai–November.
Standort: sonnig bis halbschattig. Anspruchslose Pflanze, die sehr reichlich blüht.
Erde: humos, nährstoffreich, nicht zu trocken.
Vermehrung: durch Triebstecklinge, die zwischen September und April schnell und leicht bewurzeln im Sand-Torfgemisch bei 16–18 °C.
Pflege: erfordert sehr wenig Aufwand. Die Triebe stoßen Verblühtes von selbst ab. Wenig empfindlich gegen Schädlinge.
Kultur: für Töpfe in den Monaten Januar–Februar eintopfen und leicht auf das 3. Blatt zurückstutzen, um die Verzweigung anzuregen. Bei möglichst viel Licht weiter kultivieren bei 18–20 °C. Reichlich düngen und gleichmäßig feucht halten, aber nicht naß.
Verwendung: als sehr reich blühende Ampel- und Balkonkastenpflanze. Für Rabatten als Bodendecker an sonniger Stelle. Benötigt viel Sonne.
Sorten: 'Blue Wonder', starkwüchsig, mit violettblauen Blüten. 'Petite', mit kleineren Blüten, aber sehr zahlreich, kompakter Wuchs, hellilablaue Farbe. 'Mauve Clusters', ähnlich 'Petite', aber deutlich später im Blühbeginn.

Abbildung 471: *Scaevola saligna* 'Blue Wonder'

25 cm. Freilandaussaat am Standort ab Ende April möglich. Als Topfpflanze kultiviert Aussaat von Oktober–Dezember im Gewächshaus, pikieren und eintopfen in 10-cm-Töpfe. Schöne Blütenpflanze für kalte Wintergärten, Blüte im April–Mai.
Verwendung: ein- oder zweijährig, als exotisch anmutende Beet- und Gruppenpflanze, für Blumenkästen, zum Schnitt, auch als Topf- und Zimmerpflanze.
Sorten: 'Excelsior-Mischung', schöne, gedrungene Büsche, geeignet für Topfkultur, 40 cm hoch. 'Hitparade', gleichmäßiger Wuchs, verschiedene Farbsorten, für Topfkultur, 20–25 cm. 'Starparade', niedrigste Formelmischung, für Topfkultur, 15 cm. 'Zwerg-Bukett-Mischung', sehr kompakt, 25 cm hoch.

Schizanthus-Wisetonensis-Hybriden

Abb. 472

Spaltblume, Bauernorchidee, Orchidee des kleinen Mannes.

Familie: Solanaceae – Nachtschattengewächse.
Herkunft: Chile, Südamerika. Durch Kreuzung von *S. grahamii* und *S. pinnatus.*
Wuchs: 25–60 cm hoch, reichverzweigt.
Blatt: fiederschnittig.
Blüte: gelb, rot, rosa, purpur bis violett, zweifarbig, gefleckt, goldfarbig geadert, geschlitzte Blütenblätter, 4 cm ∅.
Blütezeit: VII–IX.
Standort: sonnig, warm.
Erde: ausreichend feuchte, gute, kalkhaltige, nährstoffreiche Gartenböden. Kalibetonte Düngung.
Kultur: ab März Aussaat ins Frühbeet bei 12–15 °C. Vorkultivieren in kleinen Töpfen, Keimzeit 2–3 Wochen bei 10–15 °C. Auspflanzen im Mai nach der Frostgefahr. Abstand

Abb. 472: Schizanthus-Wisetonensis-Hybriden 'Hitparade'

Schizostylis coccinea

Abb. 473

Spaltgriffel, Kaffernlilie.

Familie: Iridaceae – Schwertliliengewächse.
Herkunft: östliches Südafrika. Es gibt 2 Arten.
Wuchs: 45–60 cm hoch; Rhizomwurzel mit Knolle.
Blatt: immergrün, schwertförmig, 30–50 cm lang, schmal aufrecht.
Blüte: leuchtend scharlachrot, radförmig, 5 cm ∅. Bis 14 Blüten in 2zeiliger Ähre; von unten nach oben aufblühend.
Blütezeit: X–XII.
Standort: sonnig und möglichst warm im Sommer. Im Herbst und Winter eher kühl, z. B. im Doppelfenster oder nicht zu warmem Raum hell kultivieren. Nicht winterhart.
Vermehrung: durch Teilung der Rhizome im zeitigen Frühjahr. Samenanzucht im Warmhaus.
Pflanzung: im Mai umtopfen bzw. ins Freiland pflanzen, 5 cm Erdabdeckung.
Pflege: während der Ruhezeit, Januar–Mai, den Topf nicht austrocknen lassen. In der Vegetationszeit flüssig düngen. Im September ausgraben, im mäßig warmen Zimmer weiterkultivieren, nach der Blüte kühl, aber frostfrei lagern.
Verwendung: ausdauernde, Zimmer- und Gewächshauspflanze, haltbare Schnittblume.
Sorten: 'Mrs. Hegart', rosarot. 'Viscountess Bing', hellrosa.

Abbildung 473: *Schizostylis coccinea*

Abb. 474

Scilla bifolia
Blausternchen.

Familie: Liliaceae – Liliengewächse.
Herkunft: Mittel- und Südeuropa, Kleinasien. Steht in Deutschland unter Naturschutz. In Europa, Afrika und Asien gibt es 80–90 Arten.
Wuchs: 15–20 cm hoch; Zwiebel eirund, weißlich, 2 cm ∅.
Blatt: linealisch, rinnig, 2blättrig. Das Laub stirbt im Frühsommer ab.
Blüte: himmelblau, weiß, rosa, sternförmig, 2 cm ∅. Bis 10 Blüten je Traube.
Blütezeit: III.
Standort: sonnige bis leicht halbschattige Standorte; winterhart.

Abbildung 474: *Scilla bifolia* 'Rosea'

Erde: durchlässige, humusreiche, im Frühjahr feuchte Böden.
Vermehrung: durch Brutzwiebeln und Aussaat der Samen, die nach etwa 3 Jahren blühfähige Pflanzen bringen; neigt zum Verwildern.
Pflanzung: Spätsommer–Herbst, 5–8 cm tief, etwa 10 cm Abstand.
Pflege: möglichst ungestört am Standort belassen; falls umgepflanzt wird, am besten im August.
Verwendung: ausdauernde Zwiebelpflanze, im Steingarten, im lichten Schatten unter Laubgehölzen.
Sorten: 'Alba', weißblühend. 'Praecox', himmelblau, frühblühend. 'Rosea', rosablühend.
Weitere Arten: *Scilla litardierei*: Dalmatien. 25–40 cm hoch. 8–12 riemenförmige Blätter. Blüte leuchtend blau, 1–2 cm groß, in dichten Trauben angeordnet. Blütezeit Mai. Für sonnige Standorte; winterhart. *Scilla autumnalis*: West-, Südeuropa, Mittelmeergebiet. Etwa 15 cm hoch. Blüte rötlichblau bis lilarosa. Blütezeit August–September. Verlangt sonnige Lage und Winterschutz.

Abb. 475

Scilla mischtschenkoana (S. tubergeniana)
Blausternchen.

Familie: Liliaceae – Liliengewächse.
Herkunft: Nordwestpersien.
Wuchs: 10–15 cm hoch; Zwiebel 2 cm ∅.
Blatt: linealisch, 3–5 Blätter je Zwiebel.
Blüte: weißlichblau mit dunklen Streifen, groß- und vielblumig, 2–3 Blüten je Stiel. Die Blüte verträgt auch Schnee.
Blütezeit: Ende II–III.
Standort: sonnig–halbschattig; winterhart.

Abbildung 475: *Scilla mischtschenkoana*

Erde: durchlässige, humusreiche, im Frühjahr feuchte Böden.
Vermehrung: durch Brutzwiebeln und Aussaat der Samen.
Pflanzung: Spätsommer–Herbst, 6–10 cm tief, etwa 10–12 cm Abstand.
Pflege: möglichst ungestört am Standort belassen; falls umgepflanzt wird, am besten im August. In Töpfen kultivieren, nur mäßige Wärme geben, bei zu hohen Temperaturen entwickeln sich nur Blätter.
Verwendung: ausdauernd, zusammen mit Schneeglöckchen oder Winterling. Im Steingarten, auch zur Topfkultur geeignet.
Weitere Arten: *Scilla pratensis:* westlicher Balkan. 30 cm hoch, bildet große Horste. Blüte dunkelblau, in dichten Trauben. Blütezeit April–Juni.

Abb. 476

Scilla peruviana
Blausternchen.

Familie: Liliaceae – Liliengewächse.
Herkunft: westliches Mittelmeergebiet, Portugal. Nicht in Peru heimisch.
Wuchs: 40–50 cm hoch; große, dunkle Zwiebel.
Blatt: dunkelgrün, breit-riemenförmig, 40 cm lang, in Rosetten, fast immergrün.
Blüte: violettblau, sternförmig, bis zu 100 Blüten, in einer breiten, dichten Blütentraube.
Blütezeit: V–VI.
Standort: sonnig bis halbschattig, warm; nicht winterhart, nur während des Sommers für Freiland geeignet.
Erde: lehmige Sandböden. Für Topfkultur Substratgemisch aus 1/3 Torf. 1/3 Sand und 1/3 Blumenerde mit organischem Dünger.
Vermehrung: durch Aussaat der Samen, da nur wenige Brutzwiebeln angesetzt werden.
Pflanzung: im Frühjahr, in Töpfe mit 8–10 cm Erdabdekkung pflanzen. Die ersten 8–10 Wochen kühl und dunkel stellen. Töpfe sollten nicht vor Ende Mai ins Freiland gestellt werden.
Pflege: nur Topfkultur empfehlenswert. Während der Wachstumszeit feucht halten.
Verwendung: ausdauernde Liebhaberpflanze, kann im Sommer z. B. auf Terrassen im Freien aufgestellt werden.
Sorten: 'Alba', weißblühend. 'Albida', weißlichblau-blühend.

Abb. 476: *Scilla peruviana*

Abb. 477

Scilla siberica
Blausternchen.

Abbildung 477: *Scilla siberica*

Familie: Liliaceae - Liliengewächse.
Herkunft: Mittelrußland, Kaukasus bis Vorderasien.
Wuchs: 10–20 cm hoch; kugelige Zwiebel.
Blatt: breit-linealisch, mit kappenförmiger Spitze.
Blüte: violettblau, mehrere mit wenigen Blüten besetzte Stiele.
Blütezeit: III–IV.
Standort: sonnige bis halbschattige Standorte; winterhart.
Erde: durchlässige, humusreiche, im Frühjahr feuchte Böden.
Vermehrung: durch Brutzwiebeln und Aussaat der Samen, die nach 2–3 Jahren blühfähige Pflanzen bringen; neigt zum Verwildern.
Pflanzung: Spätsommer-Herbst, 6–10 cm tief, etwa 10–12 cm Abstand.
Pflege: möglichst ungestört am Standort belassen; falls umgepflanzt wird, am besten im August.
Verwendung: ausdauerndes Zwiebelgewächs, im Steingarten, im lichten Schatten unter Laubgehölzen, durch Massenanpflanzung sehr effektvoll.
Sorten: 'Alba', reinweiß. 'Spring Beauty', großblumig, leuchtend blau mit dunkelblauer Mittelrippe, sehr wüchsig; kann nur durch Brutzwiebeln vermehrt werden, für Topfkultur geeignet. 'Taurica', leuchtend blau, frühblühend.

Scilla violacea (Ledebouria socialis)

Familie: Liliaceae - Liliengewächse.
Herkunft: Süd- u. Südosteuropa. Etwa 17 Arten dieser Gattung.
Wuchs: bis 15 cm hoch. Blätter grundständig, breitlanzettlich, dunkelgrün mit dunkelbrauner Marmorierung, 5–10 cm lang. Zwiebelgewächs; im Frühjahr topfen, Topfdurchmesser mind. 25 cm, wegen der großen Brutzwiebelbildung.
Blüte: nach 4 Kulturjahren, glockenförmig, weiß, auf 5–10 cm langen Stengeln.
Blütezeit: Frühjahr, im Hochsommer ziehen d. Zwiebeln ein.
Standort: indirektes, gedämpftes Sonnenlicht oder 12 Stunden Kunstlicht. Temperaturen ganzjährig am Tag 18–29 °C, nachts 10–13 °C.
Erde: 2/3 Blumenerde und 1/3 grober Sand mit Zimmerpflanzendünger nach Angabe oder fertige Kakteenerde.
Vermehrung: Tochterzwiebeln im Frühherbst abnehmen.
Pflege: während der Wachstumszeit feucht halten. Nur wenn der Topf zu klein wird, im September umtopfen. Frisch getopfte Pflanzen 6–8 Wochen zuerst kühl und halbschattig aufstellen.
Sorten: *Scilla violacea* var. *marmorata*, Blätter silbrig, hellgrün marmoriert.

Abb. 478

Senecio bicolor (Cineraria bicolor, C. maritima)

Aschenblume.

Familie: Compositae - Korbblütengewächse.
Herkunft: Mittelmeergebiet. Nahe verwandt mit der bekannten Cinerarie, die vorwiegend als Zimmerpflanze Verwendung findet.

Abb. 478: ***Senecio bicolor* 'Cirrus'**

Wuchs: 40–60 cm, die verwendeten Sorten werden meist nur 15–25 cm hoch. Blüten sind meist in ihrer Entwicklung unterdrückt, vor allem Blattschmuckpflanze.
Blatt: fiederartig, leuchtend weißfilzig, dekorativ.
Blüte: gelb, mittelgroße Blütenkörbchen, unbedeutend.
Blütezeit: kommt bei einjähriger Kultur nicht zur Blüte.
Standort: sonnig, warm, Überwinterung nur im kalten Kasten ohne Risiko möglich.
Erde: lockere, durchlässige, sandige Gartenböden.
Kultur: Anfang März Aussaat unter Glas, einmal pikieren, im April in 8er-Töpfe pflanzen, Keimzeit 1–2 Wochen bei 18 °C. Auspflanzen nach Mitte Mai im Abstand von 25–30 cm.
Verwendung: einjährig genutzte Blattschmuckpflanze, für Beetpflanzungen hervorragend geeignet, besonders in Verbindung mit Ageratum, Lobelien, Petunien oder Salvien. Auch für Einfassungen, Blumenkästen und Schalen.
Sorten: 'Cirrus', Blätter schwach gezähnt, rund, silberweiß, witterungsbeständig, 20 cm hoch. 'Diamant', Blätter silberweiß, 40 cm. 'Silberdunst', Blätter zierlich, silberweiß, 20 cm. 'Silbermännchen', Blätter feingeschlitzt, silbrig, kompakter Wuchs, 20 cm. 'Silberzwerg', Blätter silberweiß, filzig, 15 cm hoch.
Weitere Arten: *Senecio elegans* (Kreuzkraut): stammt aus Südafrika, 30–60 cm hoch, ein- und zweijährige Pflanze, klebrig, drüsig verästelt. Blätter fiederteilig, Blüten meist gefüllt, rosa, weiß, purpur oder rötlich. Als Rabatten- und Schnittblume verwendet.

Abb. 479

Senecio mikanioides (S. scandens, Mikania scandens)

Sommerefeu.

Familie: Compositae - Korbblütengewächse.
Herkunft: Südafrika, Kap, in Südeuropa und Nordafrika eingebürgert.
Wuchs: kletternd, hängend oder kriechend.
Blatt: efeuähnlich, fleischig, substanzreich.
Blüte: unscheinbar.
Blütezeit: VII–VIII.
Standort: sonnig bis halbschattig, auf Beeten oder in Steingärten an geschütztem Platz.
Erde: humos, nährstoffreich, locker.
Vermehrung: durch Stecklinge.
Kultur: Die Kultur gleicht der von *Pelargonium peltatum*, also Bewurzeln der krautigen Kopfstecklinge im August–September, kühl überwintern bei 10–12 °C, im Januar umtopfen in 9–10 cm Töpfe mit nährstoffreichem Substrat. Verkaufsfähig ab April. Kultur bei 15–18 °C. Auspflanzen nach Mitte Mai im Abstand von 25 x 30 cm als Bodendecker, 6 Pflanzen pro Meter Balkonkasten.

Abbildung 479: ***Senecio mikanioides*** (Foto Stein)

Verwendung: als interessanter einjähriger Bodendecker mit Efeucharakter, als Hängepflanze in Balkonkästen, zur Innenraumbegrünung, als Topf- und Kletterpflanze.
Weitere Arten: *Senecio macroglossus:* sukkulente Art mit kleinen, efeuähnlichen Blättern. Besonders hübsch ist 'Variegatum' mit weißbunten Blättern. Geeignet als Ampelpflanzen oder für Balkonkästen.

Setaria italica

Abb. 480

Borstenhirse, Kolbenhirse.

Familie: Gramineae – Süßgräser.
Herkunft: vermutlich Südostasien.
Wuchs: 30–100 cm hoch.
Blatt: linealisch, zugespitzt, breit.
Blüte: Blütenähre ist rispenartig, etwa 3 cm breit.
Blütezeit: VII–VIII.
Standort: möglichst warme, sonnige Lage.
Erde: humose, lockere Gartenböden.
Kultur: Freilandaussaat von April–Mai an Ort und Stelle.
Verwendung: in Sommerblumenbeeten, zusammen mit Stauden, als Solitärpflanze. Fruchtstände für Trockenbinderei.
Weitere Arten: *Setaria pumila* (*S. glauca*): bei uns einjährig kultiviert, Fruchtstände sind walzenförmig, gräulich-grün, leicht überhängend mit langen Grannen, vor allem für Trockenbinderei geeignet.

Abbildung 480: ***Setaria italica*** (Foto Stein)

Silene coeli-rosa (Viscaria oculata)

Abb. 481

Himmelsröschen.

Familie: Caryophyllaceae – Nelkengewächse.
Herkunft: Südwesteuropa, westl. Mittelmeergebiet, Kanarische Inseln.
Wuchs: 30–60 cm hoch, dicht, buschig, Stengel behaart.
Blatt: länglich, lanzettlich.
Blüte: weiß, rosa, rot bis blau, 3 cm ∅, langgestielt, überreich blühend. Rückschnitt nach der Blüte ergibt 2. Flor.
Blütezeit: VI–VIII.
Standort: gering, sonnige Lage.
Erde: gering, Boden darf nicht zu naß sein.
Kultur: März-Aussaat ins Mistbeet, einmal pikieren. Keimzeit 2 Wochen bei 12–16 °C: April-Aussaat im Freiland an Ort und Stelle, Abstand 10–20 cm.
Verwendung: einjährig, für Rabatten, Sommerblumenbeete, Blumenkästen, Schalen, auch als Schnittblume verwendet.
Sorten: 'Blauer Engel', azurblau. 'Cardinalis', scharlachrot. 'Nobilis', salmrosa. 'Rosa Engel', leuchtend karminrosa. Meist werden Farbmischungen angeboten.

Abbildung 481: ***Silene coeli-rosa***

Silene pendula

Abb. 482

Leimkraut.

Familie: Caryophyllaceae – Nelkengewächse.
Herkunft: Mittelmeergebiet. Etwa 400 Arten in Afrika und in den gemäßigten, nördlichen Zonen.
Wuchs: 10–25 cm, Stengel gabelig verzweigt.
Blatt: länglich-spatelförmig oder lanzettlich, weich.
Blüte: in Weiß, Lachs, Rosa, Leuchtendrot, auch gefülltblühende Sorten, 1 cm ∅, Blüten stehen in Scheintrauben.
Blütezeit: VI–VIII, im 2. Jahr von V–VI.
Standort: sonnige Lage; bei 2jähriger Kultur ist Winterschutz mit Fichtenreisig o. ä. wichtig. Überwinterung etwas problematisch.
Erde: gute, durchlässige Gartenböden.
Kultur: Aussaattermin richtet sich nach gewünschtem Blütezeitpunkt. Aussaat im August im kalten Kasten bringt Frühjahrsblüte. Aussaat März–April unter Glas, einmal pikieren. Keimzeit 1–2 Wochen bei 18–20 °C. Auspflanzen im Mai, Abstand 15–20 cm. Freilandaussaat am Ort ergibt Blütezeit von Ende Juli–September.
Verwendung: einjährige, herrliche Beetpflanze, für niedrige Einfassungen und Steingarten.
Sorten: 'Bonnettii-Sorten', dunkelblättrig, 25–30 cm hoch. 'Compacta-Sorten', sehr gedrungener Wuchs, etwa nur 10 cm hoch. 'Triumph', leuchtend rot, gefülltblühend, 15 cm.

Abbildung 482: ***Silene pendula***

Weitere Arten: *Silene armeria* (Gartenleimkraut): aus Mittel- und Südeuropa; 25–40 cm hoch, Stengel verzweigt, klebrig; Blüte weiß, rosa oder karminrot, in Trugdolden von 7 cm ⌀, Blütezeit Juni–August.

Abb. 483

Silybum marianum
Mariendistel.

Familie: Compositae – Korbblütengewächse.
Herkunft: Mittelmeerraum, Südwesteuropa, Vorderasien.
Wuchs: bis 150 cm, distelartig.

Abb. 483: ***Silybum marianum***

Blatt: dekorativ, besonders die unteren; hellgrün, Blattnerven sind weiß, Blattstacheln gelb.
Blüte: dunkelrot, röhrig, leicht nickende Blüten. Blüten vor dem Ausreifen der Samen entfernen, sonst verwildert sie im Garten leicht.
Blütezeit: VII–VIII.
Standort: sonnig, warm.
Erde: gering, nicht zu nasse Böden.
Kultur: Aussaat ins Freiland an Ort und Stelle.
Verwendung: einjährig, für größere Pflanzungen geeignet, auch als Solitärpflanze oder in kleinen Gruppen verwendbar. Schnitt-, Trockenblume. Heilpflanze.

Abb. 484

Sorghum nigricans (Sorghum nigrum, S. vulgare)
Mohrenhirse, Elefantengras.

Abbildung 484: ***Sorghum nigricans*** (Foto Stein)

Familie: Gramineae – Süßgräser.
Herkunft: nur in Kultur bekannt.
Wuchs: bis 200 cm hoch, üppig, schnellwachsend, lanzettlich, rauh behaart.
Holz: unscheinbar, Blütenstand aufrecht stehend, in der Reife dunkelbraun.
Blütezeit: VIII–X.
Standort: vollsonnig bis halbschattig.
Erde: sandig oder lehmig, nährstoffreich, durchlässig.
Kultur: Direktsaat ist möglich fortlaufend in Reihen, Reihenabstand 40 cm, in der Reihe vereinzeln auf 10–15 cm Abstand.
Verwendung: einjährig, zum Abdecken von Mauern und Zäunen, zum Trocknen, als Windschutz, für die schnelle Erzeugung von Biomasse, als Vogelfutter, zum Schnitt, für imposante Gruppen in der Rabatte.

Abb. 485

Sparaxis-Tricolor-Hybriden
Fransenschwertel, Zigeunerblume.

Familie: Iridaceae – Schwertliliengewächse.
Herkunft: Südafrika, südwestliche Kapprovinz. Es gibt etwa 5 Arten.
Wuchs: 30–50 cm hoch; zwiebelförmig Knolle.
Blatt: schwertförmig, erscheint im Spätherbst und stirbt im Frühsommer ab.
Blüte: weiß, gelb, rot und Tönungen; mehrfarbig, Schlund meist leuchtend gelb mit dreieckigem, schwarzem Fleck an der Basis. Blüte 5 cm groß, 6 Blütenblätter.
Blütezeit: V–VII.
Standort: sonnig, warm; bei uns nicht winterhart; Kalthauspflanze oder Kultur den Sommer über im Freien.
Erde: durchlässige, nährstoffreiche Böden. Für Topfkultur Substrat aus 1/3 Torf, 1/3 Sand, 1/3 Blumenerde mit organischem Dünger verwenden.
Vermehrung: durch Brutknollen, die sich am Stengel in den Blattachseln befinden, sie sind bei 20 °C zu lagern und etwa im November zu pflanzen. Auch Aussaat möglich im Februar. Ergibt blühende Pflanzen im Herbst.
Pflanzung: im Herbst, 5–7 cm tief, Abstand 10–15 cm.
Pflege: im Sommer nach dem Einziehen der Blätter trocken halten. Topfkultur nur alle 2–3 Jahre umpflanzen. Organisch düngen, z. B. mit verrottetem Stallmist.
Verwendung: ausdauernde Zwiebelpflanze, als Topfpflanze, im Freiland als Schnittblume. Im Weinbauklima, mit gutem Winterschutz, auch für Sommerblumenbeete geeignet.
Sorten: es gibt eine Vielzahl von Sorten, wird jedoch meist als Farbmischung angeboten.

Abbildung 485: Sparaxis-Tricolor-Hybriden

Sprekelia formosissima (Amaryllis formosissimus)

Abb. 486

Jakobslilie.

Familie: Amaryllidaceae – Amaryllisgewächse.
Herkunft: Mexiko, Guatemala. 1593 nach Deutschland gebracht. Den Namen „Jakobslilie“, hat man ihr gegeben, weil die Blütenform dem Ordenskranz der spanischen Jakobsritter ähnelt.
Wuchs: 30–50 cm hoch; 5 cm große Zwiebel.
Blatt: schmal-riemenförmig, 30–40 cm lang, grundständig.
Blüte: dunkelrot, 10–12 cm ∅, interessant geformte Blüte.
Blütezeit: V-VI im Freiland, im Zimmer III–IV.
Standort: sonnige, südseitige Standorte; nicht winterhart. Als Zimmerpflanze Tagestemperaturen ab 22 °C, nachts 16–18 °C und mindestens 4 Stunden direkte Sonne.
Erde: nährstoffreiche, lehmige Sandböden. Topfkultur mit Blumenerde.
Vermehrung: durch Samenanzucht im Warmhaus, es dauert 3–4 Jahre bis zur 1. Blüte, oder durch Brutzwiebeln.
Pflanzung: als Topfkultur im August–September pflanzen, 3 cm Erdabdeckung. Freilandpflanzung erst ab Mitte Mai.
Pflege: vor dem ersten Frost müssen die Zwiebeln ausgegraben und trocken in Torf bei etwa 15 °C gelagert werden. Als Zimmerpflanze während der Vegetationszeit monatliche Düngergaben, nach der Blüte ins Freiland stellen und alle 3–4 Jahre umtopfen.
Verwendung: ausdauernde Zwiebelpflanze, in erster Linie Zimmerpflanze, kann geschützt an warmen Standorten im Freiland gepflanzt oder als Kübelpflanze aufgestellt werden.

Abbildung 486: ***Sprekelia formosissima***

Sternbergia lutea

Abb. 487

Goldkrokus, Gewitterblume.

Familie: Amaryllidaceae – Amaryllisgewächse.
Herkunft: Mittelmeergebiet, Südwest- bis Mittelasien. Benannt nach dem böhmischen Botaniker Graf von Sternberg.
Sternbergien stehen unter Naturschutz. Unbedingt Artenschutzregelungen beachten!
Wuchs: 10–20 cm hoch; am Grunde der Zwiebel entstehen Brutzwiebeln, **die Zwiebel ist giftig.**

Abbildung 487: ***Sternbergia lutea***

Blatt: schmal, riemenförmig, 15–25 cm lang, sattgrün. Das Laub erscheint nach der Blüte.
Blüte: glänzend goldgelb, schalenförmig, 5 cm lang, krokusähnlich, auf kurzem Blütenstengel.
Blütezeit: IX–X.
Standort: sonnige, heiße, trokkene Standorte; nur bedingt winterhart, benötigt 10–15 cm dicke Abdeckung im Winter.
Erde: gut durchlässige, nährstoffreiche Gartenböden. Hohe Bodenfeuchtigkeit wird im Sommer und über den Winter nicht vertragen.
Vermehrung: durch Brutzwiebeln, bei Samenanzucht dauert es 4–5 Jahre bis zur Blüte.
Pflanzung: Juli–Mitte August, 15 cm tief, Abstand etwa 10 cm.
Pflege: möglichst ungestört am Standort belassen, eventuell im Frühjahr organische Düngergaben.
Verwendung: ausdauernde Zwiebelblume, Liebhaberpflanze für Steingärten, als Vorpflanzung vor Gehölzen oder auch als Topfpflanze.

Stipa pennata

Abb. 488

Federgras.

Familie: Gramineae – Süßgräser.
Herkunft: Mitteleuropa.
Wuchs: 70 cm, leicht überhängender Wuchs, mehrjährig.

Abbildung 488: ***Stipa pennata***

Blatt: lang und dünn, zierlich.
Blüte: lange, silbrige Grannen.
Blütezeit: V–VI.
Standort: sonnig–halbschattig.
Erde: durchlässig, sandig-humos.
Kultur: Aussaat ins Saatbeet von April–Juni, pikieren in Töpfe oder ins Freie im Abstand von 15 cm, später verpflanzen an den endgültigen Standort, Abstand 40–50 cm.
Verwendung: mehrjährig, oft einjährig genutzt, Blüte beginnt im ersten Jahr. Trockenblume, zur Auflockerung von Sommerblumenbeeten.
Weitere Arten: *Stipa capillata,*

Pfriemengras, Heimat Mittel- und Südeuropa, Rußland. Staude, die schon früh blüht, eindrucksvolle Schönheit mit weit abstehenden, lang begrannten Samen, Höhe 120 cm.

Abb. 489 / 490

Tagetes-Erecta-Hybriden

Studentenblume.

Familie: Compositae – Korbblütengewächse.
Herkunft: Mittelamerika. Über 30 Arten in Amerika. Sehr große Sortenvielfalt.
Wuchs: 20–100 cm hoch, starkwüchsig. Hohe Sorten 60–100 cm, halbhohe Sorten 30–50 cm, niedrige Sorten etwa 20 cm hoch.
Blatt: gegen- oder wechselständig, fiederschnittig, fein gezähnt.
Blüte: gelb, orange, einfache oder gefüllte Sorten, bis 10 cm Ø, je nach Sorte.
Blütezeit: V–X.
Standort: sonnige Lage, auch halbschattige Lage noch geeignet.
Erde: jeder gute humose Gartenboden ist geeignet.
Kultur: Februar–April Aussaat unter Glas oder im Frühbeetkasten, einmal pikieren. Keimzeit 1-2 Wochen bei 18–20 °C. Auspflanzen im Mai nach der Frostgefahr, Abstand 20–35 cm.
Verwendung: Balkon-, Grab-, Topf-, Schalen-, Beet- und Gruppenpflanze. Auch für Blumenschnitt und für Einfassungen sehr geeignet. Preisgünstige Sorten lassen sich auch zur biologischen Nematodenbekämpfung verwenden.
Sorten: Hohe Sorten (für große Gruppen und zum Schnitt): Nelkenblütige, gefüllte: 'Riesen Perfecta Mischung', 90 cm hoch, große Blüten mit feinen Zungenblütchen. Chrysanthemenblütige, gefüllte Mischung, leuchtend gelbe und orange Töne, halbgefült und gefüllt, für Nematodenbekämpfung geeignet, 70 cm. 'Crackerjack-Mischung', großblumig, 100 cm. 'Orangeprinz', orange, 70 cm. 'Hawaii', geruchlos, leuchtend orange, 90 cm. 'Zitronenprinz', zitronengelb, 70 cm. 'Gelber Stein', goldgelb, großblumig, 70 cm. F1-Hybriden zum Schnitt und für hohe Gruppenpflanzungen: 'Climax'-Serie, ballförmige, große Blüten, 10 cm Ø. Stabiler Stiel, 100 cm hoch. 'Gold Coin'-Serie, frühblühend, großblumig, langgestielt, 80–120 cm hoch. Mit den Sorten 'Double Eagle', orangegelb, 'Doubloon', zitronengelb und 'Sovereign', goldgelb.
Halbhohe Sorten, bestens für Beete und Gruppen geeignet: 'Excel' F1-Hybriden, tagneutrale Züchtungen, die auch im sommerlichen Langtag sicher mit der Blüte beginnen, Höhe 30 cm, großblumig. 'Queen'-F1-Hybriden-Serie: große Blüten, die frei über dem Laub stehen, Höhe 40 cm, widerstandsfähig gegen Regen, blüht gut weiter. 'Galore'-F1-Hybriden: hervorragende riesenblumige Sortengruppe, als Topfpflanze 25–30 cm hoch, im Garten ausgepflanzt 40–50 cm, mit den Sorten 'Gold Galore', goldgelb und 'Yellow Galore', hellgelb. 'Lady'-F1-Hybriden': sehr kompakt wachsend, 35 cm hoch, dichtgefüllt, Blütendurchmesser 8–9 cm, Blüten stehen frei über dem Laub. 'Discovery'-F1-Hybriden: Höhe 20 cm, dichtgefüllt, kompakt. 'Inca'-F1-Hybriden: gut verzweigte Pflanzen, kugelige Büsche mit dicht gefüllten Blüten, Ø bis 10 cm, reichblühend, 25–30 cm hoch. 'Jubilee'-F1-Hybriden: große, dicht gefüllte, ballförmige Blüten, buschiger Pflanzenaufbau, 50 cm hoch. 'Space Age'-F1-Hybriden: riesenblumig, frühblühend, gut gefüllte, nelkenförmige Blüten, stehen frei über dem Laub, 30 cm hoch.
Niedrige Sorten (Beet- und Topfsorten): 'Luxor'-Serie: chrysanthemenähnliche Blüten. 9 cm Ø. Nur 15 cm hoch, hervorragende Schalensorte.

Abbildung 490: Tagetes-Erecta-Hybriden 'Gold Coins'

Abb. 491 - 494

Tagetes-Patula-Hybriden

Studentenblume.

Familie: Compositae – Korbblütengewächse.
Herkunft: Mittelamerika. Sehr große Sortenvielfalt.
Wuchs: 20–60 cm hoch, abstehende, ausgebreitete, braunrot bis violett überlaufene Äste.
Blatt: fiederschnittig gesägt, gegen- oder wechselständig.
Blüte: gelb, orange, braun, rotbraun, auch gefleckte Sorten, einfach oder gefüllt. Blütenköpfchen 4–6 cm Ø.
Blütezeit: VII–X.
Standort: sonnige Lage, auch Halbschatten noch geeignet, verträgt Wind und starken Regen.
Erde: gering, jeder gute Gartenboden.
Kultur: Februar–April Aussaat unter Glas oder im halbwarmen Kasten, einmal pikieren. Keimzeit 1-2 Wochen bei 18 °C. Auspflanzen im Mai ohne Frostgefahr, Abstand 20–35 cm.
Verwendung: einjährige, Balkon-, Grab-, Topf-, Schalen-, Beet- und Gruppenpflanze, Dauerblüher ersten Ranges. Auch geeignet zur biologischen Nematodenbekämpfung.
Sorten: Einfache, nicht gefüllte Blüten: 'Espana'-F1-Hybriden-Serie: Fleuroselect-Medaillengewinner, niedrige Pflanzen von buschigem Wuchs, gut verzweigt, 20 cm hoch, ausdrucksvoll gezeichnete Blüten, in Farben und Mischung. 'Disco'-Serie, Fleuroselect-Medaillengewinner, früher und kräftiger im Wuchs als 'Espana', Blüten ca. 4 cm Ø. 'Red Marietta', braunrot mit gelb, früh. 'Marietta', ältere Sorte, immer noch schön, goldgelb mit braunen Flecken, Höhe 40 cm.
Niedrige, gefüllte: 'Sophia'-Serie, halbgefüllte, große Blüten, dachziegelartig gelegte Zungenblüten, wetterfest. 'Carmen', leuchtend braunrot, mit gelber Mitte. 'Calico', Mischung gut gefüllter Blumen, sehr große Blüten. 'Bolero', mahagonirot mit gelber Mitte. 'Sparky'-Mischung, 25 cm hoch, mittelfrüh. 'Boy'-Serie: 20 cm hoch, mittelgroße Blüten, sehr reich blühend, in Einzelfarben und Mischung, 'Hero'-Serie: große Einzelblüten, sehr früh blühend, in Einzelfarben und Mischung.

Abbildung 489: Tagetes-Erecta-Hybriden

Abbildung 491: Tagetes-Patula-Hybriden 'Honeycomb'

Abbildung 492: Tagetes-Patula-Hybriden 'Dainty Marietta'

Abbildung 493: Tagetes-Patula-Hybriden 'España Mix'

im halbwarmen Kasten, einmal pikieren. Keimzeit 1–2 Wochen bei 18 °C. Auspflanzen im Mai nach der Frostgefahr, Abstand 20–30 cm.
Verwendung: für Teppichbeete, niedrige Einfassungen, Balkonkästen, auch als Zimmerpflanze mit hellem Standort geeignet. Rabattenpflanze mit Wildcharakter, beliebt bei Insekten und vor allem bei Schmetterlingen.
Sorten: 'Carina', orange, 25 cm. 'Gem'-Serie, sehr gleichmäßiger Wuchs, reichblühend, 25 cm hoch, mit goldgelben, hellgelben und tieforangen Farbsorten. 'Gnom', leuchtend tieforange, 30 cm. 'Lulu', leuchtend hellgelb, 30 cm. 'Ornament', leuchtend rotbraun, etwas schwächer im Wuchs, 20–25 cm. 'Paprika', leuchtend rotbraun, 30 cm. 'Ursula', leuchtend goldgelb, 30 cm.

Abbildung 495: *Tagetes tenuifolia* 'Lulu'

'Aton'-Serie: stark gefüllte Blüten, kräftiger Wuchs, große Blüten, früh, gut für sonniges Klima, in Einzelfarben. 'Bonanza'-Serie, 25 cm, große, dicht gefüllte Blüten, sehr früh. 'Aurora'-Serie: 20–25 cm hoch, kompakt, sehr früh. Scabiosenblütige, lebhaftes Farbenspiel, Blüten gut gefüllt, mittelgroß, 25 cm: 'Crested'-Serie mit den Sorten 'Honeycomb', leuchtendes Braun mit goldgelber Zeichnung. 'Queen Bee', Fleuroselect-Medaillengewinner, braunrot, goldgelb gescheckt, 'Goldfink', goldgelb. 'Yellow Jacket' und 'Orange Jacket', Fleuroselect-Medaillengewinner, intensive Farben, früh und reichblühend.
Triploide Sorten, Art-Bastarde aus *Tagetes erecta* und *Tagetes patula,* die schneller und üppiger wachsen, sehr reichblütig, bis in den Herbst hinein vollblühend, Samen keimen schwächer als bei den anderen Sorten: 'Red Seven Stars', 30 cm hoch, großblumig, regenfest, rötlich mit gelben Flecken. 'Fireworks'-Serie: 30 cm hoch, früh und großblumig, goldgelb, orange und Mischung. 'Laguna'-Serie: anemonenblütige Blumen, in Hellgelb, Goldgelb und Orange.
Weitere Arten: *Tagetes × hybrida:* entstanden aus *T. erecta* und *T. tenuifolia.* 'Florence', goldorange, große, einfache und halbgefüllte Blüten auf starken Stielen, kräftiger Wuchs, buschige Pflanzen, 40–60 cm hoch; Fleuroselect-Medaillengewinner.

Abbildung 494: Tagetes-Patula-Hybriden 'Carmen'

Abb. 495

Tagetes tenuifolia (T. signata)
Studentenblume, Sammetblume.

Familie: Compositae – Korbblütengewächse.
Herkunft: Mexiko, Zentralamerika.
Wuchs: kultivierte Sorten 30–40 cm hoch, dichtbuschig, breiter Wuchs, sehr zierlich, Wildpflanzencharakter.
Blatt: zart gefiedert.
Blüte: gelb, orange, rotbraun, kleine Blütenkörbchen, 2,5 cm ⌀, überreich blühend.
Blütezeit: Ende VII–X.
Standort: sonnige Lage, auch Halbschatten wird gut vertragen, besonders unempfindlich gegen schlechte Witterung.
Erde: jeder gute Gartenboden ist geeignet.
Kultur: März–April Aussaat

Abb. 496

Tecophilaea cyanocrocus
Enziankrokus, Chilenischer Krokus.

Familie: Haemodoraceae (früher Amaryllidaceae) – Amaryllisgewächse.
Herkunft: Chile, auf Bergwiesen in 2500–3000 m Höhe. Es gibt 2 Arten.
Wuchs: 10–15 cm hoch; kleine flache Zwiebel.
Blatt: einige schmal-linealische Blätter.
Blüte: strahlend enzianblau, weißer Schlund, bis 4 cm breit, kurzer Stengel, Veilchenduft.
Blütezeit: III.
Standort: vollsonnige, geschützte Standorte; nicht winterhart, deshalb im Kalthaus oder im Kasten kultivieren. Verlangt trockene, heiße Sommer in der Ruhezeit.
Erde: gut durchlässige, sandige, humose, anmoorige Böden.
Vermehrung: durch Brutzwiebeln oder Anzucht der Samen.
Pflanzung: Spätsommer–Herbst, etwa 7 cm tief. Am sichersten ist die Topfkultur.
Pflege: im Alpinenhaus überwintern.
Verwendung: ausdauernde Zwiebelpflanze, seltene Liebhaberpflanze, sehr auffällig durch das strahlende Blau.
Sorten: die Varietät *leichtlinii* ist hellblau mit weißem Auge. *Tecophilaea c.* var. *violacea* blüht violettblau.

Abbildung 496: *Tecophilaea cyanocrocus*

Abb. 497

Thunbergia alata

Schwarzäugige Susanne.

Familie: Acanthaceae – Bärenklaugewächse.
Herkunft: Südostafrika, tropische und subtropische Gebiete. Etwa 100 Arten in der Alten Welt.
Wuchs: 1–1,5 m hoch wachsende Kletterpflanze, Triebe behaart.
Blatt: pfeilförmig, dreieckig bis eiförmig, am Grunde herzförmig, behaart.
Blüte: weiß, gelb oder orange, meist mit dunkler Mitte, blattachselständig, einzeln stehend auf langen Stielen. Blütenkrone 5lappig, 2–5 cm ∅. Schlund mit dunkelfarbigem Ring eingefaßt.
Blütezeit: VI–X.
Standort: warme, geschützte Standorte in voller Sonne.
Erde: nährstoffreiche, feuchte, etwas kalkhaltige Böden.
Kultur: Februar–März Aussaat im Treibhaus, Keimzeit 2–3 Wochen bei 18 °C. Frühzeitig 3 Sämlinge zusammen im 10er-Topf pikieren, rechtzeitig stäben.
Verwendung: einjährige, empfehlenswerte, beliebte Schlingpflanze für sonnige Hauswände, Zäune, Pergolen usw.; für Ampeln, als hängende Pflanze. Auch als Topfpflanze für sonnige Blumenfenster geeignet.
Sorten: 'Bakeri', reinweiß. 'Orange Wonder', leuchtend orange mit schwarzem Auge. 'Susie', weiß mit schwarzem Auge. 'Susie Orange', 'Susie Gelb', 'Susie Mix', sehr schöne Mischung von 6 Einzelfarbsorten.

Abbildung 497: ***Thunbergia alata***

Abbildung 498: ***Thymophylla tenuiloba***

Abb. 498

Thymophylla tenuiloba (Chrysanthemum, Dyssodia tenuiloba)

Gelbes Gänseblümchen.

Familie: Compositae – Korbblütengewächse.
Herkunft: Mexiko, Texas.
Wuchs: etwa 20 cm hoch.
Blatt: zierlich, fein zerteilt, duftend.
Blüte: goldgelb, 1 cm ∅, gänseblümchenähnlich.
Blütezeit: VI–X.
Standort: braucht warme Witterung und sonnige Lage.
Erde: gut durchlässige, sandige Lehmböden.
Kultur: Februar–März Aussaat unter Glas. Keimdauer 12–18 Tage bei 18–20 °C. Pikieren jeweils 3–5 Pflanzen in einen Topf. Auspflanzen Mitte–Ende Mai, nach der Frostgefahr, Abstand 15–20 cm.
Verwendung: einjährig genutzte, reizvolle Sommerblume für Schnitt, Rabatten und Steingarten, für Balkonkästen und Kübelbepflanzung geeignet. Überwinterung möglich.
Sorten: 'Sternschnuppe', goldgelbe Blüten, breitwachsend, 15 cm hoch. 'Goldflocke', 30 cm hoch, wüchsig.

Abb. 499

Tibouchina urvilleana (T. semidecandra)

Blühende Prinzessin, Prinzessinnenblume.

Familie: Melastomataceae – Schwarzmundgewächse.
Herkunft: Brasilien. Mehr als 350 Arten dieser Gattung im tropischen Amerika.
Wuchs: strauchartig, in der Heimat bis 6 m; sparrig. Durch Wuchshemmstoffe dann 1–1,5 m hoch.
Blatt: 3–7nervig, oval.
Blüte: blauviolett; nicht bewegen, fällt leicht ab.
Blütezeit: III–X.
Vermehrung: im Frühjahr-Sommer nicht ganz verholzte Stecklinge abnehmen, die bei 25 °C Bodentemperatur und mindestens 50 % Luftfeuchtigkeit in 4 Wochen bewurzeln.
Kultur: Einheitserde oder kalkarme Torfsubstrate, pH-Wert um 5,5. Luftig, nicht zu warmer Zimmerplatz. Von Mai–September am besten im Freien mit geschütztem Standort aufstellen. Im Winter 8–12 °C, bei genügend Licht auch 18 °C. Luftfeuchtigkeit mindestens 50 %. Kalthausgewächs. Hell, aber keine direkte Mittagssonne. Als Topfpflanze wegen der Blütenfarbe beliebt. Als Kübelpflanze geeigneter.
Pflege: Substrat von Frühjahr-Herbst stets feucht halten. Im Winter nicht austrocknen lassen. Düngen in der Wachstumszeit alle 1–2 Wochen mit Blumendünger nach Angabe. Umpflanzen alle 1–2 Jahre im Frühjahr-Sommer.
Verwendung: ausdauernde, sehr schöne auffällige Kübelpflanze, die den Sommer im Freien verbringen kann und sich auch gut in windgeschützte Rabatten und Staudenpflanzungen einpaßt, z. B. neben *Canna indica* oder *Nicotiana sylvestris,* Gazanien usw.

Abbildung 499: ***Tibouchina urvilleana***

Tigridia pavonia

Abb. 500

Tigerblume, Muschelblume, Pfauenblume.

Familie: Iridaceae – Schwertliliengewächse.
Herkunft: Mexiko, Guatemala. 1796 eingeführt. Es gibt etwa 13 Arten.
Wuchs: 30–60 cm hoch; längliche, schuppige Zwiebel.
Blatt: hellgrün, schwertförmig bis lanzettlich, meist grundständig.
Blüte: in vielen Farben, die inneren Blütenblätter sind gefleckt, 10–15 cm groß, schalenförmig. Die Blüte ähnelt einem farbigen Schmetterling. Bis 6 Blüten je Rispe. Jede Blüte hält sich nur einen Tag.
Blütezeit: VII–IX, 6–8 Wochen lang.
Standort: vollsonnige, warme Standorte; nicht winterhart.
Erde: durchlässiger Gartenboden.
Vermehrung: durch Brutzwiebeln oder Samenaussaat im zeitigen Frühjahr in ein Mistbeet, die Pflanzen blühen noch im gleichen Jahr.
Pflanzung: ab Mitte April, 7–10 cm tief, Abstand 10–20 cm.
Pflege: im Oktober, vor Frostbeginn, ausgraben, bei 18 °C trocknen und in Torf oder Sand bei etwa 2 °C frostfrei überwintern.
Verwendung: ausdauernde Zwiebelblume, in Stauden- oder Sommerblumenbeeten, besonders wegen der einmaligen Farbenpracht sehr beliebt.
Sorten: meist als Farbmischung angeboten.

Abbildung 500: ***Tigridia pavonia***

Tithonia rotundifolia (T. speciosa, T. tagetiflora)

Abb. 501

Tithonie.

Abbildung 501: ***Tithonia rotundifolia*** **'Fackel'**

Familie: Compositae – Korbblütengewächse.
Herkunft: Mexiko, etwa 10 Arten in Mittelamerika.
Wuchs: 1–1,8 m hoch, krautartig, reichverzweigt.
Blatt: groß, herzförmig, ungeteilt oder 3lappig, langgestielt, beiderseits rauhfilzig.
Blüte: scharlachrot, orange, großblumig, 5–15 cm ⌀, Blüten sind während der Nacht geschlossen.
Blütezeit: VII–X.
Standort: unempfindlich gegen Hitze und Trockenheit, benötigt volle Sonne und windgeschützte Lage.
Erde: mit jedem guten, nährstoffreichen, ausreichend feuchten Gartenboden zufrieden.
Kultur: März-Aussaat im Gewächshaus oder Kasten, Keimzeit 1–2 Wochen bei 18 °C, einmal pikieren. Mit Topfballen im Mai nach der Frostgefahr auspflanzen, Abstand 40–60 cm.
Verwendung: einjährige, dekorative Solitärpflanze, auch für kleinere Gruppen geeignet. Schnittblume, hält bis zu 10 Tagen in der Vase. Einjährige Heckenpflanze.
Sorten: 'Fackel', feurig-orangerot, großblumig, feingefiedert, gelbe Mitte, 100–150 cm hoch.

Torenia fournieri

Abb. 502

Torenie, Schnappmäulchen.

Familie: Scrophulariaceae – Braunwurzgewächse.
Herkunft: Südvietnam. Über 300 Arten im tropischen und subtropischen Afrika und Asien.
Wuchs: 30 cm hoch, buschig, Stengel vierkantig.
Blatt: gegenständig, eirund bis länglich, scharf gesägt.
Blüte: zweifarbige Blüte, blau/hellblau bis violett mit gelbem Fleck, trompetenförmig, 2–3 cm ⌀. Blüte ist in Oberlippe und Unterlippe geteilt, die Blüten sitzen in Trugdolden zusammen.
Blütezeit: VI–VIII, als Zimmerpflanze ganzjährig.
Standort: braucht viel Wärme, Sonne und sommerliche Nachttemperaturen über 16 °C. Gedeiht im Mittelmeerklima auch im Schatten.
Erde: warme, feuchte, humose Gartenerde.
Kultur: Anfang März im Gewächshaus aussäen, Keimdauer 10–18 Tage bei 20–22 °C, den feinen Samen nicht bedecken, da Lichtkeimer. Einmal in 10er-Topf pikieren. Auspflanzen im

Abbildung 502: ***Torenia fournieri***

Juni, Abstand 15–20 cm. Für die Aussaat als Zimmerpflanze ist die ganzjährige Aussaat möglich. Nur gut strukturierte, lockere Erde verwenden. Hell und luftig weiterkultivieren bei 10–16 °C.
Verwendung: einjährig, in klimatisch günstigen Lagen als Sommerblume für Tröge, Kübel, Blumenkästen, in Innenhöfen und für Grabpflanzungen geeignet, vor allem aber als Topfpflanze.
Sorten: 'Clown'-F1-Hybriden, Mischung aus zwei- und dreifarbigen Tönen in rosa, weiß, karminrot und blau, 15–20 cm hoch. 'Panda', kompakter Wuchs, Blüten etwas kleiner als bei 'Clown'. In rosa und blau.

Abb. 503

Trachelium caeruleum
Trachelie, Blaues Halskraut.

Familie: Campanulaceae – Glockenblumengewächse.
Herkunft: westliches Mittelmeergebiet, Portugal.
Wuchs: 40–90 cm hoch, Triebe aufrecht, drahtig, bläulich-violett gefärbt.
Blatt: spitz, eirund, mit gesägtem Rand.
Blüte: blau, violett, rosa oder weiß, die kleinen Blüten sitzen in dichten Doldentrauben, 6–10 cm ∅, zusammen.
Blütezeit: V–X, im Freiland VIII–X.
Standort: geschützt, vollsonnig.
Erde: humose, durchlässige Gartenerde.
Kultur: Aussaat ab September zur März-April-Blüte im Haus und ab Dezember–März für die Kultur im Freiland. Den feinen Samen nicht bedecken. Keimdauer 15–20 Tage bei 16–20 °C. Auspflanzen nach Mitte Mai, wenn die Frostgefahr vorbei ist, im Abstand von 25 x 25 cm. Wenn dreiviertel der Blüten geöffnet sind, schneiden und sofort ins Wasser stellen.
Verwendung: haltbare Schnittstaude für das Gewächshaus oder für die Blüte im ersten Jahr an geschützten Plätzen im Freiland. Ideal für Schmetterlinge und Bienen.
Sorten: 'White Surprise', srelektion mit cremeweißen Blüten. 'Eispalast', reinweiß. 'Blaue Grotte', mittelblau, ca. 80 cm hoch.

Abbildung 503: ***Trachelium caeruleum***

Abb. 504

Trillium grandiflorum
Waldlilie, Dreiblatt.

Familie: Liliaceae – Liliengewächse.
Herkunft: Nordamerika. Es gibt etwa 30 Arten in den amerikanischen Wäldern.
Wuchs: Stengel aufrecht, unverzweigt, 40 cm hoch; knolliges Rhizom.
Blatt: eiförmig, Blattende spitz, gewellt, 3teilige Blattquirle.
Blüte: schneeweiß, später rosafarben, bis 10 cm lang, 3lappig, auf langen Stielen.
Blütezeit: V–VI.
Standort: halbschattige bis schattige Standorte; winterhart.
Erde: lockere, tiefgründige, feuchte kalkarme Waldböden.
Vermehrung: meist durch Rhizomteilung.
Pflanzung: im Herbst oder Frühjahr, etwa 10 cm tief.
Pflege: möglichst ungestört am Standort belassen. Ausgegrabene Rhizome müssen mit feuchtem Torf abgedeckt gelagert werden.
Verwendung: ausdauernd, im lichten Schatten unter Laubgehölzen, Schnittblume.
Weitere Arten: *Trillium chloropetalum* (*T. giganteum*): 30–45 cm hoch. Gefleckte, breit-eiförmige Blätter. Blüte weiß oder hellrosa. Blütezeit Mai.
Trillium erectum: 30 cm hoch. Blätter breit-eiförmig. Blüte tief purpurn, leicht nickend, mittelgroß. Blütezeit April–Mai.
Trillium sessile: 40 cm hoch. Blätter dunkel gefleckt. Blüte purpurfarben, schlank. Blütezeit Mai–Juni. Die Sorte 'Luteum', ist gelbblühend.
Trillium undulatum: 30 cm hoch. Blätter groß, eiförmig zugespitzt, etwas gesprenkelt. Blüte weiß mit purpurfarbenen Streifen oder Tupfen. Blütezeit April–Mai.

Abbildung 504: ***Trillium grandiflorum*** **'Plena'**

Abb. 505

Triteleia laxa (Brodiaea l.)
Frühlingsstern.

Familie: Liliaceae – Liliengewächse.
Herkunft: Oregon, Kalifornien.
Wuchs: 40–60 cm hoch; Zwiebelgewächse.
Blatt: schwertförmig, 2–3 Blätter je Zwiebel.
Blüte: violettblau bis purpur, breit-röhrenförmig, sternförmig geöffnet, bis 4 cm lang. Bis zu 20 Blüten in großer, lockerer Dolde.
Blütezeit: VI.
Standort: sonnige, warme

Standorte; nur im Weinbauklima mit Schutzdecke bedingt winterhart, am besten als Kalthauspflanze überwintern.
Erde: gute, nahrhafte Böden.
Vermehrung: Brutzwiebeln.
Pflanzung: im Frühjahr, mit 5 cm Erdabdeckung.
Pflege: während der Ruhezeit im Sommer trocken und warm halten. Im Herbst ausgraben, in Töpfe pflanzen und im Kalthaus hell weiterkultivieren. Im Frühjahr wieder auspflanzen.
Verwendung: Liebhaberpflanze, Schnittblume, gut zum Verwildern im Freiland; kann auch im Herbst gepflanzt werden, verlangt Winterschutz.
Sorten: 'Königin Fabiola', dunkelviolette Blüten, relativ winterhart.
Weitere Arten: *Triteleia hyacinthina* (*Brodiaea lactea, Hesperoscordum hyacinthinum*): Kalifornien, Nordamerika, 50 cm hoch. Blüte weißlich bis rötlich mit grünem Rand, kurze Röhre, schüsselförmig. Blütezeit Juni–Juli. Kalthauspflanze oder bei nicht zu rauhem Klima ausreichenden Winterschutz geben.
Triteleia ixioides (*Brodiaea i., Brodiaea lutea*): Nordamerika. 10–50 cm hoch. Blätter filzig. Blüte gelb, bis 30 je Dolde. Blütezeit Juni. Kalthauspflanze oder bei nicht zu rauhem Klima ausreichenden Winterschutz geben.

Abbildung 505: ***Triteleia laxa***

Abb. 506

Tritonia crocata (Ixia c.)
Tritonie.

Familie: Iridaceae – Schwertliliengewächse.
Herkunft: Südafrika.
Wuchs: 30–60 cm hoch; kleine rundliche Knolle mit netzartiger Hülle.
Blatt: dünn, fächerartig angeordnet.
Blüte: je nach Sorte weiß, gelb, orange, 5 cm groß, trichterförmig, die Blütenstände sind leicht gebogen.
Blütezeit: V–VI; unter Glas IV–V.
Standort: sonnige, warme Standorte; nicht winterhart. Nur in Gegenden mit mildem Klima Freilandkultur möglich, sonst im Kalthaus, kaltem Frühbeet oder als Topfkultur.
Erde: durchlässige, sandige, nährstoffreiche Gartenerden.
Vermehrung: durch Brutknollen.
Pflanzung: im Frühjahr mit 5–7 cm Erdabdeckung. Unter Glas zur Schnittblumengewinnung bereits im November pflanzen.
Pflege: nach dem Einpflanzen kaum wässern und Temperaturen von 3–4 °C einhalten, nach dem Austrieb reichlich wässern, Temperaturen bis 10 °C und alle 2 Wochen düngen.
Verwendung: ausdauernde Zwiebelblume, sehr gute Schnittblume, Topfpflanze, kühl und luftig kultivieren.
Sorten: 'Incomparabile', dunkelorange. 'Isabella', gelb mit einem Anflug von rosa. 'Prince of Orange', klar orangefarben. 'Princess Beatrix', dunkelorange. 'Rosamunde', zartrosa. 'Roseline', dunkelrosa. 'Tea-rose', cremefarben mit gelbem Zentrum. 'White Beauty', weiß, zart bernsteinfarben getönt. 'White Glory', reinweiß.

Abbildung 506: ***Tritonia crocata*** **'Prince of Orange'**

Abb. 507–509

Tropaeolum-Hybriden ('Majus-Nanum'-Sorten)
Kapuzinerkresse (Zwergsorten)

Familie: Tropaeolaceae – Kapuzinerkressengewächse.
Herkunft: Mittel- und Südamerika. Kreuzung von *T. majus, T. minus* und *T. peltophorum*. Ca. 50 Arten.
Wuchs: bis 30 cm hoch, nichtrankende Sorten, buschig, Stengel fleischig.
Blatt: schildförmig, glatt, hell- und dunkellaubige Sorten.
Blüte: weiß, gelb, orange, rosa oder rot, einfach- und gefülltblühende Sorten, 5 cm ⌀, Duftblume.
Blütezeit: VII–X.
Standort: sonnig bis halbschattig, nicht zu hohen Temperaturen, Nachttemperaturen unter 18 °C während des Sommers.
Erde: durchlässige, nicht zu nährstoffreiche, sandige

Abbildung 507: Tropaeolum-Hybriden

Abbildung 508: Tropaeolum-Hybriden 'Juwelenmischung'

Lehmböden.
Kultur: Unterglas-Aussaat von April–Mai in 7er-Töpfe oder Torftöpfe, ab Mitte Mai Freilandaussaat an Ort und Stelle möglich. Keimzeit 2–3 Wochen bei 15 °C. Auspflanzen Mitte Mai, Abstand 30–40 cm.
Verwendung: für Beete, Balkonkästen, Schalen, Einfassungen, Gruppenpflanzungen. Köderpflanze für Blutläuse an Obstbäumen.
Sorten: 'Alaska', schwach blühend, weiß-buntes Laub. 'Majus-Nanum'-Sorten: 'Empress of India', dunkellaubig, rot, einfache Blüte, 30 cm. 'Goldkugel', goldgelb, halbgefüllt, 30 cm. 'Juwelenmischung', halbgefülltblühende, Prachtmischung, 30 cm. 'Whirlybird Mischung', kontrastreiches Farbenspiel, kleine Blätter, 25 cm.
Weitere Arten: Tropaeolum-Hybriden (Majus-Sorten), Kapuzinerkresse. 3–4 m hochrankend, geeignet zum Beranken von Wänden, Zäunen, für Ampeln als Hängepflanze, auch für Balkonkästen, Tröge usw. Sonstige Eigenschaften und Ansprüche wie T.-Hybriden. Majus-Nanum-Sorten: 'Doppelte Glanz'-Hybriden, Prachtmischung, halbgefüllte Blüten, stark rankend. 'Goldglanz', goldgelb, halbgefüllt. 'Scharlachglanz', orangescharlach, halbgefüllt.

Abbildung 509: Tropaeolum-Hybriden 'Alaska'

Abb. 510

Tropaeolum peregrinum (T. aduncum, T. canariense)
Kletternde Kapuzinerkresse.

Abbildung 510: ***Tropaeolum peregrinum***

Familie: Tropaeolaceae – Kapuzinerkressengewächse.
Herkunft: Peru, Ekuador. Im 18. Jahrhundert in Europa eingeführt.
Wuchs: bis 4 m hoch kletternd.
Blatt: handförmig, 5–7lappig, stumpf.
Blüte: hellgelb, stark gefranste Blütenblätter, Sporn hakenförmig gebogen. Kleine, aber sehr zahlreiche Blüten.
Blütezeit: VII–X.
Standort: warmer, geschützter Standort, Sonne bis Halbschatten.
Erde: durchlässige, nährstoffreiche, mit Kompost verbesserte Gartenböden.
Kultur: Aussaat unter Glas im März. 2–3 Samen pro 8er-Topf. Keimdauer 2–3 Wochen bei 16 °C. Auspflanzen nicht vor Ende Mai.
Verwendung: stark kletternde Pflanze für Spaliere, Zäune, Pergolen, zum Beranken von Bäumen mit lichten Kronen.
Weitere Arten: *Tropaeolum peltophorum* (*T. lobbianum*): 3–4 m hochrankende Kapuzinerkresse, weich behaart, Blätter rundlich, Blüte zinnoberrot. Freilandaussaat Ende April–Mai. Meist als Prachtmischung angeboten.

Tulipa
Tulpe.

Familie: Liliaceae – Liliengewächse
Herkunft: unbekannt. Aber vor 1000 Jahren in Persien schon in Gärten gepflegt. 1554 durch den flämischen Edelmann Giselin Busbecq nach Europa gebracht. 1559 erstmals in einem Patriziergarten in Augsburg angesiedelt. Dann Entwicklung zur Modepflanze bis zur Spekulation mit anschließendem Börsenkrach. Man zahlte z. B. für die Sorte 'Admiral von Enkhuizen' für eine Zwiebel 11.500 Gulden. Im 18. Jahrhundert noch eine Tulpenepoche in der Türkei.
Wuchs: je nach Art und Sorte 7–80 cm hoch; Zwiebelgewächs mit häufig brauner, trockener Haut.
Blatt: linealisch bis länglich-oval, grundständig oder am Stengel.
Blüte: große Farbenvielfalt, auch mehrfarbig, glockig bis trichterförmig.
Blütezeit: III–V.
Standort: volle Sonne bis leicht halbschattige Standorte, die meisten Arten sind zuverlässig winterhart.
Erde: durchlässige, nahrhafte, sandig-lehmige Gartenböden. Nässe und saure Böden werden nicht vertragen.
Vermehrung: durch Brutzwiebeln, die in der Sommermitte geerntet werden. Samenanzucht ist sehr langwierig.
Pflanzung: im Herbst ab Mitte September, nicht zu spät, 12–25 cm tief pflanzen.
Pflege: Vorratsdüngung mit organischem Dünger vor der Flächenpflanzung, je qm 300 g, z. B. Hornmehl. Laub nach der Blüte einziehen lassen. Man kann dann die Zwiebel ausgraben und im luftigen, trockenen Raum bis zur Neupflanzung im Herbst bei etwa 8 °C aufbewahren. Das Ausgraben ist bei einigen Arten erforderlich bzw. von Vorteil.
Verwendung: vielseitig. Für Blumenzwiebelbeete, in Rosen- und Staudenrabatten, Steingärten, auf Gräbern, in Schalen, Trögen, als Schnittblume und Treibpflanze. Dazu in Gärtnereien für die Blüte im Winter vorbehandelt.

Abb. 511-513

1. Einfache frühe Tulpen

Herkunft: Diese Klasse enthält die frühesten Tulpen für die Treiberei und Freilandanbau.
Wuchs: 25–40 cm hoch, kräftige Stiele.
Blatt: breite Blätter.
Verwendung: Schnittblume, Sorten zur Treiberei geeignet.
Sorten: 'Arma', dunkelrot gefranst, auch zum Treiben, 35 cm hoch. 'Bellona', reingelb, großblumig, frühblühend, 40 cm hoch, Treibsorte. 'Brilliant Star', scharlachrot, frühblühend, 25 cm, Treibsorte. 'Charles', kräftig scharlachrot mit bläulichem Hauch, gelber Grund, mittelfrühblühend, 35 cm. 'Christmas Marvel', kräftig dunkelrosa, frühblühend 35 cm, beliebte Sorte. 'Couleur Cardinal', scharlachrot,

Abbildung 511: *Tulipa* 'Kaiserkrone'

35 cm hoch. 'Diana', reinweiß, frühblühend, 35 cm, Treibsorte. 'Fire Queen', rotorange, purpur geflammt, Laub weiß gerändert, 35 cm hoch, beliebte Sorte. 'Flair', rot-gold-meliert, 40 cm hoch. 'Ibis', leuchtend karminrosa, frühblühend, 30 cm. 'Joffre', gelb, frühblühend, 25 cm, Treibsorte. 'Kaiserkrone', rot, gelbgerandet, großblumig, sehr haltbar, mittelfrühblühend, 30 cm. 'Lucinda', orangerot, breit, gelb gerandet, frühblühend, 30 cm.

Abbildung 512: *Tulipa* 'Brilliant Star'

'Merry Christmas', karmesinrot, kardinalrot gerandet, mittelfrühblühend, 35 cm. 'Pink Perfektion', blaßrosa mit weißer Basis, Treibsorte. 'Prinz Karneval', gelb, rot geflammt, mittelfrühblühend, 30 cm. 'Prinz von Österreich', orangerot, duftend, mittelfrühblühend, 30 cm. 'Prinzess Irene', tieforange, purpurn geflammt, spätblühend, 35 cm, beliebte Sorte. 'Yokohama', dunkelgelb, großblumig, spitzzipfelige Blüte, spätblühend, 35 cm hoch.

Abbildung 513: *Tulipa* 'Christmas Marvel'

2. Gefüllte frühe Tulpen

Abb. 514 / 515

Wuchs: 25–40 cm hoch, kräftige Stiele.
Blüte: gefüllte, relativ große blumige Blüten.
Verwendung: Vor allem für Beetpflanzungen und verschiedene Sorten zur Treiberei geeignet. Die Beliebtheit dieser Sortengruppe ist rückläufig.
Sorten: 'Angelique', rosa, weiße Spitzen, aparter Farbton, 35 cm, sehr haltbar. 'Carlton', tiefrot mit orangefarbenem Hauch, frühblühend, 40 cm. 'Casablanca' schneeball-ähnliche Form, weiß, sehr haltbare Blüten, standfest, 35 cm. 'Elektra', bordeauxrot, mittelfrühblühend, 30 cm. 'Fringed Beauty', dunkelrot mit Goldrand, 30 cm. 'Hoangho', goldgelb, grüne Spitzen, gut zum

Abbildung 514: *Tulipa* 'Monte Carlo'

Treiben, 30 cm. 'Hytuna', dunkeldotterblumengelb, gut gefüllt, frühblühend, 30 cm, Treibsorte. 'Mr. van der Hoeff', reingelb, mittelfrühblühend, 30 cm. 'Monte Carlo' gelb, 40 cm, beliebte Sorte. 'Murillo', reingelb, mittelfrühblühend, 30 cm. 'Orange Nassau', orangerot, mittelfrühblühend, 30 cm, Treibsorte. 'Peach Blossom', dunkelrosa, mittelfrühblühend, 30 cm, Treibsorte. 'Pfirsichblüte', kräftig rosa, weiß geflammt, 30 cm. 'Schoonoord', reinweiß, mittelfrühblühend, 30 cm. 'Stockholm', dunkelrot, frühblühend, 35 cm. 'Willemsoord', karminrot, weiße Spitzen, mittelfrühblühend, 30 cm.

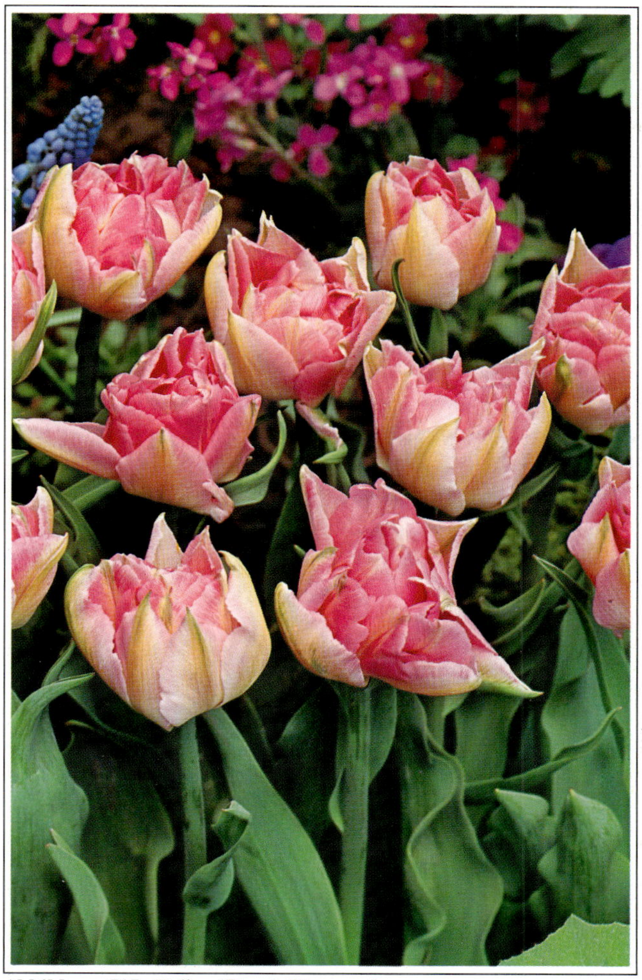

Abbildung 515: *Tulipa* 'Peach Blossom'

Mendel-Tulpen

Abb. 516

Herkunft: 1909 aus Kreuzungen von Duc-van-Tol × Darwin-Tulpen entstanden.
Wuchs: 35–50 cm hoch; kräftige, wind- und regenfeste Stiele, jedoch weniger stabil als bei Darwin-Tulpen.
Blütezeit: IV.
Verwendung: Einige Sorten eignen sich zur Schnittblumenproduktion und zur Treiberei.
Sorten: 'Athleet', reinweiß, mittelfrühblühend, 40 cm hoch. 'Beauty of Volendam', weiß, rot geflammt. 'Krelage's Triumpf', dunkelrot, gute Treib- und Schnittsorte. 'Pink Trophy', leuchtend rosa, frühblühend, häufig mehrblütig, 40 cm, Treibsorte. 'Van der Eerden', leuchtend rot, mittelfrühblühend, 35 cm, gute Treib- und Schnittsorte.

Abbildung 516: *Tulipa* 'Beauty of Volendam'

3. Triumph-Tulpen

Abb. 517–520

Herkunft: Kreuzung von einfachen Tulpen mit Darwin- und weiteren Tulpen. Triumph-Tulpen sind eine Verbesserung der Mendel-Tulpen.
Wuchs: 40–55 cm lange, kräftige Stiele.
Blütezeit: IV, etwa 10 Tage vor den Darwin-Tulpen.
Sorten: 'Attila', reinweiß, mittelfrühblühend, 45 cm. 'Albury', beerenrot, 40 cm. 'Arabian Mystery', tiefpurpurviolett mit weißem Rand, 40 cm. 'Bing Crosby', glühend scharlachrot, 50 cm. 'Blenda', dunkelrosa auf weißem Grund, 45 cm. 'Cassini', blutrot, sehr wetterfest, frühblühend, 40 cm. 'Coriolan', orangerot, gelb gerandet, innen himbeerrot, spätblühend, 40 cm. 'Dreaming Maid', fliederfarben, fester Stiel, auch zum Treiben. 'Don Quichotte', rosa, 60 cm, sehr gute Schnittsorte. 'First Lady', rötlich-violett, starke Stiele, großblumig, mittelfrühblühend, 40 cm. 'Garden Party', weiß, karminrot gerandet, mittelfrühblühend, 40 cm, gute Beetsorte. 'Golden Melody', goldgelb, 45 cm. 'High Noon', rosa mit weiß, zart behaucht, 50 cm. 'Henri Dunant', johannisbeerrot, 35 cm hoch. 'Inzell', elfenbeinweiß, 45 cm. 'Kees Nelis', blutrot, orangegelb gerandet, mittelfrühblühend, 40 cm. 'Lustige Witwe', dunkelrot, weiß gerandet, mittelfrühblühend, 50 cm. 'Madame Spoor', rot, goldgelb gerandet, frühblühend, 40 cm. 'Meißner Porzellan', weiß mit rosa, sehr schön, mittelfrühblühend, 50 cm. 'New Design', creme mit rosa, die Blätter sind mit weißem Rand gesäumt, 55 cm. 'Negrita', dunkelrosa-violett, 60 cm, auch zum Treiben. 'Paul Richter', leuchtend scharlachrot, mittelfrühblühend, 55 cm. 'Pax', reinweiß, großblumig, kräftige Stiele, mittelfrühblühend, 40 cm. 'Peerless Pink', reinrosa, hervorragende Beetsorte, mittelfrühblühend, 40 cm. 'Preludium', rosa mit weißer Basis, mittelfrühblühend, 40 cm. 'Prominence', dunkelrot, großblumig, mittelfrühblühend, 40 cm. 'White Dream', elfenbeinweiß, 45 cm. 'Valentine', rosa, weiß gerandet, kräftige Stiele, 55 cm.

Abbildung 517: *Tulipa* 'Lustige Witwe'

Abbildung 518: Triumph-Tulpen-Mischung

Abbildung 519: *Tulipa* 'New Design'

Abbildung 520: *Tulipa* 'Meißner Porzellan'

4. Darwin-Hybrid-Tulpen

Abb. 521/522

Herkunft: vor allem durch Kreuzung von Darwin-Tulpen, *Tulipa fosteriana* und deren Sorten entstanden.
Wuchs: 50–70 cm hoch, kräftige Stiele.
Blüte: großblumig, leuchtende Farben, wetterfest.
Blütezeit: IV–V.
Verwendung: Hervorragende Sortengruppe für Gartenpflanzungen und Treiberei.
Sorten: 'Apeldoorn', orangescharlach, schwarzgelbe Basis, Blüte öffnet sich weit, frühblühend, 55 cm, Treibsorte, Massensorte für Freilandverwendung. 'Apeldoorn's Elite' (Apelite), kirschrot gefiedert, gelber Grund, frühblühend, 55 cm. 'Beauty of Apeldoorn', magentarot, breit goldgelb gerandet, leicht gesprenkelt, frühblühend, 55 cm. 'Big Chief', altrosa, innen glühend orange, gute Beetsorte, frühblühend, 55 cm. 'Elizabeth Arden', dunkellachsrot mit violettem Hauch, am Grunde gelb mit weiß, mittelfrühblühend, 55 cm. 'Golden Apeldoorn', goldgelb, Basis schwarz, frühblühend, 55 cm, Massensorte. 'Gordon Cooper', außen karminrosa, signalrot gerandet, innen leuchtend signalrot, Basis blau und gelb, frühblühend, 60 cm. 'Gudoshnik', rot gesprenkelt auf gelbem Grund. 'Holland's Glory', orangescharlach, großblumig, mittelfrühblühend, 55 cm. 'Königin Wilhelmina',

Abbildung 521: *Tulipa* 'Olympic Flame'

scharlachrot mit orangem Rand, 60 cm hoch. 'Olympic Flame', mimosengelb, signalrot geflammt, Rand gewellt, 60 cm hoch. 'Oxford', purpurscharlachrot, mittelspätblühend, 60 cm. 'Parade', signalrot, schwarze Basis, großblumig, mittelfrühblühend, 55 cm, gute Beettulpe. 'Spring Song', leuchtend rot, mittelgroßblumig, mittelfrühblühend, 50 cm. 'Striped Apeldoorn', gelb und scharlachrot, geflammt und gestreift, frühblühend, 55 cm, gefragte Sorte.

Abbildung 522: *Tulipa* 'Golden Apeldoorn'

Abb. 523

Darwin-Tulpen

Herkunft: durch verschiedene Kreuzungen entstanden.
Wuchs: Bis 75 cm hoch, kräftige Stengel.
Blüte: Bei kühlem Wetter sehr haltbar. Reiche Farbpalette.
Blütezeit: V.
Verwendung: Früher in großem Umfang für Schnitt und Treiberei angebaut.
Sorten: 'Aristocrat', violettrosa, heller gerandet, sehr großblumig, spätblühend, 60 cm hoch. 'Clara Butt', lachsrosa, gute Gartensorte, spätblühend, 55 cm. 'Cordell Hull', hellrot, weiß gestreift, spätblühend, 60 cm. 'Pink Supreme', violettrosa, spätblühend. 'Queen of the Night', schwarzrot, spätblühend, 60 cm. 'Rose Copland', lilarosa. 'Scotch Lassie', lila. 'Sunkist', goldgelb. 'Sweet Harmony', zitronengelb, weiß gerandet, spätblühend, 60 cm. 'The Bishop', violett.

Abbildung 523: *Tulipa* 'Pink Supreme'

Abb. 524

5. Einfache späte Tulpen, Cottage-Tulpen, Maiblühende Tulpen

Herkunft: Sorten dieser Gruppe sind seit langem in England in Kultur.
Wuchs: Meist 50–75 cm hoch.
Blüte: Große, länglich-ovale Blüten. Blütenblätter teils etwas zurückgebogen.
Blütezeit: V.
Verwendung: für Freilandpflanzung, zur Schnittblumenproduktion und teils zur späten Treiberei geeignet.
Sorten: 'Artist', bronze mit grün, 40 cm. 'Balalaika', leuchtend rot, gelbe Basis, spätblühend, 65 cm, gute Gartensorte. 'Dillenburg', kupferorange, gelb gerandet, sehr spätblühend, 65 cm (Breeder-Tulpe). 'Halcro', rot mit karminroter Außenseite, spätblühend, 65 cm. 'Magier', beim Aufblühen weiß und lila gerandet, später fast einfarbig hellviolett. 'Mrs. John T. Scheepers', reingelb, eine der besten gelben Sorten, auch zum Treiben geeignet, spätblühend, 60 cm. 'Princess Margaret Rose', gelb, in rot übergehend, spätblühend, 60 cm. 'Queen of Bartigons', reinlachsrosa, gute Beetsorte, spätblühend, 60 cm. 'Rosy Wings', lachsrosa, großblumig, mittelspätblühend, 60 cm, gute Treibsorte. 'Sorbet', rotweiß gestreift, 70 cm. 'Shirley', weiß mit violettem Rand, sehr apart, 70 cm. 'Vlammenspel' (Fireside), gelb, rot geflammt, sehr gute Schnittsorte.
Mehrblütige Sorten: (Bouquet-Tulpen): durch eine Spezialbehandlung entwickeln sich aus einem Stiel mehrere Blüten. Die Wirkung auf einem Beet multipliziert sich daher. 'Arbon', zartes rosa, apart, gefüllte Blüte, 40 cm. 'Georgette', gelb mit rot geflammtem Rand, 50 cm, spät. 'Keukenhof', orange-scharlach, große Blüte, 70 cm. 'Konstanz', rot mit gelbem Rand, 45 cm. 'Luzern', intensiv karminscharlach, 60 cm. 'Makassar', reingelb, 55 cm. 'Montreux', goldgelb, gefüllt, 40 cm. 'Red Georgette', leuchtend dunkelrot, spät, 50 cm.

Abbildung 524: *Tulipa* 'Dillenburg'

Abb. 525

6. Lilienblütige Tulpen

Herkunft: entstanden durch Kreuzungen von *Tulipa retroflexa* mit Darwin-Tulpen.
Wuchs: Bis 75 cm hoch; Stiele etwas schwächer als bei Darwin-Tulpen.
Blüte: Blüten lange haltbar, Blütenblätter spitz, nach außen gebogen, leicht gewellt.
Blütezeit: IV–V.
Verwendung: Für Beetpflanzung, zum Schnitt und teils zur Treiberei geeignet.
Sorten: 'Aladdin', rot, gelb gerandet, innen orangerot mit gelbem Basalfleck, mittelspätblühend, 50 cm. 'Alaska', zitronengelb, Blütensegmente stark nach außen gebogen. 'Ballade', rosa, weiß gerandet, mittelfrühblühend, 50 cm. 'Ballerina', orangerot, 55 cm. 'Burgundy', dunkelrötlich-violett. 'Captain Fryatt', rubinpurpurn, mittelfrühblühend, 50 cm. 'China Pink', satinrosa, weiße

Mitte, mittelfrühblühend, 50 cm. 'Golden Duchess', tief goldgelb, mittelfrühblühend, 65 cm, gute Treibsorte. 'Jacqueline', dunkelrosa, gelbe Basis, großblumig, mittelfrühblühend, 60 cm. 'Marietta', sehr wüchsig, tief satinrosa, mittelfrühblühend 60 cm. 'Maytime', violett, weiß gerandet, mittelfrühblühend, 50 cm, Treibsorte. 'Queen of Sheba', kastanienrot mit schmalem, gelbem Rand, großblumig, mittelfrühblühend, 55 cm. 'Red Shine', dunkelrot, mittelfrühblühend, 55 cm. 'West Point', primelgelb, elegant geformt, mittelfrühblühend, 50 cm. 'White Triumphator', reinweiß, mittelfrühblühend, 65 cm.

Abbildung 525: ***Tulipa*** **'Maytime'**

7. Gefranste Tulpen, Crispa-Tulpen

Abb. 526

Abbildung 526: ***Tulipa*** **'Burgundy Lace'**

Sorten: 'Arma', dunkelscharlach, 35 cm hoch. 'Bellflower', lachsrosa, 60 cm. 'Burgundy Lace', weinrot, 60 cm. 'Esteron', kräftig rot mit gelber Basis. 'Maja', hellgelb, 60 cm. 'Swan Wings', weiß, grünlich behaucht, 60 cm. Alle Sorten sind spätblühend.

8. Viridiflora-Tulpen

Abb. 527 / 528

Sorten: 'Artist', innen lachsrosa und grün, außen purpur und lachsfarben, spätblühend, 30 cm. 'Esperanto', dunkelrot mit grün, 60 cm, spät. 'Formosa', gelb mit grün. 'Golden Artist', gold, bronze und grün, 40 cm. 'Groenland', grün mit rosa Rand, spätblühend, 50 cm. 'Percival', grün mit violettem Hauch. 'Rode Groenland', leuchtend rot mit grüner Flamme, 60 cm. 'Spring Green', weiß mit grüner Flamme, 60 cm.

Abbildung 527: ***Tulipa*** **'Spring Green'**

Abbildung 528: ***Tulipa*** **'Groenland'**

9. Rembrandt-Tulpen

Abb. 529

Wuchs: 40–60 cm hoch, robust, weniger wüchsig als Darwin-Tulpen.
Blüte: Blüten mittelgroß bis klein, bunt gestreift, gefedert oder gefleckt, mindestens zweifarbig, mit gebrochenen Farben.
Verwendung: Besonders für Beetpflanzungen im Garten geeignet, jedoch ist die Beliebtheit abnehmend.
Sorten: wegen des geringen Interesses werden meist nur 'Prachtmischungen' und keine Sorten angeboten.

Abbildung 529: ***Tulipa*** **'Rembrandt'**

10. Papagei-Tulpen

Abb. 530

Herkunft: bereits seit 300 Jahren bekannt.
Wuchs: 35–65 cm hoch.
Blüte: Tiefgeschlitzte Blüte, wellig gedrehte Blütenblätter, häufig grün geflammt.
Blütezeit: Mitte V.
Verwendung: Vor allem als Schnittblume oder als Gartenpflanze, wobei die Beliebtheit rückläufig ist. Einige Sorten eignen sich zur Treiberei.
Sorten: 'Black Parrot', kastanien-schwarz-purpurn. 'Blue Parrot', violettblau, spätblühend, 55 cm. 'Estella Rijnveld', rot, weiß geflammt. 'Fantasy', lachsrosa mit grünen Flecken, spätblühend, 60 cm. 'Fire Bird', dunkelrot. 'Flaming Parrot',

gelb, rot geflammt, spätblühend, 55 cm. 'Karel Doorman', karminrot, schmaler, gelber Saum, mittelspätblühend, 55 cm. 'Orange Favourite', orange, gelbe Mitte, spätblühend, 60 cm. 'Red Champion', blutrot, zur Treiberei geeignet. 'Texas Flame', gelb-rot geflammt, 55 cm. 'Texas Gold', hellgelb, spätblühend, 55 cm. 'White Parrot', weiß, großblumig.

Abbildung 530: *Tulipa* 'Black Parrot'

Abb. 531

11. Gefüllte späte Tulpen, Paeonienblütige Tulpen

Familie: Liliaceae – Liliengewächse.
Wuchs: 40–60 cm hoch, sehr kräftige, dicke Stengel.

Abb. 531: *Tulipa* 'Angelique'

Blüte: Großblumig, dicht gefüllt. Die Blüten sind gegen Regen empfindlich und bekommen leicht braune Flecken.
Blütezeit: 2. Maihälfte.
Verwendung: Meist nur für Beetpflanzungen im Garten.
Sorten: 'Angelique', hellrosa, heller gerandet, spätblühend, 45 cm hoch. 'Bonanza', rot mit gelb, mittelspätblühend, 40 cm hoch. 'Casablanca' gelb auf elfenbeinweiß, 45 cm hoch. 'Gold Medal', gelb. 'Maywonder', rosa, 45 cm hoch. 'Mount Tacoma', reinweiß mit grünen Äderchen, spätblühend, 40 cm hoch. 'Nizza', gelb mit roten Streifen. 'Symphonia', karminrot, spätblühend, 60 cm hoch. 'Uncle Tom', dunkelkastanienrot.

Abb. 532

12. *Tulipa kaufmanniana* Seerosen-Tulpe.

Herkunft: Turkestan. Durch Kreuzung u. a. mit *Tulipa greigii* entstanden eine Vielzahl von Sorten.
Wuchs: 15–30 cm hoch; Zwiebel hellbraun, bis 3,5 cm ∅.
Blatt: die Sorten haben oft braune Streifen, 2–3 Blätter, breit-lanzettlich.
Blüte: rahmweiß, gelblich schattiert, außen rosa überlaufen, 5–7 cm breit, kelchförmig.
Blütezeit: III, die Sorten III–IV.
Standort: sonnig bis leicht halbschattig; winterhart.
Erde: jeder normale gute Gartenboden, nicht zu sauer. Im Frühjahr feucht, im Sommer trocken.
Vermehrung: durch Tochterzwiebeln. Vermehren sich gut selbst.
Pflanzung: Mitte September – Mitte Oktober, 20 cm tief.
Pflege: möglichst ungestört am Standort belassen, sehr ausdauernd. Verwelkte Blüten entfernen, dies stärkt die Zwiebeln.
Verwendung: die niedrigsten Arten eignen sich vor allem für den Steingarten oder im nicht zu dichten Rasen.
Sorten: 'Alfred Cortot', leuchtend rot mit dunkler Basis, gestreifte Blätter, frühblühend, 25 cm hoch. 'Ancilla', reinweiß mit rot. 'Cesar Franck', karminrot, gelb gerandet, innen goldgelb, frühblühend, 20 cm. 'Guiseppe Verdi', gelb, rosa gestreift, 20cm hoch. 'Early Harvest', geranienrot, mit gelbem Rand, gestreifte Blätter, gut geeignet für die Topfkultur. 'Goldstück', scharlach, goldgelb gerandet, innen dunkelgoldgelb, großblumig, frühblühend, 25 cm. 'Hearts Delight', karminrot mit hellrosa, innen hellrosa mit gelber Basis und roten Flecken, früh- und lange blühend, Blätter gestreift, 20 cm. 'Johann Strauß', johannisbeerrot, schwefelgelb gerandet, innen weiß mit goldgelber Basis, frühblühend, 20 cm. 'Scarlet Elegance', zahlreiche kleine, leuchtend rote Blüten, frühblühend, 20 cm. 'Shakespeare', lachs-, aprikosen- und orangefarben getönte Blüte, frühblühend, 15 cm. 'Showwinner', leuchtend kardinalrot, innen signalrot mit gelber Basis, frühblühend, gestreiftes Laub, 20 cm. 'Stresa', leuchtend rot, gelb gerandet, innen gelb, frühblühend, Laub gestreift, 20 cm. 'The First', karminrot, breiter, weißer Rand, innen elfenbeinweiß mit gelber Basis, sehr frühblühend, 20 cm. 'Waterlily', sehr kurzstielige Tulpen, blühen oft schon im März, rahmweiß, rot gestreift, 15 cm.

Abbildung 532: Tulipa-Kaufmanniana-Hybriden 'Showwinner'

Abb. 533

13. *Tulipa fosteriana* Tulpe.

Herkunft: Zentralasien, Samarkand. 1904 von Josef Haberbauer gefunden. Es gibt eine Vielzahl von Varietäten und Hybriden.
Wuchs: 20–45 cm; kugelige Zwiebel, ∅ bis 5 cm, purpurbraune Schale.
Blatt: graugrün, 20 cm lang, breit-lanzettlich, 3–4 Blätter je Pflanze.
Blüte: scharlachrot, innen schwarze Basis mit gelbem Saum, glockenförmig, bis 15 cm lang. Die größte Blüte von allen Wildtulpen.
Blütezeit: IV.
Standort: sonnige bis leicht halbschattige Standorte.
Erde: jeder normale Gartenboden; im Frühjahr feucht, im Sommer trocken. Saure Moorböden werden nicht vertragen.
Vermehrung: vor allem durch Tochterzwiebeln. Bei Samenaussaat dauert es 3–6 Jahre bis zur Blüte.
Pflanzung: Mitte September – Mitte Oktober, etwa 15 cm tief.
Pflege: ungestört am Standort belassen, jedoch ist es vorteilhaft, die Zwiebel etwa 8 Wochen nach der Blüte auszugraben, nach einige Tagen die Schale zu entfernen und bis Mitte September luftig-trokken zu lagern. Verwelkte Blüten entfernen.

Verwendung: für Blumenbeete, niedrige Sorten für Steingärten. Einige Sorten für Treiberei und zum Schnitt.
Sorten: 'Cantata', scharlachrot, glänzend grüne Blätter, frühblühend, 20 cm. 'Easter Parade', silbriggelb und rot, spätblühend, 40 cm. 'Galata', orange-scharlach, gelber Basalfleck, mittelspätblühend, 40 cm. 'Golden Emperor', goldgelb, 40 cm. 'Orange Emperor', rein orange, mittelfrühblühend, 45 cm. 'Pinkeen', kirschrosa, frühblühend, 45 cm. 'Princeps', leuchtend scharlachrot, großblumig, mittelfrühblühend, 20 cm. 'Purissima', weiß, großblumig, mittelfrühblühend, 40 cm. 'Red Emperor', ('Roter Kaiser', 'Madame Lefeber'), zinnoberrot, großblumig, mittelfrühblühend, 40 cm. 'Reginald Dixon', scharlachrot gelber Rand, 35 cm.

Abbildung 533: ***Tulipa fosteriana*** **'Red Emperor'**

Abb. 534 / 535

14. *Tulipa greigii*
Prachttulpe.

Herkunft: Turkestan. Im Jahre 1873 eingeführt. Große Sortenvielfalt!
Wuchs: 15–30 cm hoch; Zwiebel 3 cm ⌀, rotbraune Schale.
Blatt: braun gestreift, welliger Rand.
Blüte: purpurscharlach mit dunklem Fleck an der Basis, er ist gelb gerandet, sehr großblumig, breit glockig.
Blütezeit: IV–V.
Standort: sonnige bis halbschattige, warme Standorte; winterhart.
Erde: normale Gartenböden, im Frühjahr feucht, im Sommer trocken. Moorige Böden werden nicht vertragen.
Vermehrung: vor allem durch Tochterzwiebeln. Bei Samenaussaat dauert es 3–6 Jahre bis zur Blüte.
Pflanzung: Mitte September – Mitte Oktober, ca. 20 cm tief.
Pflege: ungestört am Standort belassen, jedoch ist es vorteilhaft, die Zwiebeln etwa 8 Wochen nach der Blüte auszugraben, nach einigen Tagen die Schale zu entfernen und bis Mitte September luftig und trocken zu lagern. Verwelkte Blüten entfernen.
Verwendung: für Beetpflanzungen, einige Sorten eignen sich zur späten Treiberei.
Sorten: 'Ali Baba', außen blaßrosa, innen scharlach, mit gelbem, rot punktiertem Boden, Laub gestreift, 30 cm hoch. 'Cape Cod', bronzegelb, Basis schwarz mit rot, außen aprikosenfarben mit gelbem Rand, spätblühend, Blätter gestreift, 25 cm hoch. 'Compostella', goldgelb, orange geflammt, außen karminrosa, gelb gerandet, 25 cm. 'Donna Bella', cremegelb, Basis schwarz mit scharlachfarbenem Fleck, außen karmin mit cremefarbenem Rand, mittelspätblühend, 25 cm. 'Engadin', außen blutrot, gelb gerandet, innen tief goldgelb mit blutroten Streifen, mittelspätblühend, Blätter gestreift, 35 cm. 'Large Copper', außen rot, violett überhaucht, braune Basis, mittelspätblühend, Blätter gestreift, 25 cm. 'Margaret Herbst', außen karminrot, innen scharlachrot, mit schwarzer Basis, Blätter schön gestreift, spätblühend, 30 cm. 'Oratorio', dunkelrosa, innen aprikotrosa, sehr schöne Sorte, mittelspätblühend, 25 cm. 'Oriental Beauty', vermillonrot, Basis dunkelbraun, außen karminrot, mittelspätblühend, Blätter gestreift, 25 cm. 'Oriental Splendour', zitronengelb. Basis grün mit rotem Ring, außen karminrot, zitronengelb gerandet, mittelspätblühend, sehr haltbar, Blätter gestreift, 30 cm. 'Pandour', hellgelb, karminrot geflammt, alle Blütenblätter spitz, mittelfrühblühend, 30 cm. 'Perlina', glänzend, innen porzellanrosa mit zitronengelber Basis, mittelfrüh- und langblühend, Blätter gestreift, 25 cm. 'Pinocchio', scharlachrot geflammt, elfenbein geländert, für die Topfkultur geeignet. 'Plaisir', cremegelb, hell vermillonrosa gestreift, sehr hübsch, mittelspät, 15 cm. 'Red Reflection', leuchtend tiefscharlachrot, Basis schwarz, mittelspät, 25 cm, hervorragende Beetsorte. 'Rotkäppchen' ('Red Riding Hood'), leuchtend scharlachrot, schwarze Basis, mittelspätblühend, 20 cm. 'Toronto', vermillonrot, innen orangerot, Basis bronzegrün, oft primelgelb, mittelspätblühend, 30 cm. 'Yellow Dawn', gelb, außen rosarot, gelb bordiert, Höhe 30 cm. 'Zampa', primelgelb, Basis grün und bronzefarben.

Abbildung 534: ***Tulipa greigii*****, Mischung**

Abbildung 535: ***Tulipa greigii*** **'Toronto'**

15. Wildformen und deren Sorten

Abb. 536

Tulipa acuminata
Horntulpe.

Herkunft: unbekannt.
Wuchs: 50 cm hoch.
Blüte: gelb-rot, rot-gelb gestreift, schmale, lange, gedrehte Blütenblätter, bis 10 cm lang.
Blütezeit: IV.

Abbildung 536: ***Tulipa acuminata***

Tulipa batalinii (T. linifolia)

Abb. 537

Turkestanische Zwergtulpe.

Herkunft: Buchara.
Wuchs: 15 cm hoch.
Blüte: zart gelb, schalenförmig.
Blütezeit: V.
Sorten: 'Bright', orangegelb blühend.

Abbildung 537: ***Tulipa batalinii* 'Bright'**

Tulipa biflora (T. polychroma)

Abb. 538

Miniatur-Tulpe.

Herkunft: Südjugoslawien bis Iran, Afghanistan.
Wuchs: 10–15 cm hoch.
Blüte: weiß mit gelber Mitte, 2-3 Blüten je Stiel.
Blütezeit: V–VI.

Abbildung 538: ***Tulipa biflora***

Tulipa clusiana var. *chrysantha*

Abb. 539

Damentulpe.

Herkunft: Iran, Afghanistan, Belutschistan.
Wuchs: 15 cm.
Blüte: dunkelgelb, rötlich schattiert, sehr reichblühend.
Blütezeit: IV.

Abbildung 539: ***Tulipa clusiana* var. *chrysantha***

Tulipa clusiana var. *clusiana*

Abb. 540

Milchstern-Tulpe.

Herkunft: Iran, Irak, Afghanistan; in Südeuropa eingebürgert.
Wuchs: 30 cm hoch.
Blüte: karmin mit weiß, Basis dunkelblau.
Blütezeit: III–IV.

Abbildung 540: ***Tulipa clusiana* var. *clusiana***

Tulipa humilis (T. pulchella)

Abb. 541

Tulpe.

Herkunft: Iran.
Wuchs: 15 cm hoch.
Blüte: violettrosa, Basis gelb.
Blütezeit: IV.

Abbildung 541: ***Tulipa humilis***

Tulipa kolpakowskiana

Abb. 542

Tulpe.

Herkunft: Turkestan.
Wuchs: 25 cm hoch, verwildert leicht.
Blüte: gelb, außen orange getönt.
Blütezeit: IV.

Abbildung 542: ***Tulipa kolpakowskiana***

Tulipa lanata

Tulpe.

Abb. 543

Herkunft: Buchara, Nordwest-iran, Afghanistan.
Wuchs: 50 cm hoch.
Blüte: leuchtend orangerot, Mitte schwarz und gelb, groß-blumig.
Blütezeit: IV, lange blühend.
Standort: verlangt warmen Standort.

Abbildung 543: ***Tulipa lanata***

Tulipa linifolia (T. maximowczii)

Buchera-Tulpe.

Herkunft: Buchara.
Wuchs: 15 cm hoch.
Blüte: scharlachrot mit schwarzer Mitte.
Blütezeit: V.
Standort: benötigt Winterschutz.

Tulipa orphanidea (T. hageri)

Griechische Tulpe.

Abb. 544

Abbildung 544: ***Tulipa orphanidea***

Herkunft: östlicher Balkan, Ägäis, Türkei.
Wuchs: 10–15 cm hoch.
Blüte: kupfrigrot, außen mit breitem grünem Streifen, Zentrum gelb oder schwarz mit gelb.
Blütezeit: IV.
Sorten: 'Splendens', kupferbronzefarben, 3–5 Blüten je Stiel, 20 cm hoch.

Tulipa persica (T. eichleri, T. undulatifolia)

Tulpe.

Abb. 545

Herkunft: Turkestan.
Wuchs: 40 cm hoch, sehr ausdauernd.
Blüte: leuchtend scharlachrot mit schwarzer Mitte, häufig gelb gerandet.
Blütezeit: IV–V.

Abbildung 545: ***Tulipa persica***

Tulipa praestans

Tulpe.

Abb. 546

Herkunft: Zentralasien.
Wuchs: 35 cm hoch.
Blüte: zinnoberrot, mehrblütig.
Blütezeit: IV.
Sorten: 'Füsilier', orangescharlach blühend, mehrblütig, 25 cm hoch. 'Tubergen', orangescharlach, gut für Steingärten geeignet, 20 cm hoch.

Abbildung 546: ***Tulipa praestans* 'Füsilier'**

Tulipa pulchella (T. humilis, T. violacea)

Tulpe.

Abb. 547

Abbildung 547: ***Tulipa pulchella***

Herkunft: Kleinasien.
Wuchs: 15 cm hoch.
Blüte: purpurviolett mit schwarzer Mitte, sehr früh blühend.
Blütezeit: Mitte III.
Pflanzung: 10–20 cm tief pflanzen.
Weitere Arten: *T. pulchella alba* (*T. coerulea oculata*), weiße Blüten mit stahlblauer Mitte, apart und elegant. Blüte im März.
T. pulchella humilis, violettrosa Blüten mit gelber Mitte.
T. pulchella rosea, rosa mit gelbem Herz, 10–15 cm hoch, Blüte im März.

Abb. 548

Tulipa saxatilis
Tulpe.

Herkunft: Kreta.
Wuchs: 15–20 cm hoch.
Blüte: lila, Zentrum weiß, 1–3 Blüten je Stiel.
Blütezeit: IV.
Standort: warm, sonnig.

Abbildung 548: ***Tulipa saxatilis***

Abb. 549

Tulipa sprengeri
Tulpe.

Herkunft: Kleinasien.
Wuchs: 40–50 cm hoch.
Blüte: einheitlich scharlachfarben.
Blütezeit: V–VI, zählt zu den spätesten Tulpen.

Abbildung 549: ***Tulipa sprengeri***

Tulipa sylvestris
Weinbergstulpe, Waldtulpe.

Herkunft: Italien, Sardinien, Sizilien; in Nord- und Mitteleuropa stellenweise eingebürgert. **Steht in Deutschland unter Naturschutz.**
Wuchs: 30 cm hoch, vermehrt sich stark durch Samen.
Blüte: grünlichgelb, duftend.
Blütezeit: IV.
Standort: für Naturgärten, am besten auf sonnigen, nährstoffreichen Böden.

Abb. 550

Tulipa tarda (T. dasystemon)
Zwergsterntulpe.

Herkunft: östliches Turkestan.
Wuchs: 15 cm hoch.
Blüte: weiß, mit gelbem Auge, 3–8 Blüten je Pflanze.
Blütezeit: IV.
Standort: sehr anspruchslos.
Erde: sehr anspruchslos.

Abbildung 550: ***Tulipa tarda***

Abb. 551

Tulipa turkestanica
Gnomentulpe.

Herkunft: Turkestan.
Wuchs: 25 cm hoch.
Blüte: weißlichgrün mit gelborangefarbener Mitte.
Blütezeit: III–IV.

Abb. 552

Tulipa urumiensis
Tulpe.

Herkunft: Nordwestiran.
Wuchs: 15 cm hoch.
Blüte: goldgelb, außen bräunlich schattiert.
Blütezeit: IV.

Abb. 551: ***Tulipa turkestanica***

Abb. 552: ***Tulipa urumiensis***

Tulipa violacea (T. pulchella, T. humilis)
Tulpe.

Herkunft: Nordiran, Kurdistan.
Wuchs: 10 cm hoch.
Blüte: purpurfarben, dunkles Herz, krokusförmig.
Blütezeit: III–IV.

Urginea maritima (Scilla maritima)

Abb. 553

Meerzwiebel.

Familie: Liliaceae – Liliengewächse.
Herkunft: Mittelmeergebiet, Portugal, Kanarische Inseln.
Wuchs: 60–100 cm hoch; faustgroße Zwiebel, **Schale giftig.**
Blatt: graugrün, lanzettlich, die Blätter erscheinen im Frühjahr und sind zum Zeitpunkt der Blüte bereits wieder abgestorben.
Blüte: weißlich bis hellila.
Blütezeit: VII–VIII.
Standort: helle, mäßig warme Standorte; nicht winterhart, Kalthauspflanze.
Erde: Substrat aus 1/3 Torf, 1/3 Sand, 1/3 Blumenerde mit organischem Dünger.
Vermehrung: durch Anzucht der Samen.
Pflanzung: während der Vegetationsruhe, nur so tief, daß die Zwiebel noch herausragt.
Pflege: während des Wachstums kräftig wässern, in der Ruhezeit fast völlig trocken halten.
Verwendung: ausdauernde Zwiebelpflanze, die den Sommer im Freien verbringt. Interessante Topfpflanze; die Inhaltsstoffe der Zwiebel wurden zur Arzneimittelherstellung verwendet, heute gewinnt man daraus Rattengift.

Abbildung 553: ***Urginea maritima***

Ursinia anethoides

Abb. 554

Bärenkamille.

Familie: Compositae – Korbblütengewächse.
Herkunft: Südafrika, Kap-Flora. Etwa 60 Arten in Afrika.
Wuchs: 25–50 cm hoch, reichverzweigt, dünn behaarte Stengel.
Blatt: zerteilt, dicht, frischgrün.
Blüte: gelborange mit rotem oder purpurfarbenem Ring, vielblütige Stengel, margaritenähnlich, 5–8 cm ∅. Die Blüten sind nachts und bei trübem Wetter geschlossen.
Blütezeit: VI–VIII.
Standort: braucht volle Sonne und viel Wärme, versagt in regenreichen Sommern.
Erde: durchlässige, leichte, nährstoffarme Böden.
Kultur: März–April Aussaat ins Mistbeet, auspflanzen im Mai, Abstand 15–25 cm. Freilandaussaat von April–Mai.
Verwendung: einjährige, herrliche Gruppenpflanze für Beete, Schalen, Kübel, Balkonkästen, Schnittblume, auch als Zimmerpflanze geeignet.
Weitere Arten: *Ursinia anthemoides:* 25 cm, Randblüten gelb oder orange, außen purpurviolett. In England im Handel erhältlich. *Ursinia versicolor* (*U. pulchra*): breit buschig, etwa 40 cm; Blüte weiß, creme oder orangegelb, 5 cm ∅. Liebhaberpflanze, in England im Handel, für Sommerblumenbeete und Steingärten.

Abbildung 554: ***Ursinia anethoides***

Vallota speciosa (Cyrtanthus purpureus, Crinum speciosum, Amaryllis purpurea)

Sommeramaryllis, Vallote.

Familie: Amaryllidaceae – Amaryllisgewächse.
Herkunft: Südafrika.
Wuchs: 40–60 cm hoch; rundliche Zwiebel, dunkle Schale.
Blatt: 30–45 cm lang, riemenartig, immergrün, dunkelgrün, am unteren Teil purpur.
Blüte: orange- bis karminrot, Staubbeutel goldgelb, trichterförmig, 7–10 cm groß. Je Dolde 3–10 Blüten.
Blütezeit: VII–VIII.
Standort: sonnige, warme Standorte, Tagestemperatur 20–22 °C, nachts 10–13 °C überwintern bei 4–6 °C. Nicht winterhart, Kalthauspflanze.
Erde: Substrat aus 1/3 Torf, 1/3 Sand, 1/3 Blumenerde mit organischem Dünger.
Vermehrung: durch vorsichtiges Ablösen der Tochterzwiebel oder Aussaat der Samen.
Pflanzung: im Frühjahr, so tief, daß die Zwiebelspitze noch sichtbar ist. Der Topf muß 5 cm größer sein, als die Zwiebel.
Pflege: von Frühjahr–Herbst monatliche Blumendüngergaben und feucht halten. Anspruchslose Zimmerpflanze. Umpflanzen alle 4–6 Jahre. Im Winter sehr wenig wässern.
Verwendung: ausdauernde Zwiebelblume, dankbare, selten gewordene Zimmerpflanze, kann im Freien nur im Juli–August aufgestellt werden.
Sorten: es gibt weiße und rosafarbene Kultursorten.

Venidium fastuosum

Abb. 555

Venidie.

Familie: Compositae – Korbblütengewächse.
Herkunft: Südafrika, Kap-Flora.
Wuchs: 30–80 cm hoch, breit buschig, reich verzweigt, lange Stiele.
Blatt: länglich, fiederspaltig, dekorativ, silbrigweiß, behaart.
Blüte: sehr attraktiv, Randblüten goldgelb bis dunkelorange, am Grunde bräunlich. Zentrum dunkel-bräunlich. 10–12 cm ∅; nachts und bei bedecktem Himmel bleiben die Blüten geschlossen.
Blütezeit: Ende VI–IX.
Standort: viel Sonne, warme Lage.
Erde: verlangt durchlässigen, sandigen Lehmboden.
Kultur: März–April unter Glas aussäen, Keimtemperatur 16 °C. Auspflanzen ab Mitte–Ende Mai, Abstand 20–30 cm.

Verwendung: einjährige, prächtig blühende Rabattenpflanze, auch gut zum Schnitt geeignet, hält 6 Tage in der Vase.
Sorten: es gibt verschiedene Farbsorten in Pastellfarben.
Weitere Arten: *Venidium decurrens:* Südafrika, bei uns einjährig gezogen, 25–30 cm hoch, Blätter ringelblumenähnlich, Blüte gelb bis orange mit dunklem Zentrum. Sonstige Eigenschaften und Ansprüche wie *V. fastuosum.*

Abbildung 555: ***Venidium fastuosum***

Abb. 556

Verbena bonariensis
Eisenkraut.

Familie: Verbenaceae – Eisenkrautgewächse.
Herkunft: Argentinien, Brasilien, in Westindien und den südlichen USA eingebürgert.
Wuchs: locker, sparrig verzweigt, strauchartig, 100–120 cm hoch.
Blatt: länglich, breit-lanzettlich, ganzrandig, leicht gekerbt, dunkelgrün stengelumfassend, Stengel vierkantig.
Blüte: violett.
Blütezeit: VII–X.
Standort: vollsonnig, zwischen Stauden und in Sommerblumenrabatten.
Erde: sandig, humos, locker, gut wasserdurchlässig.
Kultur: Aussaat Januar–Mitte Februar, Keimdauer 16–25 Tage bei 18–20 °C. Pikieren in lockeres Substrat in 7–8 cm Töpfe, Kultur bei 14–16 °C und vollem Licht. Mehrmals flüssig düngen mit 0,1%iger Volldüngerlösung. Auspflanzen nach Mitte Mai, Abstand 30 x 30 cm, möglichst in wirkungsvollen Gruppen.
Verwendung: einjährige, Rabattenblume für sonnige Gartenplätze, paßt gut in Gruppen zum Auflockern von Sommerblumenbeeten, zu Gräsern, Stauden, vor Gehölze.

Abbildung 556: ***Verbena bonariensis***

Abb. 557/558

Verbena rigida (Verbena venosa)
Verbene, Eisenkraut.

Familie: Verbenaceae – Eisenkrautgewächse.
Herkunft: Südbrasilien, Argentinien. Etwa 230 Arten, überwiegend in Südamerika beheimatet.
Wuchs: 30–40 cm hoch, vierkantige, aufstrebende Stengel, rauh behaart.
Blatt: länglich, grob gesägt, runzelig, steif.
Blüte: violett, klein, stehen in einer dichten, stark verkürzten Rispe zusammen.
Blütezeit: V–X.
Standort: volle Sonne.
Erde: ausreichend feuchte, gut durchlässige, leichte, nahrhafte Gartenböden.
Kultur: Langsamer Keimer. Niedrige Temperaturen von 0–4 °C im Kühlschrank für 1–2

Abbildung 557: ***Verbena tenera* 'Cleopatra'**

Wochen oder Frosteinwirkung auf die Samen vor der Aussaat im Gewächshaus verbessert das Keimergebnis. Aussaat Anfang Januar–Februar im Gewächshaus. Keimdauer 3–4 Wochen bei 16–20 °C. Sämlinge in 8er-Töpfe pikieren, bei etwa 7 cm Pflanzenhöhe entspitzen. Auspflanzen Mitte Mai, Abstand 20–30 cm.
Verwendung: einjährig, für Teppichbeete, Rabatten, Blumenkästen, als Schnittblume; wegen des Wildpflanzencharakters beliebt als Zwischenpflanzung in Staudenbeeten und Gehölzgruppen.
Weitere Arten: *Verbena tenera:* Südamerika. Niedriger, kompakter Wuchs, etwa 20 cm. Blätter tief fiederförmig eingeschnitten. Blüten karmesinviolettrot mit weißem Rand. Vermehrung durch Stecklinge, sie werden im Spätsommer geschnitten. Als Sorten werden 'Balkonzauber', kornblumenblau, 'Cattleya', lavendel, 'Cleopatra', rosa, 'Eichenlaub', karminrosa und 'Maonettii', angeboten.

Abbildung 558: ***Verbena rigida***

Verbena-Hybriden

Abb. 559 - 562

Gartenverbene, Eisenkraut.

Familie: Verbenaceae - Eisenkrautgewächse.
Herkunft: aus Kreuzungen verschiedener in Südamerika beheimateter Verbenen-Arten.
Wuchs: je nach Sorte 20–50 cm, meist werden niedrig und kompakt wachsende Beetsorten angeboten, auch niederliegend-aufsteigende Sorten.
Blatt: länglich bis länglich-eirund, gestielt, gegenständig, behaart, Blattrand grob gezähnt.
Blüte: weiß, rosa, rot, blau bis violett, z.T. weißer Schlund, große Einzelblüten sitzen in endständigen Trugdolden von 5–8 cm ∅ zusammen.
Blütezeit: VI–X.
Standort: volle Sonne.
Erde: ausreichend feuchte, durchlässige, leichte, nährstoffreiche Gartenböden.
Kultur: Aussaat Februar–April im Gewächshaus oder im Frühbeetkasten, Keimdauer 3–4 Wochen bei 18–20 °C. Sämlinge in 8er-Topf pikieren, bei 6–7 cm Pflanzenhöhe entspitzen. Auspflanzen ab Mitte–Ende Mai, Abstand 20–30 cm.
Verwendung: einjährige, prächtige, üppig blühende Beet- und Gruppenpflanze, auch für Tröge, Kübel und Balkonkästen, die Sorten mit ausladendem Wuchs auch für Ampeln und als Bodendecker.
Sorten: Verbena-Hybriden: 'Peaches and Cream', Fleuroselect-Medaillengewinner, auffälliges zartes Lachsrosa-orange, sehr wüchsig, kissenartiger Wuchs. 'Sparkle'-Serie: niedriger, kompakter Wuchs, ca. 20 cm. 'Garten-Party'-Serie: frühe Blüte, große Blumen, niedriger, kissenartiger Wuchs, in Farben und Mischung. 'Amore'-Serie, 20–25 cm, große Blüten, hält gut im Sommer durch, in Einzelfarben und Mischung. 'Romance'-Serie: sehr früh blühend, sehr kompakt wachsend und gut verzweigend, ca. 20 cm. In rotweiß, scharlachrot, dunkelrosa, karminrosa mit Auge, weinrot, weiß, lavendel, blau mit Auge und Mischung. 'Adonis'-Serie: wächst etwas kräftiger als die vorige, längere Blühdauer, in hellblau und hellrosa. 'Novalis'-Serie: sehr frühe Blüte, präsentiert sich zum Verkaufszeitraum gut mit kompakten Pflanzen. 'Amour'-Serie: besonders frühe Blüte, aufrechter Wuchs, trotzdem gut verzweigend. Lange Blüte im Sommer, große Blüten. In Einzelfarben und Mischung. 'Derby'-Serie: große Einzelblüten in starken Dolden, kompakter, aufrechter Wuchs, 25 cm. In Einzelfarben und Mischung. 'Mammut Prachtmischung', riesenblumig, 45 cm.
Weitere Arten: *Verbena canadensis* (*V. aubletia*): Heimat mittleres uns südliches Nordamerika, 20 cm, geschlossener, buschiger Pflanzenaufbau, dunkel violettrosa Blütenfarbe. Aussaat Februar–März. Blüte VII–X. Staude, die sich einjährig ziehen läßt.
V. speciosa: Heimat Süd- und südliches Nordamerika. Hängeverbene, eignet sich auch als Bodendecker für sonnige Beete. Ideal für Ampeln, Blumenkästen, Böschungen, Rabatten. Beliebt bei Schmetterlingen als Nektarlieferant. 30 cm, ausladender Wuchs, Blüte V–X. Aussaat Dezember–Januar bei 20 °C. 2mal pikieren. Sorte. 'Imagination', Fleuroselect-Goldmedaillengewinnner, violettblaue, kleine Blüten, die sehr zahlreich erscheinen. *Verbena tenuisecta:* Heimat Südamerika. Pflanze wächst ausladend, auch als Hängeverbene geeignet. 30 cm, Blüte VI–X, violettblau, mit kleinen, zahlreichen Blütchen. Stark gefiedertes Laub. Aussaat Ende Februar–März im Gewächshaus.

Abbildung 560: Verbena-Hybriden

Abbildung 561: Verbena-Hybriden 'Peaches and Cream'
(Foto Fleuroselect)

Abbildung 562: *Verbena speciosa* 'Imagination'
(Foto Fleuroselect)

Viola-Cornuta-Hybriden

Abb. 563 / 564

Mini-Stiefmütterchen, Hornveilchen.

Familie: Violaceae - Veilchengewächse.
Herkunft: Pyrenäen, Mitteleuropa. Durch zahlreiche Kreuzungen mit *Viola tricolor* und *Viola wittrockiana.*
Wuchs: Halbstauden, die sich 1–2jährig ziehen lassen, niedriger kompakter, später ausladender Wuchs, 10–15 cm.
Blüte: 2–3 cm ∅, teilweise auch größer, sehr zahlreich.
Blütezeit: III–X.
Standort: halbschattig–sonnig.

Abbildung 559: Verbena-Hybride

Abbildung 563: Viola-Cornuta-Hybride

Erde: humose, durchlässige Gartenerde.
Kultur: Aussaat im Januar bringt bei einigen Sorten blühende Pflanzen nach 60–90 Tagen, also noch im gleichen Jahr. Ansonsten kultivieren wie *Viola wittrockiana* mit Aussaat Anfang Juli zur Herbstblüte, zur Kultur in einem frostfrei gehaltenem Kalthaus Mitte–Ende August, zur Topfkultur bis Anfang September. Keimdauer 14–20 Tage bei 15–18 °C, Weiterkultur bei 10–12 °C, im Winter nur bei einigen Sorten Kultur im Freiland möglich. Auspflanzen im April–Mai im Abstand 20 x 20 cm.
Verwendung: zwei- oder mehrjährig, je nach Kreuzung. Interessante Pflanzen für Schalen und Töpfe, für Balkonkästen, Steingärten, Rabatten, für Beete und Einfassungen.
Sorten: 'Piccola'-Serie: kompakt wachsend, Blüten von 2,5 bis 3 cm ∅, fein gezeichnetes 'Gesicht'. 'Bambino' F1-Hybride: blüht bei Januar-Aussaat schon nach 60 Tagen, reingelb ohne Auge. 'Baby Lucia', reinblau. 'Baby Franjo', reingelb, 'König Heinrich', violett mit kleinem gelbem Auge. 'Johnny-Jump-Up', kleinblumig, weiß-gelb-violett. 'Blaue Schönheit', leuchtend blau, großblumig, 20 cm hoch, 'Blaue von Paris', mittelblau, reichblühend, 15 cm hoch. 'Rubin', dunkelweinrot. 'Lutea splendens', reingelb, kleinblumig, Höhe 15 cm. 'Alpensommer' F1-Hybriden, gelb-blau und weiß-purpur, purpurviolette Fahne. 2,5–3 cm große Blüten, winterhart. 'Minouk' F1, besonders früh, goldgelb, 'Corinna', in cremeweiß und hellblau, nicht winterhart. 'Katharina', goldgelb, gut winterhart, 3 cm große Blüten. 'Lancelot'-Serie, 2,5 bis 3 cm im ∅, gute Winterhärte. 'Velour Blue', Fleuroselect- Goldmedaillen-Gewinner 1994, samenecht fallende Kreuzung aus *Viola cornuta* × *Viola wittrockiana.* Zwergstiefmütterchen mit kompaktem Wuchs und 3 cm breiten veilchenblauen Blüten, hellblauem Rand und gelben Herzen, extrem früh, sehr reichblühend. 'Velour Purple', purpurviolett, Fleuroselect-Quality-Marke.

Abbildung 565: ***Viola*** **'Germania'-Mischung**

Abbildung 564: Viola-Cornuta-Hybride 'Angerland'

Viola-Wittrockiana-Hybriden
(*V. tricolor* hort., *V. tricolor* var. *maxima* hort.)
Gartenstiefmütterchen.

Abb. 565-569

Familie: Violaceae - Veilchengewächse.
Herkunft: Europa, Mittelmeergebiet. Enorme züchterische Bearbeitung erfolgte vor allem im 19. Jahrhundert mit einer Vielzahl von Sorten. Etwa 400 Arten auf der nördlichen Halbkugel.
Wuchs: 10–30 cm, geschlossener, kompakter Wuchs, sind züchterisch erwünscht; je nach Sorte unterschiedlich.
Blatt: länglich-oval, etwa 5 cm lang, 2 cm breit, dunkelgrün, lederartig, mit weißer Randzeichnung.
Blüte: in allen Farben, auch mehrfarbig, 5–10 cm ∅, 5 Blütenblätter überlappt, unterschiedliche Blütenformen je nach Sortengruppe.
Blütezeit: III–IX.
Standort: sonnige, bis halbschattige Lage, keine volle Sonne, Winterschutz mit Fichtenreisig empfehlenswert.
Erde: feuchte, nährstoffreiche Böden. Es dürfen keine schädlichen Bodenpilze vorhanden sein, wenn nötig Boden entseuchen, bzw. neuen Standort wählen.
Kultur: Aussaat Juni–Juli im Freiland oder am besten in den Frühbeetkasten, dabei schattig, feucht und kühl halten. Optimale Keimtemperatur 15–17 °C. Samen kurz mit Sand in der Hand verreiben, um den Ölfilm zu durchbrechen und damit das Quellen des Samens zu erleichtern. Nach dem Auflaufen luftig und heller weiterkultivieren, Ende August ins Freilandbeet, ab Herbst auspflanzen, Abstand 15–20 cm. Unterglas-Aussaaten ab September–Dezember im Gewächshaus ergeben im Frühjahr kräftigere Pflanzen ohne Winterausfälle. Hierfür werden F1-Hybriden bevorzugt.
Verwendung: für Beete (Massenpflanzungen), Einfassungen, Balkonkästen, Schalen, Friedhof.
Sorten: Miniatur-Stiefmütterchen sind Kreuzungen aus *Viola cornuta, Viola tricolor* und mitunter auch *Viola wittrockiana.* Da sich diese Gruppe in der Kultur überwiegend wie *Viola cornuta* verhält, findet sich das Sortiment unter Viola-Cornuta-Hybriden behandelt. Sorten für die Freilandkultur mit Blüte im Herbst und im Frühjahr. Sommerkultur mit Aussaat im März–April möglich, aber wegen zu kleiner Blüte im deutschen Klima nicht empfehlenswert: 'Vierländer Riesen': Blüten relativ klein, dafür zahlreich und sehr

Abbildung 566: ***Viola*** **'Schweizer Riesen'**

Abbildung 567: ***Viola*** **'Joker' F2-Hybride**

früh, kompakte, kugelige Büsche, die bereits im Spätherbst und Winter blühen, im Frühjahr bis zum Beginn der Sommerblumen Mitte Mai die Beete schmücken. Farben in gelb, blau mit Lasur, blau mit weiß, dunkelblau, hellblau, braunrot, gelb mit Auge, weiß mit Auge. Verbesserte Selektionen dieser Rasse sind 'Vorfrühling', 'Hanseaten'. 'Polaris'; sehr frühe Rasse mit mittelgroßen Blüten und sehr guter Witterungsbeständigkeit. 'Winterblühende Riesen Vorbote': bekannte Rasse mit extrafrühen Blüten, die bereits etwas größere Durchmesser erreichen. Sichere Blüte schon im Herbst und zeitig im Frühjahr. Zahlreiche Farben und Mischung. 'Marktwunder': sehr frühe Rasse mit guter Winterhärte, Blüte auch im Winter bei entsprechender Witterung. 'Weseler': frühblühende Rasse mit guter Winterhärte und runden Blüten, kompakt. 'Frühblühende Riesen': diese Rasse verbindet große Blüten mit einer zeitigen Blüte, kompakt und reichblühend, in Farben und Mischung. 'Welt-Riesen': Rasse mit großen Blüten und lange kompakt bleibendem Wuchs. Für die Hauptsaison: 'Schweizer Riesen': großblumig mit ausdrucksvollen Farben, bekannteste Rasse für den Bedarf der Hobbygärtner. Mittelfrüh, lang anhaltende Blüte, in vielen Farben und Mischung. 'Schweizer Riesen Rasse Roggli': Original Schweizer Züchtung mit Beginn der Blüte im Herbst und großen, runden Blüten mit teilweise sehr großem schwarzen Fleck. 'Schweizer Überriesen Nummernblumen': besonders große Blüten, vergleichbar mit Fl-Hybriden, jedoch später Blühbeginn,

Abbildung 568: ***Viola*** **'Jolly Joker'**

anhaltende Blüte in den Sommer hinein. 'Germania': gewellte Blüten und nostalgisch anmutende Zeichnung der Blüten. 'Rokoko': Liebhabersorte mit spätem Blühbeginn und stark gewellten Blüten.

Abbildung 569: ***Viola wittrockiana*** **'Imperial Frosty Rose'**
(Foto Fleuroselect)

Fl- und F2-Hybriden für die Kultur in Töpfen unter Glas und im Freiland: Verkauf im Herbst und im Frühjahr, teilweise begrenzte Winterhärte, S1 (synthetische) Hybriden entstehen aus mehreren Linien, wodurch die Produktion kostengünstiger wird auf Kosten einer 100%igen Einheitlichkeit. 'Turbo'-Serie: kompakter Wuchs mit großen, runden Blüten, sehr ausdrucksvolle, neue Farben, z. B. 'Imperial Gold Princess' ('Gelber Clown'), Fleuroselect-Goldmedaillengewinner. 'Imperial Antique Shades', ungewöhnliche Pastellfarben von bronze bis rosa. 'Imperial Frosty Rose', Fleuroselect-Goldmedaillengewinner, purpurrosa mit weißen Oberpetalen, auch für die Sommerkultur geeignet. 'Europa'-Serie: besonders früh mit mittelgroßen Blüten, wüchsige Pflanzen, die den Winter über durchblühen können. 'Karat'-Serie: bringt viele Blüten gleichzeitig. 'Eskimo'-Serie: gute Winterhärte und frühe Blüte zeichnen diese Rasse aus. 'Armado'-S1-Hybriden: sehr großblumig, kompakt mittelfrüh. 'Premiere' F2-Hybriden: extrem früh blühend, mittelgroße Blüten. 'Fama'-Fl-Hybriden: großblumig, mit kurz gestielten Blüten, für den Topfverkauf im Herbst und im Frühjahr. Blüten von fester Substanz. 'Saturn' Fl-Hybriden: große Blüten in reinen Farben ohne Auge, aber mit feiner Aderung, sehr ausdrucksvoll. 'Lyric' Fl-Hybriden: großblumig, alle Farben mit großem Auge. 'Maxim' Fl-Hybriden: mittelgroße Blüten, sehr wetterfest, mit großem Auge, interessante, neue Farben, AAS-Gewinner, 'Colossal' Fl-Hybriden, supergroße Blüten mit runder Form und großen Flecken. 'Regal' Fl-Hybriden, großblumig, früh, kompakt, kältebeständig, 'Juwabrid' Sl-Hybriden: früh, großblumig und besonders stabil gegen ungünstige Witterung ist diese Rasse, früher Beginn der Herbstblüte, 'Olymp' Sl-Hybriden: sehr großblumig und ausgeglichen, Blütendurchmesser 8–9 cm, 'Roc' Fl-Hybriden: sehr große Blüten, mittelfrüh, besonders ausgeglichen im Wuchs. 'Delta' Fl-Hybriden: sehr früh, große Blüten und neue, interessante Farben kennzeichnen diese Rasse. 'Joker' F2-Hybriden: große Blüten und interessante Farkombinationen kennzeichnen diese Serie. Besonders erwähnenswert: 'Jolly Joker', Fleuroselect-Goldmedaillengewinner, orange mit violett. 'Hellblau', klare Farben mit ausdrucksvllen Zonen. 'Padparadja', benannt nach dem Edelstein Padparadja, sehr intensives orange, Fleuroselect-Goldmedaillengewinner. 'Delft' Fl-Hybride, Liebhabersorte mit weiß-blauer Farbkombination und ausdrucksvoll geaderter Blüte. nicht sehr winterhart. 'Chrystal Bowl' Fl-Hybriden: sehr früh- und reichblühend, sehr kompakter Wuchs, interessante Neuheit. 'Einfarbige, frühblühende Riesen' ('Efa-Riesen'): reine Farben.

Abb. 570

Xeranthemum annuum

Papierblume.

Familie: Compositae – Korbblütengewächse.
Herkunft: Südosteuropa, Vorderasien. 6 Arten im Mittelmeergebiet und Kleinasien.
Wuchs: 40–80 cm, drahtige, aufrechte Stengel, sparrig abstehende Äste.
Blatt: graufilzig unterseits, lanzettlich.
Blüte: weiß, rosa oder purpur, Zentrum gelb, einfach oder

Abbildung 570: ***Xeranthemum annuum***

gefüllt. Blütenköpfe 4–5 cm ∅, die Hüllblätter sind papierähnlich.
Blütezeit: VII–IX.
Standort: volle Sonne, Herbstaussaaten mit Fichtenreisig abdecken.
Erde: durchlässige, leichte Gartenböden.
Kultur: Freiland-Herbstaussaaten im September bringen frühere Blüte und kräftigere Pflanzen. Frühjahrsaussaat an Ort und Stelle von April–Mai. Keimzeit 1–2 Wochen bei 15 °C. Läßt sich schlecht verpflanzen, daher bei Aussaaten in den Kasten gleich in Töpfe säen.
Verwendung: einjährige, Liebhaberpflanze für Rabatten, Trockenblume. Dafür schneiden, wenn sich die Blüten öffnen, kopfunter zum Trocknen an luftigen, kühlen Ort aufhängen. Tauchen in 10prozentige Salzsäure erhöht die Leuchtkraft der Schnittblume.
Sorten: meist in Mischungen angeboten.

Zantedeschia aethiopica (Calla a., Richardia africana)

Abb. 571 / 572

Zimmerkalla.

Familie: Araceae – Aronstabgewächse.
Herkunft: Südafrika, Kapprovinz, Natal. Es gibt etwa 8 Arten.
Wuchs: 60–100 cm hoch; fleischiger, knolliger Erdstamm.
Blatt: grün, spieß- und pfeilförmig, lange Stiele. Mai–Juni blattlos.
Blüte: die Spatha (Hochblatt) ist reinweiß, anfangs trichterförmig, weitet sich flach aus und endet mit einer langen Spitze, der Kolben ist leuchtend gelb. Der Blütenstand ist 15–20 cm lang. Duftend.
Blütezeit: I–VI, je nach Standortbedingungen.
Standort: benötigt volle Sonne, ausgenommen die Mittagsstunden; Tagestemperaturen etwa 20 °C, nachts zwischen 10–18 °C ausreichend; ist bei uns nicht winterhart, Kalthauspflanze, kann den Sommer im Sumpfbeet oder im Gartenteich verbringen. Kübelpflanze.
Erde: Substrat aus 1/3 Torf, 1/3 Sand, 1/3 Blumenerde mit organischem Dünger, pH-Wert um 6.
Vermehrung: durch Teilung im Sommer oder Herbst möglich, durch Tochterpflanzen oder durch Samenanzucht, diese bringt nach etwa 2 Jahren blühfähige Pflanzen.
Pflanzung: im Herbst mit 7–10 cm Erdabdeckung.
Pflege: in der Wachstumszeit regelmäßig wässern, da Sumpfpflanze, und monatliche Düngergaben. Während der Ruheperiode, mit dem Welken der Blätter, Wassergaben ständig reduzieren.
Verwendung: ausdauernde Knollenpflanze, reizvolle Zimmerpflanze; prächtige, lange haltbare Schnittblume. Im Sommer oder am Gartenteich als Vertreter subtropischer Vegetation.
Sorten: 'Little Gem', 45 cm hoch. Blüte weiß, 10 cm lang, als Zimmerpflanze geeignet, ebenso die niedrige Sorte 'Perle von Stuttgart'. 'Weißer Herkules', ist höher wachsend und eignet sich besonders zum Schnitt.
Weitere Arten: *Zantedeschia albomaculata* (*Richardia a.*): bis 100 cm hoch. Blätter länglich-lanzettlich mit weiß durchscheinenden Flecken. Blüte rahmweiß mit dunklem Fleck an der Basis.
Zantedeschia elliottiana (*Calla e., Richardia e.*): 40–60 cm hoch. Blätter pfeilförmig, grün, mit silbrigen Flecken. Blüte gelb, mit kräftig gelbem Kolben.
Zantedeschia rehmannii (*Richardia r.*): bis 45 cm hoch. Blätter 20–30 cm, länglich-lanzettlich. Spatha ist weiß, lila getönt, beim Aufblühen stumpf purpurlila.

Abbildung 571: *Zantedeschia aethiopica*

Abbildung 572: *Zantedeschia aethiopica* 'Mix'

Zea mays convar. *japonica*

Abb. 573 / 574

Ziermais, Japanischer Mais.

Familie: Gramineae – Süßgräser.
Herkunft: unbekannt, vermutlich aus Mittelamerika stammend. Nahe verwandt mit dem bekannten Mais, besitzt aber Zierwert.
Wuchs: etwa 150 cm hoch.
Blatt: breit, leicht gewellt, herabhängend, teils grün, rosa, gelb oder weiß gestreifte, zierende Blätter.
Blüte: geringer Zierwert, im Gegensatz zu den Kolben mit ihren bunten Samenkörnern. Diese sind nicht für den Verzehr geeignet.
Blütezeit: VI–VII.
Standort: sonniger Standort, windgeschützt.
Erde: nährstoffreiche, gute Gartenböden.
Kultur: Freilandaussaat ab Anfang Mai. Keimzeit 1–2 Wochen bei 15 °C. Unterglas-Aussaat im April in kleine Töpfe, auspflanzen im Mai, Abstand 25–40 cm.

Verwendung: einjährige, dekorative Einzel- oder Gruppenpflanze, auch als Sichtschutz. Kolben werden für Trockengebinde verwendet.
Sorten: Amero -Hybriden, buntkörnig, sehr dekorativ, 200 cm hoch. 'Erdbeermais', rotbrauner, erdbeerförmiger Kolben, 60–80 cm hoch. 'Gigantea Quadricolor', Blätter rosa, gelb und weiß gestreift, dekorativ für Zwischenpflanzungen, 120 cm hoch. 'Symphonie', buntkörnige, 10 cm lange Kolben, 150 cm hoch.

Abbildung 573: Zea mays-Amero-Hybriden

Abbildung 574: ***Zea mays*** **Erdbeer-Mais**

Abb. 575

Zephyranthes candida
Zephirblume.

Familie: Amaryllidaceae – Amaryllisgewächse.
Herkunft: Argentinien, Uruquay, entlang des La Platas. Es gibt etwa 50 Arten.
Wuchs: 15–20 cm hoch; Zwiebel rundlich, 3 cm ∅, schwarze Schale.
Blatt: fast stielrund, bis 25 cm lang, grundständig.
Blüte: weiß, innen leicht rosa; krokusähnlich; trichterförmige, aufrechte, bis 6 cm lange Einzelblüte.
Blütezeit: VII–X.
Standort: mindestens täglich 4 Stunden direkte Sonne, Tagestemperaturen um 20 °C, nachts 4–7 °C; nicht ausreichend winterhart.
Erde: Substrat aus 1/3 Torf, 1/3 Sand, 1/3 Blumenerde mit organischem Dünger.
Vermehrung: durch Abnehmen der sich reichlich bildenden Brutzwiebeln oder durch Aussaat der Samen.
Pflanzung: Spätherbst-Frühjahr, bei Topfkultur Zwiebelhals herausschauen lassen.
Pflege: Substrat nicht austrocknen lassen. Monatliche Blumendüngergaben, mit Blattwelke für etwa 10 Wochen Düngen und Wässern stark reduzieren.
Verwendung: ausdauerndes Zwiebelgewächs, Zimmerpflanze, Kübelpflanze. Freilandpflanzung nur im Weinbauklima mit gutem Winterschutz möglich. Höher wachsende Arten eignen sich auch gut als Schnittblume.
Sorten: es gibt Hybriden in vielen Farben: weiß, rosa, lachs, gelb, aprikosenfarben.
Weitere Arten: *Zephyranthes grandiflora:* Mexiko. 30 cm hoch. Blüte rot-rosa, 10 cm lang. Blütezeit spätes Frühjahr–Sommerbeginn.
Zephyranthes rosea: Kuba. Bis 25 cm hoch. Blätter linealisch, sehr schmal. Blüte rosarot bis rot, Röhre grünlich, kleinblumig, Blütezeit Sommer–Herbst.

Abbildung 575: ***Zephyranthes candida***

Zinnia elegans
Zinnie.

Abb. 576 / 577

Familie: Compositae - Korbblütengewächse.
Herkunft: Mexiko. Stark züchterisch bearbeitet. Seit dem 18. Jahrhundert in Europa eingeführt. 15 Arten in Amerika.
Wuchs: 30–100 cm hoch, buschig, rauh behaart, Triebe kräftig, steil, aufrecht.
Blatt: herzförmig, eirund oder rundlich-oval, 5rippig, etwa 6 cm lang, rauhhaarig.
Blüte: weiß, creme, gelb, orange, rot, rosa, lavendel, violett, auch mehrfarbig, einfache oder gefüllte Blütenkörbchen von 2–18 cm ∅. Bei den gefülltblühenden Sorten sind die Scheibenblüten in Zungenblüten umgewandelt.
Blütezeit: VII–IX.
Standort: lieben Wärme und volle Sonne. Gedeihen schlecht bei naßkalter Witterung.
Erde: nährstoffreicher, durchlässiger, lehmiger Gartenboden, keine frischen Stalldünger verwenden. Im Sommer alle 3–4 Wochen düngen.
Kultur: Aussaat im März–April ins Mistbeet oder im Haus. Samen mit Erde leicht abdecken, Dunkelkeimer. Keimzeit 1–2 Wochen, Keimtemperatur über 15 °C. Freilandaussaat ab Mitte Mai, bei ungünstiger Witterung Anfang Juni, Pflanzabstand 20–40 cm.

Verwendung: einjährig, vielseitig; in Gruppen, auf Beeten, beliebte Schnittblume, hält bis 10 Tage. Geeignet für Einfassungen, Rabatten, teils als Topfpflanze.
Sorten: Schnitt- und Gartenzinnien
Dahlienblütige Riesenzinnien (Georginenblütige): etwa 90 cm hoch, Blütenköpfe bis 15 cm ∅. Blütenblätter muldenförmig nach oben gekrümmt. Hervorragende Schnittblume. 'Joga'-Serie: dicht gefüllt, auch unter schlechten Lichtverhältnissen noch gute Schnittblume, in Einzelfarben und Mischung. 'Envy' und 'Froggie', 50–60 cm hoch, blaßgrün, gefragte Farbe in der modernen Binderei. 'Dahliablütige Riesen'-Serie: in Einzelfarben und Mischung zum Schnitt, z. B. 'Coral Beauty', lachs-scharlach. 'Dream', tief lavendelblau. 'Golden Queen', goldgelb. 'Meteor', dunkelrot. 'Scarlet Flame', leuchtend scharlach. Kaktusblütige mit eingerollten Petalen: 'Riesen-Kaktus Bicolor'-Mischung: zweifarbig gestreifte Blüten, kontrastreich, 60 cm hoch.
Pomponblütige Zinnien: 'Liliput', mit runden, dichtgefüllten Köpfchen, 3–5 cm ∅, 60 cm hoch, straffe Stiele, reichblühend.

Abbildung 576: *Zinnia* Kaktusblütige

Abbildung 577: *Zinnia* Scabiosenblütige

Schnittsorten, mittelhoch: 'Sunshine' F1-Hybriden-Serie: mittelgroße, dicht gefüllte Blüten, resistent gegen falschen Mehltau, früh, auch zur Kultur unter Glas, Höhe 60–80 cm. 'Lancelot'-Serie: kleinblütig, 4–5 cm ∅, Höhe 50–70 cm, flache Pomponform.
Scabiosenblütige: dichtgefüllt, 80 cm hoch, mittelgroße Blüten, die von einem dichten Zungenkranz umgeben sind, regenfest, in Prachtmischung.
Topf- und Beetzinnien, zum Schnitt und für Beete gleichermaßen geeignet: 'Ruffles'-Serie: ca. 35 cm lange Stiele, Höhe 60 cm, Blüten 8 cm im ∅, viele Farben und Mischung, mehrfach prämiert. 'Dasher' F1-Hybriden: ca. 30 cm hoch, sehr wüchsig und gesund, Blütendurchmesser 6–7 cm. 'Dasher Scarlet', leuchtend scharlachrot, Fleuroselect-Medaille. 'Dasher Yellow', zitronengelb. 'Dasher White', reinweiß. 'Peter Pan' F1-Hybriden: 30 cm hoch, breitbuschig, gleichmäßig wachsend, gut gefüllte, Kaktusblüten, 8 cm ∅. In vielen Einzel-Farbsorten und Mischungen angeboten. Als hervorragende Topf- und Beetsorte ausgezeichnet. 'Mondo' F1-Hybriden: kompakt wachsend mit wohlgeformten, großen Blüten (bis 9 cm ∅), schöne Einzelfarben, besonders reichblühend, wetterfest. 'Thumbelina' Zinnien (Heinzelmännchen): 15–25 cm hoch, extrem niedrig, ausgeglichener Wuchs, unermüdlich blühend, ausgezeichnete Beet- u. Topfzinnie. In Farbsorten und als Mischungen angeboten.
Weitere Arten: *Zinnia angustifolia (Z. linearis):* 20–50 cm hoch, interessante, einfach-, früh- und reichblühende Zinnie, für Beete, Einfassungen und Topf geeignet. Interessante, auflockernde Erscheinung in flächigen Sommerblumenpflanzungen. 'Classic', leuchtend goldorange, kleinblumig, 30 cm hoch. 'White Star', Gegenstück zu 'Classic'. 'Chippendale Daisy', einfache, kleine Blütchen, braunrot bis karminrot mit gelbem oder weißem Rand, 40 cm Höhe. 'Old Mexiko', braunrot mit goldgelben Spitzen, 40 cm. 'Perserteppich', kleinblumige, bunte Mischung, meist zweifarbige Blüten, gut gefüllt, 40 cm hoch. 'Sombrero', leuchtend purpur mit gelben Spitzen, einfache Blüte mit doppelter Petalenreihe, 40 cm hoch.

Das Gartenpflanzen-Lexikon in 5 Bänden

Dieses Pflanzenlexikon hat sich in den vergangenen Jahren zu einem wichtigen Standardwerk entwickelt. Ein Bestseller mit einer Verkaufsauflage von bisher 150 000 Exemplaren.

In fünf Bänden finden Sie nahezu 6000 Portraits von Haus- und Gartenpflanzen, die sich in den Gärten Nord- und Mitteleuropas durchgesetzt haben.
Eine vollständige Kurzbeschreibung zu jeder Pflanze informiert über Herkunft, Standort, Pflege und Vermehrung. ›Kurz und bündig‹ sind die Textinformationen in allen Bänden nach dem gleichen Schema aufgebaut.

Tabellarische Übersichten und Arbeitshilfen vervollständigen dieses in seiner Art einmalige Werk, das sowohl vom Fachmann als auch vom anspruchsvollen Hobbygärtner geschätzt wird.

Band 1
Laubgehölze, Kletter-pflanzen und Koniferen
8. Auflage 1993.
276 Seiten, 715 Farbfotos, 26 Zeichnungen
Bestell-Nr. 1449 / DM 68,-

Band 2
Stauden, Gräser, Farne und Wasserpflanzen
5. verbesserte Auflage 1990.
256 Seiten, 667 Farbfotos,
Bestell-Nr. 1450 / DM 68,-

Band 3
Obst, Gemüse und Kräuter
2. neubearbeitete Auflage 1989.
256 Seiten, 550 Farbfotos, 33 Zeichnungen
Bestell-Nr. 1850 / DM 68,-

Neu

Neu

Band 4
Sommerblumen, Blumen-zwiebeln und Knollen und Beet- und Balkonpflanzen
3. verbesserte und erweiterte Auflage 1993.
232 Seiten, 577 Farbfotos,
Bestell-Nr. 1851 / DM 78,-

Band 5
Zimmerpflanzen, Sukkulenten und Kübel-pflanzen
2. verbesserte und erweiterte Auflage 1994.
224 Seiten, 500 Farbfotos,
Erscheint ca. 04/94.
Bestell-Nr. 1904 / DM 78,-

Thalacker

Bernhard Thalacker Verlag Braunschweig

Giftpflanzen

Botanischer Name	giftige Pflanzenteile	Wirkstoff	Wirkung/ Symptome	Gefährlichkeit *)
Adonis aestivalis	ganze Pflanze	Glykoside	Erbrechen, Durchfall, Herzstörung	+
Agapanthus africanus	Zwiebel	Saponine	Vergiftungen bisher unbekannt	+
Agrostemma githago	Samen, trockene Wurzeln	Saponine	Brechreiz, Durchfall, Schwindel, Atemlähmung	+
Anemone nemorosa	ganze Pflanze	Alkaloide	Übelkeit, Durchfall, Nierenschäden	+ A
Arum italicum und *Arum maculatum*	ganze Pflanze	Alkaloide, Saponine	Brechreiz, Durchfall, Krämpfe, Herzanfälle	+++ A
Catharanthus roseus	ganze Pflanze	Alkaloide	Medizinalvergiftung	++
Colchicum autumnale und Colchicum-Hybriden	ganze Pflanze, besonders Blüten und Samen	Alkaloide	Brechreiz, Übelkeit, blutiger Durchfall, Atemnot, Kollaps	+++
Convallaria majalis	ganze Pflanze, besonders Blüten und Samen	Glykoside, Saponine	Magen-Darmreizung, Durchfall	++ A
Cyclamen purpurascens	Knolle	Saponine	Magen-Darmreizung, Durchfall, Krämpfe	++
Dracunculus vulgaris	ganze Pflanze	Alkaloide, Saponine	Brechreiz, Durchfall, Krämpfe, Herzanfälle	+++
Eranthis cilicica und *Eranthis hyemalis*	ganze Pflanze, besonders Knolle	Glykoside	Übelkeit, Erbrechen, Herzschwäche, Atemnot	++
Euphorbia lathyris und *Euphorbia marginata*	ganze Pflanze	Diterpenester	Entzündungen im Mund- und Rachenraum, Schwindel, Krämpfe	++ A
Fritillaria imperialis und *Fritillaria meleagris*	Zwiebel	Alkaloide	Erbrechen, Krämpfe	+
Lantana-Camara-Hybriden	ganze Pflanze, besonders Blätter und Beeren	Triterpenester	Leberschäden, Gelbsucht	+++ A
Leucojum vernum	Zwiebel	Glykoside, Alkaloide	Übelkeit, Erbrechen, Herzkomplikationen	++
Narcissus poeticus und *Narcissus pseudonarcissus*	ganze Pflanze, besonders Zwiebel	Alkaloide	Übelkeit, Erbrechen, Durchfall, Kollaps, Lähmungserscheinungen	++ A
Nicandra physalodes	Wurzeln, Beeren	Alkaloide, Glykoside	Durst, Verstopfung, Lähmung, Tobsuchtsanfälle	+++
Papaver rhoeas	Milchsaft, Samen	Alkaloide, Blausäureglykosid	Durchfall, Erbrechen, Krämpfe	++
Papaver somniferum	halbreife Samenkapseln	Alkaloide, organische Säuren	Verstopfung, Schlaflosigkeit, Schwindel, Atemnot	+++
Ricinus communis	Samen	Alkaloide	Brennen im Mund, Übelkeit, Schwindel, Darmkrämpfe, Herzversagen	+++
Sternbergia lutea	Zwiebel	?	Vergiftungen bisher unbekannt	+
Urginea maritima	Zwiebel	Glykoside	Erbrechen, Durchfall, Lähmungen	++

*) +++ = sehr stark giftig ++ = stark giftig + = giftig A = Allergie, insbesondere Hautallergie

Pflanzenschutz und Schädlingsbekämpfung

Zum Thema Pflanzenschutz enthalten die bisher erschienenen Bände 1, 2 und 3 einleitende Bemerkungen und Grundregeln. Diese gelten auch für Band 4.

Viele Symptome an Pflanzen, z. B. Verfärbungen, Verbrennungen etc., müssen nicht durch Krankheiten oder tierische Schadorganismen hervorgerufen worden sein. Die Ursachen dafür können Düngungsfehler, also Überdosierung, falscher Anwendungszeitpunkt, Bodenrückstände, ungeeignete Mittel usw. sein.

Beim Einsatz von Pflanzenschutzmitteln nicht nur die Herstellerangaben beachten, sondern auch die Reaktion der Kulturpflanze testen.

Chrysanthemen, Begonien und Nelken reagieren, besonders während der Blüte, empfindlich gegenüber allen Pflanzenschutzmitteln.

Saintpaulien und Gerbera, besonders rotblühende Arten, zeigen oft negative Reaktionen auf Fungizide und Insektizide hin. Bei einigen Pflanzen empfiehlt sich die Verwendung eines Netzmittels.

Im Pflanzenschutz spricht man beim Befall tierischer Schadenorganismen vom „Schaden“, bei pathogenen Erregern (Pilzen, Viren, Bakterien, Mykoplasmen) von „Krankheiten“ bzw. „Erkrankungen“.

Krankheitssymptome haben oft abiotische Ursachen (Umwelteinflüsse).

Beispiele:

Lichtmangel: Gelbfärbung der Blätter (Chlorose), zu lange Internodien (vergeilen).

Lichtüberschuß: Blattnekrosen durch Linsenwirkung von Wassertropfen, Blattverbrennungen, Welkeerscheinungen.

Lagerschäden: Papierblütigkeit bei Tulpen infolge zu hoher Temperaturen bei der Zwiebellagerung. Schlafkrankheit bei Freesien; durch zu kühle Lagertemperatur wird der Austrieb der Knollen verhindert.

Boden, Standort: pH-Wert, Bodenstruktur, Feuchtigkeit, Mangelerscheinungen.

Luftverschmutzung: Schäden hängen ab von Konzentration, Einwirkungsdauer, dem Entwicklungszustand und der Art der Emission.

Bodenmüdigkeit: Wachstumshemmung der Pflanzen aus noch nicht restlos geklärter Ursache. Bodenmüdigkeit ist ein Sammelbegriff verschiedener Theorien, biotischer und abiotischer Krankheitsursachen.

Tierische Schädlinge

Schadensursache	Schadbild	besonders häufig vorkommend	Bekämpfungsvorschlag
Ameisen	Abgebissene Wurzeln und Stengel. Ameisen zeigen meist das Vorhandensein von Blattläusen an, die durch Saftentzug den größeren Schaden verursachen.	Im Bereich von Blattlauskolonien.	Streu- oder Gießmittel anwenden; Hausmittel: mit heißem Wasser übergießen, dabei nicht die Pflanzen treffen.
Asseln	Fraßlöcher an Blättern, Stengeln, Wurzeln und abgenagten Keimlingen; besonders im Aussaatkasten.	Alle im Kasten vermehrte Kulturen.	Insektizide oder Schneckenkorn, Pyrethrummittel; besonders schutzbietende Winkel im Kasten behandeln.
Blasenfüße, Tripse	Besaugte Stellen hell gefleckt, fahl, dann verkorkend, Kümmerwuchs, Blätter absterbend, auch Blüten befallen. Dunkle Kottröpfchen; 1 mm lange, schlanke, geflügelte und ungeflügelte Larven, gelblich bis schwarzbraun.	Chrysanthemen, Dianthus, Euphorbia, Cyclamen, Gladiolen, Lilien, Calla, Anthurien, Ficus, Passiflora.	Mehrere Generationen pro Jahr. Wiederholtes Spritzen mit Malathion, vor allem der Blattunterseiten. Im Gewächshaus bedeutender, hier für gute Durchlüftung und Feuchtigkeit sorgen. Zwiebel- und Knollengewächse vor dem Stecken entsprechend durch Tauchbehandlung oder Einstäuben beizen.
Blattälchen	Von stärkeren Blattadern begrenzte, erst gelbliche, später braune Blattflecken.	Begonien, Primeln, Chrysanthemen, Delphinium, Zinnien, Calceolaria, Callistephus, Dahlien, Saintpaulia.	Pflanzfläche wechseln, befallene Pflanzen verbrennen, nicht verkompostieren; bei gleichem Standort chemische Bodenentseuchung. Gesundes Pflanzengut kaufen. Unkrautbekämpfung.
Blattläuse	Verkrüppelte, gekräuselte, gerollte Blätter und junge Triebe. Besonders an Blattunterseiten Blattlauskolonien. Honigtaubildung, dadurch oft Ansiedlung von Schwärzepilzen, Rußtau.	Fast alle Sommerblumen, viele Zimmerpflanzen.	Wiederholte Insektizidspritzungen oder -stäubungen, Spritzbrühe auch aus Schmierseife. Befallene Triebe ausschneiden. Bekämpfung bei erstem Auftreten vermindert Befallsdruck, besonders in Beetkulturen. Vorsicht: Insektizide können natürlichen Feinden, z. B. Marienkäfern, Blattlauslöwen (Florfliegen), Schlupf- und Blattwespen, schaden.

Tierische Schädlinge

Schadensursache	Schadbild	besonders häufig vorkommend	Bekämpfungsvorschlag
Blattwanzen	Saugschäden an jungen Blättern, besaugte Stellen werden braun. Blattnekrosen.	Dahlien, Fuchsien, Chrysanthemen, Callistephus.	Spritzen oder Stäuben von Insektiziden; letzteres besser bei Morgentau. Unkraut begünstigt Blattwanzenbefall.
Drahtwürmer	Nestartiges Absterben von Pflanzen innerhalb der Kultur; Fraßstellen an unterirdischen Pflanzenteilen.	Alle Sommerblumen befallend, auch Zwiebel- und Knollengewächse.	Chemische Präparate vorhanden, jedoch besser intensives Fräsen des Bodens. Ködern mit Kartoffelscheiben.
Gefurchter Dickmaulrüssler	Käfer frißt nachts oberirdisch; bis zu 12 mm lange, weiße, fußlose, braunköpfige Larven fressen an den Wurzeln. Pflanzen welken, sterben ab. Fraßlöcher an Knollen (Cyclamen).	Pelargonien, Chrysanthemen, Primeln, Zwiebel- und Knollengewächse.	Gießen und Stäuben mit Insektiziden. Larven leben noch weiter, jedoch keine Nahrungsaufnahme mehr. Biologische Bekämpfung mit parasitären Nematoden.
Erdraupen	Fraßschäden an den Wurzeln bis knapp über der Erde. Dicke, graue oder bräunliche, 4–5 cm lange Raupen (später Schmetterlinge).	Chrysanthemen, Bellis, Primeln, Astern, Viola.	Köder, z. B. Schneckenkorn, am Abend auf feuchten Boden ausstreuen.
Maulwurfsgrille	Fraßschäden an Wurzeln, Wurzelhals und Stengel. 4–5 cm langes Insekt, samtbraun, mit 2 Paar Flügeln.	Besonders in Beetkulturen vorkommend.	Köder ausstreuen. Natürliche Feinde, z. B. Vögel, Igel, Maulwurf, Spitzmaus.
Minierraupen, Minierfliegen	Blätter zeigen Minierfraß, d. h. Fraßgänge im Blattinneren mit Kot.	Sonnenblumen (auch Stauden und Laubbäume).	Spritzen mit Insektiziden, sofort beim Erscheinen.
Mottenschildläuse, „Weiße Fliege“	Blattoberseite gelb gesprenkelt, später vergilbend und vertrocknend. Blattunterseite klebrig, Honigtau-, Rußtaubildung; kleine, grünlichgelbe Schuppen sind Larven, 1–2 mm lange, beflügelte Mottenschildläuse, haben hohen Temperaturanspruch und können nur im Gewächshaus überwintern.	Im Gewächshaus häufiger als im Freiland. Ageratum, Chrysanthemen, Dahlien, Fuchsien, Pelargonien, Salvien, Hibiscus, Calceolaria, Verbena, Lantana.	Innerhalb der Kultur sowie im Umfeld Unkraut bekämpfen. Wiederholter Einsatz chemischer Präparate bei erstem Auftreten, wobei Nebeln oder Räuchern besser ist als Spritzen. Vorsicht bei blühenden Beständen wegen Bienengefährdung. Räumliche Auftrennung der Pflanzenarten, ständige Kontrolle. Natürliche Feinde: Schlupfwespen.
Narzissenfliege (Große und Kleine)	An den befallenen Zwiebeln läßt sich die Spitze leicht eindrücken. Zwiebeln bleiben „stecken“, Kümmerwuchs. In der Zwiebel fressende Fliegenmaden.	Narzissen, Hyazinthen, Amaryllis.	Heißwasserbehandlung. Bei Befallsverdacht Zwiebel für 2 Stunden in 43 °C heißes Wasser tauchen.
Nelkenfliege (Braune)	Bis 1 mm lange Eier, abgelegt an Pflanzen und in die Erde. Maden. Herzblätter der Nelken welken. Fraß an den Triebspitzen. Fraßgänge im Mark. Bei Bartnelken Miniergänge in den Blättern.	Nelken, Bartnelken (an Edelnelken weniger).	Bodenentseuchung, Insektizidbehandlung mit hohem Brüheaufwand.
Raupen (sowie Larven von Blattkäfern, Blattwespen, Rüsselkäfern)	Blattfraß, je nach Schädling lochartig, skelettartig, fensterartig oder vom Rand her. Bei Wicklerraupen auch gerollte, zusammengesponnene Blätter.	Blumen und Zierpflanzen im Freiland und im Gewächshaus.	Spritzen oder Stäuben mit Insektiziden. Natürliche Feinde: Vögel, Igel.

Tierische Schädlinge

Schadensursache	Schadbild	besonders häufig vorkommend	Bekämpfungsvorschlag
Schildläuse	Saugschäden an den Blättern. Blattfall, Kümmerwuchs; dunkle, schuppenartige Gebilde; „Schutzschild" für darunter lebende Laus. Honigtauausscheidungen, nachfolgend Rußtaubildung.	Vor allem im Gewächshaus und auch bei Zimmerpflanzen.	Bekämpfung im Gewächshaus durch Spritz-, Räucher-, Nebel- oder Verdampfungspräparate, wegen des Schutzschildes nicht immer erfolgreich.
Schnecken	Fraß- und Schleimspuren. Nacktschnecken, Gehäuseschnecken.	Alle Sommerblumen befallend.	Schneckenkorn anwenden. Tägliches Einsammeln. Schneckenfallen, z. B. Biertränke. Natürliche Feinde: Vögel, Igel, Kröten, Enten, Blindschleichen.
Spinnmilben	Besaugte Blätter zeigen kleine, helle Flecken, vergilben, sterben ab. Auf der Blattunterseite kleine, feinste, weiße Gespinnste.	Alle Sommerblumen können befallen werden.	Spritzung vor und nach der Blüte mit Insektiziden bzw. Akariziden. Besonders Blattunterseiten behandeln. Wechseln der Präparate schützt vor Resistenzen. Bei Kultur Bodenfeuchtigkeit erhöhen. Natürliche Feinde: Raubwanzen, -milben.
Springschwänze	1–3 cm lange, weißlich bis dunkelgraue, springbefähigte Insekten, besonders junge, saftige, unterirdische Pflanzenteile befallen.	Alle Sommerblumen können befallen werden, auch Zwiebel- und Knollengewächse.	Spritzen oder Stäuben bei starkem Befall. Pflanzen trocken halten, da gebunden an hohe Luftfeuchtigkeit. Schäden nur im Vermehrungsbeet.
Stengelälchen	Verkrüppelte, mißgebildete Stengel und Blätter (Wachstumshemmungen).	Dianthus, Tulpen, Narzissen, Freesien, Hyazinthen, Krokus, Phlox.	Behandlung wie bei Blattälchen.
Trauermücken	Fraßschäden an Wurzel und Stengelbasis durch 5–7 mm lange Maden mit schwarzem Kopf. Besonders bei Topfpflanzen. Beim Berühren fliegen kleine, ca. 3 mm große, schwarze Mücken auf.	Bei Topfpflanzen und in Vermehrungsbeeten, bei Knollengewächsen, Farnen, Azaleen, Cyclamen, Orchideen, Poinsettien.	Entseuchtes Substrat verwenden. Befall wird oft mit feuchtem Torf eingeschleppt. Mückenfang am Fensterbrett, Pflanzen trocken halten. Gegen Larven Insektizideinsatz. Biologische Bekämpfung s. Gefurchter Dickmaulrüssler.
Weichhautmilben	Blätter, Blüten (Knospen) und Triebspitzen bräunlich gefärbt und verkrüppelt. Blätter klein, am Rand gerollt, brüchig werdend.	Begonien, verbreitet bei Zimmerpflanzen, Zwiebel- und Knollengewächsen.	Gesundes Pflanzgut verwenden. Hohe Luftfeuchtigkeit und Temperatur wirken befallsbegünstigend. Chemische Präparate sind vorhanden.
Wurzelläuse	An den Wurzeln weiße, behaarte, watteartige Läuse. Pflanzen kümmern, vergilben.	Blumen und Zierpflanzen (besonders Kakteen und Bromelien).	Zuviel Torfanteil im Boden wirkt befallsbegünstigend. Gießbehandlung mit Insektizid.
Wurzelmilben	An Knollen, Zwiebeln und Wurzeln Fraßspuren, zwischen Schuppenblättern bis 1 mm lange, gelbweiße Wurzelmilben.	Tulpen, Narzissen, Gladiolen, Lilien, Hyazinthen, Dahlien.	Nur gesundes Material stecken. Davor Tauchbad in Parathionbrühe für ca. 30 Minuten.

Virosen - Bakteriosen - Mykosen

Schadensursache	Schadbild	besonders häufig vorkommend	Bekämpfungsvorschlag
Bakterienkrebs, Wurzelkropf (*Agrobacterium tumefaciens*)	Verdickungen, Wucherungen an Wurzel und Wurzelhals; Befall der Leitungsbahnen.	Begonien, Chrysanthemen, Pelargonien, Dahlien.	Kranke Pflanzen vernichten, Standort wechseln, gesunde Jungpflanzen verwenden. Geringste Verletzungen im Wurzelbereich vermeiden, ebenso nasse, schwere Böden.
Bakterienwelke (*Erwinia c.* var. *chrysanth.*)	Pflanzen werden stumpf, graugrün, Wuchshemmung, Blattstiele an der Basis faul, Blattwelke, rasche Ausbreitung. Naßfäule an Cyclamenknollen.	Saintpaulia, Cyclamen, Chrysanthemen.	Nicht im Anstauverfahren wässern, kranke Pflanzen rechtzeitig entfernen. Stecklingsvermehrung in Töpfen, nicht im Beet.
Blattflecken-, Ölfleckenkrankheit (Bakteriose)	Zu erkennen im Gegenlicht: winzige, rundliche, ölige Flecken, größer werdend, dann auch im Auflicht zu erkennen. Befallsstellen vertrocknen von innen heraus, werden nekrotisch. Flecken können auch von Adern begrenzt sein, Stiele bleiben grün.	Pelargonien, Chrysanthemen, Delphinium, Iris, Elatior-Begonien.	Gesundes Ausgangsmaterial verwenden. Hohe Temperatur und Luftfeuchtigkeit wirken befallsbegünstigend, ebenfalls zu enger Stand, zu starke Stickstoff- und Phosphatdüngung.
Blattfleckenkrankheit (Pilzkrankheit), *Septoria* *Alternaria* *Ascochyta*	Blätter mit bis zu 2 cm großen, hellen bis dunklen, rundlichen Flecken, die mit fortschreitender Krankheit zusammenwachsen. Auch auf den Stengel übergehend. Blätter absterbend, abfallend.	Chrysanthemen, Cinerarien, Dianthus, Callistephus, Viola, Matthiola, Gladiolen, Asparagus, Anthurien, Fuchsien.	Bei ersten Anzeichen Spritzen mit geeigneten Fungiziden (auf Verträglichkeit testen!). Vorbeugen durch gesundes Ausgangsmaterial, sparsame Stickstoffdüngung.
Blättrige Gallen (Corynebakterium)	Anschwellungen der Stammbasis, blumenkohlartig, oft knapp unter der Erde. Verkrüppelte Bodenaustriebe, schwaches Pflanzenwachstum und Blütenbildung.	Pelargonien (zonale), Delphinium, Chrysanthemen, Dianthus, Alcea, Gladiolen, Heuchera.	Vernichten befallsverdächtiger Pflanzen. Töpfe und Boden erneuern.
Echter Mehltau	Fleckig weißer Überzug auf Blättern und jungen Trieben, die bei starkem Befall verkümmern und vertrocknen. Auch Blüten befallen.	Aquilegia, Begonien, Callistephus, Chrysanthemen, Dianthus. Delphinium, Kalanchoe.	Bei hoher Feuchtigkeit und Wärme erhöhte Befallsgefahr. Bei leichtem Befall Ausschneiden erkrankter Pflanzenteile. Wiederholte Spritzung mit Fungizid, Präparat wechseln wegen Resistenzgefahr.
Fußkrankheiten, z. B. *Pythium* *Phoma* *Fusarium* *Phytophthora*	Braunfärbung des Wurzelhalses und der Stengelbasis. Pflanzen werden welk, faulig, sterben ab. Je nach Pilzart verschiedenfarbige Pilzfäden an den befallenen Pflanzenteilen.	Anthirrhinum, Callistephus, Cinerarien, Dianthus, Viola, Narzissen, Cyclamen, Asparagus, Kalanchoe.	Kranke Pflanzen vernichten. Befallsbegünstigend wirkt zu hohe Feuchtigkeit, Überdüngung, zu schwere, undurchlässige Böden (siehe auch bei „Umfallkrankheiten").
Falscher Mehltau	Mehliger, schmutzig weißlicher Belag, besonders auf Blattunterseiten; Blattoberseite blaßgelbe, später bräunliche Flecken. Auch Triebe und Knospen befallen.	Anthirrhinum, Cinerarien, Dianthus, Matthiola, Papaver, Primeln, Cheiranthus.	Kranke Pflanzen vernichten; feuchte Standorte meiden. Bei Spritzung mit Fungiziden gegen „Falschen Mehltau" besonders Blattunterseiten behandeln.
Grauschimmel (*Botrytis*)	Oft kleine, bräunliche Flecken an Blütenblättern, infizierte Pflanzenteile fauligweich mit grauem Schimmelrasen bedeckt. Blätter, Blüten, Stengel und Stammgrund werden befallen. „Grauschimmel" gehört zu den „Schwächeparasiten", d. h. kräftige, gesunde Pflanzen sind weniger anfällig.	In allen gärtnerischen Kulturen vorkommend. Chrysanthemen, Pelargonien, Fuchsien.	Für ausreichende Belichtung und Durchlüftung sorgen. Überhöhte Düngung, Feuchtigkeit, zu dichter Stand sind schädlich. Regelmäßige Kontrolle. Kranke Pflanzen vernichten. Vorbeugung und Bekämpfung im Frühstadium mit Fungiziden.

Virosen – Bakteriosen – Mykosen

Schadensursache	Schadbild	besonders häufig vorkommend	Bekämpfungsvorschlag
Grauschimmel an Zwiebel- und Knollengewächsen	Ausfallsstellen, Verkrümmungen, zerfetztes Aussehen bei feuchtem Wetter, mausgrauer Konidienrasen, Blattsektoren absterbend. Auf Blüte weiße Flecken mit Pockenbildung. Blüten (-knospen) auch braun gefleckt mit grünem Hof. Fäulnis, Zwiebeln graufleckig.	Iris, Freesien, Cyclamen, Gladiolen, Lilien, Tulpen.	Verdächtige Zwiebeln vor dem Stecken aussondern, Zwiebeln und Knollen in Fungizidbrühe ca. 10 Minuten tauchen. Im Frühjahr: vorbeugende Fungizidbehandlung. Rabatten unkrautfrei halten. Im Gewächshaus: nicht übers Blatt gießen, vor Taubildung schützen, Ventilation.
Kräuselkrankheit, Blattrollkrankheit, Stauchekrankheit, Zwergwüchsigkeit	Blattscheckungen mosaikartig. Blätter, auch Blüten gerollt, gekräuselt. Verkürzte Internodien, daher Zwergwuchs.	Pelargonien, Phlox, Chrysanthemen, Dahlien.	Siehe Mosaikvirosen.
Mosaikvirosen	Blattflecken hellgelb bis dunkel, mosaikartig, auch Blütenblätter befallend. Oft verdreht oder gekräuselt. Blattscheckungen müssen kein Virusbefall sein, sondern können auch durch Düngungsfehler oder Spritzschäden verursacht werden.	Callistephus, Chrysanthemen, Pelargonien, Petunien, Dahlien, Freesien, Lilien, Tulpen.	Gesundes Pflanzgut verwenden. Jungpflanzen, durch Meristemvermehrung gewonnen, sind meist virusfrei. Befallsverdächtige Pflanzen sofort auslesen und vernichten. Virusübertragung vor allem durch beißende Insekten, aber auch mangelnde Hygiene bei Kulturarbeiten.
Naßfäulebakteriose	Faulige Stellen am Wurzelhals, die den ganzen Wurzelstock erfassen können.	Calla, Iris, Sansevieria.	Bei Auftreten Standort wechseln, kranke Pflanzen vernichten, Pflanzen höher setzen, trockener halten.
Nelkenscheckung	Anfänglich latenter Befall. Im Frühjahr Blattscheckungen und Streifen auf Blütenblättern. Wuchs und Ertrag beeinträchtigt.	Dianthus.	Siehe Mosaikvirosen. Verbreitung der Krankheit meist durch Schnittmaßnahmen (Saftübertragung).
Pelargonien-Gelbfleckenkrankheit (Kräuselkrankheit)	Gelbgrüne Flecken an jungen Blättern im Frühjahr, nadelstichähnlich mit braunem Punkt im Zentrum, Blätter gekräuselt, verkrüppelt, zerrissen. Während des Sommers oft keine Symptome.	Pelargonien, besonders Zonale-Hybriden.	Bestände kontrollieren. Virose wird oft durch Kulturmaßnahmen übertragen, Hygiene. Auch Blattlausbekämpfung.
Penicillium-Pilzkrankheit	An Verletzungen und Druckstellen blaugrüne Sporenbeläge.	Tulpen, Hyazinthen, Iris.	Verdächtige Zwiebeln vernichten. Zwiebeln durch Tauchen in Fungizidbrühe beizen.
Ringfleckenkrankheit	Wuchshemmungen, Blattspreite gewellt oder verdreht. Platzen der Blütenkelche.	Dianthus.	Verbreitung der Krankheit meist durch Schnittmaßnahmen (Saftübertragung). Siehe auch Mosaikvirosen.
Rostkrankheiten	Punktförmige, rostbraune, stäubende Pusteln, besonders auf der Blattunterseite. Seltener auf Blattoberseite gelbliche Flecken. Kümmerwuchs.	Anthirrhinum, Alcea, Chrysanthemen, Dianthus, Convallaria.	Hohe Luftfeuchtigkeit und häufige Benetzung des Blattwerkes wirken befallsbegünstigend, ebenfalls zu niedrige Temperatur. Anfällige Sorten vorbeugend spritzen. Bei Fungizideinsatz gegen Rostpilze besonders Blattunterseiten behandeln.
Rußtau	Auf klebrigen Honigtauausscheidungen von Läusen oder Zikaden setzt sich schwarzer Belag an, der sich meist abwischen läßt.	Es werden alle Pflanzen (-teile) befallen, die auch von Läusen und Zikaden bevölkert sind.	Bekämpfung der Blatt-, Schild- und Mottenschildläuse sowie der Zikaden mit Insektiziden.

Virosen – Bakteriosen – Mykosen

Schadensursache	Schadbild	besonders häufig vorkommend	Bekämpfungsvorschlag
Sclerotium tuliparum	Krankheit im Freiland und in der Treiberei vorkommend. Fehlstellen im Bestand, keine Sprossenentwicklung. Austriebe stark deformiert, ohne Blätter, am Zwiebelhals weißes, watteartiges Pilzmyzel, Zwiebel innen mißfarben, grau bis braun. Trockenfäule.	Tulpen, Fritillaria, Narzissen, Iris.	Boden und Gefäße entseuchen, gesundes Material verwenden (Zwiebeln können äußerlich gesund aussehen). Befallsverdächtige Pflanzen vernichten, da Ansteckung der Nachbarschaft.
Stamm- und Wurzelhalsfäule (*Phytophthora*)	Blätter welken, liegen flach, das Pflanzenherz vertrocknet, verfault. Befall des Stammgrundes.	Petunien, Gloxinien, Kalanchoe, Saintpaulien, Stiefmütterchen.	Stammverletzungen vermeiden. Kultur nicht zu naß, Herz soll trokken gehalten werden, Temperaturen nicht unter 15 °C absenken. Hygienemaßnahmen beachten, gesundes Ausgangsmaterial verwenden.
Stengelfäule (Sclerotiniafäule)	Stengel und Blätter zeigen weiche, bräunliche Faulstellen, Pflanzen brechen rasch zusammen, bei hoher Luftfeuchtigkeit watteartiges, weißes Myzel, später knorpelige, schwarze Sklerotien.	Helianthus, Anthirrhinum, Chrysanthemen, Alcea, Delphinium, Lathyrus, Zinnia.	Befallene Pflanzen vernichten, vorbeugend geeignetes Fungizid im Gießverfahren einsetzen.
Stengelfäule und Blattfleckenkrankheit bei Pelargonien (*Xanthomonas pelargonii*)	Stengelbasis schwarzbraun, Trokkenfäule, Welke. Winzige, gelbe Punkte im Gegenlicht zu erkennen, dann bis zu 5 cm groß werdend, absterbend.	Pelargonien (zonale)	Gesunde Jungpflanzen aus Meristemvermehrung verwenden. Krankheitsfreie Töpfe und Substrate verwenden.
Tulpenmosaik	Tulpenblüte buntgestreift (keine Neuzüchtung!).	Tritt vor allem bei roten und violetten Tulpensorten auf.	Bekämpfung nicht erforderlich, da nur selten Wachstumsstörungen auftreten.
Umfallkrankheiten, z. B. *Botrytis, Phytophthora, Pythium, Tielaviopsis, Rhizoctonia*	Zu diesem Komplex von Krankheiten, die vornehmlich im Vermehrungsbeet auftreten, zählen verschiedene Pilzkrankheiten. Sämlinge, Stecklinge werden am Wurzelhals faulig, eingeschnürt, bräunlich, verfärbt. Die Pflanzen fallen um. Pilzmyzel in und auf dem Substrat.	Alle Pflanzen, die durch Stecklinge und durch Aussaat vermehrt werden.	Bei der Vermehrung auf krankheitsfreies Substrat, Töpfe, Kisten etc. achten. Gebeiztes Saatgut, gesundes Stecklingsmaterial verwenden. Zu hohe Aussaatdichte, zu feuchter Boden, unzureichende Lichtverhältnisse fördern den Befall. Zahlreiche Fungizide zur vorbeugenden Bekämpfung stehen zur Verfügung.
Welkekrankheit (Bakteriose)	Pflanzen vergilben, welken, sterben ab, Bakterien werden in den Leitungsbahnen transportiert; diese sind bräunlich verfärbt.	Pelargonien, Tropaeolum, Matthiola.	Gesunde Jungpflanzen bzw. Saatgut verwenden, kranke Pflanzen vernichten, Standortwechsel.
Wurzelbräune (*Tielaviopsis basicola*)	Braunfärbungen der Wurzeln. Blätter und Wurzeln absterbend. Faulstellen an Knollen. Weißer Konidienanflug. Später Braunfärbung. Langes Siechtum der Pflanzen.	Begonien, Viola, Lathyrus, Cyclamen, Kalanchoe.	Schlechte Bodenlüftung, hohe Luftfeuchtigkeit, geschwächte Pflanzen begünstigen den Befall. Vorbeugende, chemische Maßnahmen mit geeigneten Fungiziden durchführen.
Wurzelfäule (*Pythium*)	Plötzliche Welke, Laub vergilbt, Wurzeln zerstört.	Weihnachtsstern (Poinsettien).	Erhöhte Anfälligkeit bei zu hohem pH-Wert, zu hohem Salzgehalt, zu kühlem Stand, Staunässe. Substrat, Folien, Töpfe entseuchen.
Wurzel-, Knollen-, Stengelgrundfäule	Faulen der Knollen und Wurzeln, diese bräunlich verfärbt. Stengel und Blütenstiele werden an der Basis weich, fallen um. Gesamte Pflanze sieht welk aus.	Cyclamen.	Bekämpfung wie „Fußkrankheiten". Kalkbetont düngen.
Zweig-, Triebgallen-Bakteriose	Vermehrte Bildung von Kurztrieben und Sprossen aus Blattachseln.	Begonien, Pelargonien, Chrysanthemen, Gladiolen, Dahlien, Asparagus.	Kranke Planzen sofort vernichten. Nur gesundes Pflanz- und Saatgut verwenden.

Kulturansprüche und Verwendungsmöglichkeiten

Botanischer Name	Lichtbedarf: Sonne	Lichtbedarf: Halbschatten	Lichtbedarf: Schatten	Bodenansprüche: normale Erde	Bodenansprüche: feucht	Bodenansprüche: sandig-durchlässig	Bodenansprüche: lehmig	Vermehrung: Stecklinge	Vermehrung: Aussaat / Monat	Vermehrung: Saatbedarf: g (Korn) / 1000 Pflanzen	Keimung: bei 20–25°C	Keimung: bei 18–22°C	Keimung: bei 12–18°C	Keimung: Kaltkeimer	Keimung: Keimdauer in Tagen	Verwendungsmöglichkeiten: Beete und Rabatten	Verwendungsmöglichkeiten: Kübel und Gefäße	Verwendungsmöglichkeiten: Steingarten	Verwendungsmöglichkeiten: Einzelstellung	Verwendungsmöglichkeiten: Trockenblume	Verwendungsmöglichkeiten: Schnittblume	Verwendungsmöglichkeiten: Kletterpflanze	Verwendungsmöglichkeiten: Einfassungen	Verwendungsmöglichkeiten: Naturgärten	Verwendungsmöglichkeiten: Insektenfutter	Verwendungsmöglichkeiten: Duftblume	Blütezeit
Sommerblumen																											
Abelmoschus manihot	●	●		●					I–III	10 g		●			12–20	●	●		●								VII–IX
Abutilon-Hybriden	●	●		●		●		●	II–III	10 g		●			15–25	●	●		●								VII–X
Achillea millefolium	●			●		●			I–III	½ g		●			10–20	●	●			●	●			●			VII–IX
Adonis aestivalis	●	●		●					III–V	20 g			●		10–20	●					●			●			VII–VIII
Agastache mexicana	●	●		●		●			III–V	2–3 g			●		10–14	●	●	●			●			●	●	●	VII–X
Ageratum houstonianum	●	●		●			●	●	I–III	½ g		●			10	●	●	●			●		●				V–X
Agrostemma githago	●	●		●		●			IV–VI	10 g			●		10–14	●					●			●	●		VI–VIII
Agrostis nebulosa	●	●		●		●			IV–VI	½ g			●		10–14	●		●		●	●			●			VII–IX
Alcea rosea	●	●		●		●			II–IV	30 g		●			20–30	●			●		●				●		VI–IX
Alternanthera ficoidea	●	●	●	●				●								●	●	●					●				–
Amaranthus caudatus	●	●		●					II–IV	2 g			●		15–20	●	●		●	●	●			●	●		VII–IX
Amberboa moschata	●	●		●		●			III–V	10 g			●		15–20	●		●			●			●		●	VIII–IX
Ambrosia artemisiifolia	●	●		●					II–IV	1 g			●		10–14	●			●		●				●	●	VII–IX
Ammobium alatum	●			●		●			IV–V	2 g			●		14–20	●		●		●	●			●			VI–IX
Anagallis monelli	●					●			IV–V	½ g			●		10–14	●		●					●				VI–VIII
Anchusa capensis	●	●		●		●			III–V	6 g			●		14–20	●		●			●		●		●		VII–IX
Anethum graveolens	●	●		●		●			IV–VI	3 g			●		10–14	●			●	●	●			●	●	●	VI–VIII
Anisodontea capensis	●	●		●		●		●								●	●		●								V–X
Anthriscus sylvestris	●	●		●		●			III–V	2 g			●		10–14	●					●			●	●		VI–VIII
Antirrhinum majus	●	●		●		●	●		II–IV	1 g			●		15–20	●		●			●						VI–VIII
Arctotis-Hybriden	●			●		●	●		II–III	20 g		●			14–20	●					●						VII–IX
Argemone polyanthemos	●					●			IV–V	1 g			●		14–20	●		●			●						VII–VIII
Argyranthemum frutescens	●	●		●				●	I–III	10 g			●		14–20	●	●				●					●	VI–X
Asarina barclaiana	●	●		●					II–III	300 K		●			10–14							●					VI–X
Asclepias curassavica	●			●					I–III	7–10 g		●			10–14	●	●		●					●	●		VI–X
Asperula orientalis	●	●		●		●			III–V	15 g			●		15–20	●		●						●	●	●	VI–VII
Aster tanacetifolius	●	●		●					III–IV	5 g			●		15–20	●					●						VI–XI
Asteriscus maritimus	●			●		●		●								●	●	●					●				VI–X
Atriplex hortensis	●	●		●					IV–VI	10 g			●		10–14	●			●					●			VII–VIII
Begonia-Elatior-Hybriden	●	●	●	●				●	II–III	2000 K		●			10–14	●	●	●									VI–X
Begonia grandis	●	●		●	●			●								●	●		●								VI–IX
Begonia-Semperflorens-Hybriden	●	●	●	●					II–III	2000 K		●			10–14	●	●	●					●				V–X
Begonia × tuberhybrida		●	●	●					II–III	2000 K		●			10–14	●	●	●									V–X
Bellis perennis	●	●		●			●		VII–VIII	½ g		●			15–20	●	●	●			●		●				III–VI
Bidens ferulifolia	●	●		●		●		●	II–IV	1 g		●			15–20	●	●	●							●		VI–X
Brachycome iberidifolia	●	●		●		●		●	III–IV	1 g		●			15–20	●	●	●					●				VI–X
Brassica oleracea	●	●		●			●		VI–VII	4 g		●			10–14	●	●	●		●							X–III Farbe
Briza maxima	●	●		●		●			III–V	10 g			●		15–20	●		●		●				●			VII–VIII

Kulturansprüche und Verwendungsmöglichkeiten

Botanischer Name	Lichtbedarf			Bodenansprüche				Vermehrung			Keimung					Verwendungsmöglichkeiten											Blütezeit
Sommerblumen	Sonne	Halbschatten	Schatten	normale Erde	feucht	sandig-durchlässig	lehmig	Stecklinge	Aussaat / Monat	Saatbedarf: g (Korn) / 1000 Pflanzen	bei 20–25°C	bei 18–22°C	bei 12–18°C	Kaltkeimer	Keimdauer in Tagen	Beete und Rabatten	Kübel und Gefäße	Steingarten	Einzelstellung	Trockenblume	Schnittblume	Kletterpflanze	Einfassungen	Naturgärten	Insektenfutter	Duftblume	
Bromus lanceolatus	●	●		●		●			III–V	20 g			●		15–20	●		●		●				●			VII–VIII
Bromus madritensis	●	●		●		●			IV–V	20 g			●		15–20	●		●		●	●						VII–VIII
Browallia americana	●	●		●		●			III–IV	1/2 g			●		10–15	●	●	●									VII–IX
Browallia speciosa	●	●		●		●			III–IV	1/2 g			●		10–14	●	●										VII–IX
Bupleurum griffithii	●	●		●		●	●		III–VII	5 g			●	●	10–14	●					●						VII–IX
Calandrina umbellata	●	●		●					III–IV	2000 K		●			10–14	●		●									VII–IX
Calceolaria intergrifolia	●	●		●				●	XI–II	1/8 g			●		15–20	●	●	●									VI–VIII
Calendula officinalis	●	●		●					III–VIII	15 g			●		10–14	●		●			●			●	●	●	VI–X
Callistephus chinensis	●	●		●					III–V	5 g			●		10–14	●	●	●			●				●		VIII–X
Campanula medium	●	●		●			●		V–VI	1/2 g			●		14–20	●	●				●						VI–VII
Cardiospermum halicacabum	●	●		●					II–III	50 g		●			14–20	●						●					VI
Carthamus tinctorius	●	●		●			●		III–V	70 g		●			10–14	●				●	●				●		VII–VIII
Catananche caerulea	●	●		●		●			IV–V	1 g		●			10–14	●				●	●					●	VII–VIII
Catharanthus roseus	●	●		●	●		●		I–IV	3 g			●		14–20	●	●	●									V–IX
Celosia cristata	●			●			●		II–III	2 g		●			10–14	●	●	●									VI–IX
Centaurea cyanus	●	●		●					IX–V	10–20 g			●		14–20	●								●			V–IX
Centranthus ruber	●	●		●					II–VI	5 g		●			15–20	●		●			●						VI–VIII
Cerinthe major	●	●		●					III–IV	20 g			●		15–20	●					●						VI–VII
Cheiranthus cheiri	●	●		●			●		V–VI	5 g			●		15–20	●		●			●					●	IV–VI
Chrysanthemum carinatum	●	●		●					III–VI	10 g			●		10–15	●					●			●		●	VII–IX
Chrysanthemum coronarium	●	●		●					III–VI	10 g			●		10–15	●	●				●					●	VII–IX
Chrysanthemum-Indicum-Hybriden	●	●		●				●	II–III	1 g			●		10–15	●	●				●					●	IX–XI
Chrysanthemum maximum	●	●		●					II–III	3 g			●		10–15	●	●	●			●						VI–VIII
Chrysanthemum multicaule	●	●		●					II–IV	5 g			●		15–20	●	●	●					●				VI–X
Chrysanthemum paludosum	●	●		●					II–IV	2 g			●		15–20	●	●	●					●				V–IX
Chrysanthemum parthenium	●	●		●					II–IV	1/2 g			●		20–25	●	●	●					●			●	VII–IX
Chrysanthemum segetum	●	●		●					III–VI	10 g			●		15–20	●					●				●		VII–VIII
Cirsium japonicum	●	●		●					II–IV	5 g			●		15–20	●					●				●		VII–IX
Clarkia unguiculata	●	●		●					IV–VI	1 g			●		10–15	●					●				●		VII–VIII
Cleome spinosa	●	●		●		●			III–IV	5 g			●		15–20	●			●								VI–X
Cobaea scandens	●			●					II–III	15 g		●			15–20	●						●					VIII–IX
Coix lacryma-jobi	●	●		●					II–III	1500 K		●			15–20	●				●	●						VIII–IX
Coleus-Blumei-Hybriden		●	●	●		●		●	I–III	1/2 g	●				15–20	●	●						●				VII–X
Collinsia heterophylla	●	●		●					IV–V	1 g			●		15–20	●									●		VI–VIII
Convolvulus tricolor	●	●		●					IV–V	20 g			●		15–20	●											VII–IX
Coreopsis tinctoria	●			●		●			V–VI	5 g			●		15–20	●					●				●		VI–IX
Cosmos bipinnatus	●	●		●		●			III–V	10 g			●		10–15	●					●				●		VII–XI
Craspedia globosa	●			●			●		I–III	1500 K		●			15–20	●				●	●						VII–VIII

Kulturansprüche und Verwendungsmöglichkeiten

Botanischer Name	Lichtbedarf: Sonne	Lichtbedarf: Halbschatten	Lichtbedarf: Schatten	Bodenansprüche: normale Erde	Bodenansprüche: feucht	Bodenansprüche: sandig-durchlässig	Bodenansprüche: lehmig	Vermehrung: Stecklinge	Vermehrung: Aussaat / Monat	Vermehrung: Saatbedarf: g (Korn) / 1000 Pflanzen	Keimung: bei 20–25°C	Keimung: bei 18–22°C	Keimung: bei 12–18°C	Keimung: Kaltkeimer	Keimung: Keimdauer in Tagen	Verwendungsmöglichkeiten: Beete und Rabatten	Verwendungsmöglichkeiten: Kübel und Gefäße	Verwendungsmöglichkeiten: Steingarten	Verwendungsmöglichkeiten: Einzelstellung	Verwendungsmöglichkeiten: Trockenblume	Verwendungsmöglichkeiten: Schnittblume	Verwendungsmöglichkeiten: Kletterpflanze	Verwendungsmöglichkeiten: Einfassungen	Verwendungsmöglichkeiten: Naturgärten	Verwendungsmöglichkeiten: Insektenfutter	Verwendungsmöglichkeiten: Duftblume	Blütezeit
Sommerblumen																											
Crepis rubra	●			●					IV-V	5 g			●		15–20	●		●			●		●			●	VI-VII
Cucurbita pepo	●			●					III-V	200 g		●			10–15							●					VI-VII
Cuphea ignea	●	●		●					III-V	5 g			●		10–15	●	●	●					●				VI-IX
Cyclamen coum		●	●		●		●		V-VI	2000 K			●		20–28			●						●		●	II-IV
Cynara scolymus	●			●			●		XII-II	150 g		●			15–20	●			●	●	●				●		VII-IX
Cynoglossum amabile	●	●		●					III-V	10 g			●		15–20	●					●			●	●		VII-IX
Dahlia-Hybriden	●	●		●					II-III	25 g		●			10–15	●	●	●	●		●				●		VIII-XI
Delphinium ajacis	●	●		●					IV-V	5 g			●		15–20	●				●	●						VI-VIII
Delphinium grandiflorum	●	●		●					II-IV	10 g			●		20–30	●	●	●									VI-VIII
Delphinium-Hybriden	●	●		●			●		II-III	10 g		●			20–28	●	●		●		●					●	VI-VIII
Dianthus barbatus	●	●		●					V-VII	2 g			●		10–15	●	●				●					●	VI-VIII
Dianthus caryophyllus	●	●		●					II-III	5 g		●			10–15	●	●	●			●		●			●	VI-VII
Dianthus chinensis	●	●		●					I-III	2 g			●		10–15	●	●	●					●				VI-VIII
Diascia barberae	●	●		●					II-V	1500 K		●			10–15	●	●	●					●				VII-IX
Didiscus caeruleus	●	●							III	3 g			●		10–15	●					●				●	●	VII-IX
Digitalis purpurea		●	●		●	●			V-VII	1/2 g			●		15–20	●			●					●			VI-VIII
Dimorphotheca sinuata	●			●		●			III-V	5 g			●		15–20	●		●							●		VI-VII
Dorotheanthus bellidiformis	●			●		●			III-V	5 g			●		15–20	●	●	●					●		●		VI-VIII
Dracocephalum moldavica	●	●		●		●			III-V	2 g			●		15–20	●					●			●	●	●	VII-IX
Eccremocarpus scaber	●	●		●					II-IV	1 g		●			10–15							●					VII-IX
Echium plantagineum	●	●		●					IV-VI	20 g			●		15–20	●		●					●	●	●		VI-VIII
Emilia javanica	●			●		●			III-V	2 g			●		15–20	●		●							●		VII-IX
Erigeron karvinskianus	●	●		●					II-III	1500 K			●		15–20	●	●	●					●	●			V-IX
Eryngium giganteum	●	●		●			●		IX-II	150 g				●	3–4 Mon.	●		●		●	●			●	●		VII-VIII
Erysimum × allionii	●	●		●					IV-VIII	4 g			●		15–20	●	●	●			●			●	●	●	V-VIII
Eschscholzia californica	●	●		●					IV-V	5 g			●		15–20	●		●					●		●		V-VIII
Euphorbia lathyris	●	●		●			●		IV-V	1500 K		●			20–30	●			●				●	●		●	-
Euphorbia marginata	●	●		●					IV-V	25 g			●		15–20	●				●	●			●			VII-VIII
Felicia amelloides	●	●		●				●	II-III	1 g			●		15–20	●	●	●									VI-IX
Felicia bergeriana	●	●		●					II-IV	1 g			●		15–20	●	●	●									VI-IX
Foeniculum vulgare	●	●		●					III-V	20 g			●		15–20	●			●		●				●	●	VI-VIII
Fuchsia-Hybriden	●	●	●					●	I-II	1500 K		●			15–20	●	●		●								V-X
Gaillardia pulchella	●	●		●					III-IV	20 g			●		15–20	●	●				●						VII-VIII
Gamolepis tagetes	●			●					II-III	5 g			●		15–20	●	●						●				VI-VII
Gazania-Hybriden	●			●			●		III-IV	5 g		●			15–20	●	●	●					●		●		V-X
Gaura lindheimeri	●	●		●		●			III-IV	2 g			●		15–20	●	●		●		●			●			VI-IX
Gilia capitata	●			●		●			IV-VI	1 g			●		15–20									●	●		VI-IX
Godetia grandiflora	●	●		●		●			IV-V	5 g			●		10–15	●	●	●			●						VII-IX

Kulturansprüche und Verwendungsmöglichkeiten

Botanischer Name	Licht-bedarf			Boden-ansprüche				Vermehrung			Keimung					Verwendungsmöglichkeiten											Blüte-zeit
Sommerblumen	Sonne	Halbschatten	Schatten	normale Erde	feucht	sandig-durchlässig	lehmig	Stecklinge	Aussaat / Monat	Saatbedarf: g (Korn) / 1000 Pflanzen	bei 20–25°C	bei 18–22°C	bei 12–18°C	Kaltkeimer	Keimdauer in Tagen	Beete und Rabatten	Kübel und Gefäße	Steingarten	Einzelstellung	Trockenblume	Schnittblume	Kletterpflanze	Einfassungen	Naturgärten	Insektenfutter	Duftblume	
Gomphrena globosa	●	●		●					III–IV	5 g		●			15–20	●	●	●		●	●						VI–IX
Gypsophila elegans	●	●		●					III–V	2 g			●		15–20	●	●	●		●	●						VI–VIII
Helianthus annuus	●			●		●	●		IV–V	10 g			●		10–15	●	●		●	●	●			●	●		VII–IX
Helichrysum bracteatum	●	●		●		●			IV–VI	3–5 g			●		10–20	●	●			●	●						VII–X
Heliotropium arborescens	●			●			●	●	I–III	10 g		●			14–25	●	●									●	VI–X
Helipterum roseum	●			●		●			IV–VI	10 g			●		10–20	●		●		●	●						VI–X
Hesperis matronalis	●	●	●	●		●	●		III–VI	4–5 g			●		20–30	●					●			●	●	●	V–VI
Heterocentron-Hybriden	●	●		●	●	●		●								●	●										V–X
Hibiscus moscheutos	●			●	●				I–III	25 g		●			15–20	●	●		●								VIII–IX
Hordeum jubatum	●	●		●		●			III–V	5 g					10–20												VII–IX
Humulus japonicus	●	●	●	●	●				II–III	30 g					15–20												–
Iberis amara	●			●		●			III–V	5 g			●		15–20	●	●	●			●		●			●	VI–VIII
Iberis umbellata	●	●		●		●			IV–VII	5 g			●		10–20	●	●	●					●				VI–VII
Impatiens balsamina	●	●	●	●	●				II–VII	20 g		●			10–15	●					●						VII–IX
Impatiens-Neu-Guinea-Hybriden		●	●	●	●			●	I–III	1500 K	●				15–20	●	●	●					●				VII–IX
Impatiens walleriana		●	●	●	●			●	II–III	1500 K		●			10–15	●	●						●		●		V–X
Ipomoea tricolor	●	●		●					II–IV	100 g		●			10–20							●					VI–IX
Ipomopsis rubra	●			●		●			II–III	1 g			●		15–20	●					●						VIII–X
Iresine herbstii	●	●		●				●								●	●	●					●				–
Kochia scoparia	●	●		●		●			IV–V	5 g			●		10–20	●			●				●				–
Lagenaria siceraria	●			●	●				III–V	40 g		●			10–15							●					VI–VIII
Lagerstroemia indica	●			●				●	I–II	1500 K		●			20–30		●										VIII–IX
Lagurus ovatus	●	●		●		●			IV–V	30 g			●		20–30	●	●	●		●	●						VII–IX
Lampranthus blandus	●			●		●		●								●	●	●					●				VI–VIII
Lampranthus conspicuus	●					●		●								●	●	●					●				VI–VIII
Lantana-Camara-Hybriden	●			●		●		●	I–II	1500 K		●			15–20		●		●						●	●	V–IX
Lathyrus latifolius	●	●		●					III–IV	20 g			●	●	20–30							●					VI–IX
Lathyrus odoratus	●	●		●					III–IV	15 g			●		15–20						●	●				●	VI–IX
Lathyrus thuringiaca	●	●		●		●			II–IV	2000 K			●		15–20	●	●		●					●			VII–IX
Lavatera trimestris	●	●		●		●			IV–V	15 g			●		15–20	●					●						VII–IX
Layia platyglossa	●			●		●			IV–V	2 g			●		15–20	●								●	●		VII–VIII
Leonotis leonurus	●			●			●	●								●	●										IV–X
Liatris spicata	●	●		●		●			IV–VIII	10 g			●		20–30	●					●				●		VII–IX
Limnanthes douglasii	●			●	●				III–VI	1 g			●		15–20	●		●					●	●	●	●	VII–IX
Limonium perezii	●			●			●		XII–I	2 g		●			15–20	●	●			●					●		VIII–IX
Limonium sinuatum	●	●		●		●			III–IV	10 g			●		10–15	●				●	●				●		VIII–X
Limonium suworowii	●			●		●			II–III	1 g		●			10–15	●				●	●				●		VII–IX
Linaria-Bipartita-Hybriden	●			●		●			IV–VI	2 g			●		10–15			●			●		●	●	●		VI–VIII

Kulturansprüche und Verwendungsmöglichkeiten

Botanischer Name	Lichtbedarf: Sonne	Lichtbedarf: Halbschatten	Lichtbedarf: Schatten	Bodenansprüche: normale Erde	Bodenansprüche: feucht	Bodenansprüche: sandig-durchlässig	Bodenansprüche: lehmig	Vermehrung: Stecklinge	Vermehrung: Aussaat / Monat	Vermehrung: Saatbedarf: g (Korn) / 1000 Pflanzen	Keimung: bei 20–25 °C	Keimung: bei 18–22 °C	Keimung: bei 12–18 °C	Keimung: Kaltkeimer	Keimung: Keimdauer in Tagen	Verwendung: Beete und Rabatten	Verwendung: Kübel und Gefäße	Verwendung: Steingarten	Verwendung: Einzelstellung	Verwendung: Trockenblume	Verwendung: Schnittblume	Verwendung: Kletterpflanze	Verwendung: Einfassungen	Verwendung: Naturgärten	Verwendung: Insektenfutter	Verwendung: Duftblume	Blütezeit
Sommerblumen																											
Linum grandiflorum	●			●		●			IV–VII	10 g			●		15–20	●					●			●	●		VI–IX
Lobelia erinus	●	●		●					II–III	½ g		●			10–15	●	●	●					●				V–X
Lobelia × speciosa	●	●		●	●				II–III	½ g		●			10–15	●	●				●						VII–IX
Lobularia maritima	●	●		●		●			III–IV	5 g		●			10–15	●	●	●					●	●	●	●	V–XI
Lonas annua	●	●		●		●			III–IV	1 g			●		15–20	●		●		●	●						VI–IX
Lotus berthelotii	●	●		●	●	●		●									●										VI–IX
Lunaria annua	●	●	●	●	●				IV–VII	50 g			●		10–15	●				●	●				●	●	IV–V
Lupinus nanus	●	●		●					IV–V	50 g			●		15–20	●				●				●			VI–VIII
Lychnis-Haagena-Hybriden	●			●	●				I–IV	1 g			●		20–30	●					●						VII–VIII
Lysimachia congestiflora	●	●		●	●			●								●	●	●									V–IX
Malcolmia maritima	●	●		●		●	●		IV–V	10 g			●		15–20	●							●	●	●	●	VI–IX
Malope trifida	●	●		●		●			IV–V	15 g			●		15–20	●					●						VII–IX
Malva moschata	●			●		●			III–VI	20 g			●		15–20	●					●			●	●		VI–IX
Matthiola incana	●	●		●			●		II–VIII	15 g			●		10–15	●		●								●	VI–IX
Melampodium paludosum	●	●		●	●				II–III	1500 K		●			10–20	●	●	●									V–IX
Mentzelia lindleyi	●			●		●			IV–V	10 g			●		15–20	●								●	●		VI–VIII
Mimulus-Hybriden	●	●		●	●				II–III	½ g		●			10–15	●	●	●									VI–VIII
Mirabilis jalapa	●	●		●		●			II–III	1500 K		●			10–15	●	●		●							●	VII–IX
Moluccella laevis	●	●		●		●			IV–V	15 g			●		20–30	●				●	●						VII–IX
Momordica balsamina	●	●		●	●				IV–V	4 g		●			10–15							●					VI–VIII
Monopsis lutea	●			●			●	●									●										V–IX
Myosotis-Hybriden	●	●		●	●		●		VI–VIII	2 g			●		15–20	●	●	●			●		●				IV–V
Nemesia-Hybriden	●	●		●		●			III–V	1 g			●		10–15	●	●	●					●				VI–VIII
Nemophila maculata	●	●		●		●			IV–VI	2 g			●		10–15	●		●					●	●	●		VI–VIII
Nemophila menziesii	●	●		●		●			IV–VI	2 g			●		10–15	●		●					●	●	●		VI–VIII
Nicandra physalodes	●	●		●		●			III–V	15 g			●		15–20	●	●		●	●							VII–IX
Nicotiana sylvestris	●	●		●		●			II–III	½ g		●			15–20	●	●		●						●	●	VII–IX
Nicotiana × sanderae	●	●		●		●			II–III	½ g		●			15–20	●	●								●	●	VII–X
Nierembergia hippomanica	●			●		●			III–IV	1500 K		●			10–15	●	●	●					●				VI–VIII
Nigella damascena	●	●		●		●			IV–V	5 g			●		10–15	●				●	●				●		VI–VIII
Nolana paradoxa	●			●		●			III–IV	10 g		●			10–15	●	●	●					●		●		VI–VIII
Ocimum basilicum	●			●		●			III–V	10 g		●			10–15	●	●	●					●		●	●	VII–IX
Oenothera-Hybriden	●			●		●			III–VII	20 g		●			15–20	●		●					●			●	VI–IX
Onopordum acanthium	●			●		●			VII	30 g		●			15–20	●			●					●	●		VII–IX
Osteospermum ecklonis	●	●		●		●	●	●								●	●	●									VI–IX
Oxypetalum caeruleum	●			●					II–III	1500 K	●				15–20	●					●						VI–VIII
Panicum violaceum	●	●		●		●			IV–V	30 g			●		15–20	●				●	●			●	●		VII–VIII
Papaver nudicaule	●	●		●					I–II	1500 K		●			10–15	●	●	●			●		●				V–IX

Kulturansprüche und Verwendungsmöglichkeiten

Botanischer Name	Licht-bedarf			Boden-ansprüche				Vermehrung			Keimung					Verwendungsmöglichkeiten											Blüte-zeit
Sommerblumen	Sonne	Halbschatten	Schatten	normale Erde	feucht	sandig-durchlässig	lehmig	Stecklinge	Aussaat / Monat	Saatbedarf: g (Korn) / 1000 Pflanzen	bei 20–25 °C	bei 18–22 °C	bei 12–18 °C	Kaltkeimer	Keimdauer in Tagen	Beete und Rabatten	Kübel und Gefäße	Steingarten	Einzelstellung	Trockenblume	Schnittblume	Kletterpflanze	Einfassungen	Naturgärten	Insektenfutter	Duftblume	
Papaver rhoeas	●	●		●		●			IV–IX	2 g			●		10–15	●					●			●	●		VI–VII
Papaver somniferum	●	●		●		●	●		IV–V	2 g			●		10–15	●				●	●				●		VI–VIII
Pelargonium-Hybriden	●	●	●	●		●		●	XII–II	1500 K		●			15–20	●	●	●					●			●	V–X
Pennisetum setaceum	●	●		●		●			III	5 g			●		15–30	●	●	●		●	●						VIII–IX
Penstemon-Hybriden	●	●		●		●	●		I–III	2 g			●		15–20	●	●				●						VII–X
Pentas lanceolata	●			●				●	I–II	1500 K		●			15–20	●	●								●		VI–X
Perilla frutescens	●	●		●		●			III–IV	2 g		●			10–15	●	●		●		●						IX–X
Petunia-Hybriden	●			●		●		●	II–III	¼ g	●				10–20	●	●	●					●			●	V–X
Phacelia campanularia	●	●		●					IV–VI	5 g			●		10–20	●		●						●	●		VI–VIII
Phacelia tanacetifolia	●	●		●		●			IV–VIII	5 g			●		10–15	●								●	●	●	VI–X
Phalaris canariensis	●	●		●		●			IV–V	10 g			●		10–15	●				●	●				●		VII–VIII
Pharbitis purpurea	●	●		●			●		III–IV	25 g			●		15–20							●					VII–IX
Phaseolus coccineus	●	●		●					V	1500 K			●		10–15							●					VII–IX
Phlox drummondii	●	●		●					III–V	5 g		●			10–15	●	●	●					●				VI–VIII
Pilea microphylla	●	●		●		●		●								●	●	●					●				–
Platycodon grandiflorus	●	●		●		●	●		I–IV	2 g		●			15–20	●		●			●						VII–VIII
Plectranthus coleoides	●	●	●	●		●		●	I–II	10 g		●			15–20		●									●	VIII–X
Polygonum capitatum	●	●	●	●	●				II–III	2 g			●		15–20	●	●	●					●				VII–IX
Polypogon monspeliensis	●	●		●		●			IV–V	1500 K			●		15–20	●	●	●		●	●						VI–VIII
Portulaca grandiflora	●			●		●			III–V	1 g			●		10–15		●	●					●				VI–VIII
Primula vulgaris	●	●	●	●			●		V–VI	2 g			●	●	20–30	●	●	●						●	●	●	III–IV
Primula-Elatior-Hybriden	●	●	●	●			●		V–VI	3 g			●		15–20	●	●	●			●		●		●	●	IV–V
Quamoclit coccinea	●			●			●		III–IV	20 g		●			10–15							●				●	VII–X
Quamoclit lobata	●	●		●		●			III–IV	20 g		●			10–15							●					VII–X
Ranunculus asiaticus	●	●		●	●				IX–III	1400 K			●		10–20	●	●	●			●		●				V–VI
Rehmannia angulata	●	●		●		●			I–V	1500 K		●			15–20	●	●										V–VII
Reseda odorata	●	●		●		●			IV–VI	3 g			●		10–20	●		●						●	●	●	VI–IX
Rhodochiton atrosanguineus	●	●		●		●			XI–V	1500 K			●		10–20		●					●					VI–IX
Rhynchelytrum repens	●	●		●		●			III–V	5 g			●		10–20	●	●	●		●	●			●			VI–IX
Ricinus communis	●			●					III–IV	1500 K		●			10–20	●	●		●								VIII–IX
Rosa chinensis	●	●		●		●		●	II–III	1500 K			●		30–40	●	●	●									VI–IX
Rosmarinus officinalis	●			●		●		●	II–IV	50 g		●			30–40		●									●	VI–VIII
Rudbeckia hirta	●	●		●		●			IV–V	5 g			●		20–30	●					●						VII–IX
Salpiglossis sinuata	●			●		●			II–III	1 g		●			15–20	●	●									●	VII–IX
Salvia coccinea	●	●		●		●			II–III	10 g		●			15–20	●	●								●		VI–IX
Salvia farinacea	●	●		●		●			II–IV	5 g		●			10–15	●	●										VI–X
Salvia involucrata	●	●		●			●	●								●	●	●									V–XI
Salvia patens	●	●		●		●			III–IV	10 g		●			10–15	●	●										VI–X

Kulturansprüche und Verwendungsmöglichkeiten

Botanischer Name	Lichtbedarf			Bodenansprüche				Vermehrung			Keimung					Verwendungsmöglichkeiten											Blütezeit
	Sonne	Halbschatten	Schatten	normale Erde	feucht	sandig-durchlässig	lehmig	Stecklinge	Aussaat / Monat	Saatbedarf: g (Korn) / 1000 Pflanzen	bei 20–25 °C	bei 18–22 °C	bei 12–18 °C	Kaltkeimer	Keimdauer in Tagen	Beete und Rabatten	Kübel und Gefäße	Steingarten	Einzelstellung	Trockenblume	Schnittblume	Kletterpflanze	Einfassungen	Naturgärten	Insektenfutter	Duftblume	
Sommerblumen																											
Salvia splendens	●	●		●					II–III	10 g		●			10–15	●	●						●				VI–X
Salvia viridis	●	●		●		●	●		III–V	15 g			●		15–20	●					●			●	●		VI–IX
Santolina chamaecyparyssus	●			●		●	●	●								●	●	●		●			●			●	VIII–IX
Sanvitalia procumbens	●	●		●		●			III–IV	2 g		●			10–15	●	●	●					●				VI–X
Scabiosa atropurpurea	●			●		●			IV–V	30 g			●		10–20	●					●			●	●		VII–IX
Schizanthus-Wisetonensis-Hybriden	●	●		●		●			III–VII	2 g			●		15–20	●	●	●									VII–IX
Senecio bicolor	●	●		●		●			III	2 g			●		10–15	●	●	●						●			–
Senecio mikanoides	●	●						●								●	●	●									VII–VIII
Setaria italica	●	●		●					IV–V	5 g			●		15–20	●	●	●		●	●						VII–VIII
Silene coeli-rosa	●	●		●					III–V	2 g			●		10–20	●		●						●	●		VI–VIII
Silene pendula	●	●		●					IV–VI	2 g			●		10–15	●		●						●			VI–VIII
Silybum marianum	●			●		●			III–V	30 g			●		15–20	●	●	●							●		VII–VIII
Sorghum nigricans	●			●		●			IV–V	15 g			●		10–15	●			●	●	●				●		VIII–IX
Stipa pennata	●			●		●			IV–V	100 g			●		15–20	●		●		●	●			●			V–VI
Tagetes-Hybriden	●	●		●					III–IV	10 g		●			10–15	●	●	●								●	V–X
Tagetes tenuifolia	●	●		●					III–IV	10 g		●			7–14	●							●		●		VI–X
Thunbergia alata	●			●		●			II–III	50 g		●			10–15	●	●					●					V–X
Thymophylla tenuiloba	●	●		●				●	II–III	2 g		●			15–20	●	●	●									V–X
Tithonia rotundifolia	●			●					III	25 g		●			10–15	●	●		●						●		VII–X
Torenia fournieri	●	●	●	●	●				III–IV	½ g		●			15–20	●	●	●									VII–IX
Trachelium caeruleum	●			●					IX–III	1 g		●			15–25	●	●				●				●		VII–IX
Ursinia anethoides	●			●		●			III–V	2 g		●			10–15	●	●				●			●	●		VI–VIII
Venidium fastuosum	●			●		●	●		III–IV	3 g			●		15–20	●									●		VI–IX
Verbena bonariensis	●	●		●		●			I–IV	5 g			●		20–30	●	●		●		●			●	●		VII–IX
Verbena-Hybriden	●			●	●		●	●	II–III	5 g		●			15–20	●	●	●							●		V–X
Verbena rigida	●	●		●		●			II–III	20 g			●		20–30	●	●	●					●				V–IX
Viola-Cornuta-Hybriden	●	●	●	●	●	●			I oder VII	3 g			●		10–15	●	●	●					●				III–X
Viola-Wittrockiana-Hybriden	●	●		●		●	●		VI–VIII	5 g			●		10–15	●	●	●									III–VI
Xeranthemum annuum	●			●		●			IV–V	5 g			●		15–20	●		●		●	●						VIII–IX
Zea mays	●	●		●					IV–V	400 g		●			10–15	●	●		●	●	●						VIII–X
Zinnia elegans	●			●		●			III–V	20 g			●		15–20	●	●	●			●				●		VIII–X

Kulturansprüche und Verwendungsmöglichkeiten

Botanischer Name	Lichtansprüche: sonnig	Lichtansprüche: halbschattig	Lichtansprüche: schattig	Bodenansprüche: gute, normale Erde	Bodenansprüche: mager, sandig, kiesig	Bodenansprüche: humos, nährstoffreich	Bodenansprüche: Waldhumus	Bodenansprüche: moorig, kalkfrei	Bodenansprüche: lehmig, kalkhaltig	Bodenansprüche: feucht	Verwendungsmöglichkeiten: Rabatten und Beete	Verwendungsmöglichkeiten: Kübel, Balkonkasten	Verwendungsmöglichkeiten: Steingärten	Verwendungsmöglichkeiten: Einzelstellung	Verwendungsmöglichkeiten: Gruppenpflanzung	Verwendungsmöglichkeiten: Sträuße, Gestecke	Verwendungsmöglichkeiten: Zimmerpflanze	Verwendungsmöglichkeiten: Kletterpflanze	Verwendungsmöglichkeiten: Einfassungen	Verwendungsmöglichkeiten: Naturgärten	Verwendungsmöglichkeiten: Insektenfutter	Verwendungsmöglichkeiten: Duftblume	Blütezeit
Zwiebel- und Knollengewächse																							
Acidanthera bicolor var. *murielae*	●			●	●						●	●				●						●	VII–VIII
Agapanthus africanus					●				●		●	●				●							VII–VIII
Allium aflatunense	●			●	●						●	●	●			●							V
Allium giganteum	●			●					●		●	●	●	●	●	●					●		VII–VIII
Allium karataviense	●			●					●		●	●	●		●	●					●		IV–V
Allium moly	●			●					●		●		●		●								V–VI
Allium neapolitanum	●			●					●		●		●		●								V–VI
Allium siculum	●	●			●				●			●	●			●							V
Allium ursinum			●	●			●			●	●		●							●		●	V
Alstroemeria aurea	●			●							●				●	●							VI–VIII
Amaryllis bella-donna	●			●					●		●	●	●			●							VIII–IX
Anemone blanda	●	●	●	●			●				●	●	●		●					●			III–IV
Anemone coronaria	●	●		●							●				●	●							III–V
Anemone nemorosa			●	●			●								●					●			III–V
Anemone pavonina	●			●							●				●								V–VI
Anemone ranunculoides			●	●			●													●			IV–V
Anredera cordifolia	●			●														●					VII–IX
Anthericum liliago	●	●		●	●						●		●							●			V–VI
Apios americana	●	●		●														●					VII–IX
Arisaema consanguineum			●	●			●								●								V–VI
Arisaema triphyllum			●	●			●								●								V–VI
Arum italicum		●	●				●			●					●	●				●			IV–V
Arum maculatum		●	●				●			●					●	●				●			IV–V
Babiana-Stricta-Hybriden	●			●											●	●							III–IV
Begonia-Knollenbegonien-Hybriden		●	●	●		●					●	●			●				●				VI–X
Begonia grandis var. *evansiana*		●	●	●						●	●	●											VI–X
Bessera elegans		●		●							●				●	●							VII–IX
Blettilla striata	●	●		●	●						●		●		●	●	●						V–VII
Bloomeria crocea var. *aurea*	●			●	●							●					●						VII
Brevoortia coccinea	●	●	●	●	●							●				●							V–VI
Brodiaea elegans	●			●	●							●				●							VI
Bulbocodium vernum	●			●									●										II–III
Calochortus amabilis	●			●									●										VI–VIII
Camassia cusickii	●	●		●							●		●		●	●							IV–V
Canna-Indica-Hybriden	●			●		●				●	●	●			●								VI–X
Cardiocrinum giganteum	●			●				●			●			●									VII–VIII
Chionodoxa forbesii	●	●		●			●			●			●							●	●		III–IV
Chionodoxa luciliae	●	●		●			●			●			●							●	●		III–IV

Kulturansprüche und Verwendungsmöglichkeiten

Botanischer Name	Lichtansprüche			Bodenansprüche							Verwendungsmöglichkeiten												Blütezeit
Zwiebel- und Knollengewächse	sonnig	halbschattig	schattig	gute, normale Erde	mager, sandig, kiesig	humos, nährstoffreich	Waldhumus	moorig, kalkfrei	lehmig, kalkhaltig	feucht	Rabatten und Beete	Kübel, Balkonkasten	Steingärten	Einzelstellung	Gruppenpflanzung	Sträuße, Gestecke	Zimmerpflanze	Kletterpflanze	Einfassungen	Naturgärten	Insektenfutter	Duftblume	
Chlidanthus fragrans	●			●												●						●	VI
Colchicum autumnale	●	●	●	●						●			●							●			VIII-X
Colchicum-Hybriden	●	●	●	●						●			●							●			VIII-X
Commelina tuberosa	●			●							●												VI-IX
Convallaria majalis		●	●	●			●						●		●					●		●	V
Corydalis solida		●	●	●			●			●			●		●					●			III-IV
Crinum × *powellii*	●			●		●					●	●		●		●							VII-IX
Crocosmia × *crocosmiiflora*	●	●		●					●		●	●	●		●	●							VII-IX
Crocosmia masoniorum	●	●		●					●		●	●	●		●	●							VII-VIII
Crocus (siehe Arten- und Sortenbeschreibung)	●	●		●			●		●				●							●	●		II-XI
Curtonus paniculatus	●			●							●					●							VIII-IX
Cyclamen coum		●	●	●			●		●				●							●		●	II-IV
Cyclamen hederifolium		●	●	●			●		●				●							●		●	VIII-XI
Cyclamen purpurascens		●	●	●			●		●	●			●							●		●	VII-IX
Cypella coelestis	●				●						●			●									VIII-IX
Dahlia-Hybriden	●	●		●		●					●	●		●	●	●					●		VII-X
Dichelostemma congestum	●					●										●							VI-VII
Dierama pendulum	●	●		●	●						●		●	●									VII-VIII
Dioscorea batatas	●			●													●	●					VII-VIII
Dracunculus vulgaris	●			●							●			●									V-VI
Eranthis cilicica		●	●	●			●			●													III
Eranthis hyemalis		●	●	●			●			●													II-III
Eremurus robustus	●			●	●									●	●	●							VI-VII
Erythrina crista-galli	●			●							●	●											VIII-IX
Erythronium dens-canis		●	●				●			●			●						●			●	IV-V
Erythronium revolutum	●	●	●				●			●			●						●				V
Eucomis bicolor		●									●												VII-VIII
Freesia-Hybriden	●	●		●						●					●	●						●	VII-IX
Fritillaria imperialis	●	●		●							●				●								III-V
Fritillaria meleagris		●	●	●			●			●	●				●					●			IV-V
Galanthus elwesii	●	●	●	●			●		●	●						●					●		II
Galanthus nivalis	●	●		●			●		●	●						●					●		II-III
Galtonia candicans	●	●		●					●		●				●	●							VII-VIII
Gladiolus communis var. *byzantinus*	●	●		●							●		●		●	●							VI-VII
Gladiolus-Hybriden	●	●		●							●					●							VI-IX
Habranthus tubispathus	●	●	●	●	●						●						●						VII-VIII
Hermodactylus tuberosus	●				●				●							●							IV-V
Homeria collina	●			●							●												VII-VIII

Kulturansprüche und Verwendungsmöglichkeiten

Botanischer Name	Lichtansprüche			Bodenansprüche						Verwendungsmöglichkeiten												Blütezeit
Zwiebel- und Knollengewächse	sonnig	halbschattig	schattig	gute, normale Erde	mager, sandig, kiesig	humos, nährstoffreich	Waldhumus	moorig, kalkfrei	lehmig, kalkhaltig	feucht	Rabatten und Beete	Kübel, Balkonkasten	Steingärten	Einzelstellung	Gruppenpflanzung	Sträuße, Gestecke	Zimmerpflanze	Kletterpflanze	Einfassungen	Naturgärten	Insektenfutter	Duftblume	
Hyacinthoides hispanica	●	●	●	●			●				●		●		●	●				●		●	IV-V
Hyacinthus orientalis	●	●		●					●		●	●	●		●	●						●	IV-V
Hymenocallis narcissiflora	●	●		●							●	●			●	●							VI-VII
Ipheion uniflorum	●				●								●			●							IV-V
Iris aucheri	●				●								●		●								III-IV
Iris danfordiae	●	●			●				●				●		●						●		III-IV
Iris histrioides	●				●				●				●										III
Iris hoogiana	●				●				●		●				●	●							V
Iris reticulata	●				●				●				●								●		II-III
Iris-Hollandica-Hybriden	●				●	●					●					●							VI-VII
Ixia-Hybriden	●				●	●					●	●	●			●							IV-VI
Ixiolirion tataricum	●				●	●							●										V
Lapeirousia grandiflora	●			●		●										●							IV
Leucojum aestivum		●	●	●			●													●			IV-V
Leucojum vernum		●	●	●			●		●				●							●			III-IV
Lilium (siehe Artenbeschreibung)	●	●	●	●						●	●				●	●						●	VI-IX nach Sorte
Lycoris squamigera	●	●		●							●				●	●							VII-VIII
Milla biflora	●				●						●		●			●	●	●					VII-VIII
Moraea spathulata	●				●						●												III-IV/VI
Muscari armeniacum	●	●	●	●					●				●		●	●						●	IV-V
Muscari azureum	●			●					●				●		●							●	III-IV
Muscari comosum 'Plumosum'	●			●					●				●		●							●	V-VI
Muscari latifolium	●			●					●				●		●								IV-V
Narcissus (siehe Arten- u. Sortenbeschreibung)	●	●	●	●					●	●		●	●	●	●	●						●	III-IV
Nerine bowdenii	●			●							●	●					●					●	IX
Ornithogalum arabicum	●	●		●																			V
Ornithogalum nutans	●	●							●		●		●		●	●							IV-V
Ornithogalum thyrsoides	●	●							●		●		●		●	●							VI-VIII
Ostrowskia magnifica	●			●							●		●			●							VII-VIII
Oxalis adenophylla		●	●	●				●				●	●				●		●				IV
Oxalis deppei	●	●	●	●	●						●		●		●				●				VIII-X
Pancratium illyricum	●											●											V-VII
Pinellia ternata			●	●											●								V-VI
Pleione bulbocodioides	●	●	●				●					●	●				●						V
Polianthes tuberosa	●			●					●			●					●					●	VII-X
Puschkinia scilloides var. *libanotica*	●	●	●	●	●					●		●	●		●					●	●		IV-V
Ranunculus asiaticus	●	●	●			●				●	●		●		●	●	●						V-VI
Romulea bulbocodium	●			●	●																		III-IV

Kulturansprüche und Verwendungsmöglichkeiten

Botanischer Name	Lichtansprüche			Bodenansprüche							Verwendungsmöglichkeiten												Blütezeit
	sonnig	halbschattig	schattig	gute, normale Erde	mager, sandig, kiesig	humos, nährstoffreich	Waldhumus	moorig, kalkfrei	lehmig, kalkhaltig	feucht	Rabatten und Beete	Kübel, Balkonkasten	Steingärten	Einzelstellung	Gruppenpflanzung	Sträuße, Gestecke	Zimmerpflanze	Kletterpflanze	Einfassungen	Naturgärten	Insektenfutter	Duftblume	
Zwiebel- und Knollengewächse																							
Roscoea alpina	●	●	●			●						●	●		●								VI–VIII
Salvia patens	●			●						●	●	●										●	VI–IX
Sauromatum venosum	●			●						●				●									II–III
Schizostylis coccinea	●				●							●				●	●						X–XII
Scilla bifolia	●	●	●	●			●		●				●							●	●	●	III
Scilla mischtschenkoana	●	●	●	●							●		●		●						●		II–III
Scilla peruviana	●	●	●	●							●		●		●						●		V–VI
Scilla siberica	●	●	●	●							●										●		III–IV
Sparaxis-Tricolor-Hybriden	●	●		●	●						●		●		●								V–VII
Sprekelia formosissima	●			●							●	●				●							V–VI
Sternbergia lutea	●			●								●	●		●								IX–X
Tecophilaea cyanocrocus	●				●						●												III
Tigridia pavonia	●	●		●	●						●	●	●										VII–IX
Trillium grandiflorum		●	●				●	●	●				●			●				●			V–VI
Triteleia laxa	●	●		●	●											●					●		VI
Tritonia crocata	●			●	●						●	●				●							V–VI
Tulipa (siehe Arten- und Sortenbeschreibung)	●	●		●					●		●	●	●		●	●						●	III–V
Urginea maritima	●			●	●						●												VII–VIII
Vallota speciosa	●			●								●				●							VII–VIII
Zantedeschia aethiopica	●	●	●	●						●	●	●		●		●	●						I–VI
Zephyranthes candida	●			●	●							●				●	●						VII–X

Deutsch-Botanisches Namensverzeichnis

Die halbfett gesetzten Seitenzahlen bedeuten, daß der Eintrag farbig illustriert ist. Die Seitenzahlen verweisen immer auf den Beginn des Eintrags.

A

B

C

D

E

F

G

Gladiole → Gladiolus-Hybriden **94**, → *Gladiolus communis* ssp. *byzantinus* **94**
Glockenblaustern → *Hyacinthoides hispanica* **102**
Glockenrebe → *Cobaea scandens* **53**
Glocken von Irland → *Moluccella laevis* **135**
Glockenwinde → *Cobaea scandens* **53**, → *Nolana paradoxa* **145**
Glücksklee → *Oxalis deppei* **148**
Gnomentulpe → *Tulipa turkestanica* **191**
Godetie → *Godetia grandiflora* **96**
Goldbandlilie → *Lilium auratum* **118**
Golddolde → *Bloomeria crocea* var. *aurea* 33
Goldfieber → *Bidens ferulifolia* **33**
Goldkamille → *Chrysanthemum parthenium* **51**
Goldkrokus → *Sternbergia lutea* **175**
Goldlack → *Cheiranthus cheiri* **47**
Goldlauch → *Allium moly* **14**
Goldmohn → *Eschscholzia californica* **86**
Goldtaler → *Asteriscus maritimus* **27**
Goldtürkenbund → *Lilium hansonii* **120**
Goldwindröschen → *Anemone ranunculoides* **21**
Gretel im Busch → *Nigella damascena* **144**
Griechische Tulpe → *Tulipa orphanidea* **190**
Großblumige Montbretie → *Crocosmia masoniorum* **60**
Großblumiger Portulak → *Portulaca grandiflora* **160**
Große Wachsblume → *Cerinthe major* 47
Großes Zittergras → *Briza maxima* **35**
Großkronige Narzissen → *Narcissus* × *incomparabilis* **138**
Guernseylilie → *Nerine bowdenii* **142**

H

Haarmantelgras → *Rhynchelytrum repens* 163
Habranthus → *Habranthus tubispathus* 97
Hängepelargonie → Pelargonium-Peltatum-Hybriden **151**
Hängepetunien → Petunia-Hybriden **155**
Hahnenkamm → *Celosia cristata* **45**
Hainblume → *Nemophila menziesii* **142**
Hakenlilie → *Crinum* × *powellii* **59**
Halskrausen-Dahlien → Dahlia-Hybriden **71**
Harfenstrauch → *Plectranthus coleoides* 'Marginatus' **158**
Hasenohr → *Bupleurum griffithii* **37**
Hasenschwanzgras → *Lagurus ovatus* **112**
Hedwigsnelke → *Dianthus chinensis* **77**
Heiligenkraut → *Santolina chamaecyparyssus* ssp. *chamecyparyssus* **168**
Heliotrop → *Heliotropium arborescens* **98**
Herbstchrysantheme → Chrysanthemum-Indicum-Hybriden **50**
Herbstzeitlose → *Colchicum autumnale* **54**, → Colchicum-Hybriden **54**
Herzsame → *Cardiospermum halicacabum* **44**
Himalaya-Riesenlauch → *Allium giganteum* **13**
Himmelsblume → *Felicia amelloides* **87**
Himmelsröschen → *Silene coeli-rosa* **173**
Hiobsträne → *Coix lacryma-jobi* **53**
Holländische Iris → Iris-Hollandica-Hybriden **110**
Homerie → *Homeria collina* **101**
Hornklee → *Lotus berthelotii* **129**
Horntulpe → *Tulipa acuminata* **188**
Hornveilchen → Viola-Cornuta-Hybriden **194**
Hundszahn → *Erythronium dens-canis* **85**, → *Erythronium revolutum* **85**
Husarenkopf → *Sanvitalia procumbens* **168**
Hyazinthchen → *Muscari azureum* **136**
Hyazinthe → *Hyacinthus orientalis* **103**

I

Immortelle → *Helipterum roseum* **99**
Indische Zwergmyrthe → *Lagerstroemia indica* **112**
Ingwerorchidee → *Roscoea alpina* **164**
Inkalilie → *Alstroemeria aurea* **16**
Ipheie → *Ipheion uniflorum* **106**
Iranlauch → *Allium aflatunense* **12**
Iresine → *Iresine herbstii* 108
Isabellenlilie → *Lilium* × *testaceum* 122
Islandmohn → *Papaver nudicaule* **149**
Italienischer Aronstab → *Arum italicum* **25**

J

Jakobslilie → *Sprekelia formosissima* **175**
Japanische Zierdistel → *Cirsium japonicum* **52**
Japanischer Hopfen → *Humulus japonicus* **101**
Japanischer Mais → *Zea mays* convar. *japonica* **197**
Japan-Lilie → *Lilium japonicum* 120
Jonquillen-Narzissen → *Narcissus jonquilla* **139**
Judassilberling → *Lunaria annua* **130**
Jungfer im Grünen → *Nigella damascena* **144**

K

Kaffernlilie → *Schizostylis coccinea* **170**
Kaiserkrone → *Fritillaria imperialis* **88**
Kaisernelke → *Dianthus chinensis* **77**
Kaktus-Dahlien → Dahlia-Hybriden **73**
Kalebasse → *Lagenaria siceraria* **112**
Kalifornischer Mohn → *Eschscholzia californica* **86**
Kanadische Wiesenlilie → *Lilium canadense* 119
Kanariengras → *Phalaris canariensis* 156
Kanonierblume → *Pilea microphylla* 157
Kapaster → *Felicia amelloides* **87**
Kap-Iris → *Moraea spathulata* 135
Kapkörbchen → *Dimorphotheca sinuata* **80**, → *Osteospermum ecklonis* **147**
Kapmargerite → *Osteospermum ecklonis* **147**
Kapringelblume → *Dimorphotheca sinuata* **80**
Kapuzinerkresse → Tropaeolum-Hybriden 'Majus-Nanum' **181**
Karataulauch → *Allium karataviense* **14**
Kaskadenblume → Heterocentron-Hybriden **100**
Kaukasisches Alpenveilchen → *Cyclamen coum* ssp. *caucasicum* **67**
Kiebitzblume → *Fritillaria meleagris* **89**
Kiebitzei → *Fritillaria meleagris* **89**
Kielwucherblume → *Chrysanthemum carinatum* **49**
Kissenprimel → *Primula vulgaris* ssp. *vulgaris* **160**
Klarkie → *Clarkia unguiculata* **52**
Klatschmohn → *Papaver rhoeas* **150**
Klebschwertel → Ixia-Hybriden **111**
Kleines Pampasgras → *Pennisetum setaceum* **153**
Kleines Schneeglöckchen → *Galanthus nivalis* **92**
Kleinkronige Narzissen → *Narcissus* **138**
Kletternde Kapuzinerkresse → *Tropaeolum peregrinum* **182**
Knöterich → *Polygonum capitatum* **159**
Knollenbegonie → Begonia-Knollenbegonien-Hybriden **31**
Knorpelmöhre → *Anthriscus sylvestris* **22**
Köcherblümchen → *Cuphea ignea* **66**
Königslilie → *Lilium regale* **122**
Kokardenblume → *Gaillardia pulchella* var. *picta* **91**

L

M

N

O

P

Q

R

S

T

V

W

Y

Z

Botanisches Namensverzeichnis

Die halbfett gesetzten Seitenzahlen bedeuten, daß der Eintrag farbig illustriert ist. Die Seitenzahlen verweisen immer auf den Beginn des Eintrags. Bei Synonymen wird auf den Haupteintrag verwiesen.

A

B

C

D

E

F

G

H

Q

R

S

T

U

V

W

X

Z